고효율 융합부품소재 1

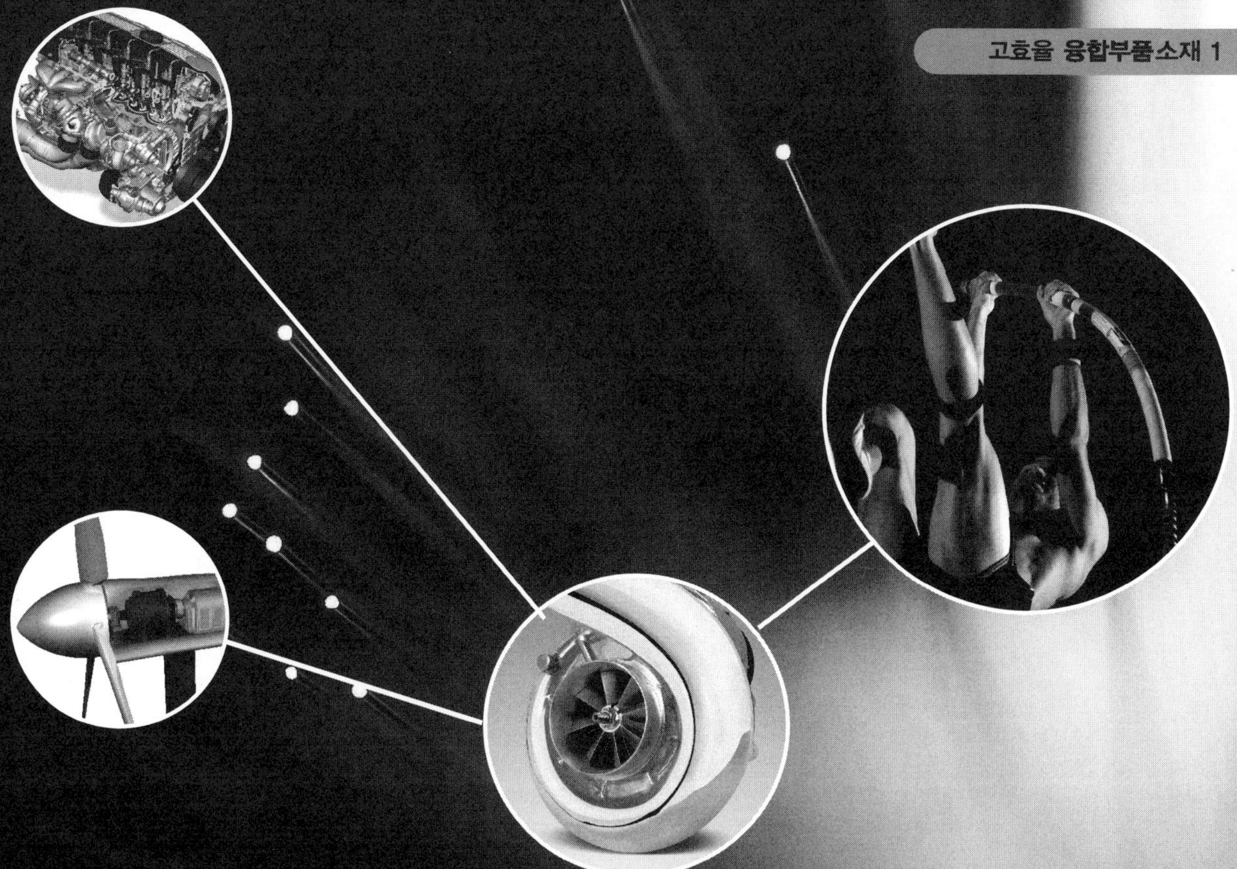

고효율 부품소재의 생산기술

정해도 · 김병민 · 강남현 · 박익민 공저

Manufacturing Technology of High Efficiency Component Materials

홍릉과학출판사

Green Industry-friendly
Fusion Technology Center

본 교재는 교육과학기술부의 재원으로 한국연구재단의 지원을 받아 수행된 광역경제권 선도산업 인재양성사업의 연구결과입니다.

GIFT
Education Center for Green Industry friendly Fusion Technology

부산대학교 기계기반 융합부품소재 인재양성센터

머 리 말

최근 국가의 성장전략을 총괄할 R&D 전략기획단 초대 단장에 황창규 전 삼성전자 사장을 임명했다. 산학연이 합심하여 차세대 먹을거리 사업을 성공적으로 발굴해 2020년도에 국민소득 4만 달러 시대를 열겠다고 밝혔다. 특히 황 단장은 산업간 경계를 깨고 큰 틀로 통합하는 이른바 "융복합"에 길이 있다고 강조했다. 즉, IT와 자동차, 조선, 원자력 등 우리가 잘하고 있는 주력산업을 융·복합해 우리만의 독창적인 신산업을 만들어 간다는 것이다. 그리고 부품소재와 에너지, 융합·신산업 등 기간산업과 IT와 의료, 바이오 기술을 접목한 휴먼라이프 산업도 유망하다는 것이다. 더 이상 한두 개의 전공과 단위 기술만으로는 한국의 독창적인 신산업을 창출해내기 어렵다고 해석된다.

이에, 본 교재에서는 향후 10년 내에 우리나라의 산업이 세계를 선도하기 위해 "융합과 부품소재 그리고 고효율 에너지"라는 핵심 용어로 이루어진 새로운 기술분야인 "고효율 융합부품소재"에 관하여 종합적으로 기술하였다. 특히 고효율 융합부품소재를 위한 원리와 생산기술을 중심으로 집필하여 진로를 고려중인 학생뿐만 아니라 산업현장의 기술자들에게도 도움이 되도록 정리하였다.

제1부 고효율 융합소재에서는 철강소재의 기초로부터 강화기구를 기술한 후에 고효율 고강도 철강소재의 특성과 향후 전망을 제시하였다. 그리고 복합소재의 다양한 응용 가능성으로부터 금속복합재료와 그 주조기술을 기술하였다. 제2부 고효율 융합부품가공을 위해 소성가공, 하이브리드 접합, 고속절삭, 고효율 연삭 및 특수가공기술을 원리와 응용 및 시스템 소개를 하였다. 마지막으로 제3부에서는 실제 고효율 에너지시스템에 적용된 사례를 나타내었다. 자동차 경량 파워트레인의 금속복합재료와 주조기술, 그리고 풍력발전 시스템을 구성하는 부품을 얻기 위한 주요 소성가공기술을 기술하여 독자의 이해를 높이기 위해 노력하였다.

끝으로 이 책의 원고정리에 도움을 준 부산대학교 광역경제권 선도산업 인재양성 사업단 기계기반 융합부품소재 인재양성센터 관계자 여러분과 홍릉과학출판사 관계자 여러분께 진심으로 감사드린다.

2010년 8월

저자 일동

차 례

제1부 고효율 융합소재

제1장 철강재료 / 1

1.1 철강재료의 기초 ······ 1

1.1.1 재료의 이해 1
1.1.2 강의 제조 5
1.1.3 탄소강의 종류 및 성질 7
1.1.4 탄소강의 평형상태도 8
1.1.5 탄소강의 공석반응(eutectoid reaction) 10
1.1.6 탄소강의 기계적 성질 12
1.1.7 가열 및 냉각에 따른 상변태 거동 14
1.1.8 베이나이트 상변태 16
1.1.9 마르텐사이트 상변태 18

1.2 철강재료의 강화 기구 ······ 19

1.2.1 가공경화 20
1.2.2 고용강화 22
1.2.3 분산강화(석출강화) 24
1.2.4 결정립 미세화에 의한 강화 25

제 2 장 고효율 고강도 철강재료 / 27

2.1 고효율 고강도 철강재료의 특성 ········· 27

2.1.1 첨단 고강도강의 종류 및 제조 방법 28
2.1.2 첨단 고강도강의 가공 특성 : 가공성, 용접성 35

2.2 고효율 고강도 철강재료의 현재와 미래(자동차) ········· 37

제 3 장 융합복합재료 / 41

3.1 융합복합재료란? ········· 41

3.1.1 재료 변천과 함께 한 인류 역사 41
3.1.2 21세기는 신소재시대 42

3.2 복합재료의 기초 ········· 45

3.3 복합재료의 응용 ········· 48

3.3.1 500명을 태울 수 있는 초점보 비행기 49
3.3.2 우주 관람을 위한 우주왕복선 52
3.3.3 레이더에 감지되지 않는 스텔스 비행기 55

3.3.4 충격에 강한 플라스틱 탱크, 방탄조끼 56
3.3.5 테니스 채, 골프 채, 장대높이 폴 등의 스포츠용품 58
3.3.6 철보다 강하고 알루미늄보다 가벼운 복합재료 요트 59
3.3.7 거미와 젖소가 초강력 섬유를 만들면 초강력 방탄조끼 가능 60

제 4 장 금속복합재료 / 63

4.1 구성재료 기지 및 강화재 ······ 63

4.1.1 알루미늄 합금 63
4.1.2 마그네슘 합금 73
4.1.3 강화재(fiber) 79

4.2 금속복합재료의 활용 ······ 88

4.3 금속복합재료의 주조제조 기술 ······ 92

4.3.1 금속복합재료 제조기술의 개요 92
4.3.2 금속복합재료의 주조기술 93
4.3.3 교반주조 97
4.3.4 용탕단조/용탕가압침투 98
4.3.5 무가압침투법(Pressureless infiltration process) 101
4.3.6 Thixomat injection molding 101
4.3.7 XD^{TM} process(in-situ formation of reinforcement) 101
4.3.8 Mixalloy process(Liquid metal mixing process) 101

4.4 기능성 MMC 부품의 개발현황 ··· 102

4.4.1 전자패키지용 복합재료 102
4.4.2 생체재료 103

제2부 고효율 융합부품가공

제5장 소성변형 및 가공 / 107

5.1 소성가공의 특징과 대상 ··· 107

5.2 재료의 소성변형 ··· 109

5.2.1 소성변형 109
5.2.2 단축인장상태에서 응력과 변형률 곡선 109
5.2.3 재료의 거동(가공경화모델) 111
5.2.4 항복조건(yield criterion) 112
5.2.5 재료의 유동응력곡선에 영향을 주는 인자 112
5.2.6 마찰의 효과 113
5.2.7 재료의 경도(hardness)와 강도 114
5.2.8 소성가공 공정에서 공정 변수 115
5.2.9 소성가공 공정에서 성형한계 115

5.3 소성가공 공정 ··· 117

5.3.1 온도에 따른 분류 118
5.3.2 체적성형가공(bulk deformation process) 119

5.3.3 판재성형가공(sheet forming process) 139
5.3.4 분말성형 156
5.3.5 미세성형가공 161

5.4 소성공정 FE-Simulation(단조공정) ······ 163

5.4.1 시뮬레이션에서 얻어지는 정보 163
5.4.2 시뮬레이션 순서 164
5.4.3 시뮬레이션의 주의사항 165
5.4.4 단조 시뮬레이션의 사례 165
5.4.5 재질 시뮬레이션 168

제 6 장 수송구조물 접합 시스템 / 171

6.1 구조용 접착 기술 ······ 172

6.1.1 구조용 접착제 172
6.1.2 플라즈마 표면처리 기술 175

6.2 하이브리드 접합 ······ 180

6.2.1 테일러 접합 블랭크 180
6.2.2 하이브리드 레이저용접 181
6.2.3 마찰교반용접 182
6.2.4 접착제 하이브리드 접합 183

제 7 장 고속절삭 / 187

7.1 절삭이란? ······ 188

7.2 2차원 절삭 ······ 189

7.2.1 칩 생성기구 189
7.2.2 칩의 형태 190

7.3 절삭가공법 ······ 194

7.3.1 단인공구에 의한 절삭가공 194
7.3.2 다인공구에 의한 절삭가공 196

7.4 공구마모, 공구수명 및 공구재료 ······ 199

7.4.1 공구마모 199
7.4.2 공구수명 201
7.4.3 공구재료 203

7.5 표면거칠기 및 절삭유 ······ 206

7.5.1 표면거칠기 206
7.5.2 절삭유 211

7.6 고효율 절삭가공 ········· 213

7.6.1 하드 터닝 214
7.6.2 고속절삭가공 215

제 8 장 고효율 연삭 / 219

8.1 연삭이란? ········· 219

8.1.1 서론 219
8.1.2 연삭숫돌 220
8.1.3 연삭이론 226
8.1.4 연삭작업 233

8.2 고능률연삭가공 ········· 237

8.2.1 크리피-드 연삭(creep feed grinding) 237
8.2.2 고속연삭 238
8.2.3 주철본드 연삭숫돌을 이용한 고능률 연삭 240

8.3 고능률 복합 연삭시스템 ········· 244

8.3.1 정의 244
8.3.2 시스템 구조 246
8.3.3 기술개발 현황 247

제 9 장 특수가공 / 251

9.1 개요 ······ 251

9.2 방전가공 ······ 252

9.2.1 개요 252
9.2.2 형조방전가공(고정전극 방전가공) 253
9.2.3 와이어 컷 방전가공 255

9.3 집속 빔가공 ······ 261

9.4 레이저가공 ······ 262

9.4.1 열에너지를 이용한 레이저가공 262
9.4.2 엑시머 레이저 미세가공 263
9.4.3 극초단 레이저 미세가공 265

9.5 광/화학 하이브리드 가공 ······ 272

9.5.1 포토 리소그래피 272
9.5.2 LIGA 공정 275

9.6 초음파가공 ······ 277

9.6.1 개요 277
9.6.2 초음파 장치 277
9.6.3 마이크로초음파가공 279

9.7 전해가공 ······ 280

제3부 고효율 융합부품소재의 활용

제 10 장 경량 파워트레인 주조부품에 융합복합재료의 적용 / 283

10.1 Al MMC 피스톤, 실린더블록 ······ 285

10.2 복합 Mg/Al 실린더블록 ······ 288

10.2.1 내열 Mg 합금의 개발 292

10.3 자동차 파워트레인부품의 제조기술 동향 ······ 294

10.3.1 자동차 파워트레인부품의 요구내열특성 294
10.3.2 알루미늄 실린더 크랭크케이스 설계개념 294
10.3.3 경량 파워트레인 주조부품의 제조기술 동향 295
10.3.4 금속복합재료(MMC)화 LOKASIL 기술 300
10.3.5 실린더블록 제조기술 현황 요약 301

제 11 장 신재생에너지-풍력발전 / 307

11.1 풍력기술의 개요 ······ 307

11.1.1 형태에 의한 분류 307
11.1.2 설치 장소에 의한 분류 308

11.2 풍력터빈 시스템 ······ 309

11.2.1 풍력터빈의 종류 309
11.2.2 풍력터빈 시스템의 설계 310
11.2.3 풍력터빈의 주요 부품 310
11.2.4 타워 및 구조 안전설비 318

11.3 주요 풍력발전용 단조부품 ······ 319

11.3.1 로터회전축(rotor shaft) 319
11.3.2 타워플랜지(tower flange) 321

11.4 피치 베어링 제조를 위한 링 압연공정기술 ······ 322

11.4.1 링 압연공정 절차 및 장비 323
11.4.2 링 압연공정 형상설계 325

✲ 찾아보기 ······ 329

제 1 장

철강재료

1.1 철강재료의 기초

철은 금속 중에서 값이 저렴하고 알루미늄 다음으로 매장량이 많다. 철 및 철합금의 생산량은 전세계 금속생산량의 90%를 점유한다. 대부분의 철은 일반적으로 철과 탄소 그리고 약간의 다른 원소가 함유된 합금인 탄소강의 형태로 사용된다. 그 이유는 강하고 질기며 유연한데다 가공 및 열처리를 통하여 다양한 목적의 성질을 만족할 수 있기 때문이다. 순철 자체는 특수한 용도 이외에는 일반적으로 사용되지 않는다. 대기 중에서의 부식성이 약한 단점이 있지만 에나멜 또는 아연을 표면층에 입히거나 내식성이 강한 합금 성분을 포함시키면 쉽게 부식을 방지할 수 있다. 현재 기술로는 어떠한 다른 금속재료도 보통탄소강과 같이 저렴한 값으로 여러 가지 필요한 성질을 얻을 수 있는 것은 없다. 이러한 철강재료가 포함되어 있는 금속재료에 대한 정의, 강의 제조방법, 탄소강과 평형상태도, 합금원소의 영향에 대하여 기술한다.

1.1.1 재료의 이해

인류가 사용하는 재료의 발달로 인해 인류문명이 발전해왔다. 석기시대부터 현대에 이르기까지 인류가 사용하는 재료들로 인해 산업구조나 일상생활에 많은 변화가 있었다. 구조용강의 발달로 초고층 빌딩을 건설할 수 있게 되었고 나일론과 같은 섬유의 발명으로 일상생활에 많은 변화가 생겼다. 또한 반도체의 개발로 인해 컴퓨터가 발달하고 그로 인해 사무자동화가 이루어지게 되었다. 이처럼 재료의 쓰임새가 다양한 만큼 여러 분야의 학문과 연관성이 있다. 재료과학과 공학을 연구함으로 인해 이미 개발된 재료의 성능을 향상시키거나 새로운 재료를 개발할 수 있다. 재료과학과 공학의 관계는 그림 1-1에서와 같이 나타낼 수 있다. 어떠한 소재의 가격 대비 성능을 최종적으로 만족하기 위하여 재료과학적인 방법으로 조성, 미세조직 및 가공법을 최적화해야 한다.

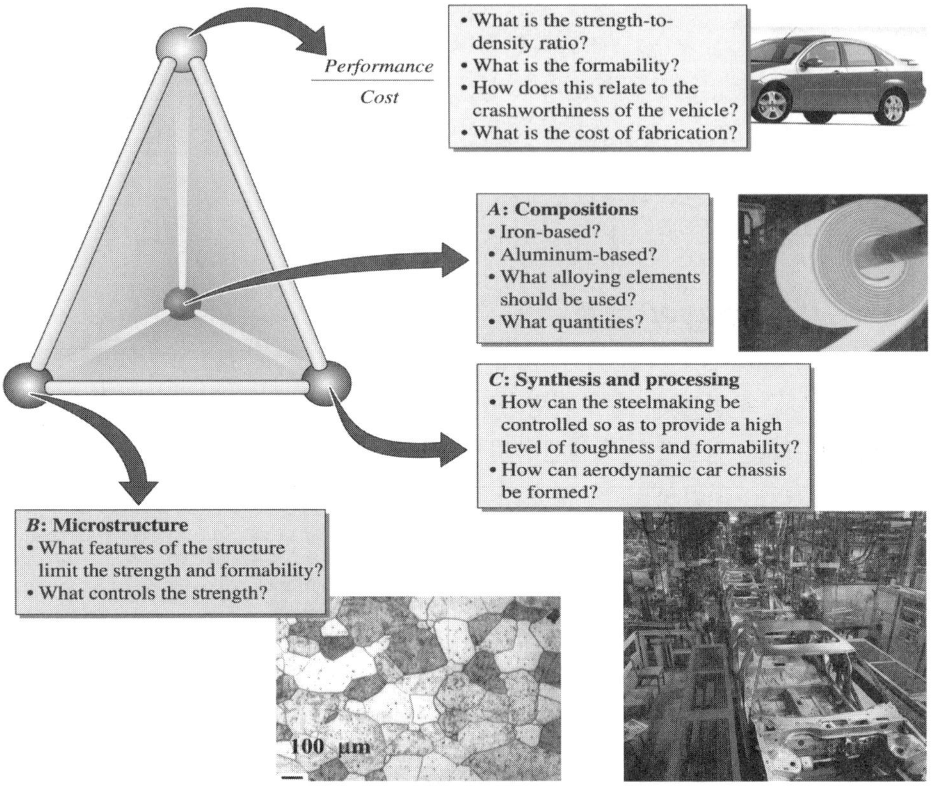

** 그림 1-1 ‖ 자동차 섀시용 강판에 대한 재료공학과 과학의 사면체 구조

재료는 성질과 구조에 따라 크게 금속(metal), 세라믹(ceramics), 폴리머(polymer), 복합재료(composite materials)로 나뉜다. 각 그룹으로 분류된 재료들은 그림 1-2와 같이 그룹 내의 통상적인 성질을 따른다.

금속은 주철(cast iron), 강(steel) 등을 포함하는 철합금(ferrous alloys)과 알루미늄(aluminium), 구리(copper), 마그네슘(magnesium)을 포함하는 비철합금(nonferrous alloys)으로 구분된다. 금속합금은 일반적으로 높은 강도와 연성(ductility)을 가지고 있어서 가공성(formability)이 뛰어나다. 그리고 절단면은 특유의 광택을 가지고 있으며 열전도도(thermal conductivity)와 전기전도도(electrical conductivity)가 다른 재료보다 우수하다.

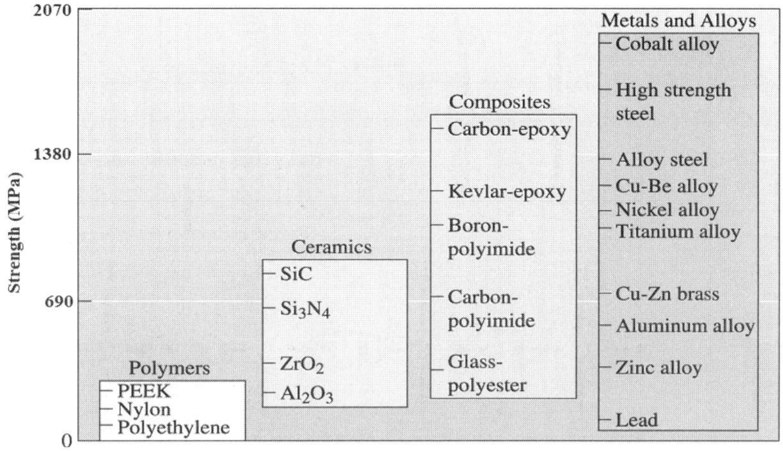

** 그림 1-2 ▌ 재료의 분류에 따른 강도 분포

세라믹은 유리나 벽돌, 내화물로 대표되어지고 일반적으로 열저항성과 전기저항성이 우수하다. 강도 또한 높아서 매우 단단하지만 취성이 강해 쉽게 깨진다. 세라믹 재료는 금속원자와 비금속원자(C, N, O, P, S)의 결합으로 이루어져 있다. 간단한 예로 알루미나(Al_2O_3)는 알루미늄을 산화시켜 만든 세라믹 재료이다. 알루미나는 순수 알루미늄보다 화학적으로 안정되어 있고 녹는점이 알루미늄보다 상당히 높다(Al : 660℃, Al_2O_3 : 2020℃).

세라믹 재료는 페로브스카이트(perovskite), 코런덤(corundum), 스피넬(spinel) 구조와 같은 결정질 구조를 가지고 있는 것과 유리와 같이 비결정질 구조를 갖는 세라믹 재료로 구분된다. 유리(glass)는 가시광을 투과하고 화학적으로 불활성이기 때문에 매우 중요한 재료이다.

폴리머(polymer)는 플라스틱(plastics), 고무(rubber)가 대표적이고 거대한 사슬 형태의 분자로 이루어진 유기물을 말한다. 폴리머는 mer라고 하는 반복 단위(repeat unit) 100~1,000개가 사슬처럼 연결된 구조로 구성되어 있다. 그림 1-3은 에틸렌 단량체(monomer)가 연결되어 폴리에틸렌으로 형성되는 폴리머의 구조를 설명한다. 일반적으로 폴리머는 가볍고 연성이 좋고 생산비용이 저가이며, 부식에도 강하다. 그러므로 일상생활에서 가정용품 및 장난감을 비롯하여 기계부품, 기어에 이르기까지 사용할 수 있는 용도는 매우 많다. 하지만 대부분이 낮은 강도 및 강성을 가졌고 낮은 융점을 갖고 있어 고온에서 사용하기가 적합하지 않다. 또한 화학적 반응에 민감하여 주로 복합재료 형태로 응용되어 사용되어진다.

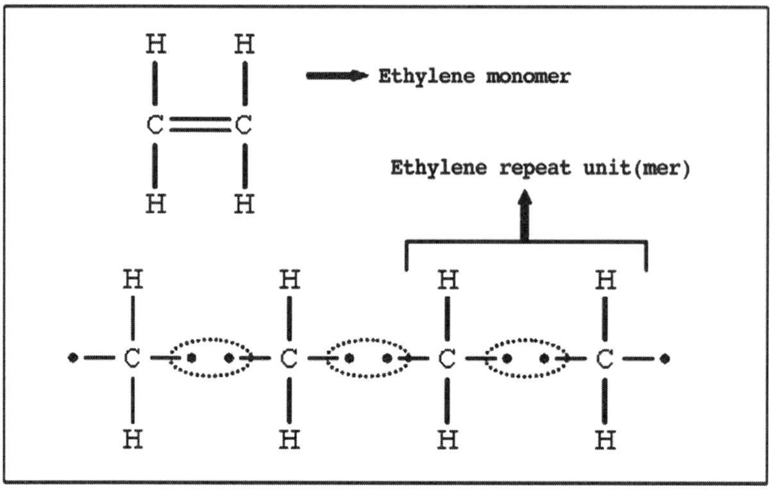

** 그림 1-3 ▌ 폴리에틸렌의 단량체와 반복 단위

폴리머는 열적 성질에 따라 열가소성 중합체(thermoplastic polymer)와 열경화성 중합체(thermoset polymer)로 나뉜다(그림 1-4). 열가소성 중합체는 단량체가 길게 사슬처럼 늘어진 상태로 구성되어 있고 사슬간 결합이 약하기 때문에 잘 휘어지고 소성변형이 쉽다. 온도가 올라가면 연해지는 특성을 가졌고 대표적인 예로는 폴리에틸렌(polyethylene)이 있다. 또한 열경화성 중합체는 분자 및 단량체 사슬 간에 가교(cross-link)가 존재하여 3차원의 네트워크 구조를 가지게 되므로 결합력이 더욱 강하다. 그로 인해 열가소성 중합체보다 더 단단하나 취성의 성질을 가진다. 온도가 올라가면 더 단단해지고 특정 녹는점이 없다. 대표적인 예로 폴리우레탄(polyurethanes)이 있다.

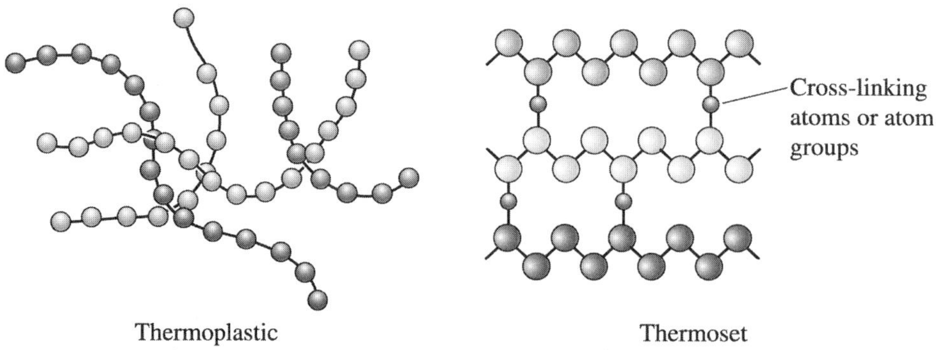

** 그림 1-4 ▌ 폴리머의 종류

복합재료는 단일재료 기지에 강화재를 복합화하여 재료의 강도 및 다른 성질을 향상시킨 재료를 의미한다. 기지재료에 따라 고분자기지 복합재료(PMC : Polymer Matrix Composite), 세라믹기지 복합재료(CMC : Ceramic Matrix Composite), 금속기지 복합재료(MMC : Metal Matrix Composite)로 나뉠 수 있다. 알기 쉬운 예로는 시멘트(cement) 기지재료에 강화재인 자갈을 섞어서 더 강한 강도의 건축재료 콘크리트(concrete)가 있다. 또한 진흙과 지푸라기를 섞어 만든 단단한 제비집이 좋은 예가 될 수 있다.

1.1.2 강의 제조

현대사회의 산업전반에 사용되어지는 다양한 종류의 철강재료를 만들기 위해서는 철광석을 선철(pig iron)로 만드는 제선(製銑)공정이 필요하다. 제선공정은 일반적으로 철광석을 코크스(cokes, 탄소)와 함께 가열하여 철광석 내의 환원 작업을 통하여 선철을 만드는 것을 일컫는다. 철광석을 소결하는 작업이나 코크스를 만드는 공정 또한 제선공정의 넓은 의미에 포함된다. 철광석은 보통 30~70% 정도의 Fe를 함유하고 그 외에 S, P, Cu 등을 포함하고 있다. 철광석의 품질을 최적으로 유지하기 위하여 입자를 고르게 하는 철광석 소결작업이 필요하다. 또한 석탄을 코크스로에서 1,000~1,300℃ 정도로 가열하면 환원제인 코크스가 만들어진다. 코크스는 고로(高爐)에 철광석과 함께 투입되며 철광석을 가열하는 역할과 동시에 철광석에서 산소와 결합하고 있는 Fe를 분리시키는 환원제의 역할을 하게 된다. 그림 1-5에서와 같이 고로의 내부에 철광석과 코크스, 석회석을 넣고 고로의 아랫부분으로부터 열풍을 불어주면 코크스가 열원 역할을 하면서 일산화탄소(CO)를 발생시키게 된다. 일산화탄소는 철광석 내의 산소를 환원시키게 되고 액체선철이 고로의 아랫부분에 고이게 된다. 고로에 장입된 철광석이 1,500℃ 정도의 액체선철이 되기까지는 5~6시간 정도 소요된다. 액체선철을 만드는 고로는 문자 그대로 높게 우뚝 솟은 노(爐)를 말한다. 고로의 높이는 40~50m 정도이고 주위의 부수적인 장비까지 합치면 100m가 넘는다. 고로의 외부는 두꺼운 철로 되어 있고 내부는 내화물로 구성되어 있다.

고로에서 생산된 액체선철(용선)은 다량의 C와 P, S와 같은 불순물이 많이 포함되어 있기 때문에 부서지기 쉽다. 그러므로 주물로 이용은 가능하지만 가공은 어렵다. 그래서 제강공정을 통해서 단단한 강(steel)을 만들어 가공을 한다. 제강공정은 크게 용선예비처리, 전로제강, 2차정련으로 나눌 수 있다. 용선예비처리를 통해서

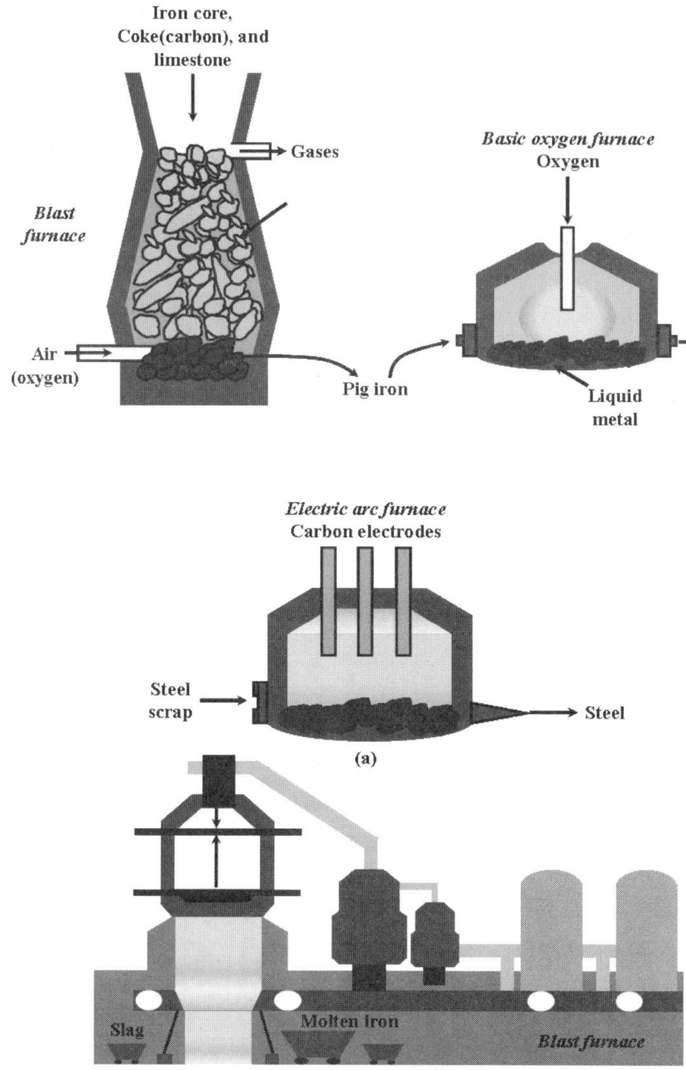

Produces molten pig iron form iron ore

(b)

** 그림 1-5 ▌ 제선공정 및 제강공정

P, S를 제거하고 전로제강에서 고순도의 산소가스를 불어넣어 용선 내의 탄소를 줄인다. 이후에 2차정련에서 최종 제품의 품질에 맞게 제어하는 공정이다.

2차정련까지 마친 강은 연속주조 공정을 통하여 슬라브(slab), 빌렛(billet) 또는 블룸(bloom)으로 제작하고, 이는 다시 용도에 따라 열간/냉간 스트립(strip), 코일(coil), 바(bar), 로드(rods) 형태로 세분하여 만들어진다.

1.1.3 탄소강의 종류 및 성질

강은 산업 전반에 유용하게 쓰이면서 매우 다양한 조성의 강이 만들어지고 있다. 강의 종류와 명명을 일반화하기 위하여 주요 합금원소와 탄소의 함유량에 따라 국제적인 표기 시스템이 생겨났다. 대표적으로 표 1-1과 같이 AISI(American Iron and Steel Institute) 분류 시스템이 있다. AISI는 숫자 4자리로 강의 합금원소와 탄소의 함량을 나타내는데, 예를 들어 0.20%의 탄소를 함유한 보통탄소강은 1020으로 나타내어 앞 2자리는 주요 합금원소를 표현하고 뒤 2자리는 탄소의 함유량을 표기한다.

** 표 1-1 ▌ AISI의 강의 명칭 표기 예시

AISI-SAE Number	%C	%Mn	%Si	%Ni	%Cr	Others
1020	0.18-0.23	0.30-0.60				
1080	0.75-0.88	0.60-0.90				
1140	0.37-0.44	0.70-1.00				0.08-0.13% S
4140	0.38-0.43	0.75-1.00	0.15-0.30		0.80-1.10	0.15-0.25% Mo
4620	0.17-0.22	0.45-0.65	0.15-0.30	1.65-2.00		0.20-0.30% Mo
52100	0.98-1.10	0.25-0.45	0.15-0.30		1.30-1.60	

탄소강은 탄소의 함유량에 따라서 나눌 수 있다. 일반적으로 탄소강은 탄소의 함유량이 2% 이내이고, 그외 함유물로 Si가 0.6%, Cu 0.6%, Mn 1.65% 이내의 강을 말한다. 그리고 적용분야나 용도에 의해 탄소의 농도를 조절하여 사용한다. 탄소의 함유량을 0.03% 이하로 떨어뜨린 것을 극저탄소강(ultra-low carbon steels)이라 하고, 이보다 더 적은 함유량(0.005% 이내)의 탄소를 가진 강은 탈탄소강(decarburized steels)이라 한다. 그리고 일반적으로 강이 함유하고 있는 탄소량이 많을수록 단단하지만 취성이 강해진다. 차체의 경우는 성형성이 우수해야 하고 자동차에 적용되는 만큼 안전성이 보장되는 강도를 갖고 있어야 한다. 그러므로 탄소함유량을 0.04~0.15%의 저탄소강(low-carbon steels)을 만들어서 차체에 적용한다. 빌딩이나 파이프 등에 사용되는 연강(mild steels)은 0.15~0.3%의 탄소를 포함하여 충분한 강도를 보장한다. 0.3~0.6%의 중탄소강(medium-carbon steels)은 기계부품에 주로 쓰이고, 고탄소강(high-carbon steels)은 0.6% 이상의 탄소함유량을 가지며 철로나 자동차 휠 등 고강도를 요구하는 곳에 잘 쓰인다. 그리고 탄소함유량이 2.11% 이상이 되면 주철(cast iron)이라 부른다.

최근 환경문제가 대두되면서 탄소강에도 친환경을 중시한 강들이 만들어진다. 이러한 강들을 통칭하여 Green steel이라고 하며 인체나 환경에 유해한 S나 Pb를 Sn, Sb와 같은 합금원소로 대체함으로써 용접성이나 기계가공성을 유지할 수 있도록 개발된다.

보통탄소강에 몇가지 원소를 첨가하여 합금화시켜서 강의 특성을 향상시키는데 이것을 합금강이라고 한다. 합금강은 보통 5%의 합금량을 기준으로 만들어지고 그 이하를 저합금강, 그 이상을 고합금강이라 말한다. 합금강의 가장 중요한 목적 중의 하나는 경화능(hardenability) 향상이다. 경화능이란 강의 급냉 시에 미세조직이 마르텐사이트로 변하기 쉬운 정도를 나타낸다. 경화능이 클수록 냉각속도가 늦어도 마르텐사이트가 쉽게 형성된다. 합금화를 통하여 강의 경화능이 상승하면 경화시킬 수 있는 시편의 깊이가 늘어나고 기계적 성질이 개선된다. 그리고 저온이나 고온에서의 강의 특성변화를 줄여서 기계적 성질을 개선하고 내식성, 내마모성 등 제품의 사용처에 따라 특정 합금원소를 첨가함으로써 강의 특성을 향상시킬 수 있다.

1.1.4 탄소강의 평형상태도

보통탄소강은 다른 합금원소 및 불순물이 존재하지만 Fe-C의 영향이 지배적이므로 다른 합금원소의 영향을 제외하고 2원계의 합금으로 취급하는 것이 일반적이다. 6.67%까지의 탄소를 함유한 Fe-C 합금을 냉각하였을 때 그림 1-6과 같은 평형상태도가 얻어진다. 상태도는 1기압을 기준으로 하여 온도와 합금 조성에 따라 안정한 상(phase)들이 존재하는 영역을 표시한 지도이다. 그리고 평형상태도는 평형상태를 가정할 수 있을 정도의 충분히 느린 냉각시간을 제공하여 얻은 상태도를 의미한다. C가 흑연으로 존재하는 것보다 금속간화합물인 Fe_3C로 존재하여 준안정한 상태가 되기 때문에 진정한 평형상태도라고는 할 수 없다.

Fe-Fe_3C 상태도에는 4개의 고체상(solid phase)이 존재한다. α-ferrite는 α-철에 소량의 탄소가 고용된 것으로 결정구조는 BCC 구조로 탄소가 0%가 되면 α-철이 된다. 상태도상에서도 알 수 있듯이 α-ferrite에는 탄소의 고용 한도가 매우 작다. 탄소의 최대 고용도는 727℃에서 0.02%이다. γ-철에 소량의 탄소가 고용된 것을 오스테나이트(austenite)라고 한다. 오스테나이트의 탄소 최대 고용도는 1,146℃에서 2.1%이다. 결정구조는 FCC이고 페라이트에 비해 더 많은 탄소를 고용할 수 있다. 탄소원자는 페라이트와 같이 격자사이에 고용되나 FCC의 격자사이 공간이 더 크기 때문

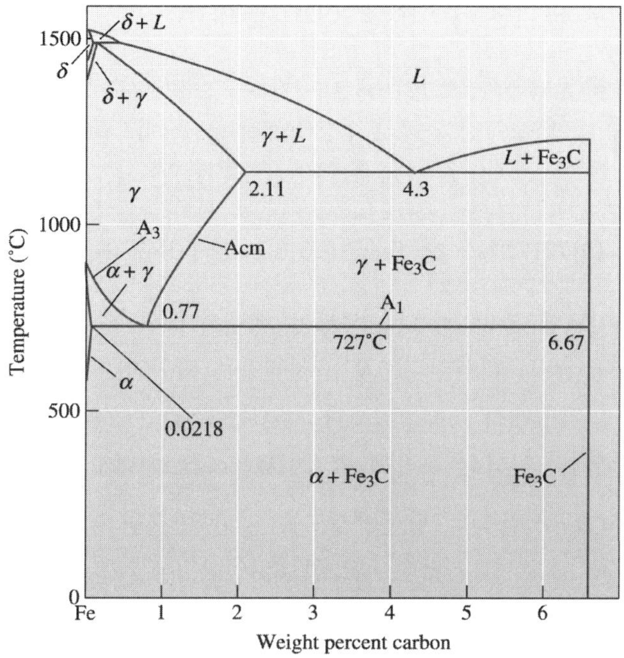

** 그림 1-6 ▌ Fe-Fe_3C 준안정상태도

이다. 오스테나이트와 페라이트의 탄소고용도 차이 때문에 강재를 경화시킬 수 있다. 세멘타이트(cementite)는 금속간화합물 Fe_3C를 말한다. 준안정상태도의 가장 우측부분의 조성(6.67%C + 93.3%Fe)을 갖고 있고 사방정 구조(orthorhombic)를 갖는다. δ-철이 탄소를 고용하면 δ-ferrite가 된다. 결정 구조는 α-ferrite와 같이 BCC 구조이나 격자상수가 다르다. δ-ferrite의 탄소 최대 고용도는 1,492℃에서 0.09%이다.

순철은 1,539℃에서 응고하여 실온까지 냉각하는 동안 A4, A3, A2 변태를 일으킨다. 표 1-2에서와 같이 상변화와 자성변화를 일으키며 냉각과 가열에 따른 상변태 온도는 약간의 차이가 있다.

** 표 1-2 ▌ 순철의 변태 온도

냉각			가열		
온도(℃)	변태	상변화	온도(℃)	변태	상변화
1401	Ar4	$\delta \rightarrow \gamma$	1410	Ac4	$\gamma \rightarrow \delta$
898	Ar3	$\gamma \rightarrow \alpha$	910	Ac3	$\alpha \rightarrow \gamma$
768	Ar2	약자성 → 강자성	768	Ac2	강자성 → 강약성

1.1.5 탄소강의 공석반응(eutectoid reaction)

보통탄소강은 공석점을 경계로 탄소함유량이 0.77% 이하를 아공석강(hypoeutectoid steel), 0.77% 이상을 과공석강(hypereutectoid steel)으로 분류한다. 공석반응점에서의 반응식은 식 (1.1)과 같다.

$$\gamma(0.77\%C) \rightarrow \alpha\text{-ferrite}(0.02\%C) + Fe_3C(6.67\%C) \qquad (1.1)$$

오스테나이트에 있는 탄소는 대부분 세멘타이트(Fe_3C)로 확산되고 대부분의 Fe 원자는 α-ferrite로 확산한다. 각 구성원자는 확산거리가 짧은 쪽으로 확산하여 재배치된다. 이 과정에서 α-ferrite와 Fe_3C는 그림 1-7과 같이 얇은 판상이나 층상 구조로 배열된다. 이러한 조직을 펄라이트(pearlite)라고 한다.

합금 조성, 공석반응과 평형상태도를 알고 있으면 강재를 구성하는 미세조직의 분율을 Lever law를 사용하여 예측할 수 있다. 예를 들면 0.77%의 탄소를 함유한 펄라이트의 α-ferrite와 Fe_3C를 구해보면 식 (1.2)와 같다.

$$\begin{aligned} \%\alpha &= \frac{6.67-0.77}{6.67-0.0218}\times 100 = 88.7\% \\ \%Fe_3C &= \frac{0.77-0.0218}{6.67-0.0218}\times 100 = 11.3\% \end{aligned} \qquad (1.2)$$

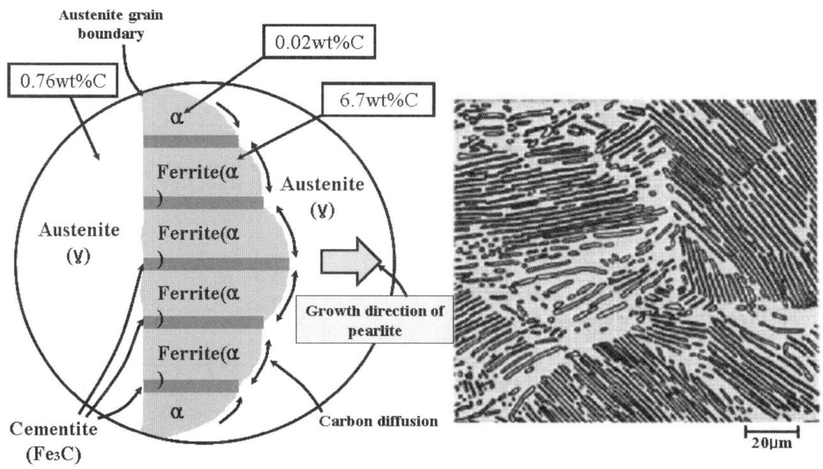

** 그림 1-7 ▌ 오스테나이트에서 펄라이트 변태 메커니즘의 도식적인 모양과 공석강의 미세조직(pearlite)

즉, 페라이트 88.7%와 세멘타이트 11.3%로 계산되어진다.

공석반응점을 주위로 초기 미세조직의 구성 성분을 살펴보면 0.77%보다 더 적은 탄소함유량을 가진 부분을 충분히 900℃ 이상으로 가열하게 되면 그림 1-8의 상태도에서 볼 수 있듯이 강의 모든 부분이 오스테나이트 조직으로 바뀌게 된다. 이후에 서서히 냉각시키게 되면 초석페라이트(proeutectioid ferrite)가 오스테나이트의 결정립계를 중심으로 핵생성하기 시작한다. 초석페라이트는 탄소를 오스테나이트-페라이트의 계면으로 확산시키면서 성장한다. 이후 계속 냉각을 시키다가 727℃에서 오스테나이트가 공석반응을 일으켜 페라이트와 세멘타이트로 상변태하게 된다. 이로 인해 오스테나이트는 펄라이트로 변하게 되고 초석페라이트와 구분하기 위해 공석반응으로 생긴 펄라이트 내부의 페라이트를 공석페라이트(eutectoid ferrite)라 부른다.

반대로 0.77%보다 많은 양의 탄소를 함유한 과공석강을 역시 모든 조직이 오스테나이트가 될 때까지 가열한 이후에 서서히 냉각시키면 오스테나이트 결정립계를 핵생성 사이트로 하여 Fe_3C(세멘타이트)가 생성된다. 초석세멘타이트(proeutectoid cementite)는 냉각이 진행될수록 오스테나이트의 탄소를 흡수하면서 계속 성장한다. 이후 727℃에서 공석반응을 일으켜서 오스테나이트는 페라이트와 세멘타이트의 층상조직인 펄라이트로 변태하게 된다. 공석반응으로 생긴 펄라이트 내부의 세멘타이트는 공석세멘타이트(eutectoid cementite)라 부른다.

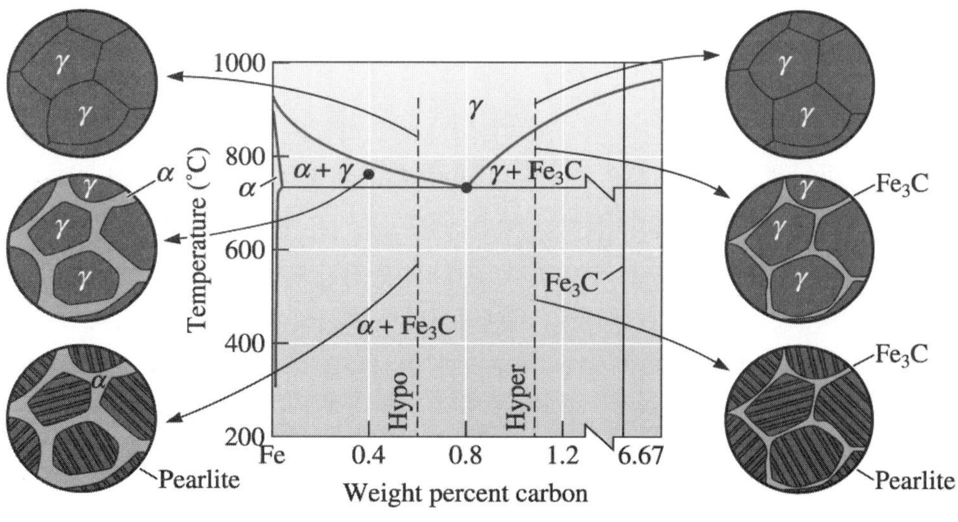

** 그림 1-8 ▌ 아공석강과 과공석강의 냉각에 따른 미세조직 모식도

아공석강이나 과공석강 역시 Lever law를 이용해서 페라이트와 세멘타이트의 분율을 구할 수 있다. 0.6%C 아공석강의 페라이트와 세멘타이트 분율을 예로 들면 식 (1.3)과 같다. 공석반응 온도 727℃에서

$$\alpha(0.0218\%C)=\frac{6.67-0.6}{6.67-0.0218}\times 100=91.3\%$$
$$Fe_3C(6.67\%C)=\frac{0.6-0.0218}{6.67-0.0218}\times 100=8.7\% \tag{1.3}$$

페라이트 91.3%와 세멘타이트 8.7%로 계산되어진다.

또 초석페라이트와 펄라이트의 분율은 식 (1.4)와 같다.

$$primary\ \alpha(0.0218\%C)=\frac{0.77-0.6}{0.77-0.0218}\times 100=22.7\%$$
$$Austenite\ just\ above\ 727℃ = pearlite(0.77\%C) \tag{1.4}$$
$$\%\ pealite(0.77\%C)=\frac{0.6-0.0218}{0.77-0.0218}\times 100=77.3\%$$

초석페라이트 22.7%와 펄라이트 77.3%로 계산되어진다.

공석반응 온도에서의 오스테나이트는 모두 펄라이트가 되므로 펄라이트의 분율을 쉽게 계산할 수 있다.

1.1.6 탄소강의 기계적 성질

표 1-3은 미세조직의 종류에 따른 기계적 성질을 나타낸다. 탄소를 가장 작게 가진 BCC 페라이트 조직은 연신율이 40% 정도로 높지만 인장강도와 경도는 낮은 편이다. 탄소가 가장 많이 들어간 세멘타이트 조직은 경도가 800HB로 매우 높지만 연신율이 거의 0일 정도로 취약하다. 따라서 인장강도가 페라이트 조직보다도 낮은 값을 가진다. 반면에 페라이트와 세멘타이트가 혼합되어 있는 펄라이트 조직은 페라이트와 세멘타이트 조직의 중간 경도값과 연신율을 가지면서 매우 높은 인장강도값을 가지는 것을 알 수 있다.

** 표 1-3 ▌ 탄소강의 미세조직에 따른 기계적 성질

조직 성질	Ferrite	Pearlite	Cementite
인장강도(kg/mm^2)	35	90	3.5
연신율(%)	40	10	0
경도(HB)	80	200	800
결정 구조	BCC(α 고용체)	α 고용체 + Fe_3C	금속간화합물(Fe_3C)

그림 1-9는 탄소량에 따른 미세조직의 종류와 기계적 성질을 나타낸다. 탄소량이 증가하면서 페라이트 분율은 감소하고 펄라이트 분율은 증가하며, 동시에 연신율은 감소하고 인장강도와 경도는 증가하는 것을 알 수 있다. 초석세멘타이트가 생성되는 0.77%C 이상에서 경도는 계속 증가하지만 인장강도가 감소한다. 이것은 경도가 높은 세멘타이트가 많다고 해서 반드시 인장강도가 높은 것이 아니라 경질조직과 연질조직의 최적 혼합률이 존재함을 의미한다.

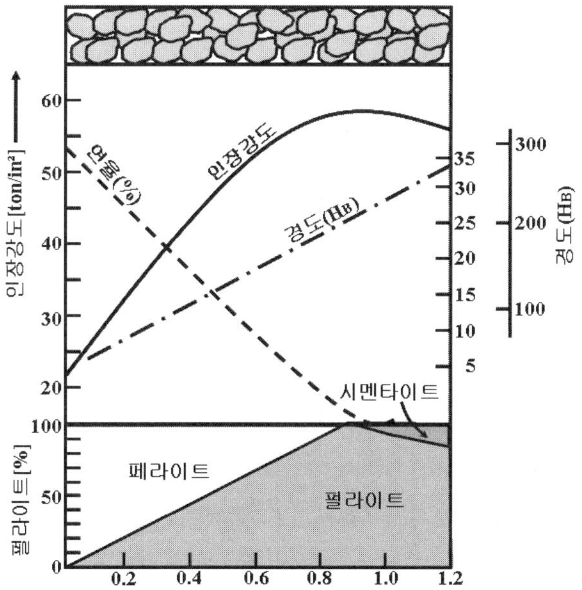

** 그림 1-9 ▌ 탄소량에 따른 탄소강의 미세조직과 기계적 성질

1.1.7 가열 및 냉각에 따른 상변태 거동

이전에 언급한 것은 공석강의 조직을 모두 오스테나이트화 시킨 후 느린 속도로 냉각시킨 상황에서의 조직 변화를 설명하였다. 따라서 페라이트 세멘타이트 펄라이트 등의 미세조직은 평형상태도상에 존재한다. 그러나 공석강을 오스테나이트화 시킨 후 빠른 속도로 급냉시키면서 어느 특정 온도에서 등온 유지하게 되면 평형상태도를 통하여 예측한 미세조직의 분율과 다른 상분율이 나타나고, 상태도에 존재하지 않는 비평형 상변화가 발생하기도 한다. 탄소강을 A_3 또는 A_{CM} 온도 이상에서 가열하여 모두 오스테나이트 조직을 갖도록 만든다. 그 이후 공석온도 이하의 로(furnace)에 넣어 급격하게 온도를 떨어뜨린다. 이러한 실험을 다양한 로온도에서 수행하고 이것을 토대로 만든 미세조직 분율 그래프가 항온변태곡선이라 불리는 TTT(Time-Temperature-Transformation) diagram이다.

공석강의 항온변태곡선을 그림 1-10에 나타내었다. 공석강을 모두 오스테나이트 조직으로 만든 후 공석온도부터 550℃까지 사이에서 항온 변태시키면 오스테나이트는 모두 펄라이트로 변태한다. 공석온도 근처에서는 조대화된 펄라이트(coarse

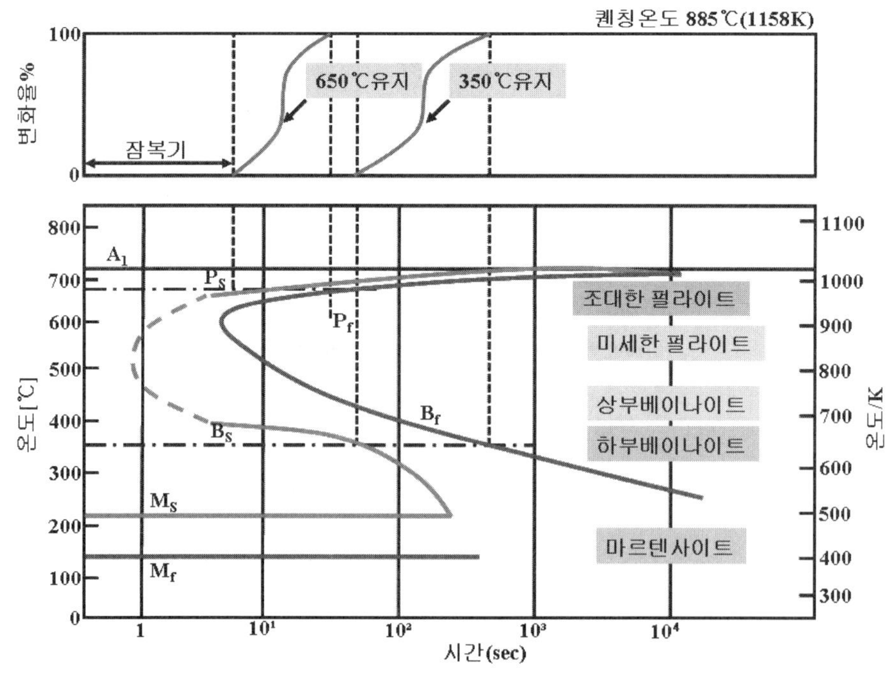

** 그림 1-10 ▌ 공석강의 항온변태곡선(S곡선)

pearlite)가 생성되고 더 낮은 온도에서 담금질할수록 펄라이트가 성장하지 못하고 미세한 펄라이트(fine pearlite)가 생성된다. 하지만 상온까지 담금질시키면 준안정상(metastable phase)인 마르텐사이트(martensite)가 형성된다. 마르텐사이트는 γ-오스테나이트에 많이 존재하던 탄소가 급냉되면서 α-페라이트로 변태되지만 탄소가 미처 빠져 나가지 못해 과포화되어 형성되는 고용체이다. 250℃와 550℃사이의 온도로 담금질하고 항온 변태시키면 마르텐사이트와 펄라이트의 중간적 형태의 조직인 베이나이트(bainite)가 생성된다. 상이 존재하는 온도 구역은 탄소강의 탄소량과 합금조성에 따라 변하고, 경화능(hardenability)과도 연관성이 있다. 경화능이 높은 합금일수록 베이나이트 또는 마르텐사이트 조직을 얻을 수 있기 쉬워야 한다.

재료의 경화능을 측정하기 위하여 조미니 시험(Jominy test)이 널리 사용된다. 조미니 시험은 그림 1-11과 같이 재료 전체를 가열하여 오스테나이트화 시킨 후 한쪽 끝에 물을 분사하여 급냉시키는 방법을 사용한다. 따라서 물이 분사된 부분은 빠른 냉각속도를 가지고 시편을 고정시킨 안쪽으로 들어갈수록 냉각속도가 느려진다. 따라서 하나의 시편으로 여러 냉각속도에서의 미세조직과 경도값을 구할 수 있다. 조미니 시험을 통하여 항온변태가 아닌 연속냉각변태(CCT, Continuous Cooling Transformation)곡선을 제작할 수 있다. 또한 합금성분에 따라 경화능을 비교할 수도 있다.

예를 들면 그림 1-12에서와 같이 4340 강재는 높은 경화능을 가지고 조미니 거리에 따라 거의 평평한 곡선을 가진다. 그러나 합금 성분이 적은 보통탄소강 1050 강재의 경우 경화능 곡선이 조미니 거리에 따라 급격히 감소하는 것을 알 수 있다.

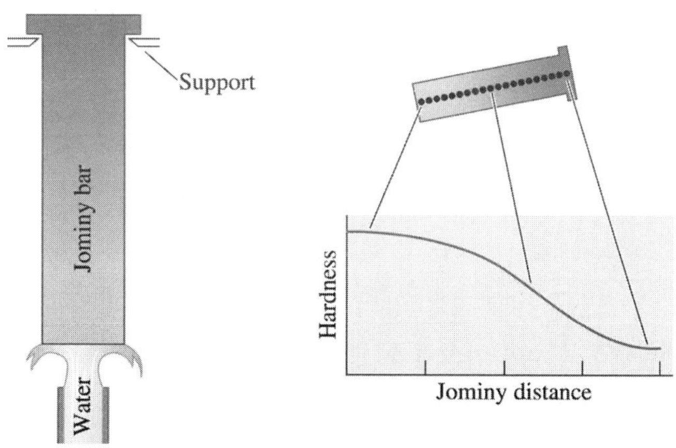

** 그림 1-11 ▌ 조미니 시험의 모식도

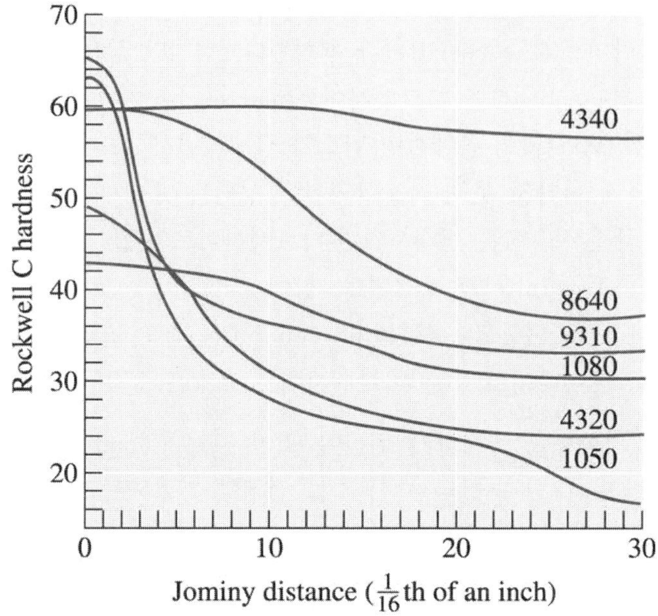

** 그림 1-12 ▌ 조미니 시험에 의한 강재들의 경화능 비교도

1.1.8 베이나이트 상변태

오스테나이트-베이나이트 변태는 펄라이트로의 변태와 같은 핵생성 및 성장의 특성과 마르텐사이트로의 비확산 변태 특성을 동시에 나타낸다. 베이나이트는 담금질 온도에 따라 약 550~350℃에서 생성되는 상부 베이나이트(upper bainite)와 약 350~250℃에서 생성되는 하부 베이나이트(lower bainite)로 나누어진다. 550~350℃의 항온 변태에서 생성되는 상부 베이나이트는 펄라이트와 마찬가지로 페라이트와 세멘타이트의 2상 조직으로 이루어져 있다(그림 1-13). 펄라이트의 조직이 층상인 반면 상부 베이나이트는 독립적으로 생성된 페라이트와 세멘타이트가 가지(lath) 형상으로 되어 있다. 세멘타이트는 페라이트-오스테나이트의 경계면에서 핵생성된다. 이는 페라이트 핵생성에 따른 탄소 방출과 탄소가 과포화 되어 있는 오스테나이트 경계면에 가장 많은 양의 탄소가 집적되어 있기 때문이다. 따라서 페라이트와 세멘타이트는 독립적으로 핵생성하여 오스테나이트에서의 탄소 확산에 따라 생성속도가 달라진다.

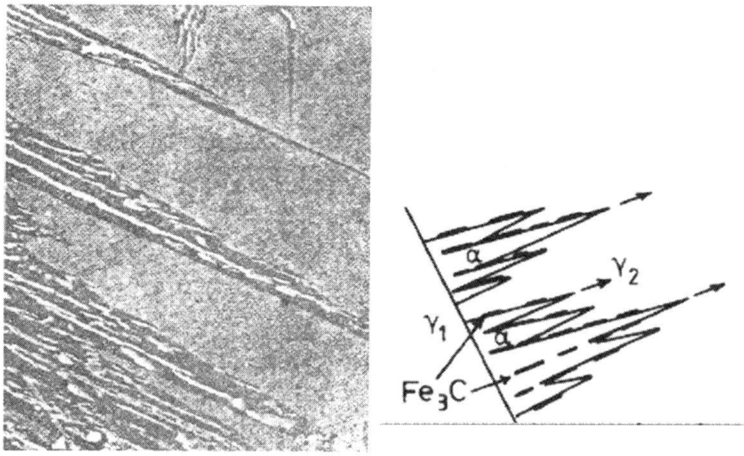

**그림 1-13 ▌ 상부 베이나이트 조직사진 및 성장 모식도(Modified from Porter's reference[2])

하부 베이나이트는 약 350~250℃의 항온변태온도에서 나타나고 상부 베이나이트와 다른 모양을 하고 있다(그림 1-14). 상부 베이나이트의 생성 온도보다 낮은 온도에서 생성되므로 확산 속도가 낮아서 세멘타이트가 페라이트 내부에서 석출된다. 페라이트 내에서 생성되는 세멘타이트는 특정 방위로 성장하는데, 페라이트 장축을 기준으로 약 55도 방위로 배향된다. 이처럼 하부 베이나이트는 오스테나이트가 과포화 된 페라이트로 먼저 생성되고 그 내부에서 세멘타이트가 석출하게 되는 것이다.

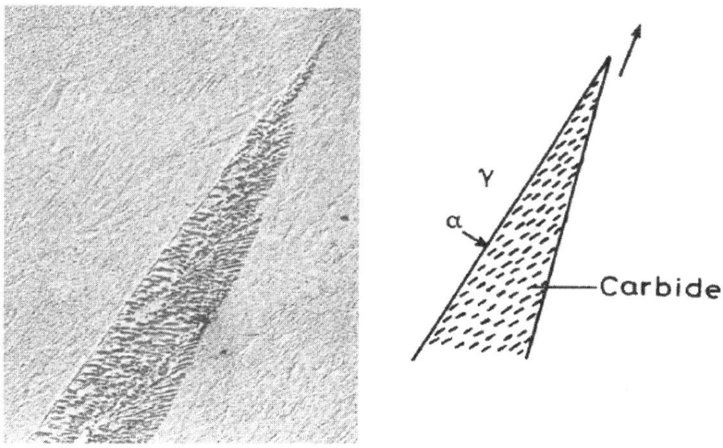

**그림 1-14 ▌ 하부 베이나이트 조직사진 및 성장 모식도(Modified from Porter's reference[2])

1.1.9 마르텐사이트 상변태

베이나이트가 생성되는 온도보다 더 낮은 온도에서는 준안정상인 마르텐사이트(martensite)가 생성된다. 마르텐사이트는 α-페라이트에 탄소가 과포화 된 상태로 비확산 변태에 의해 강을 경화시키는 조직이다(그림 1-15). 보통탄소강을 마르텐사이트 생성시작 온도인 M_s 이하로 떨어뜨리면 탄소 함유량 0.6% 이내의 탄소강은 주로 가지 마르텐사이트를 형성하고 탄소함유량이 1.0% 이상의 탄소강은 주로 판상 마르텐사이트를 형성한다. 0.6~1.0%에서는 두 가지 형태의 마르텐사이트가 동시에 나타난다. 마르텐사이트는 BCT(Body Centered Tetragonal) 구조를 갖고 있다. 앞에서 마르텐사이트는 α-ferrite에 탄소가 과포화 되어 이루어졌다고 했는데, 페라이트가 BCC 구조를 가지고 탄소 원자가 고용될 수 있는 공간이 매우 작으므로 과포화 되기 위해서 구조가 일그러져서 마르텐사이트는 BCT 구조를 이루게 된다. 저탄소 가지 마르텐사이트는 같은 구역의 가지가 거의 같은 방위로 규칙적으로 배열되어 있음을 볼 수 있다. 모상인 오스테나이트에서 생성된 마르텐사이트의 선단이 오스테나이트의 전 영역으로 전파되면서 마르텐사이트가 변태하기 때문이다. 저탄소강의 마르텐사이트와는 달리 고탄소강의 마르텐사이트는 판상으로 이루어져 있고 오스테나이트 안의 특정한 면에서 독립적으로 생성된다. 고탄소강이므로 판상의 마르텐사이트와 많은 잔류 오스테나이트가 존재하게 된다.

** 그림 1-15 ▍ 저탄소, 중탄소강에서의 마르텐사이트(Adopted from Porter's reference[2])

1.2 철강재료의 강화 기구

재료 내부에는 다양한 결함이 존재한다. 기본 형태에 따라 점결함(point defect), 선결함(line defect), 표면결함(surface defect)으로 나눌 수 있다. 이들은 원자배열 상에서 나타나는 결함으로서 재료의 기계, 물리적 성질에 중요한 역할을 수행한다. 따라서 이들 결함은 과학자의 의도에 따라 조절하거나 만들어지는 경우도 있다. 이 중에서 전위(dislocation)는 대표적인 선결함으로 금속의 강도 특성을 이해하는 데 매우 중요한 개념이다.

전위는 크게 나사전위(screw dislocation)와 칼날전위(edge dislocation)로 나누어진다. 나사전위는 결정이 축을 따라 비틀어진 모양을 하고 있다(그림 1-16). 축을 중심으로 특정원자에서 시작하여 루프(loop)를 만들면 축(나사전위)과 평행인 방향으로 한 칸이 밀리게 된다. 이것을 버거스 벡터(burgers vector)라고 한다. 칼날전위는 축과 같은 방향으로 잉여원자면(extra half plane)이 생기고 그 면을 다른 부분의 원자들이 채우는 방법으로 구성되어 있다. 나사전위와 같이 축을 중심으로 루프를 만들면 버거스 벡터의 방향이 축과 수직한 관계에 놓여있는 것을 알 수 있다.

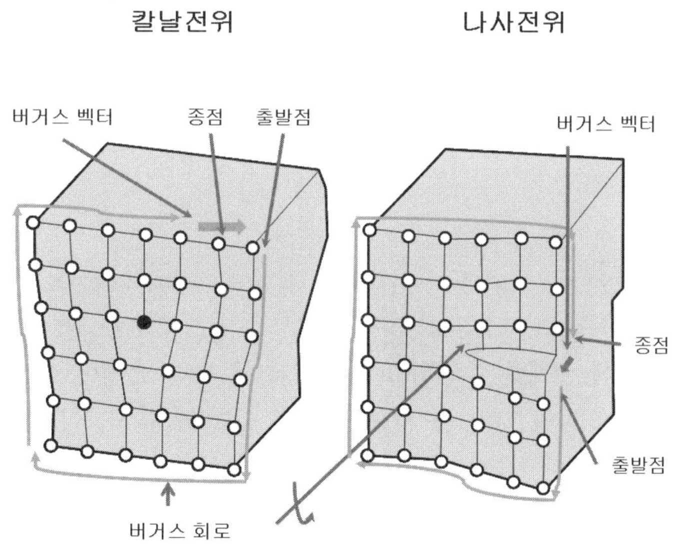

**그림 1-16 ▌ 칼날전위와 나사전위 모식도

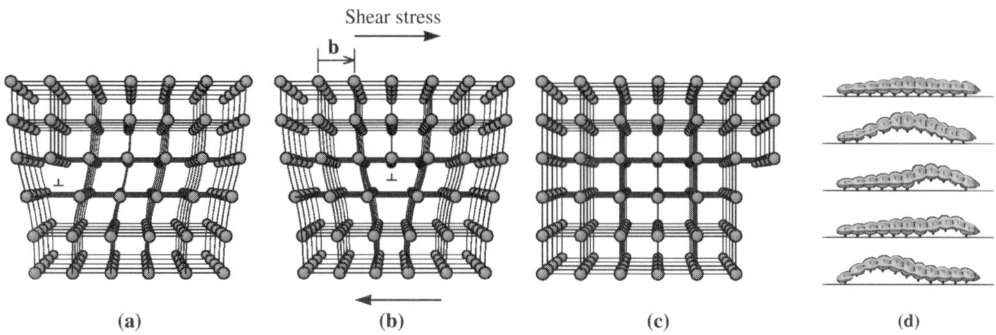

**그림 1-17 ▌ 전단응력에 대한 칼날전위의 이동 모식도. 전위의 이동은 지렁이의 움직임에 비유된다.

재료의 변형이 일어나는 메커니즘을 이해하기 위해서는 전위의 움직임, 즉 slip 시스템에 대한 이해가 필요하다. 버거스 벡터 방향으로 전단응력이 작용되면 전위의 이동이 시작된다. 전단응력이 전위가 원자결합을 끊을 정도로 클 경우에 전위는 응력의 방향으로 원자결합을 끊게 되고 잘린 면은 다른 원자면과 결합하기 위해서 이동한다. 이러한 과정이 연속적으로 일어나게 되고 전위는 결정을 통해서 이동하게 된다(그림 1-17). 전위가 이동함에 따라 결정은 변형되고 전위가 계속적으로 같은 경로를 통해 이동하게 되면 변형의 최종인 파단이 일어나게 된다. 이처럼 전위의 이동에 의해 재료가 변형되는 것을 슬립(slip)이라고 한다. 칼날전위는 버거스 벡터의 방향으로 슬립이 일어나고 나사전위는 버거스 벡터의 수직방향으로 슬립면이 형성된다. 결론적으로 슬립이 일어나기 쉬운 재료는 전위의 이동이 쉽고 작은 응력에도 변형이 잘 일어난다.

1.2.1 가공경화

금속의 항복강도 이상의 응력이 가해지게 되면 전위는 증식되면서 움직이게 된다. 금속은 내부에 존재하는 전위(dislocation)에 의해 슬립이 발생하고 재료의 강도가 결정된다. 대표적인 전위 증식기구는 그림 1-18에서와 같이 Frank-Read source로써 설명할 수 있다. 슬립면 위를 이동하는 전위는 계면이나 석출물 그 외의 장애물을 만나서 고착되어 움직이기 힘들어진다. 연속된 응력이 작용하면 전위는 응력의 방향으로 휘어져서 늘어나게 되고 결국 그림과 같이 원형의 전위루프를 형성하면서 증식하게 된다.

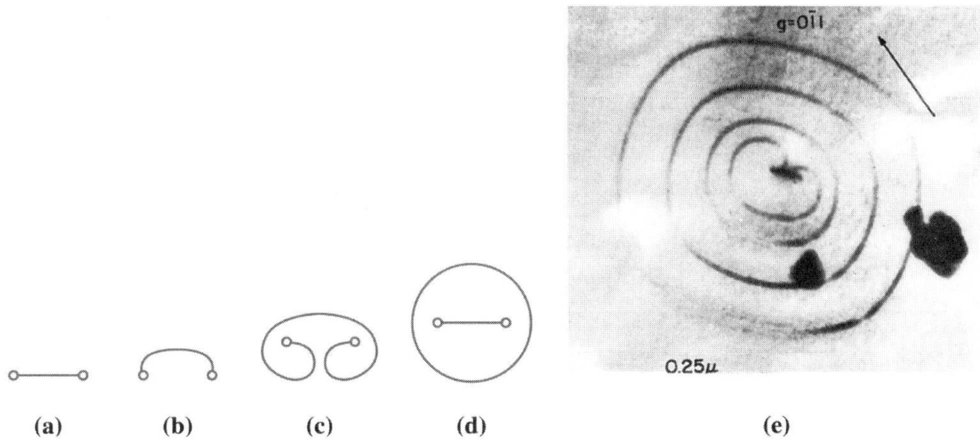

**그림 1-18 ▌ 전위 증식 모식도 및 Frank-Read source의 전자현미경 사진(Adapted from Brittain, J., "Climb Sources in Beta Prime-NiAl", Metallurgical Transactions, Vol. 6A, April 1975.)

이러한 기구를 이용한 것이 가공경화인데 금속에 항복강도 이상의 응력을 가하게 되면 재료는 영구변형이 된다. 다시 그 응력을 제거하면 약간의 탄성복원 현상 이후에 재료의 영구변형량이 남게 된다. 그림 1-19에서와 같이 다시 그 재료를 처음 가했던 그 이상의 응력을 가하면 그 이전에 가했던 응력만큼 항복응력이 증가한 것을 알 수 있다. 이러한 과정을 통해서 재료의 항복강도와 인장강도는 증가하게 되지만 금속의 연성은 점점 감소하게 된다(그림 1-20). 이러한 가공경화는 주로 금속에 사용되어지고 세라믹의 경우는 일반적으로 전위가 잘 움직이지 않고 기공이 존재하고 매우 취약한 재료이므로 가공경화가 사실상 불가능하다. 폴리머에 가공경화를 적용시키면 폴리머를 구성하고 있는 분자사슬이 가공되는 응력의 방향으로 정렬하게 되고 사슬의 축방향으로 강도가 상승함을 볼 수 있다.

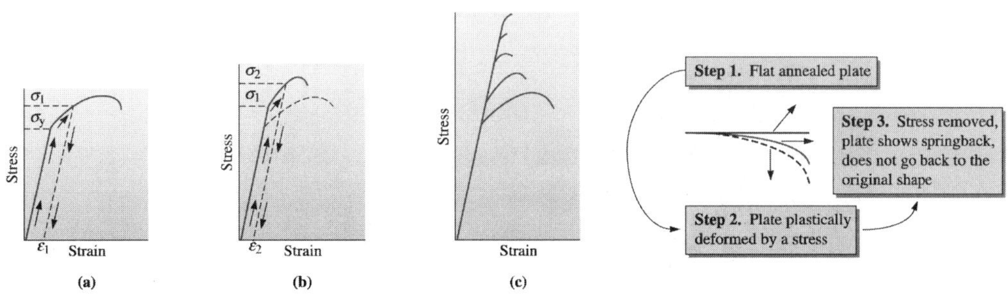

** 그림 1-19 ▌ 응력-변위 곡선을 통한 가공경화 순서도

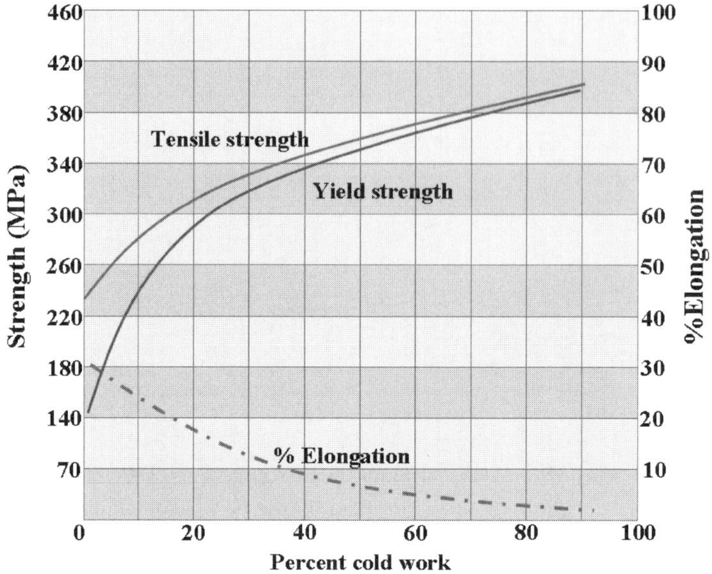

** 그림 1-20 ▍ 가공도에 따른 구리의 기계적 특성 변화

1.2.2 고용강화

금속의 강화기구 중에 대표적으로 고용강화를 들 수 있다. 고용강화는 한 가지 종류로 된 금속원자가 외부의 다른 금속원자에 의해서 치환 또는 침입을 통해 고용체를 이루어 강도가 증가하게 되는 것이다. 고용체는 화학적 구조적으로 균일성이 유지되는 영역으로서 고용체의 종류로는 2가지가 있다(그림 1-21). 치환형 고용체(substitutional solid solution)는 첨가되는 제2원소가 모상의 원자 자리를 바꾸면서 들어가게 된다. 그리고 침입형 고용체(interstitial solid solution)는 모상의 원자들 격자사이로 제2원소가 끼어 들어가게 된다.

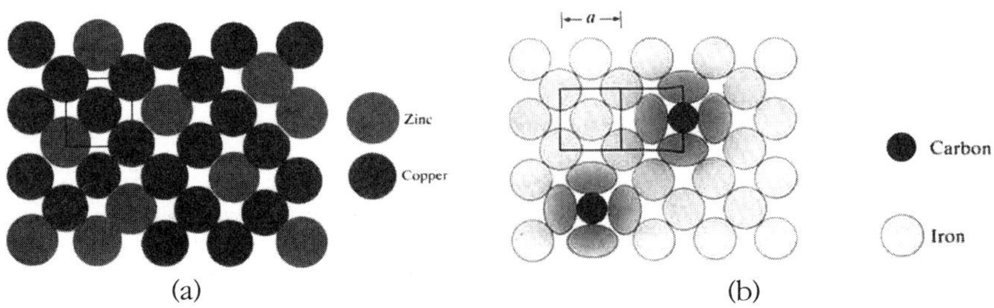

** 그림 1-21 ▍ 치환형 고용체(a)와 침입형 고용체(b)

이와 같이 고용체가 되었을 때 고용된 원자의 크기에 따라서 강화의 정도 및 특성이 달라진다. 고용된 원자와 모상의 원자의 크기 차이가 클수록 고용강화의 정도는 커진다. 이는 크기 차이가 커진 만큼 고용 위치 주변에 변형장(strain)이 많이 유발되고 찌그러지거나 변형된 격자의 변형장이 전위의 이동을 저지하기 때문이다. 이를 고용강화(solid-solution strengthening)라고 한다.

그림 1-22와 같이 고용강화 효과를 통하여 순수금속의 강도보다 합금의 강도가 더욱 증가되고 크리프에 대한 저항성이나 고온에서의 강도저하 특성도 향상된다. 그러나 대부분의 합금은 순수금속보다 연성과 전기전도도가 감소한다. 전기전도도는 순수금속보다 고용체로 인해 찌그러진 격자로 인해 전자의 산란이 심해져 전자의 움직임이 자유롭지 못하게 되기 때문이다. 고용강화 효과는 원자의 크기 차이가 큰 합금원소를 많은 양 포함시킬수록 증가한다. 그러나 합금원소의 양이 지나치게 많아 용해도를 넘으면 새로운 상을 형성하게 되고, 이에 따라 새로운 상과 계면이 전위의 이동을 방해하는 분산강화 효과를 동반하게 된다.

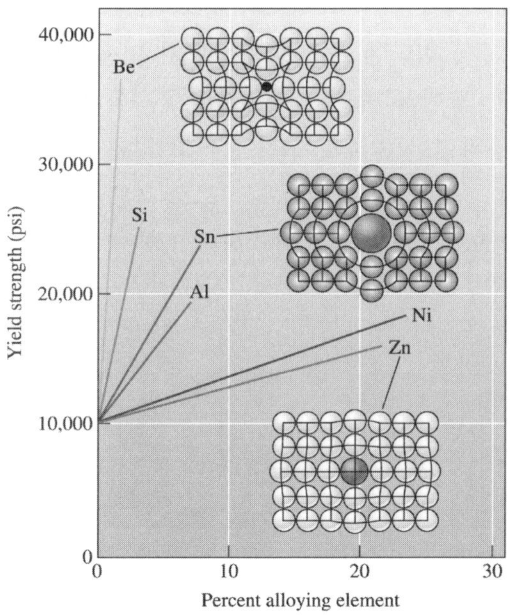

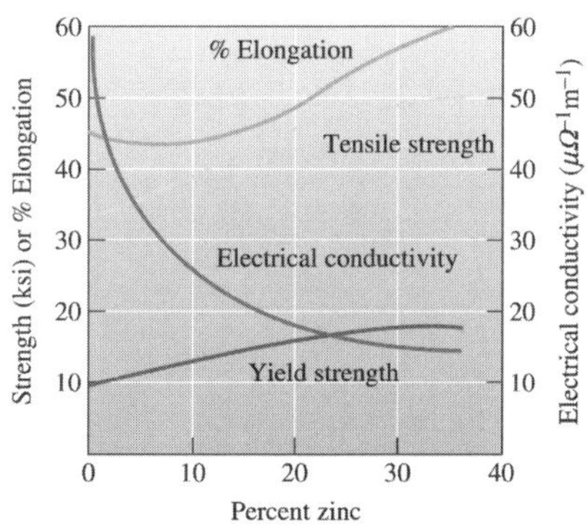

** 그림 1-22 ▌ 원자 크기와 solute의 양에 따른 고용강화 정도

1.2.3 분산강화(석출강화)

합금을 만들 때에 모상이 수용할 수 있는 첨가원소의 용해도가 초과하게 되면 2차상이 형성된다. 이것은 석출물이나 게재물의 형태로 존재하게 되는데, 이로 인해서 새로운 상이 생겨나고 그 계면이나 2차상의 존재로 인해 전위의 슬립변형을 방해하게 된다. 그로 인해 전위의 이동은 어렵게 되고 재료가 강화되는 것을 분산강화(dispersion strengthening)라 한다.

분산강화를 통해 특성을 상승시킨 합금강에는 대부분 한 개 이상의 상이 존재하게 된다. 기지(matrix)가 되는 상에 석출물이나 게재물인 2차상이 존재하게 되고 이러한 구성으로 전반적인 금속의 특성을 향상시킨다. 분산강화에 있어서 2차상의 형태와 양은 굉장히 중요한 역할을 한다. 그림 1-23에서 볼 수 있듯이 2차상은 충분한 강성을 갖고 불연속적으로 연한 성질의 기지에 둘러싸여 존재하는 것이 좋다. 미세크랙이 2차상 내부로 통과되더라도 기지와 석출물사이의 계면을 통해서 전파를 저지하기 때문이다. 그리고 원형의 석출물일수록 미세크랙의 전파를 막기가 좋다. 침상형에 비해 원형일수록 크랙의 응력을 분산시켜서 재료의 강도 상승에 영향을 미친다. 반면 침상형 석출물의 경우 침상의 첨단에 응력이 집중되어 미세크랙의 생성과 전파가 쉬워지므로 바람직하지 않다. 또한 석출물의 분율이 많을수록 분산강화 효과가 크고, 석출물의 분율이 같은 경우라면 석출물의 크기는 작고 많은 수가 분포할수록 전위의 이동이나 미세크랙의 전파를 방해하는 데 유효하므로 석출물의 크기는 작고 고르게 분포되어 있는 재료가 강도 증가에 더욱 유리하다.

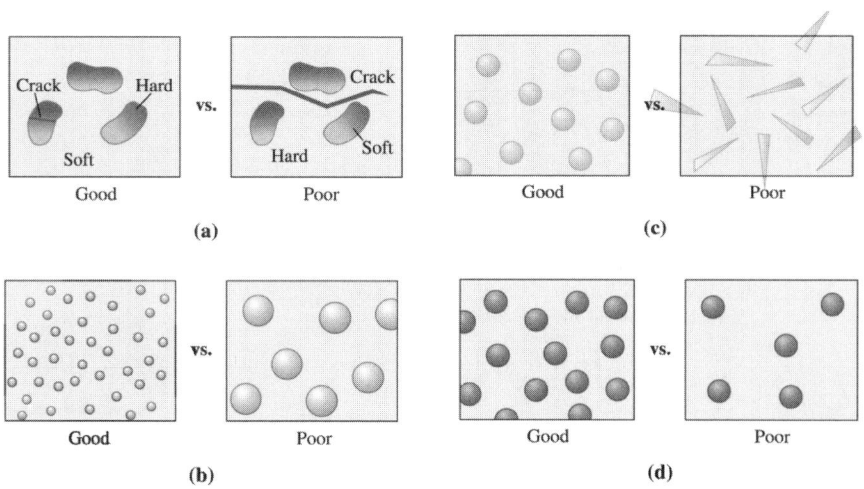

** 그림 1-23 ▌ 분산강화 적용시 고려사항(Adopted from Askland's reference[1])

1.2.4 결정립 미세화에 의한 강화

거의 모든 공업재료는 다결정체(polycrystalline)로 구성되어 있으므로 재료는 수많은 결정립(grain)으로 되어 있다. 결정립 내부의 원자는 동일한 방향으로 배향되어 있고 이웃의 다른 결정립과는 배향방향 또는 구조까지도 조금씩 다를 수 있다. 이러한 결정립을 구분 짓는 경계가 결정립계(grain boundary)이다. 상 계면이 분산강화에 미치는 역할과 비슷하게 결정립계도 전위의 이동을 방해하는 장애물의 역할을 하기 때문에 재료의 강도를 향상시킬 때 결정립 크기를 제어하는 것이 중요하다. 결정립 크기와 재료의 항복강도 사이의 관계식을 식 (1.5)에 나타내며 이를 Hall-Petch equation이라고 한다. 이를 통해서 이론적인 항복강도를 계산해낼 수 있다(그림 1-24).

$$\sigma_y = \sigma_0 + Kd^{-1/2} \tag{1.5}$$

σ_y는 계산된 항복강도이고 σ_0와 K는 금속의 상수이며 d는 결정립의 평균직경이다.

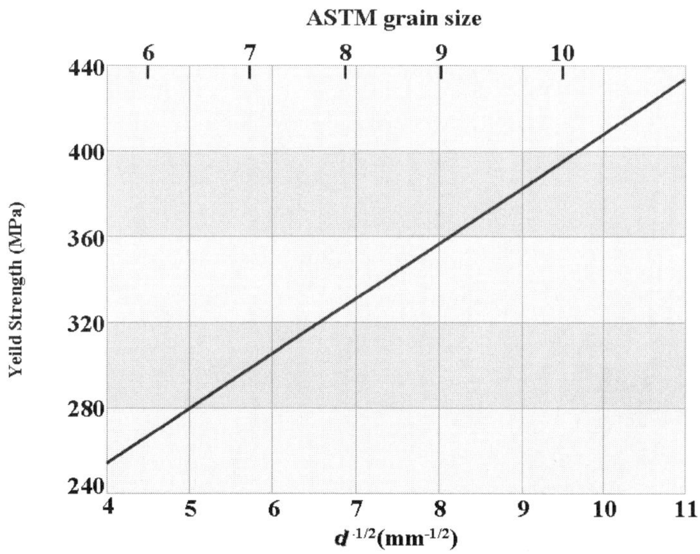

** 그림 1-24 ▌ 결정립 크기에 따른 강의 항복강도

memo

제 2 장

고효율 고강도 철강재료

2.1 고효율 고강도 철강재료의 특성

현대사회에서 산업이 발달함에 따라 고강도의 재료를 요구하는 필요성은 계속 증가하고 있다. 일반적으로 고강도강(high stregnth steel)은 210~550MPa 정도의 인장강도를 가진 강재를 말한다. 고강도강에서 가장 높은 강도를 가지는 HSLA강(High Strength Low Alloy steel)은 기존의 탄소강 또는 IF강(Interstial Free steel)보다 높은 인장강도를 가지지만 반대 급부적으로 연신율을 희생해야 했다. 따라서 그림 2-1에서와 같이 응력-변위곡선의 전체적인 경향은 바나나(banana) 형태를 닮았다고 하여 일명 바나나 곡선이라고도 불린다.

HSLA강보다 우수한 구조용 강재나 기타 부품소재에서의 고강도강 수요로 인해 첨단고강도강(AHSS, Advanced High Strength Steel)이 개발되었다. AHSS강은 저온조직을 이용한 변태강화강을 의미한다. 저온조직이란 강을 고온으로 가열한 후

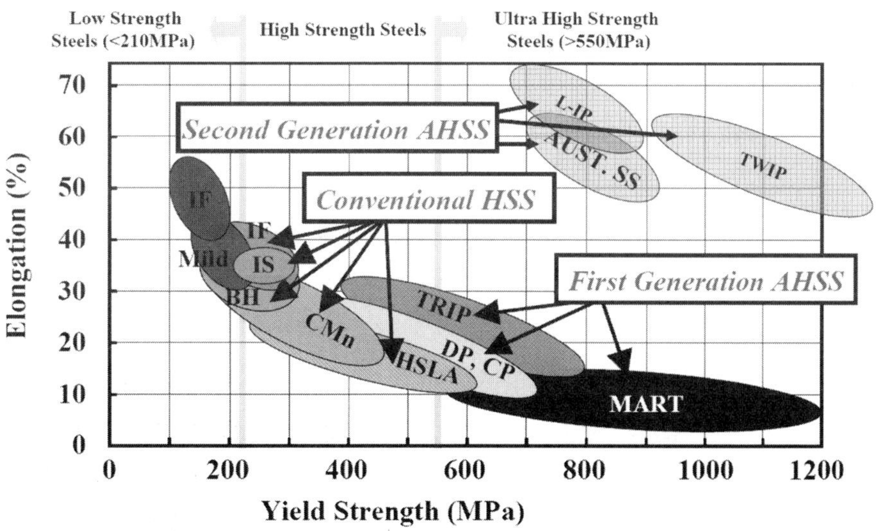

** 그림 2-1 ▌ 철강의 종류별 항복강도 및 연신율 그래프(Adopted from AIST's reference[3])

저온(상온)으로 급냉하는 열처리를 이용할 때 나타나는 철강의 조직으로 마르텐사이트, 베이나이트, 잔류 오스테나이트(retained austenite) 등이 있고 강도가 매우 높은 조직이다. 자동차를 비롯한 수송기계용 구조재료로서 AHSS는 상온조직인 연질의 페라이트와 혼합하여 사용하고 강도와 연성을 동시에 갖추게 되었다. 또한 CP(Complex Phase)강은 페라이트와 2종류 이상의 저온조직으로 이루어진 강으로 강도를 확보하기 위하여 Ti, Nb, V 등을 석출물 형성원소로 첨가하기도 한다. 따라서 HSLA강과 거의 비슷하거나 우위인 강도를 가지면서 연신율을 20% 이상으로 향상시킨 강재가 DP강, TRIP강, CP강이며, 연신율을 희생하면서 강도를 1GPa급 이상까지 향상시킨 마르텐사이트강(MART강)까지가 1세대 AHSS강에 속한다.

2세대 AHSS강은 오스테나이트계 스테인리스강과 TWIP강(TWinning-Induced Plasticity steel)이 대표적이다. 강도가 800MPa 이상에 연신율이 50% 이상인 꿈의 소재라고도 할 수 있다. 그러나 2세대 AHSS강의 조성은 합금원소를 많이 포함하고 있는 고합금강에 속하기 때문에 경제성 측면과 용접성 측면에서 불리한 단점을 가지고 있다. 현재 철강소재의 개발은 1세대와 2세대의 중간영역에 해당하는 강도와 연신율이 1세대 AHSS강보다 높고 2세대 AHSS강보다 저렴하면서 용접성이 우수한 저합금강 개발에 전념하고 있다. 이렇게 3세대 AHSS강을 개발하기 위해서는 1세대와 2세대 AHSS강의 성질과 제조방법에 대한 학습이 필요하므로 본 장에서는 대표적인 1세대와 2세대 AHSS강에 대해 설명하기로 한다.

2.1.1 첨단 고강도강의 종류 및 제조 방법

↞ TRIP강 ↠

TRIP강은 소성변형을 통해 강도를 증가시키는 고강도강으로서 TRansformation Induced Plasticity의 약자로 최종 조직의 종류는 페라이트, 마르텐사이트, 베이나이트 및 잔류 오스테나이트로 구성되어 있다(그림 2-2). 마르텐사이트와 베이나이트가 강도를 증가시키고 연질의 페라이트와 잔류 오스테나이트가 연신율을 상승시킨다. 잔류 오스테나이트와 페라이트의 영향으로 연신율이 높은 강재이다. 상온에서 잔류 오스테나이트는 강을 성형하는 과정의 응력 작용으로 인해 마르텐사이트로 변태가 발생하게 되어 인장강도 및 연신율을 증가시킨다. 이로 인해 성형 전의 강도보다 성형 후의 강도가 더욱 높은 강재이므로, 성형성이 우수한 강재로 평가받는다.

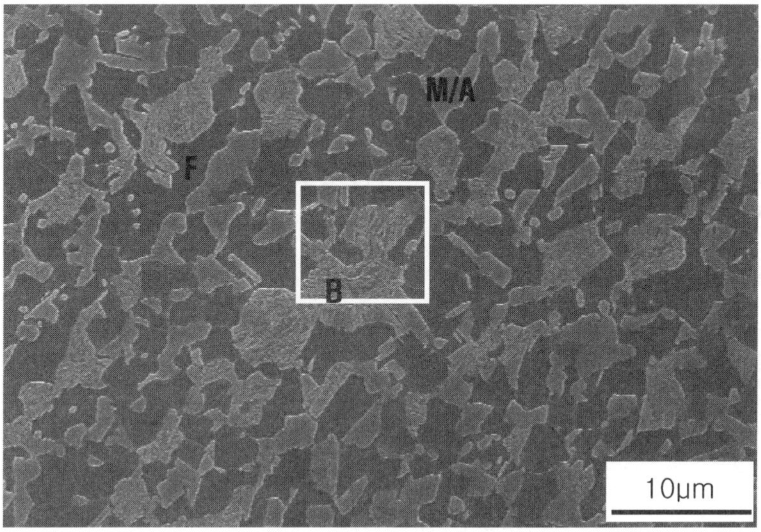

** 그림 2-2 ▎ TRIP강의 미세조직 사진

따라서 TRIP강은 자동차 구조용 강재로 널리 사용된다. 잔류 오스테나이트가 TRIP강의 연신율에 큰 영향을 주므로 잔류 오스테나이트를 제어하는 것이 TRIP강에서 가장 주요한 인자이다. 많은 탄소를 함유하고 있어야 잔류 오스테나이트 양이 많으므로 TRIP강은 DP(Dual Phase)강에 비해 많은 탄소 함유량을 가져야 한다. 탄소가 침입형 원소로 존재하기 때문에 잔류 오스테나이트의 안정화 원소가 되기 때문이다. 높은 강도와 연신율을 확보하기 위해서는 잔류 오스테나이트의 안정도와 분율에 대한 최적화 연구가 필요하다.

TRIP강을 제조하는 대표적인 열처리 방법은 그림 2-3과 같이 오스테나이트와 페라이트를 공존할 수 있도록 이상영역 열처리(intercritical annealing)를 시킨 후 Ms 온도보다 높은 온도, 즉 베이나이트 생성영역의 온도까지 담금질시킨다. 담금질의 효과로 베이나이트가 생성되고 다시 베이나이트가 충분히 생성된 이후에 상온까지 공냉시키면 나머지 오스테나이트가 마르텐사이트와 잔류 오스테나이트로 변태하게 되어 최종 TRIP 조직이 얻어지게 된다.

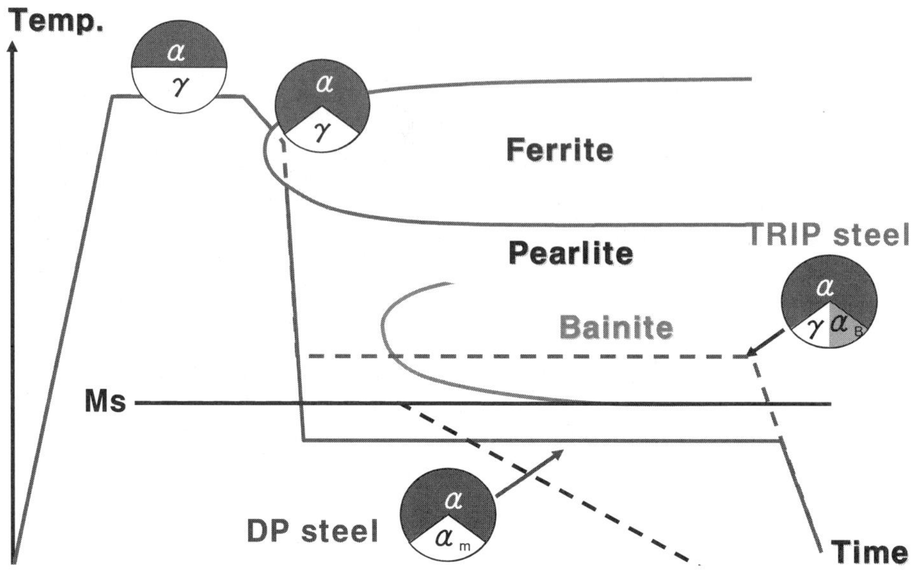

** 그림 2-3 ▌ TRIP강 및 DP강 열처리 공정도

↞ DP강 ↠

DP강은 Dual Phase steel의 약자로 최종 조직이 그림 2-4와 같이 페라이트(흰색)와 마르텐사이트(진회색)로 구성되어 있다. 연질의 페라이트 기지에 경한 마르텐사이트가 분포하여 다른 고장력강과 비교하여 가공성이 우수한 것으로 알려져 있다. DP강의 특성을 결정하는 주요한 인자는 마르텐사이트의 분율이다. 이상영역 열처리 시 존재하던 오스테나이트가 냉각되면서 마르텐사이트로 변태하기 때문에 DP강의 조성에서 탄소함량은 중요한 변수로 작용한다. 마르텐사이트의 분율을 높이면 강재의 강도는 높아지지만 그만큼 페라이트 분율이 감소하기 때문에 연신율이 떨어지게 된다. 반대로 연신율을 증가시키기 위해서 페라이트의 분율을 늘리게 되면 마르텐사이트가 가지고 있는 강도의 부분을 희생해야 한다. DP강은 오스테나이트와 페라이트가 공존하는 영역의 온도에서 유지 이후에 Ms 온도 이하로 급냉하여 오스테나이트는 모두 마르텐사이트로 변태시키고 기존의 페라이트는 잔존시켜 페라이트와 마르텐사이트의 2상 조직을 생성시킬 수 있다.

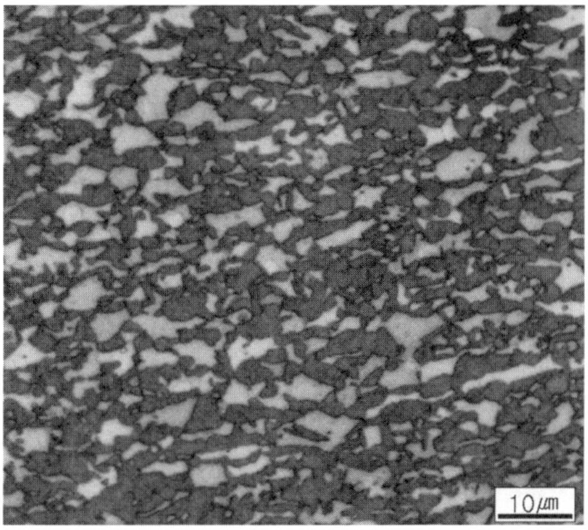

** 그림 2-4 ▌ DP강의 미세조직 사진

Q&P강

Q&P강은 Quenching and Partitioning steel의 약자로서 최종 미세조직은 그림 2-5에서와 같이 마르텐사이트, 페라이트, 잔류 오스테나이트 그리고 일부의 페라이트로 구성되어 있다. TRIP강의 연신율은 유지하고 강도를 개선하기 위해 개발 중인 강재로서 고강도와 고인성을 목표로 개발되고 있다. 연질의 페라이트, 잔류 오스테나이트와 경질의 마르텐사이트의 분율에 따라 강도와 연성이 결정되는 만큼 상분율과 상의 안정성이 Q&P강을 구성하는 중요한 인자이다. 마르텐사이트의 분율을 어느 정도 확보하여 강도를 높인 후에 partitioning 공정에서 잔류 오스테나이트의 분율 및 안정도를 높여야 연신율을 높일 수 있다.

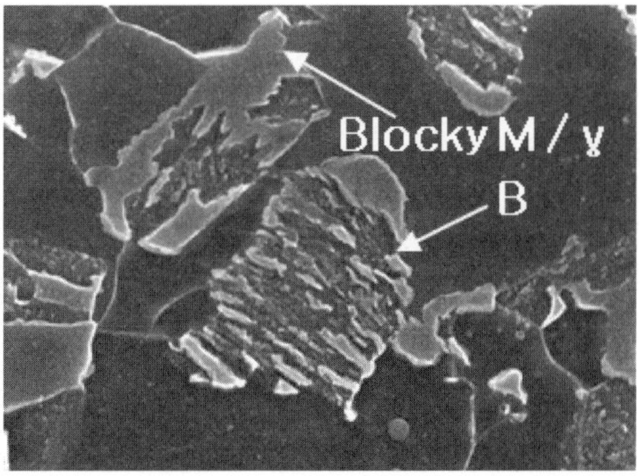

** 그림 2-5 ▌ Q&P강의 미세조직 사진

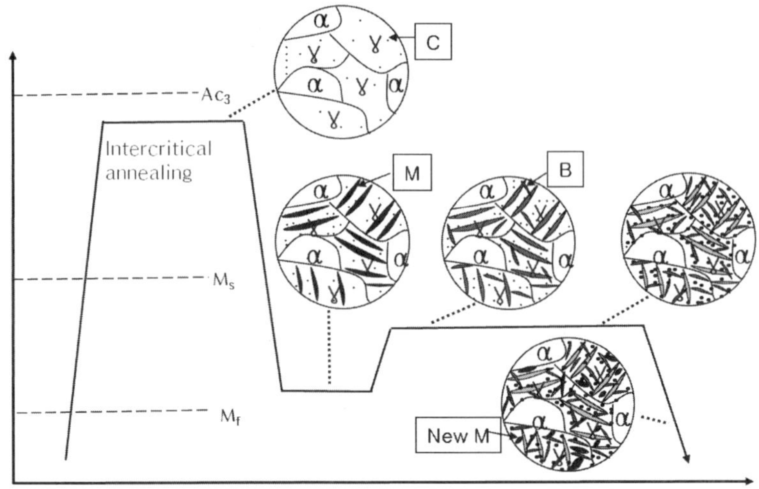

** 그림 2-6 ▌ Q&P강의 열처리 공정도와 미세조직 개략도

Q&P강의 제작 노하우는 마르텐사이트 분율과 잔류 오스테나이트 분율의 역할이 중요한 만큼 탄화물 생성을 억제하는 합금조성과 열처리 공정을 통해 이를 제어해야 한다(그림 2-6). Intercritical annealing을 통하여 오스테나이트와 페라이트의 분율이 제어되고 Ms 온도 이하로의 1차 담금질 온도를 설정함으로써 최적의 잔류 오스테나이트와 마르텐사이트의 분율을 획득해야 한다. 그 이후 탄소 확산에 의한 잔류 오스테나이트 안정화와 등온 마르텐사이트/베이나이트변태, 탄화물 형성 과정에서의 등온변태 유지시간을 거친 이후 다시 2차 담금질을 하여 최종 마르텐사이트를 얻어내면 Q&P강을 제조할 수 있다.

↔ 스테인리스강 ↔

스테인리스강(stainless steel)은 Cr을 통한 합금화로 뛰어난 내식성을 가진다. 크롬은 페라이트 안정화 원소로서 오스테나이트 영역을 축소시킨다. 스테인리스강은 조직 구성에 따라 종류가 결정된다. 페라이트 스테인리스강(ferritic stainless steel)은 0.12%의 탄소 함유량에 Cr을 30%까지 함유하는 BCC 구조를 갖고 있다. 고용강화로 인한 강도와 페라이트상의 연질이 합쳐져서 강재로서의 특성 또한 높다. 공정과정이 단순해서 제조 비용이 저렴하고 뛰어난 내식성과 가공성을 가진다.

마르텐사이트 스테인리스강(martensitic stainless steel)은 오스테나이트를 마르텐사이트로 변태시킴으로써 높은 강도와 경도를 만들어낸다. 페라이트 스테인리스강보다 더 많은 탄소 함유량인 0.5%를 갖고 17%의 Cr을 합금 원소로 하여 제조한다.

탄소 함유량의 변화에 따라 다양한 강도 및 경도값을 갖는 마르텐사이트를 만들어 낼 수 있다. 고강도와 내식성에 대한 효과로 칼이나 베어링, 밸브에 사용된다.

탄소 함유량이 0.03% 이하로 하면 탄화물 생성을 억제하고 상온에서도 오스테나이트 조직을 하는 오스테나이트 스테인리스강(austenitic stainless steel)은 페라이트 스테인리스강 보다 더 높은 강도를 위해서 가공경화 처리를 한다. 조직이 FCC의 오스테나이트상으로 되어 있어서 뛰어난 연성과 가공성, Cr의 역할로 인한 부식저항성까지 강해진다. 오스테나이트 안정화를 위해서 Ni이 첨가되는데, 뛰어난 특성에 비해 Ni의 가격이 비싸서 합금의 가격이 비싼 것이 단점이다.

이외에도 Al, Nb, Ta를 함유하여 석출물을 통한 강도특성 향상 효과를 낸 석출경화 스테인리스강(precipitaion-hardening stainless steel)과 페라이트와 오스테나이트 조직을 동시에 갖도록 열처리를 한 2상 스테인리스강(duplex stainless steel)이 있다.

TWIP강

다양한 고강도, 고장력강이 개발됨에 따라 그 특성의 향상에 연구가 집중되고 있다. DP강, 베이나이트강 등 고강도강의 강도는 보장되나 연신율의 한계와 성형성의 문제 개선이 필요한 상황이다. 이를 개선하기 위해 고Mn강은 TWIP(TWinning-Induced Plasticity) 현상을 이용하여 기존의 AHSS와는 차별화를 둔 고강도와 성형성이 모두 우수한 특성을 가지게 되었다.

TWIP강은 그림 2-7에서와 같이 오스테나이트 단일상으로 이루어진 고Mn강으로 같은 인장강도의 TRIP강과 비교하였을 때 약 2배 가까이 연신율이 뛰어난 특성을 가지고 있다(TRIP강 : ~30%, TWIP강 : ~60%). 기존의 고강도강이 전위의 이동을 막기 위해 가공경화나 변형 중 상변태를 이용한 변형유기 변태 강화를 이용하는 반면 TWIP강은 변형쌍정을 이용하여서 necking을 지연시키는 등 연신율 증가에 효과를 주었다. TWIP강의 강화기구는 변형쌍정을 만드는 것인데 이것은 그림 2-8에서와 같이 적층결함에너지(stacking fault energy)를 이용하여 만든다. 적층결함에너지가 20mJ/m^{2}에서는 오스테나이트에서 마르텐사이트로의 변태를 일으키지만 20~40mJ/m^{2}에서는 변형쌍정이 변형기구로 작용하게 된다. 이러한 방법으로 생성된 쌍정은 강 내부의 응력집중을 해소하고 가공경화 정도를 증가시킨다. 이로 인해 고강도와 성형성을 보장하게 된다.

** 표 2-1 ▌ 스테인리스강의 조성에 따른 특성(Adopted from Askeland's)

Steel	%C	%Cr	%Ni	Other	Tensile Strength (psi)	Yield Strength (psi)	% Elongation	Condition
Austenitic								
201	0.15	17	5	6.5%Mn	95,000	45,000	40	Annealed
304	0.08	19	10		75,000	30,000	30	Annealed
					185,000	140,000	9	Cold-worked
304L	0.03	19	10		75,000	30,000	30	Annealed
316	0.08	17	12	2.5%Mo	75,000	30,000	30	Annealed
321	0.08	18	10	0.4%Ti	85,000	35,000	55	Annealed
347	0.08	18	11	0.8%Nb	90,000	35,000	50	Annealed
Ferritic								
430	0.12	17			65,000	30,000	22	Annealed
442	0.12	20			75,000	40,000	20	Annealed
Martensitic								
416	0.15	13		0.6%Mo	180,000	140,000	18	Quenched and tempered
431	0.20	16	2		200,000	150,000	16	Quenched and tempered
440C	1.10	17		0.7%Mo	285,000	275,000	2	Quenched and tempered
Precipitaion hardening								
17-4	0.07	17	4	0.4%Nb	190,000	170,000	10	Age-hardened
17-7	0.09	17	7	1.0%Al	240,000	230,000	6	Age-hardened

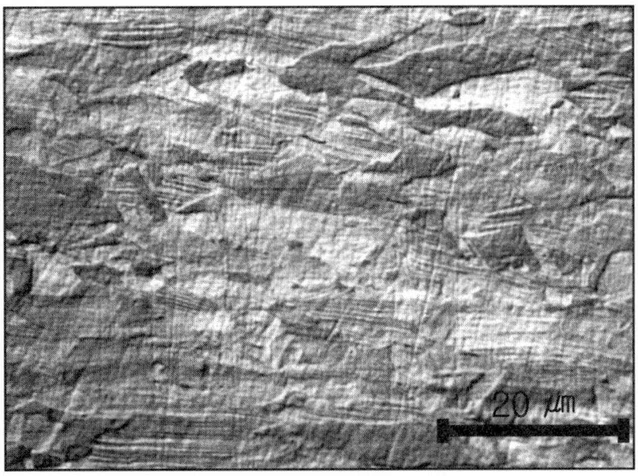

** 그림 2-7 ▌ TWIP강의 미세조직 사진

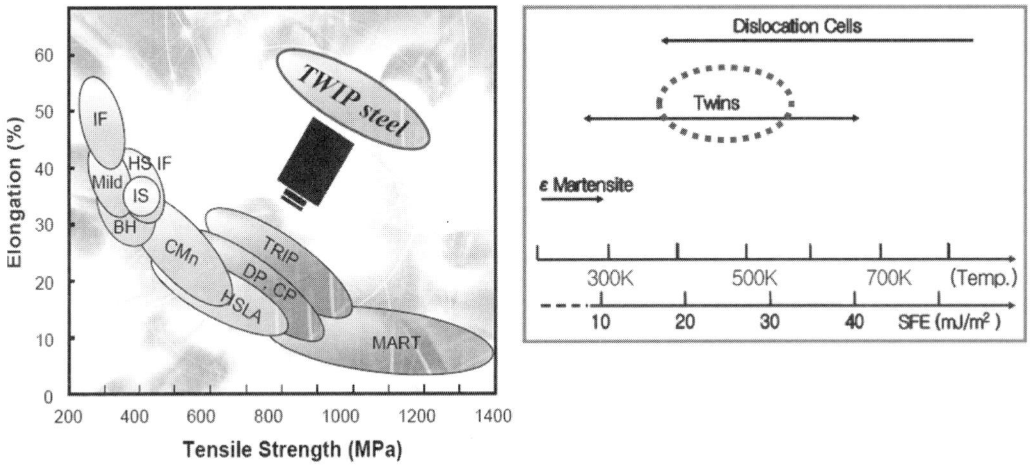

** 그림 2-8 ▌ TWIP강의 특성 및 적층결함에너지의 크기에 따른 변형기구

2.1.2 첨단 고강도강의 가공 특성 : 가공성, 용접성

1970년대 오일 쇼크 이후 자동차 및 수송기계에 대한 경량화 관심도가 증가하였다. 하지만 1980년대 이후에는 자동차의 고기능성, 고성능화가 추구되면서 다시 차체의 무게는 무거워졌다. 최근에 들어 환경문제가 국제적인 화두로 떠오르면서 또한 21세기 초반의 자원국수주의 정세에 대처하기 위해 최근의 자동차는 경량화와 동시에 안전성을 보장하는 재료에 대한 연구가 활발히 진행되고 있다. 자동차나 수송기계는 아무리 가볍다하더라도 안전성을 보장하는 충격흡수성이나 내구성이 뛰어나지 못하면 사용할 수가 없기 때문에 고강도강에 대한 연구가 활발히 진행 중이다. 그로

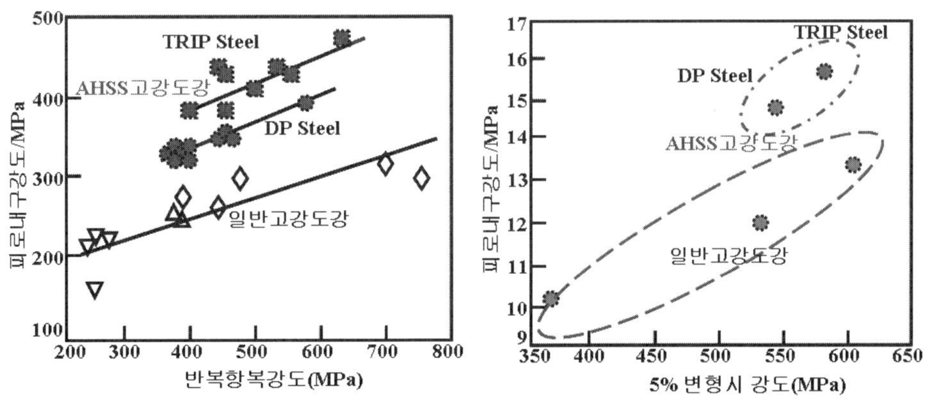

** 그림 2-9 ▌ AHSS의 내구성 및 충격흡수성

인해 AHSS(Advanced High Strength Steel)는 여전히 연구 개발이 진행 중이며, 그 특성이 계속 발전하고 있다(그림 2-9).

1세대 AHSS에서 DP강과 TRIP강은 현재 자동차 주요 부품에 사용되고 있는데, 피로내 구강도와 충격흡수에너지를 보면 기존의 고강도강보다 높은 것을 알 수 있다. 그러나 컵성형과 같은 극한 가공법에서는 limiting drawing ratio가 기존의 강재에 비해 열악한 성질을 가지고 있어 자동차 부품에 적극적으로 활용되지 못하고 있다.

차체를 만들기 위해서는 성형성과 함께 강재의 용접성이 중요하다. 강재를 벌크 자체로 사용하는 일은 거의 없으므로 용도에 맞게 자르고 접합해야 한다. 아무리 단단하고 성형성이 좋은 강재라 하더라도 용접성이 나쁘게 되면 쓰임새가 그만큼 줄어들 것이다. 용접을 하게 되면 용접부 주위의 온도가 A_1 온도 이상으로 올라가서 용접부와 그 열영향부(HAZ : Heat-Affected Zone)가 오스테나이트 조직을 갖게 된다. 그 이후 냉각에서는 각 강재가 가진 경화능에 따라 서로 다른 조직들이 구성되게 된다(그림 2-10). 경화능이 낮은 강재는 일반적인 냉각속도에서는 마르텐사이트가

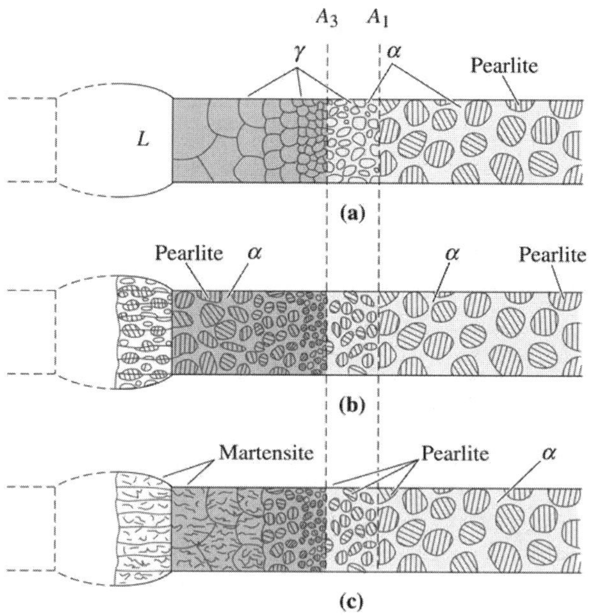

** 그림 2-10 ▌ 경화능에 따른 용접 후 조직 변화(b의 경화능이 c보다 낮다. Adopted from Askeland's reference[1])

생성되지 않는다. 주로 페라이트와 펄라이트가 주요 구성 조직이고 경화능이 높은 강재에서는 마르텐사이트가 의도한 것과 달리 과도하게 생길 수도 있으므로 합금의 조성이나 용접시 예열온도, 용접후 열처리 등이 매우 중요한 변수이다.

이러한 이유로 인해 현재 개발된 1세대 AHSS강에는 마르텐사이트, 베이나이트와 같은 준안정상이 큰 역할을 하고 있기 때문에 용접부와 열영향부에서의 열이력 분포를 최적화하여 모재와 비슷한 미세조직을 가지도록 하는 연구가 필요하다.

2.2 고효율 고강도 철강재료의 현재와 미래 (자동차)

현대사회 산업의 기초가 되는 부품소재는 국가적인 산업 경쟁력에 미치는 영향이 크기 때문에 일본, 미국 등 선진국에서는 고부가가치를 창출하기 위해 소재개발에 투자를 많이 하고 있는 실정이다. 우리나라에서는 그동안 노동집약적인 소재생산을 하여서 저가격으로 시장을 이끌어 왔지만 국내 인건비 상승과 노동력의 감소로 가격 경쟁력에 대한 장점을 거의 상실한 상황이다. 이로 인해 국내에서도 고부가가치를 창출하는 부품소재를 연구 및 개발해야 하는 상황이다. 전 세계적으로 수요량이 가장 큰 철강재료도 고부가가치를 창출하기 위해서 신철강 개발에 몰두하고 있다(그림 2-11). 고강도와 고인성을 추구하고 있으며 자동차 및 수송기계용 구조재료에 경쟁력을 갖추기 위해서 3세대 지속적인 연구 및 개발이 필요하다.

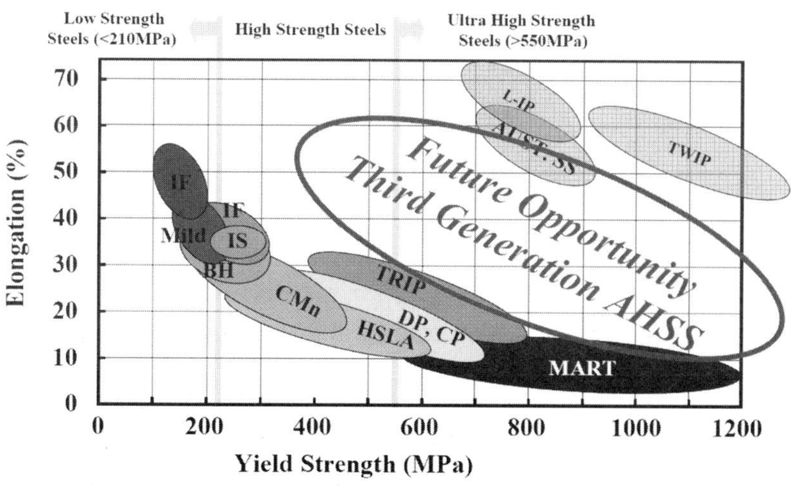

** 그림 2-11 ▌ 신철강의 요구 특성(Adopted from AIST's reference[3])

** 그림 2-12 ▌ 차체의 안전성을 위해 중요한 차체의 성질(Adopted from AIST's reference[3])

현재 개발 중인 오스테나이트 스테인리스강(austenitic stainless steel)은 1세대 AHSS에 비해 가격이 매우 비싼데다가 가정용품으로 제한되어 있다. 또한 LIP나 TWIP강 또한 고합금강이므로 제조하는 가격이 매우 비싸다. 그리고 이미 사회 기반 시설 대부분이 저탄소강으로 이루어져 있어서 이와 호환되기가 쉽지 않은 것이 현실이다. 이러한 문제점은 역시 자동차의 구성에 있어서도 매우 중요하다. 차체에 있어서 crumple zone(사고발생시 탑승자를 보호하기 위해 쉽게 접히도록 설계된 부분)과 safety cage(탑승자를 보호하기 위해 주위의 변형을 막아서 차체가 탑승자에게로 침범하지 않도록 설계된 부분)의 요구 조건이 다르므로 새로운 철강 설계 및 차체에의 접목이 필요하다(그림 2-12).

먼저 crumple zone에서 가장 중요한 것은 높은 충격 및 에너지 흡수성이 필요하다. 그러한 성질을 얻기 위해서는 충분한 강도도 중요하지만 연성 또한 매우 중요하다. DP강이나 TRIP강은 강도와 함께 연성이 매우 뛰어나므로 crumple zone에 사용되기에 적합한 강재이다.

다음으로 safety cage에 사용될 수 있는 강재는 최우선적으로 고강도를 가져야 한다. 연성보다는 강도가 뛰어나야 다른 외부의 침입으로 일어나는 변형을 막을 수가 있기 때문이다. 높은 인장강도를 가진 DP강이나 마르텐사이트강 또는 보론강(boron steel)이 safety cage에 가장 적합하다고 평가되고 있다.

미래 자동차의 부품별 재료는 점차 첨단 고강도강으로 바뀌어 나갈 것이다. 현재 신철강에 대한 연구 및 개발이 활발하게 진행되고 있고 전 세계적으로도 고부가가치를 갖는 부품소재인 신철강 개발에 집중하고 있다. 기존에 사용하였던 Mild steel의 사용은 계속 줄어들고, 고강도와 고기능성을 가진 2~3세대 AHSS가 자동차 및 수송기계에 접목이 증가할 것으로 예상된다. 그림 2-13에서와 같이 2007년 북미에서 생산된 경량 자동차에서는 총 중량의 11.9%가 첨단 고강도강으로 사용되었으나, 2015년에는 18.3%의 AHSS가 사용될 것으로 예상하고 있다. 경제성, 성형성 및 용접성을 겸비한 3세대 AHSS강의 개발이 시급한 상황이다.

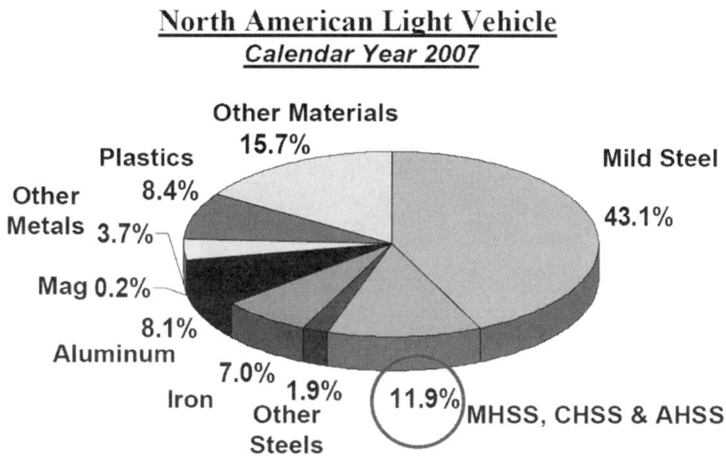

(a) 2007년 북미에서의 경량 자동차 구성 재료의 비율

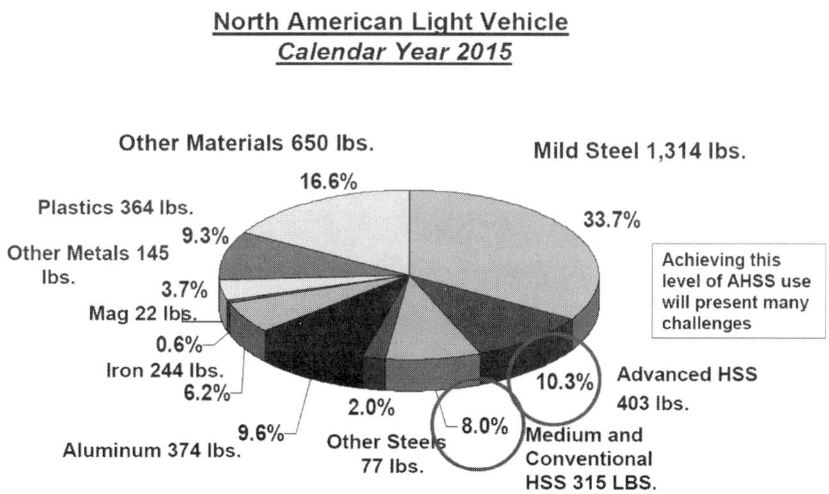

(b) 2015년 예상 북미에서의 경량 자동차 구성 재료의 비율

** 그림 2-13 ▌ 자동차를 구성하는 재료의 변화(Adopted from AIST's reference[3])

참고문헌

[1] D. R. Askeland, The Science and Engineering of Materials, 5th Ed., Thomson (2003)

[2] D. A. Porter, Phase Transformation in Metalas and Alloys, 2nd Ed., Taylor & Francis (2004)

[3] R. P. Krupitzer, Transitions in Automotive High-Strength Steels since ULSAB-AVC, AIST July 19 (2007)

제 3 장

융합복합재료

3.1 융합복합재료란?

3.1.1 재료 변천과 함께 한 인류 역사

인류의 역사는 사용하는 도구의 변화에 따라 크게 변화해왔다. 보다 본질적으로 말하자면 사용하는 도구의 재료 변화에 따라 바뀌어왔다고 할 수 있다. 도구를 만들 수 있는 재료가 흙과 돌 외에는 거의 없었던 선사시대에는 그림 3-1처럼 흙으로 빚은 그릇이나 갈아서 날카롭게 만든 돌을 사용하여야만 했다. 시대의 명칭은 그 시대에 사용했던 재료로 명명되었으며 이 시대를 석기시대라고 부른다. BC 3000년 이후 구리와 주석의 합금인 청동이 생활에 사용되기 시작하면서 보다 단단하고 강한 재료를 사용할 수 있게 된 청동기 시대가 시작되었다. 그리고 시간이 흘러 BC 1200년 이후 야금기술이 발달하여 철광석으로부터 철을 추출해 사용할 수 있게 되면서 철을 이용해 물건을 만드는 철기시대가 도래하게 된다. 우리 전통 부엌의 중심이었던 가마솥뿐만 아니라 각종 도구들이 철로 만들어졌다. 철기도구들은 경제적이면서 강한 재료로서 지금까지도 널리 쓰이고 있다. 하지만 점차 기술이 발달하여 재료들이 보다 극한 환경에서의 사용이 요구됨에 따라 철보다 더 고기능성의 재료가 필요하게

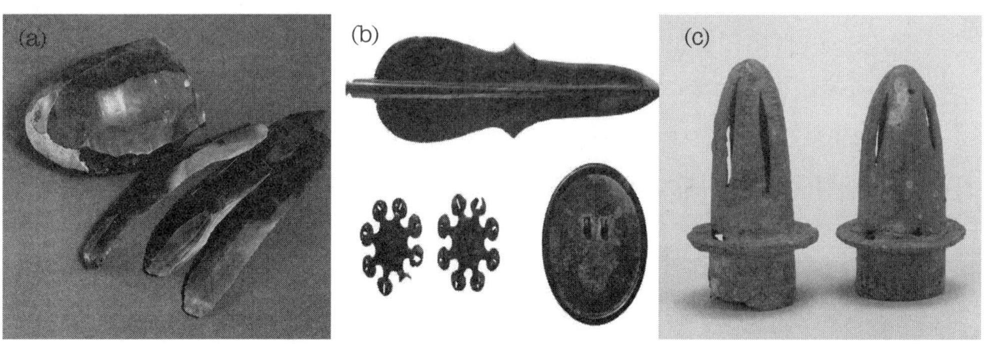

** 그림 3-1 ▌ 소재의 변화에 따른 인류 역사의 구분.
(a) 석기시대(BC8500), (b) 청동기시대(BC3200), (c) 철기시대(BC1200)

되었다. 그래서 현재와 같이 여러 신소재들이 개발되었다. 녹이 슬지 않는 스테인리스강의 개발, 온도에 따라 형상이 변화하는 형상기억합금, 전기저항이 없는 초전도재료, 이종의 재료를 조합해서 새로운 특성을 나타내는 복합재료 등이 최근까지 개발되어 사용되고 있다. 재료의 구분에 따라 역사를 구분한다면 우리는 현재 신소재 시대에 살고 있다고 할 수 있다. 신소재 중에서도 실용생활에 가장 많이 이용되는 것이 복합재료이다. 복합재료는 두 가지 이상의 재료가 조합되어 단일재료보다 우수한 기능을 발현하는 재료를 말한다. 이러한 복합재료의 응용 현황에 대해서는 뒤에서 언급하도록 하겠다.

3.1.2 21세기는 신소재시대

우리가 즐겨보는 영화 속에서도 공학기술의 발전을 쉽게 찾아볼 수 있다. 세계인이 사랑하는 영화 007시리즈는 코드넘버 007의 영국 첩보원 제임스 본드가 주인공으로 등장하는 첩보영화 시리즈로서 이 영화는 그 시대의 첨단 과학기술의 발달을 보여준다. 첫 번째 007시리즈는 1962년에 나왔으며 지금까지도 시리즈물로 만들어지고 있다. 007에서 보이는 과학기술의 집약체를 선택하라면, 일명 '본드카' 라고 불리는 자동차를 뽑을 것이다(그림 3-2). '007 골드핑거'에서는 방탄유리, 추적 장치 디스플레이가 나와 이 당시 사람들을 놀라게 했으며 '나를 사랑한 스파이' 편에서는 수륙양용을 넘어선 잠수함으로 변신할 수 있는 자동차가 나와 큰 이슈거리가 되었다. 또한 '007 네버다이'에서는 무선조종카가 등장했으며 '007 어나더데이'에서는 투명장치가 선보여졌다. 지금은 이전 007 본드카들을 훑어보면서 방탄유리, 수륙양용 자동차 등이 놀랍지 않겠지만 분명히 그 당시엔 자동차가 이런 기능들을 가질 수 있다는 것에 대해 전혀 생각도 못했던 시절이었다. 그에 대한 충격은 현실에선 불가능하지만 언젠간 가능할 것이라는 즐거운 상상 때문에 놀라우면서도 매우 유쾌한 것이었다. 우리는 이러한 인식변화에서 우리의 공학기술이 얼마나 집약적인 발전을 해왔는지를 느낄 수 있으며 이러한 인식변화가 가능했던 바탕은 신소재의 개발이 있었기 때문이다. 21세기 신소재의 대표적인 예로 다음의 형상기억합금, 초전도재료, 복합재료를 들 수 있다.

** 그림 3-2 ▌ 공학기술의 발전과 신소재의 발전에 따른 007본드카의 변화

【1】 혈액찌꺼기를 걸러주는 형상기억재료

온도 변화에 따라 그 형상을 기억하는 형상기억합금은 재료의 마르텐사이트-오스테나이트 상변태를 이용하는 것으로 그림 3-3에서 보이는 것처럼 형상기억합금이 체내에 들어가면 체온 때문에 필터의 모양으로 변형이 일어나게 되고 이를 이용해 혈액 속 찌꺼기를 걸러낼 수 있게 되어 동맥경화와 같은 혈관질환을 치료할 수 있게 되고 있다.

【2】 자기부상열차를 가능하게 한 초전도재료

전기저항이 없는 초전도재료를 이용하면 그림 3-4에서 보여지는 것처럼 금붕어, 열차도 들어 올릴 수 있다. 자기부상열차의 기본 원리는 열차와 선로의 자기적인 반발력으로 열차를 공중에 띄워 추진력을 얻는다는 것이다. 열차와 선로에 모두 자석을 깔면 좋겠지만 선로의 전 구간에 자석을 깔면 그만큼 비용이 커진다. 그래서 열차 바닥에만 자석을 깔고 선로에는 도체를 설치한다. 도체 주변에서 자기장이 시간에 따라 바뀌면서 전자기 유도현상에 의해 도체에는 유도전류가 생기게 된다. 이때

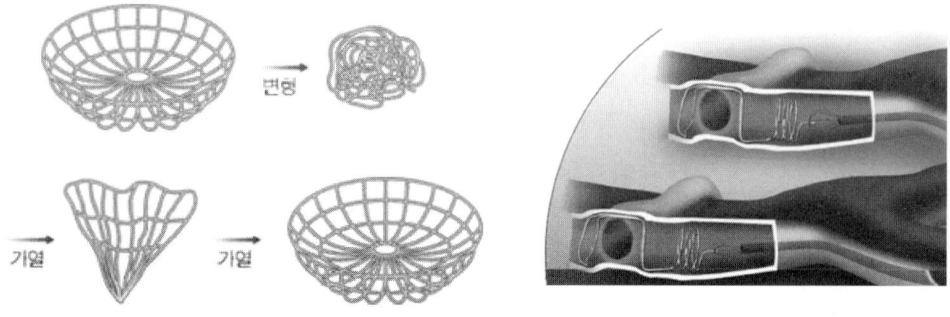

** 그림 3-3 ▌ 형상기억합금을 이용한 혈액 필터링 장치(직선 형태로 혈관에 삽입하여 필터모양으로 변화시킴)

** 그림 3-4 ▌ 초전도재료를 이용한 물체 부양 현상과 자기부상열차에 응용

유도전류가 주변에 다시 자기장을 형성하는데, 이렇게 유도된 자기장은 열차 바닥의 자석을 밀어낸다. 따라서 열차 바닥의 자석과 선로에서 유도된 자기장이 충분히 크다면 열차를 공중 부양시킬 수 있다. 보통의 전자석은 전력손실로 인해 큰 자기장을 만들기 어렵기 때문에 육중한 열차를 들어 올리려면 전기저항이 없는 초전도 자석이 안성맞춤이다.

【3】 다리붕괴를 예고해주는 스마트 복합재료

1994년에 발생했던 성수대교 붕괴사건에서 31명의 사망자가 발생하였다. 다리가 붕괴 위기에 있다는 것을 미리 알 수 있었다면, 이러한 인명피해는 나지 않았을 것이다. 그래서 이런 사고를 방지하기 위하여 다리가 붕괴되는 것을 미리 알려주는 스마트 소재가 등장하였다. 그림 3-5와 같은 지적시스템(Intelligent system ; sensor, actuator, processor)을 갖는 복합재료와 압력변화를 전기적 신호로 변화시키는 piezoelectric 재료가 이를 가능하게 했다. 각종 센서들이 다리에 부착되어 실시간으로 다리가 받는 하중과 변형을 알 수 있게 된다.

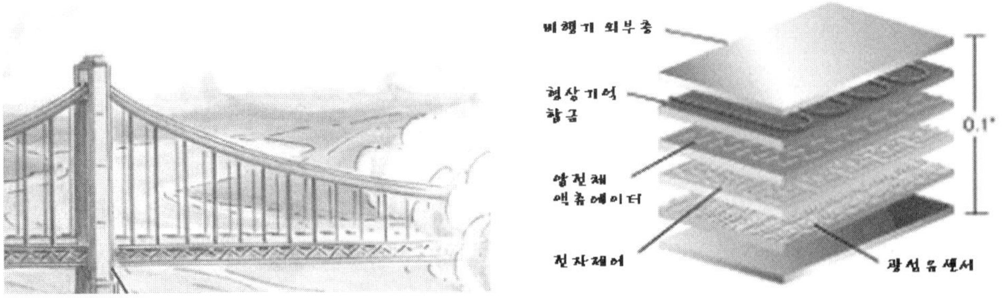

** 그림 3-5 ▌ 다리 붕괴를 사전에 알려주는 스마트 복합재료

3.2 복합재료의 기초

재료의 구분은 세라믹, 고분자, 그리고 금속재료로 크게 3가지의 단일재료로 나누어진다. 복합재료란 이러한 단일재료의 기지에 강화재를 복합화 하여 특성을 향상 시킨 재료로서 크게 나누면 3가지로 고분자기지 복합재료(PMC : Polymer Matrix Composite), 세라믹기지 복합재료(CMC : Ceramic Matrix Composite), 금속기지 복합재료(MMC : Metal Matrix Composite)로 나뉠 수 있다. 이같은 분류는 기지재료에 따라 나뉘는 분류이며 그에 따른 강화재료는 표 3-1에 나타내었다.

'복합재료'라는 단어가 어렵고 생소하다고 느끼는 사람이 많지만 실제로 사람의 뼈 또한 여러 재료로 합성된 복합재료이다. 뼈를 구성하는 복합재료의 명칭으로 이야기 하자면 Hydroxyapatite reinforced collagen composite로 명칭된다. 뼈뿐만 아니라 자연과 역사 속에서도 복합재료는 항상 존재해 왔다. 예를 들어 그림 3-6에 보이는 것처럼 제비집은 진흙에 지푸라기를 강화재로 첨가한 복합재료이며 피라미드는 흙과 돌로 이루어져 있는 복합재료이다. 제비집이나 피라미드의 예에서 알 수 있듯이 복합화 되었을 때 단일재료보다 훨씬 우수한 강도를 나타내는 것을 알 수 있다.

** 표 3-1 ▌ 복합재료의 기지와 강화재료

기지	강화재료
고분자	섬유
세라믹	입자
금속	휘스커

(a)

(b)

** 그림 3-6 ▌ 서로 다른 재료의 복합화에 따른 특성 향상
(a) 진흙과 지푸라기로 이루어진 제비집 (b) 흙과 돌로 이루어진 피라미드

** 그림 3-7 ▌ 복합재료에 사용되는 다양한 강화 섬유

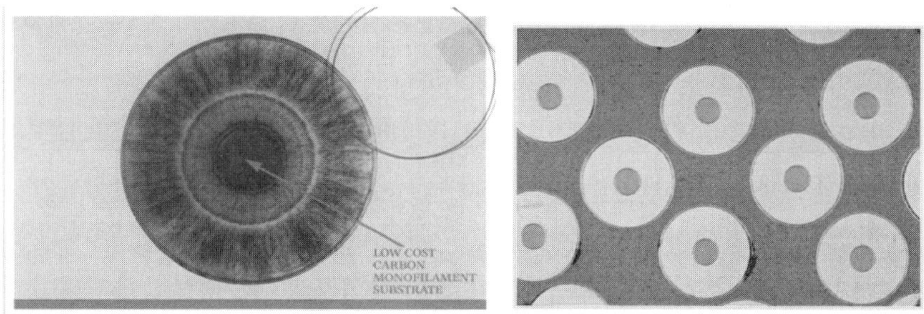

(a) (b)

** 그림 3-8 ▌ (a) SiC 강화섬유의 단면조직(우측 머리카락 모양이 실형상)
(b) SiC 강화/Si_3N_4 세라믹 기지 복합재료의 조직

복합재료를 강화시키는 데 사용되는 강화재로 주로 섬유 형태가 많이 사용된다. 다양한 종류의 섬유가 사용되는데 섬유는 바늘 같은 모양에서부터 실, 천과 같은 모양의 섬유도 사용된다. 그림 3-7에 이같은 섬유 강화재를 나타내었다. 섬유는 가늘어지면 더욱 강해지고 유연해진다. 탄화규소섬유의 구조는 그림 3-8과 같다.

섬유강화플라스틱(FRP)은 고분자기지 복합재료(PMC)에 쓰이며 섬유강화금속(FRM)은 금속기지 복합재료(MMC)에 주로 쓰인다. 이렇게 가는 섬유가 얼마나 강한 효과를 내는지는 건설 계획에 있는 우주 엘리베이터를 생각하면 짐작할 수 있다. 우주 엘리베이터는 1895년에 러시아 과학자 콘스탄틴 치올콥스키(Konstantin Tsiolkovsky)가 파리의 에펠탑을 우주 공간으로 향하는 탑에 비유하면서 사용한 용어이다. 이후 2000년 미국항공우주국(NASA) 과학자들이 적도에 있는 30마일 높이의 탑에서 지구 궤도까지 올라갈 수 있는 거대한 엘리베이터를 건설하기 위해 수행한 연구들을 발표하면서 구체화되기 시작했다. 지구상에서 풍속이 가장 느린 적도상의 한 지점에 케이블을 고정시킬 30마일 높이의 탑을 설치한 뒤, 여기서 3만 5,786km 떨어진 정지궤도까지 케이블을 연결해 우주정거장 부품과 상업 화물, 그리고 우주관광객을 실어

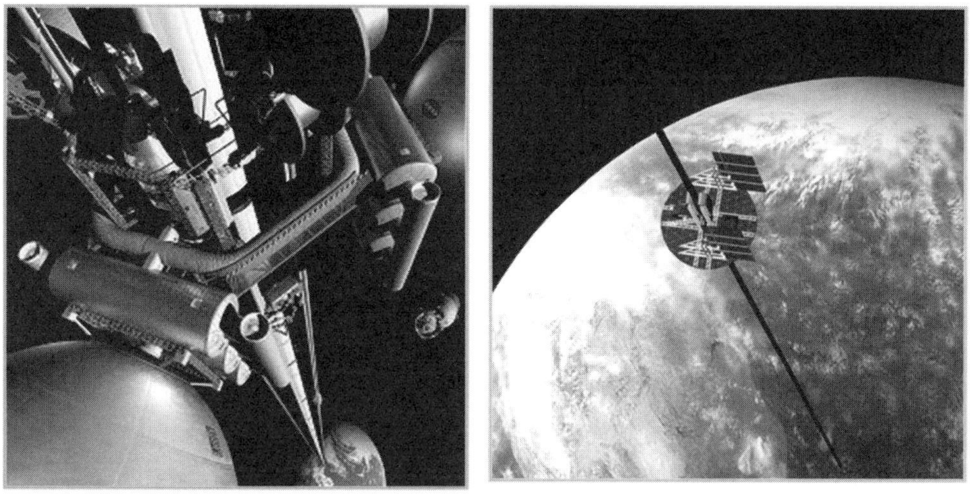

** 그림 3-9 ‖ 탄소섬유 강화 복합재료에 의한 우주 엘리베이터 가상도

나를 수 있게 한다는 계획이다. 강철보다 몇 배나 강한 탄소원자다발인 나노튜브 케이블을 타고 올라가게 되며 우주 엘리베이터의 가상도를 그림 3-9에 나타낸다.

앞에서 언급된 탄소섬유 외에도 유리섬유도 실생활에 많이 사용되고 있다. GFRP (Glass Fiber Reinforced Plastic)라고 불리는 유리섬유는 옛날부터 항아리 등의 장식에 사용되어 왔으나, 1893년 콜롬비아 박람회에서 한 유리회사가 유리막대의 한 끝을 가열하고, 이것을 잡아당겨 회전 드럼에 감아 섬유처럼 만든 것이 유리섬유의 시초이다. 녹인 유리를 기계적으로 잡아 늘이는 방법, 공기나 수증기로 날리는 방법, 원심력에 의해 주위에 날려 붙이는 방법 등으로 섬유 모양을 만든다. 용도에 따라 장섬유와 단섬유가 있으며, 장섬유의 생산에는 백금포트 속에서 녹인 유리를 포트의

** 그림 3-10 ‖ 유리섬유 강화복합재료(GFRP)를 이용한 건축물

바닥에 뚫은 작은 구멍을 통해서 밀어내는 방법이 많이 이용된다. 천으로 짠 내화 직물이나 전기 절연재료 등의 용도로 널리 쓰이며, 건축 관계에서는 보온・보냉재, 흡음방음재, 공기여과 등에 사용된다. 그림 3-10은 유리섬유로 강화시킨 건축물의 사진이다.

3.3 복합재료의 응용

그림 3-11, 3-12에 보이는 비행기, 우주왕복선, 자동차 그리고 풍력발전 같은 고기능이 요구되는 곳에는 복합재료가 필수적으로 들어가게 되고 테니스 채, 낚싯대 등 스포츠, 레저용품 등에도 폭넓게 응용되고 있다(그림 3-13).

** 그림 3-11 ▌ 요트, 풍력발전, 비행기 제작에 필수적인 복합재료

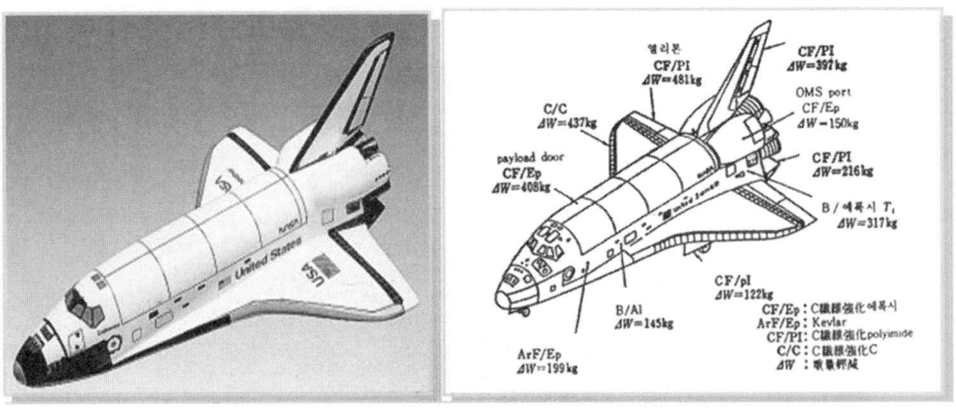

** 그림 3-12 ▌ 유인 우주왕복기인 스페이스셔틀에 사용되는 복합재료

** 그림 3-13 ▌ 실생활에 널리 이용되고 있는 스케이트 보드, 자동차, 비행기, 낚싯대 등에 복합재료의 사용

3.3.1 500명을 태울 수 있는 초점보 비행기

최근 항공기 제작시 항공기의 1차 구조물에서 복합재료의 사용 점유율은 엄청나게 늘어나고 있다. 이는 강철과 같은 강도를 가지면서 가벼운 장점 때문이다. 향후 장거리 여행용 비행기의 대명사가 될 초대형 항공기인 에어버스 A380이나 보잉 B787과 같은 기종에서는 복합재료의 구조물은 필수적이다. 그래서 차세대 초점보 비행기의 설계는 복합재료의 설계부터 이루어지게 된다. 에어버스사나 보잉사 모두 이러한 복합재료를 비행기의 1차, 2차 구조물인 동체 및 엔진의 냉각 부위 등 다양한 부위에 활용하고 있다. 그림 3-14는 차세대 초점보 비행기의 구상도이다. 이렇게 큰 수송기는 복합재료의 적용없이는 불가능하다. A380의 개발 역사를 살펴보면, 프랑스의 에어버스사는 세계에서 가장 큰 여객 비행기를 개발하기 위해 120억불을 투자하여 1990년대 초부터 좌석수 500석 이상의 대형 여객기 개발에 대한 연구를 시작했다. 그리하여 2000년 12월 19일에 최종적으로 개발이 결정된 것이 에어버스 A380(그림 3-15)이다. 기체가 가벼운 만큼 연료는 적게 들기 때문에 A380은 기체를 구성하는 소재로 탄소섬유 등의 복합재를 다량으로 사용하여 기존의 설계 사양에 비해 15톤이나 가벼워져 CO_2 배출량 경감을 위한 연비 효율의 개선이 크게 이루어졌다.

** 그림 3-14 ▌ 초점보 여객 수송기의 가상도(ICCM 16th)

** 그림 3-15 ▌ 500명을 태울 수 있는 초대형 A380 여객기(동체는 복합재료 구조물)

승객 한 명을 100km 운송하는 데 필요한 연료는 3리터 이하로 이것을 승용차와 비교하면 최신의 하이브리드카와 같은 수준이고, CO_2의 배출량은 승객 한 명을 1km 운송하는 데 75g 이하로 이것은 승용차의 절반 이하 수준이며, 일반 항공기(111g)에 비해서도 상당히 낮은 수치로 억제되었다. 또한 환경을 배려해 개발된 롤스로이스 엔진을 적용하였는데 이는 항공기의 큰 문제인 소음레벨이 지금까지 대형기의 약 절반 수준으로 실제로 타 보면 세계 제일 큰 여객기임에도 불구하고 놀라울 정도로 조용하다고 한다. 그림 3-16은 A380 기내 1등석, 비즈니스 클래스의 스탠드바 및 좌석을 나타낸다.

이에 대적하는 것으로는 보잉사의 B787이 있다. 대형 엔진 2기를 장착(PW1000)한 B787은 엔진 카울 마무리 부분을 뾰족하게 하여 A380과 마찬가지로 소음을 많이 줄였다. 동체의 대부분을 탄소섬유강화 복합 신소재로 만들어 기체의 중량이 대폭 줄어 연비 향상에 기여했고 또한 기체의 크기가 매우 큼에도 불구하고 메인 랜딩 기어 바퀴가 8개 밖에 이용되지 않았다. 날개 모양도 모두 다 유선형으로 처음 선보이는 형태로 만들어 와류 현상을 없앨 수 있어 무게와 항력이 감소, 결과적으로 연비가 크게 향상된다. 그리고 날개 역시 가벼워 연비 향상에 더욱 기여하고 있다. 그에 따라 항속거리가 길어져 A380보다 약 1,000km 더 날 수 있다고 한다.

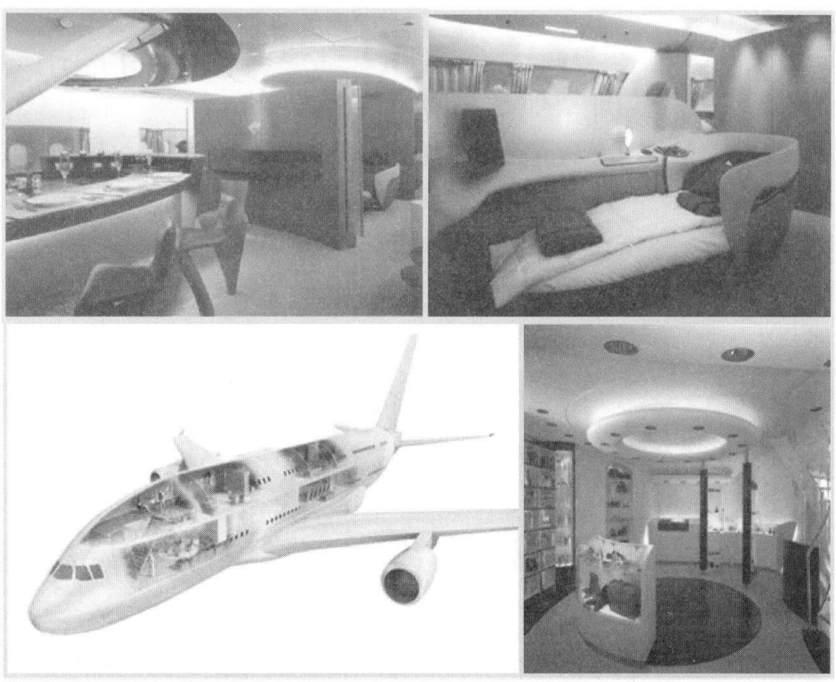

** 그림 3-16 ▌ A380 초대형 여객기 내부 사진(미니바, 일등석, 도서관)

3.3.2 우주 관람을 위한 우주왕복선

항공기 외에도 우주비행기의 제작에도 복합재료의 사용은 필수적이다. 우주비행의 시작은 복합재료의 개발로 시작된다고도 할 수 있을 만큼 우주관람 비행기인 spaceship에서 복합재료의 중요도는 매우 크다. 그림 3-17에서 우주로 승객을 실어 나를 수 있는 이 우주항공기는 8명의 승객을 태울 수 있으며 이 spaceship 역시 복합재료의 사용이 필수적이다. 이 우주관람 비행기에 승선하기 위해 현재 6만5천명 지원하였으며 200명이 각각 2억5천만 원의 대금을 선 지급하였고 6~8G 중력 테스트를 95% 통과한 상태이다. 우주항공기에 복합재료가 필수적으로 쓰이는 것은 가벼운 성질뿐만 아니라 열에도 잘 견딜 수 있기 때문이다. 우주왕복선은 활주로에서 출발하여 일정 고도에 도달했을 때 로켓을 분사하여 지구 주위를 도는 궤도에 오른다. 이 궤도에 오르기 위해서는 마하 25(약 850m/s)라는 고속을 경험하고 또한 대기권으로 돌입할 때 마하 27(약 9,180m/s)이라는 고속을 경험해야 한다.

따라서 우주왕복선 기체 표면과 대기권과의 마찰로 발생하는 온도는 그림 3-18에 보는 것처럼 낮게는 400℃에서 높게는 1,400℃까지 올라간다. 또 이 우주왕복선을 비행시키는 로켓에 관해서는 추진연료의 연료수분의 고온화와 고압을 견디어야 한다. 이러한 온도를 견디기 위해서 내열성이 있는 복합재료가 쓰이게 된다. 인공위성 또한 복합재료가 사용된다. 인공위성이나 발사체 구조물은 지상에서 우주로 발사되므로, 크기 및 무게에 있어서 엄격한 제한이 요구되고, 발사과정과 궤도상에서 구조물에 걸리는 하중, 열 및 진공 환경도 매우 극심하기 때문에 무게에 비하여 비강성 및 강도가 높고 열 변형이 적으며, 우주 방사선과 고진공에 안정된 재료가 필수적으로 요구된

** 그림 3-17 ▌ 지구 관광을 위한 우주왕복 항공기(일인당 관람료 2.5억)

** 그림 3-18 ▌ 스페이스셔틀의 대기중력권 출입시 기체 표면의 온도

다. 복합재료의 우월한 기계적/물리적 재료특성 및 요구되는 하중조건, 용도에 따른 최적설계를 할 수 있는 유연성 때문에 이러한 곳에 복합재료가 쓰이고 있다.

인공위성에 주로 사용되는 복합재료는 비강성이 높은 탄소섬유 강화 복합재료(CFRP : Carbon Fiber Reinforced Plastic)이다. 다음으로 절연성 또는 전파 투과성이 요구되는 태양전지 패널, 안테나 등의 응용에는 아라미드 섬유나 유리섬유 강화 복합재료가 사용된다(그림 3-19). 인공위성의 구조는 안테나, 태양전지 패널, 각 탑재장비를 연결하는 트러스(truss), 자세제어를 위한 모터용 압력용기 등으로 구성된다. 트러스 구조의 대부분이 알루미늄 박막으로 코팅된 탄소/에폭시 파이프 구조이다. 알루미늄 박막은 고진공과 산소원자 환경에서 에폭시 기지 재료가 기화되는 현상을 방지하기 위함이다. 주 구조물은 발사 때 진동하중을 견디는 경량의 고강성도 특성을 가져야 하기 때문에 오토클레이브(autoclave) 성형법에 의하여 제작된 CFRP 면재와 허니콤 심재의 샌드위치 형태와 프레임이 결합된 격자 구조 형상, 또는 필라멘트 와인딩 기법을 이용한 축대칭 원통형 구조 형상으로 사용된다.

통신용 포물면 안테나는 정밀한 성형과 궤도상에서 온도변화에 대한 치수 안정성이 요구되므로 CFRP 외피와 알루미늄 허니콤 샌드위치 구조로 만들어진다. 탐사용 안테나의 경우 절연성과 치수 안정성이 동시에 요구되므로 아라미드 계통의 케블라 섬유 강화 복합재료(KFRP)를 사용한 방사패널과 CFRP의 지지판으로 구성된 하이브리드 복합재료 패널이 사용되기도 한다. 트러스와 압력용기는 필라멘트 와인딩 기

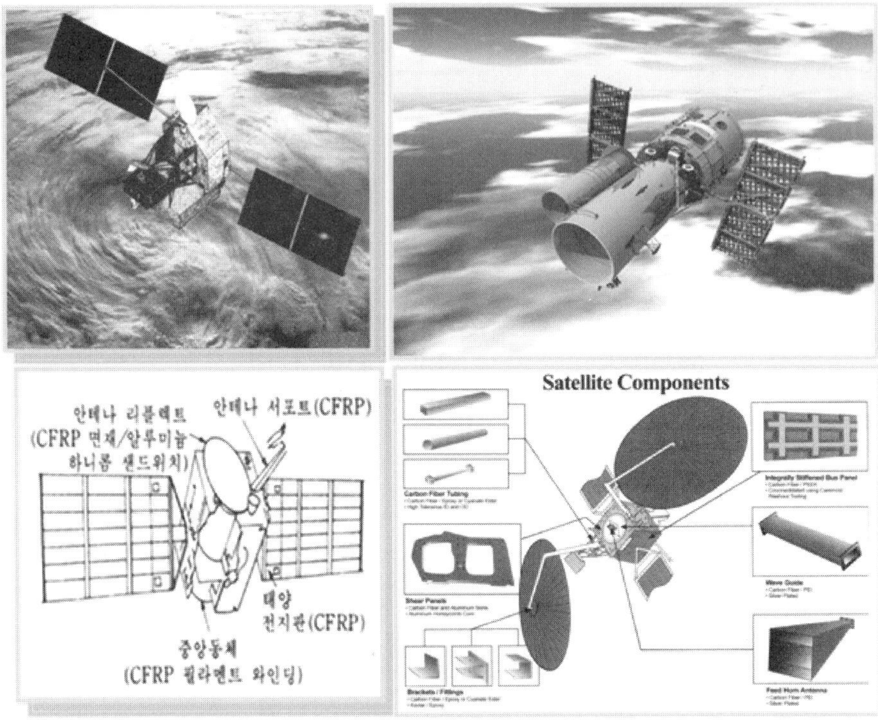

** 그림 3-19 ▎ 인공위성에 쓰이는 복합재료

법을 이용한 CFRP, KFRP 등이 사용되고 태양전지판의 경우 태양전지를 올려놓을 수 있는 최소 중량구조를 요하므로 CFRP 프레임에 그물형 장력막을 갖는 복합구조가 많이 사용되는데, 이 그물형 장력막과 프레임은 필라멘트 와인딩 기법으로 성형된다.

인공위성용 구조재는 크기 및 무게의 제한에 따른 경량화 요구에 부응하는 높은 비강도와 강성 외에 인공위성 구조재로서 요구되는 특성은 고상성도/강도 및 진동 감쇠능, 낮은 열팽창 계수, 내크리프 특성, 방사선, 자외선, 산소 원자 침식에의 강한 저항성 등이 있다.

인공위성의 구조재로서 과거에는 알루미늄, 티타늄 등의 금속 구조물이 경량 구조재로 많이 사용되어 왔으나, 고강성/강도 탄소섬유와 케블라 섬유 복합재료가 개발되면서 매우 빠른 속도로 금속재료에서 복합재료로 대체되어 가고 있다. 복합재료는 앞에서 언급한 바와 같이 뛰어난 경량 특성뿐만 아니라, 사용되는 탄소나 케블라 섬유는 미소량의 마이너스 열팽창계수를 지니고 있어서 섬유의 배열 구조를 합리적으로 설계하면 열팽창계수가 거의 제로에 가깝게 할 수 있어 가혹한 우주 온도환경에서도 치수 안정성이 뛰어나다. 아울러, 복합재료가 기존 금속재에 비하여 갖는 장점들 중에는 하중방향에 따른 섬유방향의 조절로 인한 설계의 유연성 및 안테나 반사 구조물(reflector) 등과 같이 높은 비강성이 요구되는 곳에는 고탄성 탄소섬유를, 연결부위처럼 높은 비강도가 요구되는 부품에는 고강도 탄소섬유를 선택할 수 있고, 이러한 설계구조의 일체 성형이 가능할 뿐만 아니라, 정밀한 곡면 제조가 용이한 편이다.

일반적으로 위성체 구조물의 중량은 총 발사 중량의 5% 이하이고 인공위성 전체 중량 중 구조물의 무게는 금속재료 구조의 경우 20%, 복합재료 구조의 경우 14% 정도임을 감안하면 복합재료를 위성체 구조물로 응용할 경우 발사 경비 절감 효과가 매우 큼을 알 수 있다. 탄소섬유의 탄성계수와 강도가 개발 초기 때보다 2~5배로 개선되었고, 고진공 기화성이 큰 에폭시 수지의 단점을 보완할 수 있는 시아네이트 에스터(cyanate ester) 수지가 개발됨에 따라 우주용 복합재료의 성능은 더욱 개선되고 있다. 우주구조물의 대형화와 고성능화에 따른 경량화의 필요성이 더욱 커지고, 복합재료에 관련된 기본 구성 재료, 설계 및 성형기술이 진보함에 따라 인공위성의 구조재료로서 복합재료의 응용은 더욱 다양하게 확대될 것이다.

3.3.3 레이더에 감지되지 않는 스텔스 비행기

전자파 흡수에 관련된 기술은 상업기술로서는 유해한 전자파를 차폐 및 흡수하여 고성능의 전자기기를 보호하는 기술로서 주로 MHz의 주파수 영역에서 활용될 수 있으며, 군사기술로서는 스텔스 기술 및 레이더 안테나 제작기술의 일환으로 주로 GHz의 주파수 영역에서 활용될 수 있다. 그림 3-20에 스텔스기를 나타내었다.

** 그림 3-20 ▌ 레이더에 감지되지 않는 스텔스 비행기

스텔스 항공기는 매우 다양한 요소에 대하여 설계를 하여야 하는데 먼저 육안으로 보아서 보이지 않도록 해야 한다. 이를 위하여 표면에 특수한 도색을 하기도 하며 엔진의 완전 연소를 유도하여 배기가스에 의한 식별을 방지한다. 또 소음을 방지하기 위하여 기체와 엔진 및 엔진의 장착위치를 재설계하기도 한다. 기체구조물과 엔진에 의해 발생하는 적외선(infrared) 탐지 가능성을 최소화하여야 한다. 최근에 개발된 탄소-탄소 복합재료(carbon-carbon composite)는 초고온 환경에서도 뛰어난 구조적 특성을 가지므로 엔진의 노즐부위에 적용되어 효과적인 적외선 차단제로 사용된다. 또한 B-2 전폭기와 같이 엔진을 동체에 삽입시킴으로 외부에 노출되는 열량을 줄이기도 한다. 또한 레이더 탐지면적(RCS : Radar Cross Section)을 최소화하여야 하는데 이를 위해서는 기체를 재설계하거나 전자파 흡수구조(RAS : Radar Absorbing Structure)나 전자파 흡수재료(RAM : Radar Absorbing Material)를 이용할 수 있다. 특히, 고분자 기지 섬유강화 복합재료는 전자파나 적외선 등을 차단하는 기능성 재료의 역할은 물론 동시에 하중을 지탱하는 구조적인 역할을 동시에 수행할 수 있어 고성능의 항공기를 설계함에 있어서 더 자유롭고 고기능성의 설계를 가능하게 한다. 특히 B-2의 경우 정확한 재료의 종류는 알려지지 않지만 수천 파운드의 탄소섬유강화 복합재료가 사용되었다.

3.3.4 충격에 강한 플라스틱 탱크, 방탄조끼

미래의 개인 병사체계와 관련해서 soft body armor의 일종으로 이른바 액체방탄재료(LBA : Liquid Body Armor)가 제안되어 연구가 진행되고 있다. 그림 3-21, 3-22와 같은 액체방탄재료는 전단 농화 유체(STF : Shear Thickening Fluid)를

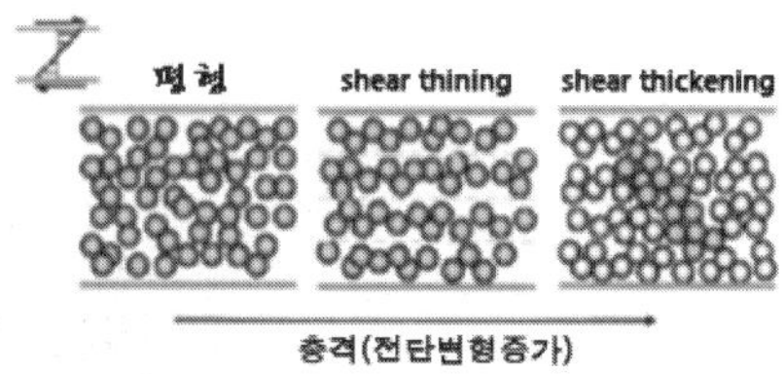

** 그림 3-21 ▌ 충격을 받으면 강하게 변하는 복합재료로 구성된 플라스틱 탱크

** 그림 3-22 ▌ 방탄조끼에 사용되는 케브라 섬유강화 복합재료

탄소섬유의 직물에 함침시켜 제조된다. 이 물질은 평상시 외부 자극이 없는 상태에서는 액체 상태를 유지하여 유연성이 확보되기 때문에 충분한 활동성이 보장되나 외부에서 자극이 가해질 경우 점도가 급격히 증가하여 고체와 같이 변화되는 특성을 나타낸다. 이 형상은 외력이 제거되면 원상태로 회복되는 가역적인 반응이다. STF를 개인 방호복에 응용하기 위한 연구는 미 육군연구소(ARL)와 Delaware 대학의 연구팀들이 중심이 되어 수행되고 있으며 현재 방탄과 방검 특성 등에 대한 연구결과가 계속해서 발표되고 있다. 이 기술의 응용분야로서는 body armor, vehicle armor, helmets, gloves 및 bomb blackets 등 군인들의 생명을 보호하는 목적뿐만 아니라 경찰과 민간 경비체계에도 사용될 수 있다.

기존의 방탄재료는 유리섬유 또는 고강력 아라미드섬유를 직조하여 제조하기 때문에 방호능력을 높이기 위해서는 섬유층을 겹겹이 적층하거나 방호소재의 재질에 변화를 주어 방탄복의 성능을 향상시키고 있으며, 특히 방탄 성능을 증대시키기 위해서는 많은 수의 방호소재를 적층하는 것이 필수적인 것으로 인식되고 있다. 그러나 이 경우 방호복의 중량을 증대시킬 뿐만 아니라 활동성을 저해한다. 그러므로 병사의 생존성과 기동성 향상을 위해서 가볍고 얇으며 유연성과 방탄성능을 겸비하면서 경제적인 개인 방탄재료가 필수적으로 요구된다. STF를 이용하면 이를 해결할 수 있는데, STF는 콜로이드상 나노크기 고상 입자의 유변학적 특성을 이용하기 때문이다. 즉, 이 유체는 전단응력이 증가했을 때 특정 조건을 넘어서면 유체의 점도가 급격하게 증가하여 고체와 같은 거동을 하게 된다. 그러므로 STF를 섬유직물에 침투시켜 이 현상을 이용하면 방탄재에 침입하는 탄환이나 칼 등과 같은 물체의 침입을 억제시켜 방탄성능을 극대화 할 수 있다.

3.3.5 테니스 채, 골프 채, 장대높이 폴 등의 스포츠용품

【1】 섬유 테니스 채

케블라 섬유는 강도가 좋기 때문에 방탄조끼와 같은 의류에 사용된다. 또한 케블라는 유연함을 가지고 있어 테니스 채과 같은 진동이 없어야 하는 스포츠용품에 많이 사용된다. 케블라로 보강한 테니스 채에서는 탄소섬유로 보강한 채보다 온화한 타구감을 구현할 수 있고 타구의 컨트롤 성능이 향상한다고 한다. 또한 유연함으로 인해 강력한 반발력이 작용하여 공의 스피드도 높아진다고 한다.

【2】 골프 채 샤프트

가볍고 큰 반발력을 가진 소재는 골프 클럽의 샤프트 등에 인기물이다. 골프 샤프트의 90% 이상은 카본 샤프트라고 하는 탄소섬유 복합재료이다. 카본 샤프트는 카본 강화 시트를 말아서 막대 형태로 만드는데, 이것을 다양하게 변화시킬 수 있어 개성있는 상품 개발이 활발히 이루어지고 있다. 일본의 M사는 탄소섬유를 3방향에서 위로 엮은 3축 직물의 카본 샤프트를 개발하여 독특하고 끈기감이 있는 골프 채 샤프트를 상품화하였다(그림 3-23).

【3】 5m 이상을 뛸 수 있는 장대높이 폴

여자 장대높이뛰기의 세계 1인자 이신바예바도 복합재료의 도움없이는 그 자리에 설 수 없었을 것이다. 이유는 이신바예바가 사용한 장대에 있다. 장대가 휘기 위해

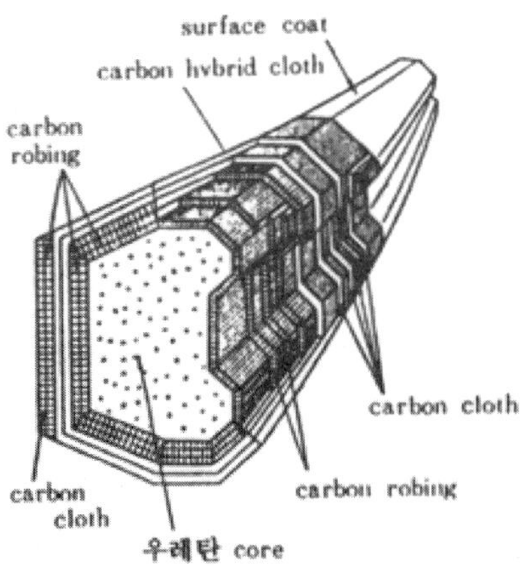

** 그림 3-23 ▌ 테니스, 골프, 스포츠용품에 사용된 복합재료

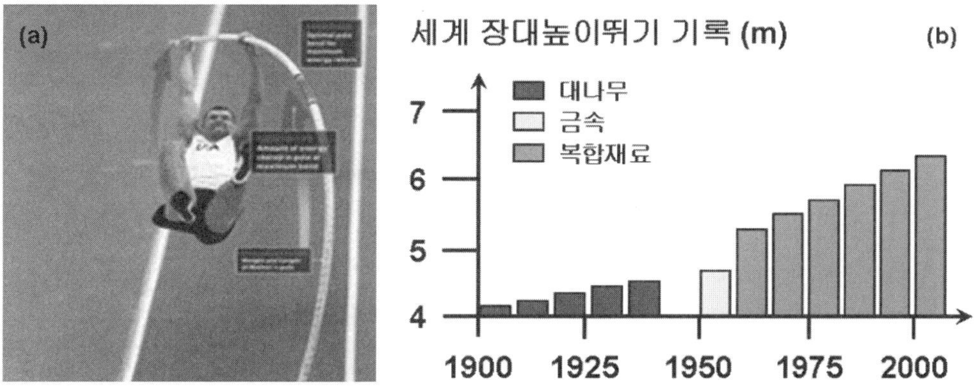

** 그림 3-24 ▌ (a) 장대높이뛰기 시의 에너지 변화 (b) 장대재료 별 장대높이뛰기 기록

서는 유연하면서 강한 복합재료가 쓰인다. 그림 3-24는 장대높이뛰기 시 장대가 받는 외력과 대나무, 금속, 그리고 복합재료가 장대높이뛰기에 사용되었을 때의 기록들을 비교해놓은 것이다. 복합재료가 단연 뛰어난 값을 보인다는 것을 볼 수 있다.

3.3.6 철보다 강하고 알루미늄보다 가벼운 복합재료 요트

옛날에는 선박의 몸체가 주로 나무였다. 나무는 가볍고 완강하고 부드럽다. 그러나 습기가 많은 곳이라든가 물에 침지된 상태로 방치하면 목재는 열화가 생기기 쉽다. 요트나 보트 등의 선박은 항상 물에 침지되고 파도나 바람의 강한 힘을 계속 받기 때문에 재료로서 내후성이 우수하고 가볍고 튼튼한 합성수지가 요구되었다. 그러던 중 1944년 제2차 세계대전 당시 미국에서 항공우주용 신소재로 FRP, 즉 섬유강화 플라스틱을 개발하였다. FRP는 철보다 강하고 알루미늄보다 가벼운 재료로서 실은 단순한 1종류 소재의 덩어리가 아니라 유리섬유와 합성수지로 구성된 복합재료이다. 만드는 방법은 수작업에 의한 경우가 많고 직경 9~13μm의 가는 유리섬유다발에 합성섬유를 침입하여 완전히 덮어 몇 층이고 중첩하여 경화시킨 것이다. 이 FRP를 이용하여 디자인의 자유도는 높고 복잡한 선체의 형태의 선박을 만들 수 있다. 하지만 사출 성형 등은 할 수 없기 때문에 값싸게 대량 생산은 할 수 없다.

3.3.7 거미와 젖소가 초강력 섬유를 만들면 초강력 방탄조끼 가능

과학자들은 거미줄을 인공으로 합성하거나 아니면 대량으로 생산할 수 있는 유전자 변형 등의 방법을 찾기 위해 다양한 방법을 동원하고 있는데 이게 바로 생체 모방학의 목표이다. 거미가 거미줄을 만드는 유전자를 알아내 동물의 젖이나 박테리아, 식물의 잎 등에서 대량 생산하는 방법이 그 중 하나이다. 그러나 절족동물의 실크 단백질(arthropod silk proteins)들은 워낙 크지만(>200 kiloDaltons), 지금까지 가능한 유전자 배열 재조합 거미 실크들은 아주 짧은 그리고 불완전한 상보성 cDNAs들을 재조합하는 수준이었다.

그러나 2007년 미국 캘리포니아 대학 나디아 에유브 교수팀은 검은과부거미의 거미줄 생산 유전자 전체를 처음으로 밝혀내 고성능 바이오물질 생산에 관한 청사진을 발표하였다(그림 3-25).

이런 거미줄을 대량 생산하려는 시도는 10여 년 전부터 있어 왔다. 1974년 덴마크에서는 네필라 거미를 주로 연구해 거미줄의 특성을 밝히기 시작했으며, 1989년 미국의 와이오밍 대학에서는 거미줄 생산 유전자 일부를 해독했다. 2000년 캐나다 회사인 넥시아 바이오테크놀로지는 염소에 이 유전자를 집어넣어 젖에서 거미줄 단백질을 만들어 내도록 했다. 그렇게 만들어진 거미줄 단백질을 '바이오 스틸(bio steel)'

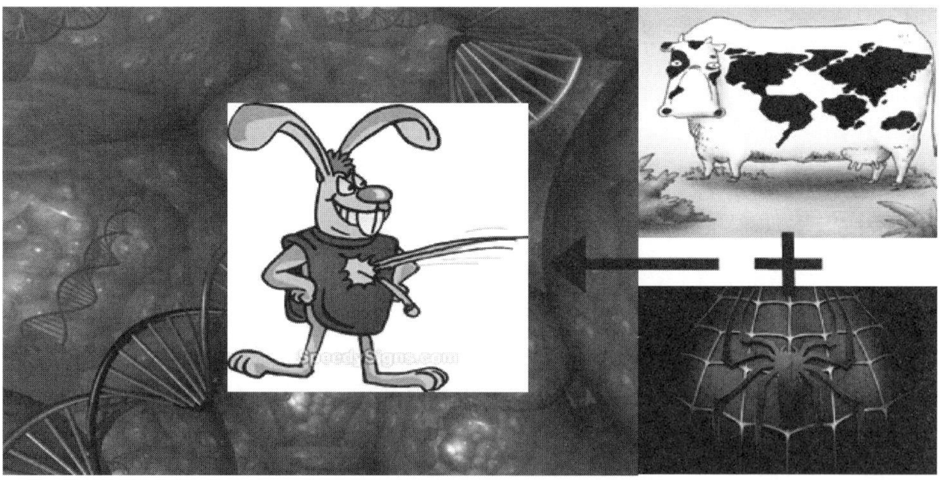

** 그림 3-25 ▌ 거미와 젖소의 유전자를 합성하여 spider 우유를 생산 추출한 spider silk로 복합재료를 만들어 초강력 방탄조끼를 제작

로 불렸다. 그러나 유전자가 완전히 해독되지 않은데다 생산된 거미줄 단백질의 질기기와 탄성 등이 천연 거미줄에는 크게 미치지 못했다.

과학자들이 거미줄의 양산에 매달리는 이유는 뛰어난 특성으로 응용 분야가 많기 때문이다. 인공 힘줄, 방탄복, 스포츠 의류, 봉합사, 가방, 밧줄, 항공기 몸체 등 쓸 수 있는 곳은 많다. 덩어리 원료 상태인 거미줄 단백질을 비닐처럼 얇게 만들어 차량의 코팅 재료로도 사용할 수 있다.

memo

제 4 장

금속복합재료

4.1 구성재료 기지 및 강화재

4.1.1 알루미늄 합금

【1】 기초

알루미늄은 밀도가 2.7g/cm^{3}이고 녹는점이 660℃이며 높은 열·전기전도도를 보인다. 밀도가 7.8g/cm^{3}인 Fe에 비하여 매우 가벼워 경량소재로 주목받고 있다. 또한 매장량이 풍부하고 95% 재활용이 가능하므로 철을 대체할 재료로서 많은 연구가 되고 있다. 알루미늄을 기지로 합금을 만들 경우 높은 내식성, 우수한 가공성과 높은 열·전기전도도 그리고 좋은 성형성으로 많은 분야에 사용되고 있다(그림 4-1).

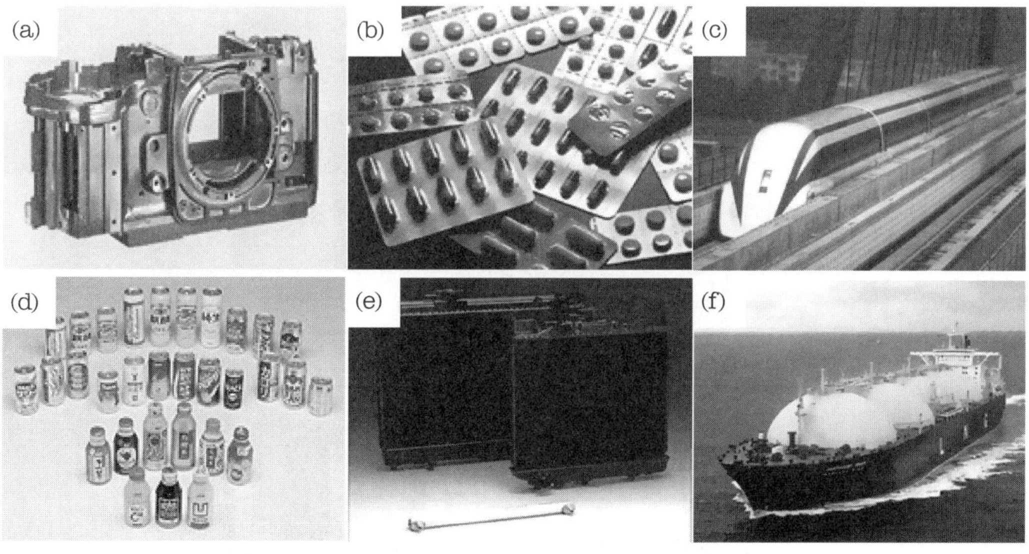

** 그림 4-1 ▌ 알루미늄 합금의 특성
(a) 카메라(주조성) (b) 약품포장(무독성) (c) 초전도 리니어모터카
(d) 캔(무취, 냉각, 재활용성) (e) 자동차 라디에이터(열전도) (f) LNG 탱크선(저온 특성)

따라서 다양한 분야에 사용되고 있는데, 작은 포장용기에서부터 카메라 그리고 LNG 탱크선 등 여러 분야에 걸쳐 사용된다. 최근에는 국제적인 환경 규제가 심화되고 있음에 따라 친환경적인 재료의 적용이 필요하게 되었으며, 자동차・항공기 등의 수송 분야에 있어서는 무게의 감소가 절실히 요구되고 있다. 차체의 무게에서 많은 부분을 차지하는 엔진부품은 높은 기계적 특성과 내열성 그리고 내마모성이 필요하여, 엔진 재료로서 철계의 제품이 대부분을 차지하였으나 그림 4-2, 4-3, 4-4를 보면 최근에는 알루미늄 합금으로의 대체가 활발하게 진행되고 있는 것을 알 수 있다. 2009년을 기준으로 볼 경우 엔진 블록의 경우 75%, 실린더헤드는 98%, 트랜스미션 케이스는 97% 등 많은 부분이 알루미늄으로 대체되고 있다.

자동차 재료 중 1kg의 강을 알루미늄으로 대체할 경우 22.9kg의 CO_2 배출을 줄일 수 있다. 또한 환경적인 면에서 보면 알루미늄의 경우 지구상에서 가장 재활용성이 뛰어난 재료로서 재활용을 하여 인고트를 만들 경우 95%의 에너지를 절약할 수 있다(그림 4-5).

	2005	2007	2009
엔진 블록	50%	60%	75%
실린더헤드	93%	96%	98%
인탱크 매니폴드	33%	24%	10%
트랜스미션 케이스	98%	97%	97%
휠	75%	70%	70%
서스펜션	30%	45%	50%

** 그림 4-2 ▌ 자동차용 철계 재료 부품의 경량 알루미늄 재료로의 대체 현황

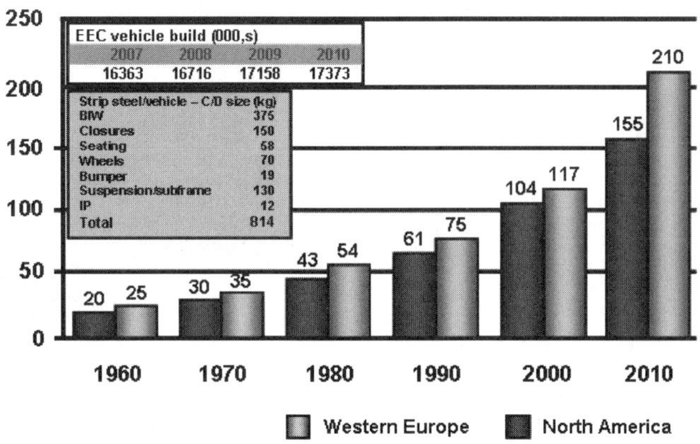

** 그림 4-3 ▌ 유럽과 북미에서의 자동차 부품에의 알루미늄 사용 현황

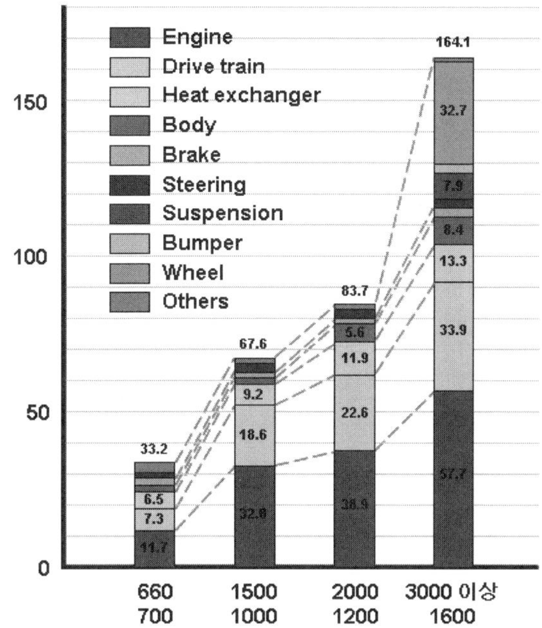

** 그림 4-4 ▌ 자동차 부품별 알루미늄 사용 현황

** 그림 4-5 ▌ 재활용이 가능한 경량재료 알루미늄

합금원소로서 첨가되는 원소는 알루미늄에 고용될 수 있는 Mg, Cu, Zn과 Si 등이 있으며, 조직을 제어하기 위해서는 Cr, Mn 그리고 Zr 등의 원소가 사용된다.

【2】 용해주조기술

(1) 알루미늄 합금의 용해 과정

알루미늄의 용해 과정을 보면 우선 용해 연료의 배합, 장입, 용해・교반, 그리고 탈가스・용제처리 과정과 결정립 미세화처리 과정을 거친다. 마지막으로 필터링을 하고 출탕주조를 하게 된다. 용해시에는 기계적 성질에 나쁜 영향을 주는 수소가스의 흡수와 산화물이 형성될 가능성이 있으므로 이 영향을 고려해야 한다.

탈가스 처리 방법을 최근에는 회전날개(impeller)을 사용하여 미세한 Ar, N_2 가스를 주입하는 방법이 많이 사용되고 있다. Ar, N_2가 용탕 내의 가스와 결합하여 용탕위로 빠져나오면서 불필요한 가스를 제거한다.

(2) 결정립 미세화

기계적 성질향상, 균열에 대한 저항, 압축인성 증가 등 보다 좋은 성질을 얻기 위해서는 조직의 제어가 필요하다. 가장 먼저 고려해야 할 것은 수지상의 크기와 결정립의 크기이다. 통상 결정립의 크기는 수지상의 크기에 비례하며 냉각속도가 빠를수록 결정립을 미세하게 할 수 있다.

또한 용해 후기에 접종제를 첨가함에 따라 조직을 미세화 할 수 있으며, Al 합금의 경우에는 Ti가 주된 첨가원소이고 $TiAl_3$, TiB_2 상이 불균일 핵생성 자리로 작용하여 조직의 미세화 효과를 가져 올 수 있다. 그림 4-6에서는 꽃잎 모양의 $TiAl_3$을 중앙으로 하여 그 주위에 dendritic cell이 형성되어 있음을 알 수 있다. Al-Ti-B 모합금이 Al 합금의 대표적인 결정립 미세화제이다. 접종제의 첨가 외에 조직을 제어하는 방법으로는 전기전자 교반, 초음파 등이 있다.

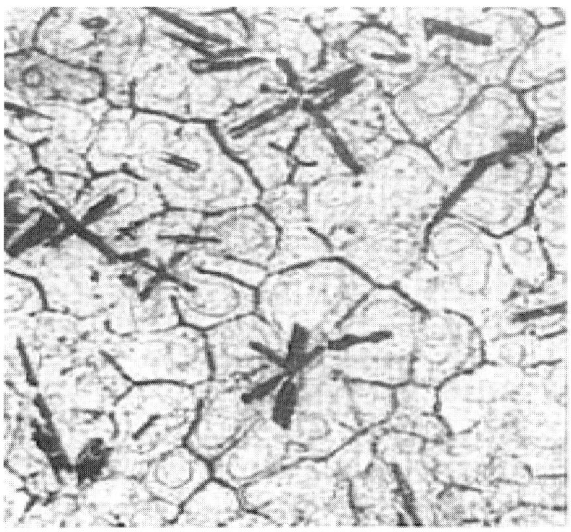

** 그림 4-6 ▌ 결정립 한복판에서 관찰되는 $TiAl_3$: 불균일 핵생성 장소로 작용

(3) 개량처리(modification)

조직의 미세화 외에도 원하고자 하는 물성을 얻기 위하여 알칼리금속 첨가에 따른 미세구조의 형상 제어 방법이 있다. Sr, Na 등을 첨가하여 Al-Si 합금의 공정 조직을 침상이나 층상구조에서 단섬유 형상으로 제어할 수 있다. Al-Si 합금계의 조직은 Si이 대략 1% 넘게 첨가되면 Si이 조대한 판상이나 침상 모양으로 조직이 생기며 그림 4-7에서 확인할 수 있다. 개량처리를 하지 않은 경우는 평면적으로 침상, Na개량처리재의 경우에는 아주 미세한 입상, Sr 처리재는 미세한 입상 그리고 Sb 처리재는 층상을 나타내며, Na과 Sr의 첨가에 의한 공정 Si의 개량 효과가 우수함을 알 수 있다. 그림 4-8을 보면 Sr 첨가에 따른 조직의 변화를 관찰할 수 있으며, 표 4-1과 그림 4-9를 보면 Sr 첨가에 따른 성질 변화를 관찰할 수 있다. 3차원적인 입체적인 조직을 보면 개량처리를 하지 않은 경우는 판상, Na 처리재는 아주 미세한 입자형태의 상, Sr 첨가재는 입상이며 Sb 처리재는 미세한 판상을 나타낸다. 조직에서 보는 바와 같이 개량 효과는 Na 첨가 효과가 가장 우수하고 그 다음이 Sr이며, Sb는 큰 효과가 없음을 알 수 있다(그림 4-10). 한편 Ca 첨가도 약간의 개량 효과가 있다.

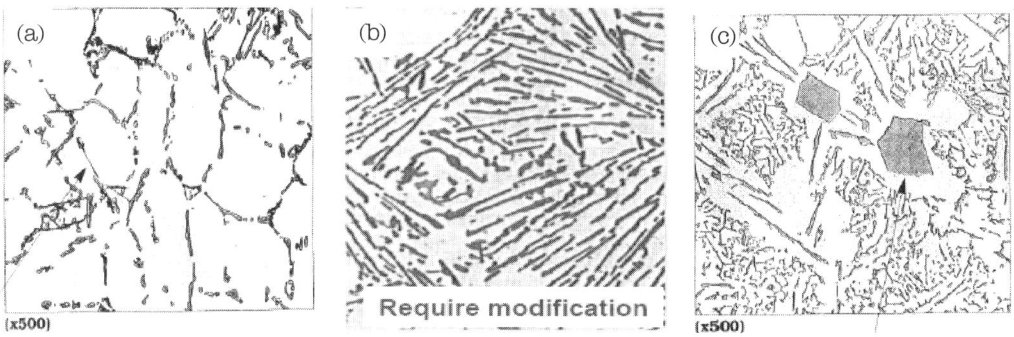

** 그림 4-7 ▌ Al-Si 합금의 조직 (a) hypoeutectic Al-Si, (b) eutectic Al-Si, (c) hypereutectic Al-Si

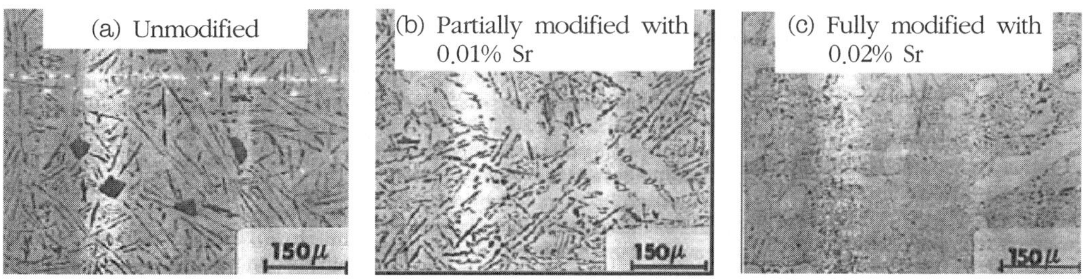

** 그림 4-8 ▌ Al-Si 공정 조성합금의 조직 (a) 무처리 (b) 0.01Sr 개량처리 (c) 0.02Sr 개량처리

** 표 4-1 ▌ Al-Si 합금의 주조시 개량화 처리에 따라 강도 및 연성이 동반 상승

	인장강도(MPa)	연신율	경도(rockwell B)
사형(개량처리 무)	125	2	50
사형(개량처리 유)	195	13	58
금형(개량처리 무)	195	3.5	63
금형(개량처리 유)	220	8	72

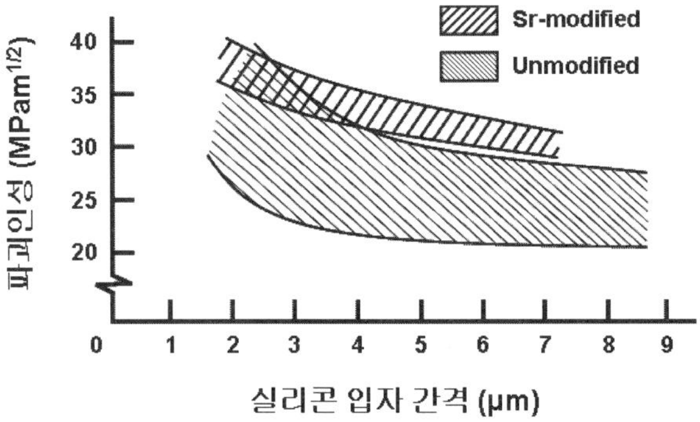

** 그림 4-9 ▌ Sr 개량화 처리에 따른 파괴인성의 향상

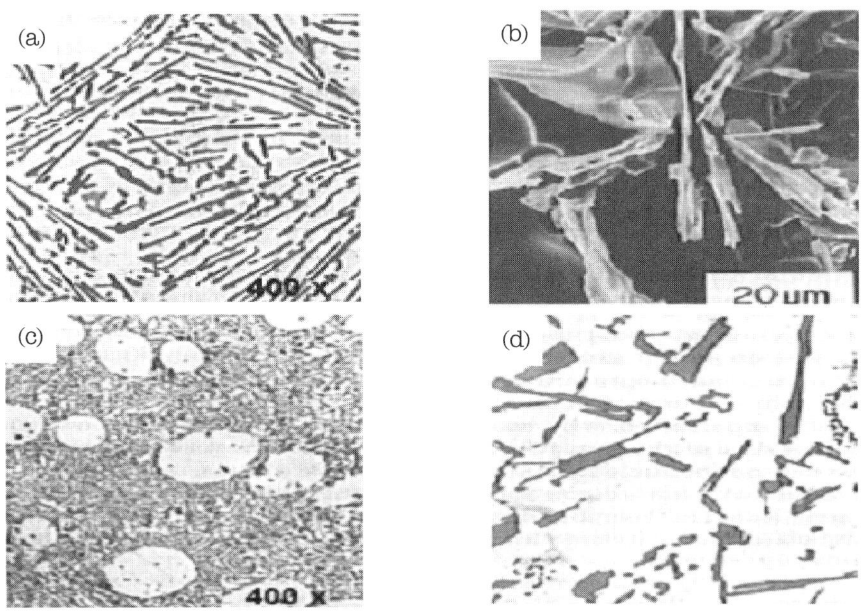

** 그림 4-10 ▌ 개량처리에 다른 Si 형상의 변화 (a) 12% Si unmodified (b) 12% Si unmodified(SEM) (c) 12% Si modified with Na (d) 12% Si with excess P

【3】 상용 알루미늄 주조 합금

(1) Al-Si계 합금

1) Al-Si계 합금(AC3A, ADC1)

공정 조성에 가까운 합금은 유동성이 뛰어나고, 주형 충진성이 좋고, 주조 균열도 생기지 않기 때문에 얇은 대형주물이나 형상이 복잡한 주물에 이용된다. Al-Si 합금은 내식성, 용접성이 좋다. 또한 알루미늄 합금 중에서 열팽창계수가 가장 작고, Si 함량이 많을수록 열팽창계수가 감소하며 비중 또한 작아진다. 그러나 강도가 낮고, 내부 수축이 생기기 쉽기 때문에 Na에 의한 개량처리를 행한다. 불순물인 Fe가 함유되면 Al-Fe-Si 화합물이 침상으로 정출하여 인성과 내식성을 크게 해친다. 따라서 Fe량의 50~80% 정도의 Mn을 첨가하여 괴상의 Al-Fe-Si-Mn 화합물을 형성시켜 Fe의 해를 경감시킨다. 한편, 다이캐스트 합금은 금형의 용착 방지를 위해 Fe를 1질량% 전후 함유하고 있다. 다이캐스트에서는 약 100~500K/s의 급랭응고 때문에 Fe 화합물 및 공정 Si상은 입상으로 미세하게 분포한다. 그렇기 때문에 Al-Fe-Si 화합물의 해가 작고, 개량처리가 불필요하게 된다. 이 합금계는 강도를 그다지 필요로 하지 않는 케이스, 커버류에 이용된다.

2) Al-Si-Mg계 합금(AC4A, 4C, 4CH, ADC3)

Al-Si계의 유동성을 살리고 인성을 부여하기 위해 Si량을 6.5~10질량%로 줄이고, 강도를 부가하기 위하여 Mg를 0.3~0.5질량% 첨가한 합금이다. 응고조직은 α 수지상정과 α + Si 공정으로 된다. 이 계에는 Mg 8.25질량%, Si 4.75질량% 조성에 Al-Mg_2Si의 2원 공정(Mg_2Si 13질량%)이 있고, Mg_2Si의 고용한도는 온도저하와 함께 현저하게 감소한다. 소입, 소려 열처리에 의해 Mg_2Si의 중간상이 석출하고 현저하게 시효경화를 나타낸다. Mg량이 미량이라도 석출경화도가 높은 합금이다. 내식성도 좋다. Mg량의 증가와 함께 인장강도와 항복강도가 증가하지만, 연신율은 감소한다. 연신율과 충격치를 개선하기 위해서는 Na에 의한 공정 Si의 개량 미세화처리가 필요하다. 또 Fe를 0.20질량% 이하로 관리하고, 침상 Al-Fe-Si 화합물의 정출량을 감소시킨 AC4CH는 프리미엄 합금이라고 불리며, 높은 인성을 갖는 합금이다. 자동차 휠, 플라이 휠, 실린더블록, 브레이크 드럼, 펌프 등에 이용된다.

3) Al-Si-Cu계(AC2A, 2B, 4B, ADC10, 12), Al-Si-Cu-Mg계(AC4D)

Si 9~12질량%에 Cu 1~4질량%와 미량의 Mg를 가한 합금 및 Si 5질량%에 Cu 1질량%와 Mg 0.2~0.5질량%를 가한 합금으로, Cu와 Mg의 고용경화 및 Al_2Cu와 Mg_2Si 중간상의 석출경화에 의해 기계적 성질을 개선한 합금이다. Si에 의해 탕유동성과 내주조 균열성이 우수하고, 어느 정도의 내열성도 있다. Cu량이 많게 되면 기포가 생기기 쉽게 되고, 내식성도 저하한다. 일반적으로 주조하기 쉬운 합금으로 크랭크 케이스, 실린더헤드, 매니홀드, 기어하우징, 유압부품에 많이 이용된다. 자동차용 부품, 전기기구 부품, 산업기계 부품, 광학기기 부품, 가정용 기구 등 다이캐스트 제품의 90% 이상이 Al-Si-Cu계 합금으로 주조된다.

4) Al-Si-Cu-Mg-Ni계(공정계 AC8A, 8B, 8C, 과공정계 AC9A, 9B, ADC14)

Al-Si계 합금은 Si 함유량의 증가와 더불어 열팽창계수가 작아진다. 또 Si상은 높은 경도를 갖기 때문에 내마모성이 우수하다. Cu와 Mg로 강화되고 Ni로 내열성이 보강된다. 9~13질량% Si의 공정계는 α 수지상정이, 16~24질량% Si의 과공정계는 Si상이 초정으로 정출하고, 계속해서 α + Si 공정상, Mg_2Si, Al_3Ni_2상, AlCuNi상이 정출한다. 공정계 합금은 수랭식의 피스톤용 합금, compressor용 로터 등에, 또 과공정 합금은 주로 공랭식의 피스톤용 합금으로서 금형주조에 의해 사용된다.

(2) Al-Cu계 합금

821K, 33.2질량% Cu에 공정점이 있고, 최대 고용도는 5.7질량% Cu이다. α(Al)상 중의 Cu의 고용도는 온도 저하와 함께 크게 감소한다. 소입, 소려에 의해 Al_2Cu상(θ)의 초기 석출상인 GP zone, θ'중간상의 석출에 의해 현저한 경화가 생긴다. 실용 조성은 4~5질량% Cu로, 상태도상으로는 응고상은 α단상이지만, Cu의 분배계수가 작기 때문에 비평형 공정상이 정출한다. 초정 α 수지상정과 그 간격의 국부적 최종 응고위치에 분포하는 비평형 공정 $\alpha + Al_2Cu$상으로 구성된다. 이 비평형 공정의 Al_2Cu상은 괴상으로 정출하지만, Al-33.2질량% Cu 조성의 공정조직은 α상과 Al_2Cu상의 규칙적인 층상(lamella) 형태를 나타낸다. Al-4.5질량% Cu의 분배계수는 0.14로 작기 때문에 α상의 중심부의 Cu 농도는 매우 낮다. 비평형 공정 정출량은 냉각속도와 응고양식에 따라 변하지만, 일반 주물 주조시의 응고에서는 공정 정출량은 냉각속도의 상승과 더불어 증가하고, 수지상정 중심의 용질농도는 저하한다. 비평형 공정은 용체화처리에 의해 고용화 및 균질화가 이루어진다. 비평형 공정은 803K, 10.8ks에서 고용하지만, 완전히 용질 Cu가 균일 분포하는 데는 대개 180ks 이상을 요한다. 결정립 미세화를 위해 첨가된 Ti는 분배계수가 8로 매우 크기 때문에, α상의 중심부에 Ti가 농축된 코어조직(cored structure)을 형성한다. 알루미늄 합금의 통상적인 용체화 온도(773~798K)에서는 Ti의 확산이 거의 일어나지 않고, Ti가 농축된 코어조직은 용체화 후에도 그대로 잔존한다. 또 Ti가 농축된 코어조직 내의 Cu의 균일화는 Ti의 확산이 거의 진행하지 않으므로 완전히는 달성되지 않는다.

1) Al-Cu계 합금(AC1A), Al-Cu-Mg계 합금(AC1B)

Cu4.5질량%(1A) 및 Cu4.5질량%-Mg0.25질량%(1B)의 함유에 의한 고용강화와 석출경화에 의해 강도와 경도가 향상되고, 높은 인성과 내열성 및 양호한 양극산화 특성을 갖는다. 내식성은 다른 합금보다도 떨어진다. 석출경화는 Al-Cu계에서는 GP(1) 및 GP(2) zone과 Al_2Cu의 중간상 θ'의 석출에 의해, 또 Al-Cu-Mg계에서는 Al-Cu계의 석출상 이외에 Al-Cu-Mg계의 GPB zone과 Al_2CuMg의 중간상 S′의 석출에 의한다. Al-Cu 합금의 응고온도 범위는 넓고, Mg의 함유에 의해 더욱 넓어진다. 따라서 수지상정 간격에 충분한 보급이 행해지기 어렵고, 응고수축이나 흡수가스에 의한 기포결함이 생기기 쉽다. 또 주조균열이 생기기 쉬운 합금의 경우, 금형주조에서는 응고과정에서 주형의 구속력이 크기 때문에 균열이 발생하기 쉽다. 따라서 간단한 형상의 것을 제외하고 일반적으로는 사형 주조가 많다. 주조균열의 방지에는 Ti에 의한 결정립 미세화와 α상의 입상화가 효과적이다. 또 소량의 Si의 존재도 주조성을 개선하지만, 인성을 해친다. 자동차 부품, 항공기 부품 등의 강도를 필요로 하는 구조부재에 이용된다.

2) Al-Cu-Mg-Ni계 합금(AC5A)

Al-Cu-Mg계의 Mg량을 늘리고 Ni를 첨가해서, Al_2CuMg(S)상의 준안정상(S′)의 석출과 Al_5NiCu(Y)상, Al_3Ni상의 생성에 의해 내열성을 향상시킨 피스톤용 합금으로서 개발되었다. 473K 이상의 고온에서 알루미늄 합금 중 제일 높은 강도를 갖는다. 피삭성도 우수하다. 그러나 Al-Si계 합금에 비해서 열팽창계수가 크다. 또 유동성, 용탕 보급성, 내주조균열성 등의 주조성이 현저하게 나쁘다. 현재 피스톤용 합금으로서는 Al-Si계 합금으로 거의 대체되고 있다.

(3) Al-Mg계 합금(AC7A, &b, ADC5, 6)

724K, 35.0질량% Mg에 공정점이 있고, 최대 고용도는 14.9질량%이다. 고용도의 감소가 크기 때문에 석출이 일어나지만, Mg량이 작은 조성에서는 실용적인 경화현상은 생기지 않는다. 실용조성은 3~11질량% Mg이고, 상태도상에서는 α단상으로 응고하지만, 분배계수가 작기 때문에 현저한 편석을 일으키고, 실제의 주조응고에서는 4질량% Mg 조성에서도 비평형 공정 $\alpha+Al_3Mg_2$가 정출한다. 고농도의 합금에서는 비평형 공정의 정출량이 많고, 인성과 내식성을 해치기 때문에 용체화처리에 의한 고용화가 꾀해진다. 또 시효처리를 행하면 $Al_3Mg_2(\beta)$상의 중간상 β'이 석출해서 강화되지만, 인성과 내응력부식 균열성을 감소시키므로 시효석출 열처리는 행하지 않고 용체화한 채로 사용된다. 주조상태 및 용체화처리의 상태로 인장강도와 신율이 크고,

특히 인성이 우수하다. 그러나 내력은 크지 않다. 다른 원소, 예를 들면 Si, Fe의 함유는 인성과 내식성을 저하시킨다. Mg량이 많은 합금에서는 오래 사용하면 자연시효에 의해 강도가 늘어나고 인성이 현저하게 저하하는 경년변화가 일어나고, 응력부식 균열이 생긴다. 이 합금은 용해시에 산화가 현저하고, dross의 발생이 많으며, 수소가스를 흡수하기 쉽다. 응고온도 범위가 넓고, 탕흐름이 나쁘기 때문에 압탕효과, 용탕보급능이 낮고, 기포결합이 발생하기 쉬우며, 주조 균열도 생기기 쉽다. 질량 효과가 현저하게 나타나는 합금으로 건전한 주물을 주조하기 어렵다. 다이캐스트 주조에서는 유동성, 내소착성이 떨어지고 복잡한 제품의 주조에는 적합하지 않다. Al-Mg 합금은 내식성, 특히 내해수성이 우수한 합금으로 양극산화 특성도 좋다. 선박 외부 기기류, 커버, 케이스류, 사무기기류 등에 이용된다. 표 4-2에 상용알루미늄 합금의 종류를 나타내었다.

** 표 4-2 ▎ 상용 Al 주조 합금의 종류

종류	합금의 화학조성											합금의 적용 예
	Cu	Si	Mg	Zn	Fe	Mn	Ni	Ti	Pb	Sn	Cr	
AC2B	2.0 -4.0	5.0 -7.0	0.05	1.0	1.0	0.50	0.35	0.20	0.20	0.10	0.20	벨브 몸체, 크랭크 케이스, 클러치 하우징
AC4B	2.0 -4.0	7.0 -10.0	0.50	1.0	1.0	0.50	0.35	0.20	0.20	0.10	0.20	크랭크 케이스, 실린더헤드, 항공기용 전장품
AC4C	0.25	6.5 -7.5	0.25 -0.45	0.35	0.55	0.35	0.10	0.20	0.10	0.05	0.20	유압부품, 항공기 핏팅류, 소형 선박용, 엔진부품
AC4CH	0.20	6.5 -7.5	0.20 -0.45	0.10	0.20	0.10	0.05	0.20	0.05	0.05	0.15	자동차 wheel, 항공기 엔진 부품 및 유압 부품
AC4D	1.0 -1.5	4.5 -5.5	0.40 -0.6	0.30	0.6	0.50	0.20	0.20	0.10	0.05	0.15	Cylinder head, 크랭크케이스, 실린더블록, 연료펌프 몸체
AC8A	0.8 -1.3	11.0 -13.0	0.7 -1.3	0.15	0.8	0.15	0.8 - 1.5	0.20	0.05	0.05	0.10	Piston, 폴리, 베어링
ADC10	2.4 -4.0	7.5 -9.5	0.3	1.0	1.3	0.5	0.5	-	-	0.3	-	
ADC12	1.5 -3.5	9.6 -12.0	0.3	1.0	1.3	0.5	0.5	-	-	0.3	-	

4.1.2 마그네슘 합금

【1】 기초

마그네슘 합금은 낮은 밀도(그림 4-11)와 높은 비강도와 진동 감쇠능(그림 4-12), 뛰어난 전자파 차폐능 등의 장점이 있지만 높은 화학적 반응성과 낮은 내식성 그리고 내열성이 좋지 않아 이를 보완하는 연구·개발이 많이 이루어지고 있다. 마그네슘의 경량 특성(표 4-3) 때문에 세계시장에서 마그네슘의 사용(그림 4-13)은 점점 늘어나고 있는 추세이며, 특히 세계적으로 문제가 되고 있는 환경공해를 줄일 수 있어 자동차 산업에서의 Mg 사용이 해마다 늘어나고 있는 추세이다(그림 4-14). 자동차 산업에서 사용되고 있는 부품으로는 휠, 좌석 프레임, 라디에이터 부품, 도어 프레임, 핸드 브레이크, 엔진 블록(그림 4-15) 등에 이용된다. 마그네슘 합금 개발의 경우 네 가지 분류로 나뉜다. 초경량 합금, 성형 개선 합금, 내열 합금, 그리고 마그네슘기지 복합재료로 나눌 수 있다. 또한 자동차에서 중량에서 가장 큰 부분을 차지하는 엔진부품에서의 사용을 위하여 연구가 진행되고 있으며 일부 회사에서는 마그네슘 합금으로 만든 엔진을 이미 상용화 하고 있다.

** 표 4-3 ▌ 재료 변화에 따른 경량화율 변화로 Mg은 Fe 대비 60% 이상 경량화 가능

Materials	Alloy/Grade	Density (g/cm^3)	Stiffness		Equal Bending Stiffness to steel	
			Modulus (GPa)	Modulus/Density	Thickness Ratio	Weight Ratio
Mg	AZ91, die-cast	1.81	45	24.9	1.67	0.39(61% 절감)
	AZ80-T5, extrusion	1.80	45	25.0	1.67	0.38(62% 절감)
Al	A380.0 die-cast	2.68	71	26.4	1.43	0.49(51% 절감)
	6061-T6 extrusion	2.70	69	25.5	1.45	0.50(50% 절감)
Fe	Steel Galvanized	7.80	210	26.9	1.00	1.00(0% 절감)
Plastics	PC/ABS, Dow 2000	1.13	2.3	2.04	0.65	0.65(35% 절감)

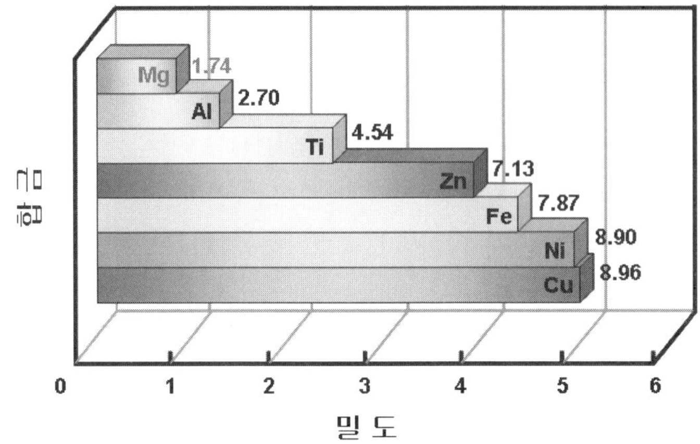

** 그림 4-11 ▌ Mg 합금의 비중은 Fe의 1/4 수준

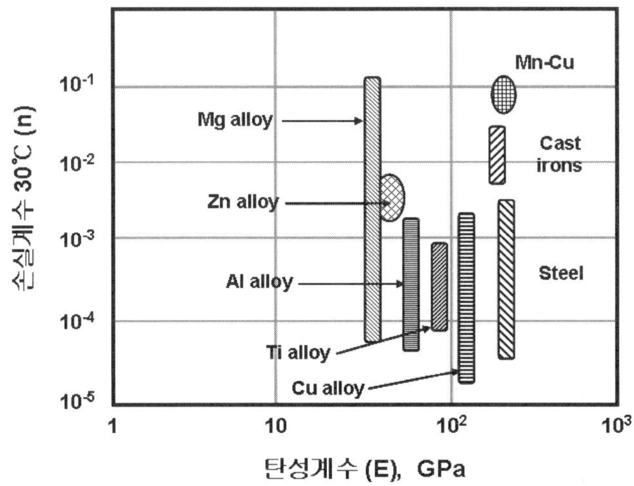

** 그림 4-12 ▌ 우수한 진동 감쇠능을 나타내는 Mg 합금

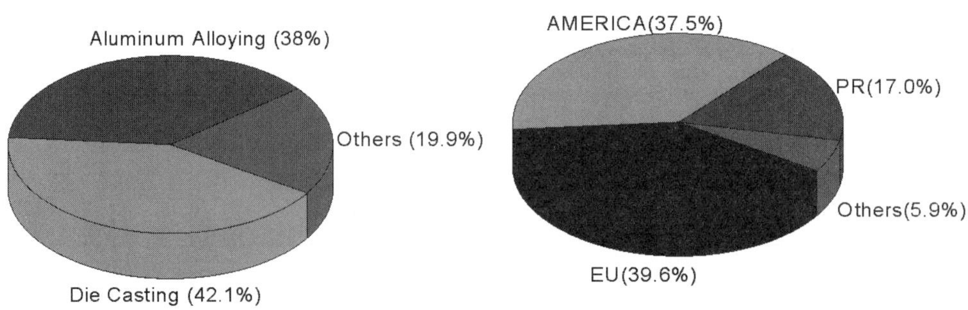

** 그림 4-13 ▌ 마그네슘 시장 현황

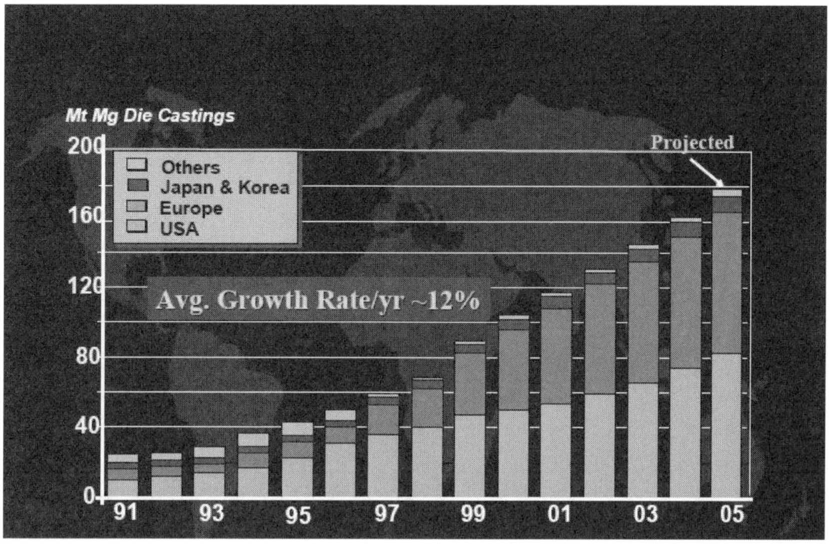

** 그림 4-14 ▌ 자동차산업에서의 마그네슘 사용 현황(연 12% 증가)

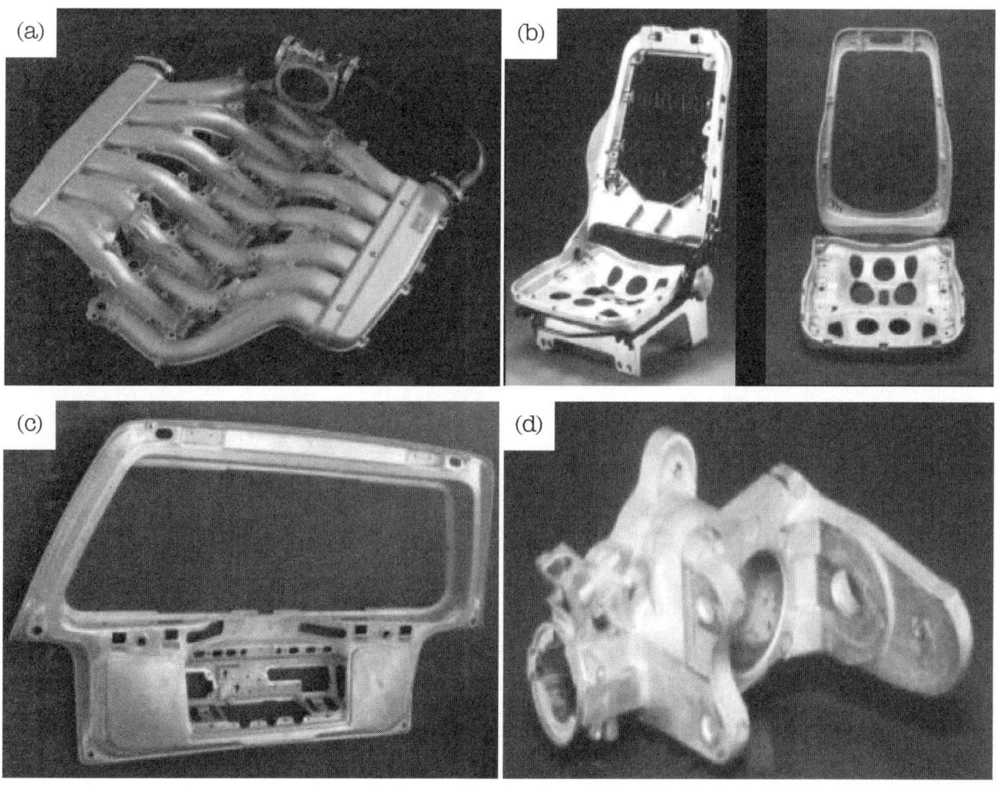

** 그림 4-15 ▌ 자동차용 Mg 합금 부품 (a) intake manifold (b) sheet frame (c) door frame (d) key lock housing

【2】 용해주조기술

마그네슘은 반응성이 강하여 공기, 수분, 철산화물, 모래와도 다음과 같은 반응을 일으킨다.

- Buring/Oxidation
  $2Mg+O_2 = 2MgO$
- Rapid evaporation (expansion) of water entrapped by liquid magnesium
  $Mg(liq.)+H_2O(liq.) = H_20(vap.)+Mg(fine\ droplets)$
- Water reaction/Hydrogen explosion
  $Mg+H_2O = MgO+H_2$ $2H_2+O_2 = 2H_2O$
- Thermite reaction
  $3Mg+Fe_2O_3 = 3MgO+2Fe$
- Silica reaction
  $2Mg+SiO_2 = 2MgO+SiMg$

마그네슘은 산소와의 친화력이 강해서 연소하기 쉬우므로 용해시에는 연소방지를 위해 용탕을 $MgCl_2$를 주성분으로 하는 flux로 완전히 씌우거나, 유황분말을 뿌려서 아황산가스로 용탕표면을 피복하거나, 혹은 CO_2+SF_6 가스에 의한 피복을 행한다. 최근의 다이캐스팅 자동화 부품 제작의 경우 Mg 용탕은 $CO_2+SF_6+N_2$의 분위기에서 행하고 있고, 온도에 따른 보호가스의 조건은 표 4-4에 나타내었다. 주조는 사형, 금형, 다이캐스트로 이루어진다. 융점이 낮고 응고잠열이 작으며 또한 용해 도가니나 용해용 기구에 이용되는 강을 침식하지 않으므로 다이캐스팅에 적합하다.

표 4-4 ▌ 마그네슘 용해시 용해온도에 따른 보호가스의 조건

용해온도 (℃)	용해 분위기(vol.%)	실험 조건		
		표면교반	산화오염	용탕 보호
650-705	Air+0.04%SF_6	×	×	매우 우수
650-705	Air+0.2%SF_6	○	×	매우 우수
650-705	75%Air / 25%CO_2+0.2%SF_6	○	○	매우 우수
705-760	50%Air / 50%CO_2+0.3%SF_6	○	×	매우 우수
705-760	50%Air / 50%CO_2+0.3%SF_6	○	○	우수

1) 결정립 미세화

마그네슘 합금의 강도는 결정립 크기에 큰 영향을 받으므로 필히 결정립 미세화가 행해진다. 결정립 미세화는 과열처리, 탄소 첨가, Zr 첨가에 의해 행해진다. 그림 4-16에 결정립 미세화 된 Mg 합금의 사진을 나타내었다.

① **과열처리** : 용탕을 1,123~1,173K로 과열해서 300~900초 동안 유지한 후 주입온도까지 빨리 냉각해서 주조하면 조직은 미세화 된다. 이것은 고온 용해시에 Mg와 격자상수가 가까운 물질을 생성하여 불균일핵으로써 작용한다고 생각되고 있다. 생성하는 물질로서는 Fe-Al계 화합물, $MnAl_4$, Al_4C_3 등을 들 수가 있다. Al보다 탄화물을 생성하기 쉬운 Ti, Zr, Be 등을 포함한 합금으로는 결정 미세화가 얻어지지 않는다. 따라서 이 미세화 처리는 Mg-Al-Zn계 합금에서 유효하다. C의 공급원은 flux로 알려져 있다. 고온 유지시간은 너무 길어도 효과가 떨어지고, 또 1,023K 이하에서의 유지로는 과열처리의 효과가 없게 된다. 이 과열처리는 반복하는 과열에 의해 효과가 회복한다. 안정한 미세화처리이다.

② **C 첨가** : 불균일핵으로서 Al_4C_3을 형성시키기 위하여 C의 공급원으로서 파라핀, 왁스 탄소분말, CaC 및 탈가스제인 C_2Cl_4, C_2Cl_6가 첨가된다. 이들의 첨가는 대개 1,023K에서 행해지고 과열처리보다도 저온에서 처리된다.

③ **Zr 첨가** : Mg-Zr계는 Zr0.58질량% 이상에서 초정 Zr+액상L → α(Mg)의 포정반응을 나타낸다. Zr이 농축된 초정이 응고중심이 되고 코어조직을 나타내서 미세결정립이 된다. Zr은 산에 대한 가용성 Zr과 불용성 Zr의 상태로 함유되어 가용성 Zr의 증가와 함께 결정립 크기는 작아진다. Al, Si, Fe, Sn, Sb, Ni, Mn, Be, Li, H는 Zr의 Mg에의 용해도를 낮추어 Zr과의 화합물을 생성하기 쉽게

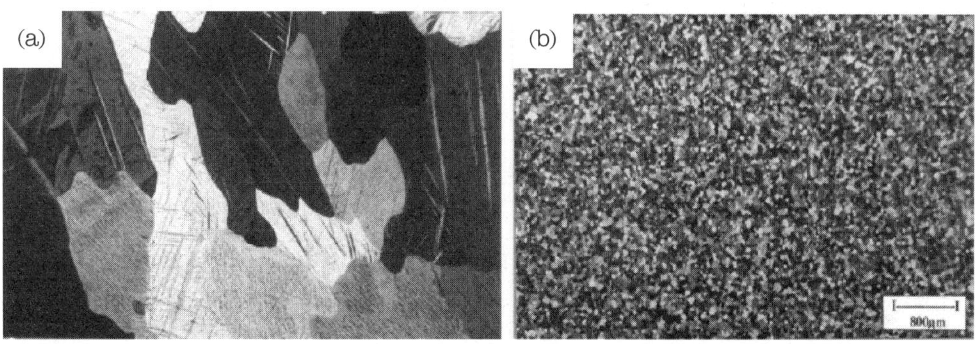

** 그림 4-16 ▌ Zr 첨가에 따른 Mg 합금의 결정립 미세화 (a) 750μm(pure Mg) (b) 50μm(Mg-0.56Zr)

하므로 미세화 효과를 줄인다. 한편, Zn, Th, Ce 등은 Zr의 고용도를 증가시킨다. 용탕의 산화방지를 위해 첨가하는 Be는 결정미세화 효과를 감소시킨다.

【3】 상용 마그네슘 합금

(1) Mg-Al계 합금(AM100A)

Mg-Al계는 710K, 32.3질량%에 공정점이 있고 L → α(Mg) + β($Mg_{17}Al_{12}$)의 공정반응을 나타낸다. Al의 최대 고용도는 12.7질량%이다. 그러나 6~9질량% Al 조성 합금에서도 응고조직은 초정 고용체의 경계에 다량의 비평형 공정상이 괴상으로 정출한 조직을 나타낸다. 입계부근에서는 Al의 농도가 높으므로 서냉하면 $Mg_{17}Al_{12}$ 화합물상이 층상으로 석출한다. Mg-Al계의 합금은 Al의 함유에 의해 강도를 가지는 합금으로, 비평형 β상이 다량으로 석출하므로 충분한 용체화에 의해 강도와 인성이 부가된다. 일반용 금형 주조 주물에 이용된다.

(2) Mg-Al-Zn계 합금(AZ63A, AZ81A, AZ91A~C, AZ92A)

Mg-Zn계에는 613K, 51.2질량% Zn에 공정점이 있고 α(Mg)고용체+Mg_7Zn_3 화합물 공정이 정출한다. 3원계에서는 Al과 Zn량에 의해 $Mg_{17}Al_{12}$나 $Mg_{32}(Al,Zn)_{49}$ 공정이 정출한다. 이 합금계는 소입, 소려 열처리에 의해 현저한 석출경화가 생긴다.

Mg-Al-Zn 합금은 주조용 합금으로서 가장 일반적이다. 초정 α상과 그 간격에 정출한 α+$Mg_{32}(Al,Zn)_{49}$ 공정상으로 구성되어 있다. AZ81A, 91A, 92A 합금은 Al량이 많고 Zn량이 작으므로 초정 α상과 α+$Mg_{17}Al_{12}$ 공정상으로 된다. AZ63A는 강도와 인성이 있지만 기포가 발생하기 쉽고, 주조균열도 생기기 쉬우므로 비교적 단순형상의 사형주물에 적합하다. Al 함유량이 많고 Zn량이 적을수록 유동성이 좋아져서 AZ81A, 91A-C, 92A 합금은 주조성, 내압성이 우수하다. 다이캐스트 주조에는 AZ91계가 이용된다. 강도는 높지만 인성은 낮다. 일반의 사형 주조, 금형 주조 주물에 이용된다.

(3) Mg-Zn-Zr계 합금(ZK51A, ZK61A)

Mg-Zr계는 포정계이고, 포정반응 미세화를 나타낸다. Mg-Zn-Zr계 합금은 응고중심에 Zr이 농축된 코어조직을 가지며 Zn을 고용한 α(Mg)상과 그 주위에 α+Mg_7Zn_3 공정이 응고한 조직으로, Mg_7Zn_3은 응고 후 MgZn상으로 변태한다. 이 합금계는 용체화, 소입에 의해 MgZn 중간상의 석출로 상온의 강도와 인성이 우수한 고력합금이다. Zn이 많기 때문에 기포가 발생하기 쉬운 경향이 있다. 사형 주조에 의한 고력합금 주물에 이용된다.

(4) Mg-Zn-RE-Zr계 합금(EZ33A, ZE41A)

Mg-RE(희토류원소)계는 공정계를 구성하고 있다. Mg-Ce계는 863K, 21.5질량%에서, α(Mg)+Mg_9Ce 공정상을 정출한다. Ce의 최대 고용도는 1.6질량%이다. 공정응고한 Mg_9Ce는 냉각과정에서 Mg_3Ce로 변태한다. Mg-RE-Zr계 합금의 조직은 Zr농도가 풍부한 초정 α결정립의 주위에 Mg_9Ce가 망목상으로 정출한다. 주조성과 내압성이 우수하다. 고온에서 안정한 Mg_9RE 중간상의 석출에 의해 고온에서의 변형에 견디고, 423~533K에서의 강도저하가 작은 내열합금이다. 용접성도 좋고, 사형 주조용 주물에 이용된다. 이 합금계에 Ag를 가한 QE32A는 상온과 고온의 강도와 인성이 높다. 표 4-5에 상용 마그네슘 합금과 물성을 나타내었다.

** 표 4-5 ▌ 상용 마그네슘 합금과 물성

Property	Unit	AZ91	AM60	AM50	AM20	AS41	AS21	AE42
UTS	MPa	248	247	237	206	240	230	237
YS(0.2% offset)	MPa	148	123	116	94	130	120	130
Compressive Y.S	MPa	148		113	74		106	103
Fracture Elongation (L = 50mm)	%	6.6	12	14	16	10	12	13
Elastic Modulus, tension	GPa	45	45	45	45	45	45	45
Elastic Modulus, shear	GPa	17						
Brinell hardness	HBS1/5	70	65	60	45	60	55	60
Impact strength Charphy unnotched bars	J	6	17	18	18	4	5	5

4.1.3 강화재(fiber)

복합재료의 강화재로 사용되는 섬유는 다음의 3가지 특성을 가진다.

① 크기 효과(size effect)로 섬유의 직경이 작을수록 결함이 적어 강도가 높아진다(그림 4-17).

② 높은 전단비(aspect ratio)를 가질수록 강해지고 복합재료에서 외부하중을 섬유에 분담하게 되어 강해진다(그림 4-18).

③ 가늘어 질수록 휘기 쉬우면서 유연성을 가질 수 있어 실, 천, 직물 등 다양한 재료를 만들 수 있다(그림 4-19).

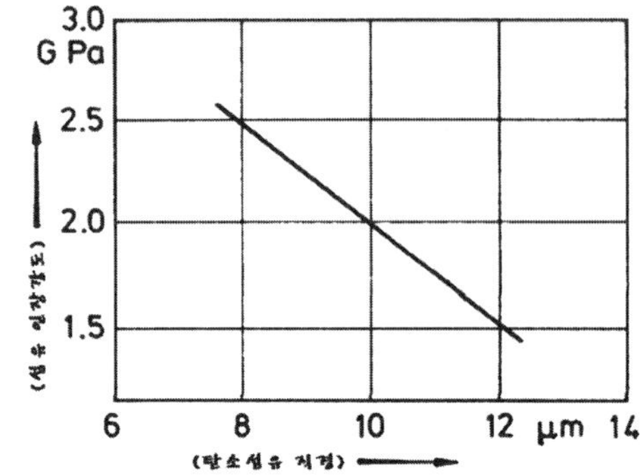

** 그림 4-17 ▌ 탄소섬유의 직경과 강도(직경이 작을수록 인장강도 증가)

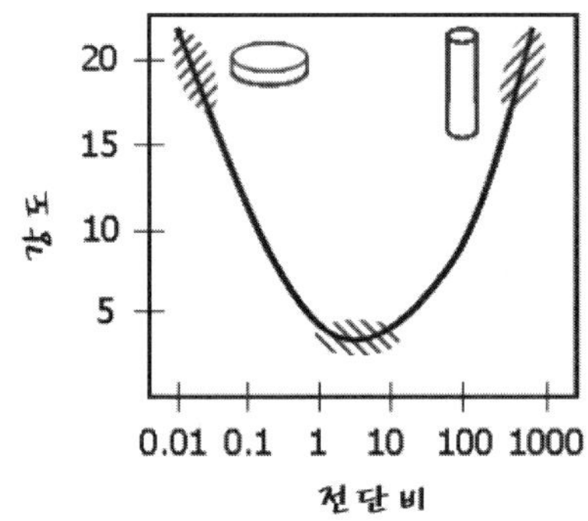

** 그림 4-18 ▌ 섬유의 강도와 전단비의 관계(전단비가 클수록 강도가 커진다)

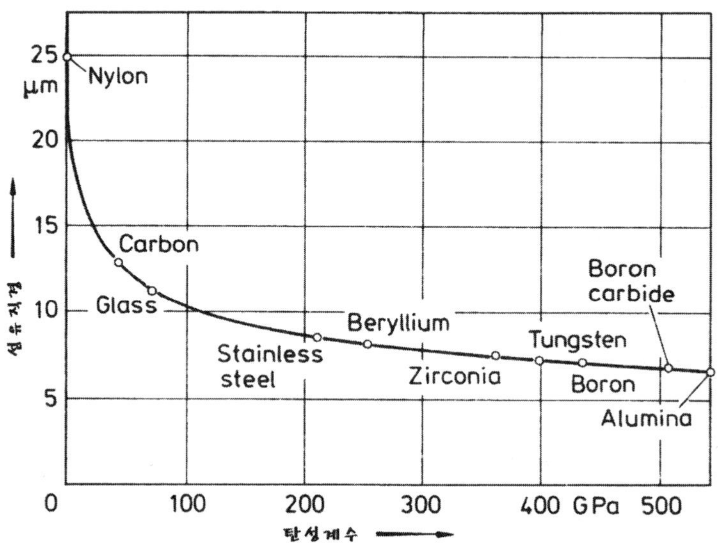

** 그림 4-19 ▌ 25μm 직경의 나일론 섬유와 동일한 유연성을 갖는 강화 섬유의 직경

【1】 탄소섬유

탄소는 밀도가 2.268g/cm^3로 매우 가벼운 원소이다. 흑연의 형상을 하고 있으며 층 내 결합이 공유결합이고 강하지만(~525KJ/mol) 층간 결합은 반데르발스 결합이고 약한 결합이다(<10KJ/mol). 이방성의 성질이 강하여 탄성계수가 층을 따라서 100GPa이고 C축으로는 35GPa이다.

섬유의 형상(그림 4-20)과 분류(그림 4-21) 그리고 탄소섬유의 확대사진을 그림 4-22에 나타내었다.

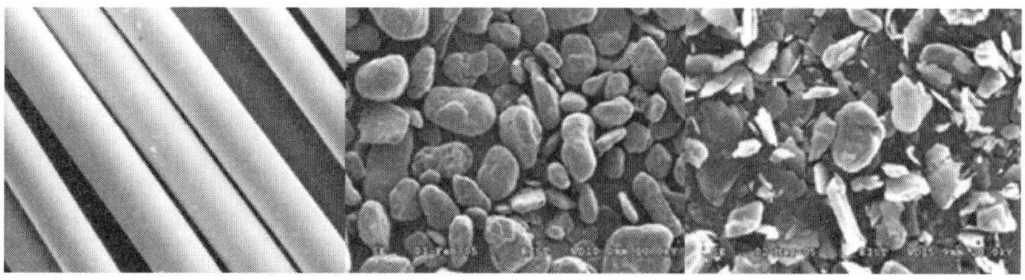

** 그림 4-20 ▌ 강화재 형상(섬유, 구상입자, 편상입자)

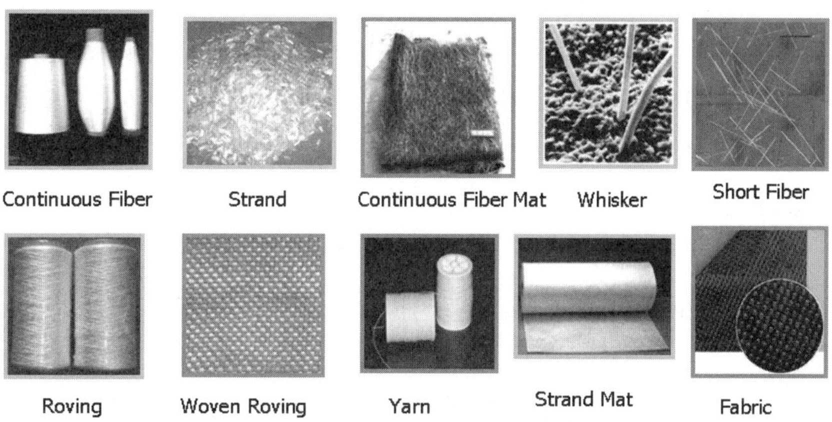

** 그림 4-21 ▌ 강화섬유의 형태

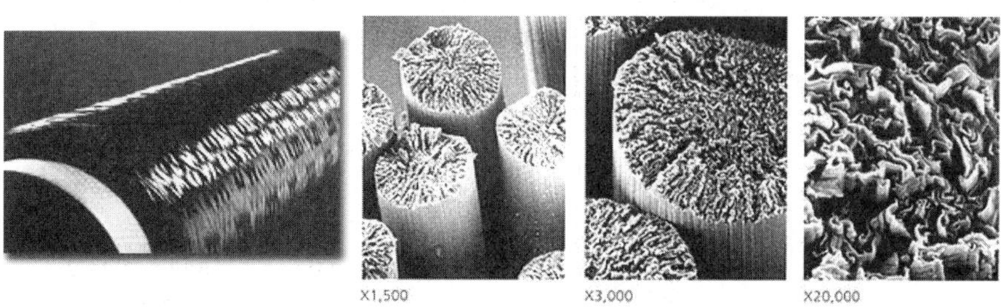

** 그림 4-22 ▌ 탄소섬유의 형상과 미세조직

탄소섬유의 제조는 다음과 같은 3단계의 공정을 거친다.

① 용탕으로부터 섬유를 보호하는 안정화처리(stabilization)를 한다.

② 탄화처리(carbonization)에서는 주요한 비탄소 원소를 제거한다.

③ 흑연화처리(graphitization)에서는 열처리 2단계로부터 얻어진 탄소섬유의 성질을 개선한다.

탄소섬유는 레이온, 폴리아크릴니트릴(PAN) 등의 유기섬유, 또는 석유필치를 원료로 하여 이들을 precursor로서 소성시켜 만들어진다. 원료에 따라 제조공정은 약간 다르지만, 800~1,600℃의 소성온도에서는 고강도의 탄소섬유를 얻을 수 있고, 2,500~3,000℃ 고온 소성온도에서는 고탄성율의 흑연섬유가 얻어진다.

(1) 섬유의 제조 과정

1) PAN(polyacrylonitrile)

based 탄소섬유 제조과정을 그림 4-23에 나타낸다. 또한 탄소섬유 제조 과정 중 최종 열처리시 온도와 인장강도의 관계를 그림 4-24에 제시한다.

2) Rayon-based 탄소섬유 제조

레이온은 열경화성 수지로서 반응성 분위기에서 안정화 처리를 하고(<400℃), 탄화(<1,500℃) 그리고 흑연화(>2,500℃) 과정을 거친다. 흑연화 과정은 2,800℃에서 응력 하에 진행된다.

3) Pitch-based 탄소섬유 제조

Pitch-based 탄소섬유는 경제성과 높은 생산성으로 각광받고 있다.

그림 4-25에 Pitch-based 탄소섬유 제조의 모식도를 나타내었다.

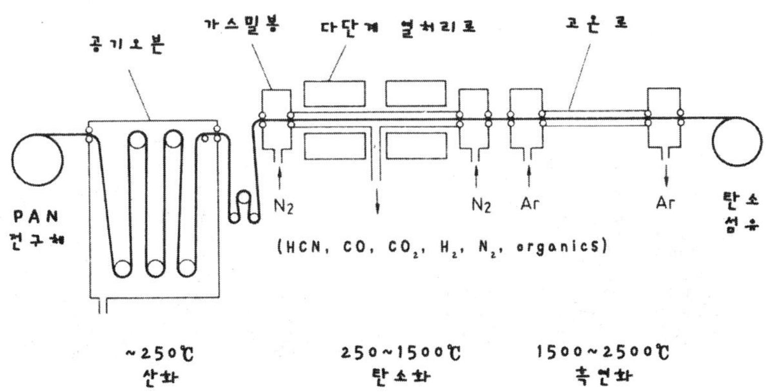

** 그림 4-23 ▌ PAN계 탄소섬유 제조의 모식도

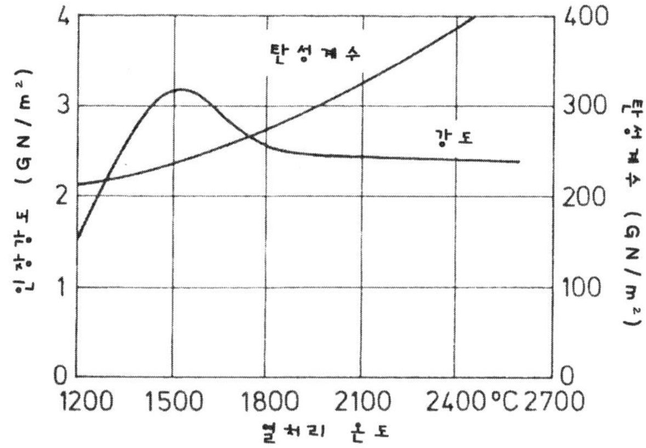

** 그림 4-24 ▌ 탄소섬유의 열처리온도 변화에 따른 인장강도, 탄성계수의 변화

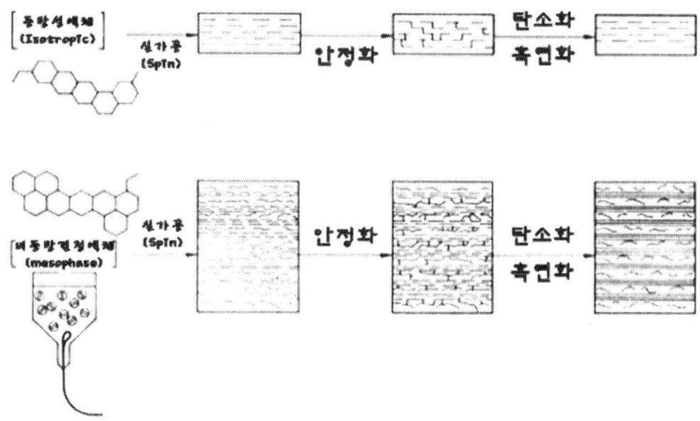

** 그림 4-25 ▌ Pitch계 탄소섬유 제조의 모식도

(2) 탄소섬유

표 4-6에 탄소섬유들의 성질을 나타내었다. 탄소섬유의 탄성률은 226～275GPa로서 대단히 크지는 않지만, 인장강도가 큰 고강도섬유(High strength(HS) 또는 High tensile strength(HT))와 인장강도는 약 2,000MPa이지만 탄성률이 높은 고탄성율섬유(High modulus(HM))가 있어서, 두 가지 경우가 분화해서 계속 발달하고 있다. 예를 들면 PAN계의 섬유는 고강도의 것이 얻기 쉽고, 연신율이 2%를 넘는 것도 나오고 있다. 이밖에 일반용(GP : General performance), 특수용(HP : high performance)의 명칭이 사용된다. 피치계의 섬유는 흑연화하기 쉽고, 고탄성률의 것이 얻어진다. 현재의 시장은 우주, 항공 및 스포츠용품이 대부분을 차지하고 있지만 자동차, 로봇 그 외의 일반산업기계에 사용하게 되면 수요는 비약적으로 늘어날 것으로 예상된다.

** 표 4-6 ▌ 각종 탄소섬유들의 특성 비교

	밀도(gcm^{-3})	탄성계수(GPa)	전기저항(10^{-4}Ωcm)
Rayon [a]	1.66	390	10
Polyacrylonitrile [b](PAN)	1.74		18
Pitch(Kureha)			
LT [c]	1.6	41	100
HT [d]	1.6	41	50
Mesophase pitch[e]			
LT	2.1	340	9
HT	2.2	690	1.8
Single-crystal [f]			
graphite	2.25	1,000	0.40

[a] Union Carbide Thornel 50.
[b] Union Carbide Thornel 300.
[c] LT, low-temperature heat-treated.
[d] HT, high-temperature heat-treated.
[e] Union Carbide type P fibers
[f] Modulus and resistivity are in-plane values.
Source : Adapted with permission from Ref.38.

(3) 응용

탄소섬유는 항공과 스포츠제품 산업에서 다양하게 응용되고 있다. 미국항공기의 화물실문과 로켓 추진장치 케이징은 탄소섬유 강화 에폭시 복합재료로 만들어진다. 현대의 상업 항공기 또한 탄소섬유 복합재료가 이용된다. 다른 분야에서는 터빈과 콤프레셔 그리고 윈드밀 블레이드 그리고 플라이휠에도 사용된다.

【2】 알루미나 섬유

제조의 기본 단계는 다음의 3단계를 거친다.

① 방사 가능한 수용액 슬러리를 만든다.

② 섬유는 방사 가능한 슬러리로부터 건조, 당김 과정을 거친다.

③ 2단계의 낮은 온도에서의 소성(low firing)은 수축을 조절하는 반면 높은 온도에서의 소성(flame firing)은 알루미나의 밀도를 높인다. 보통 얇은 실리카 코팅을 한다. 이로 인하여 표면의 결점을 보완하고 코팅되지 않은 것보다 50% 높은 인장강도를 갖는다. 고온에서 섬유의 인장강도 유지력은 그림 4-26에 나타나 있다.

표 4-7에 알루미나 섬유의 성질을 나타내었다.

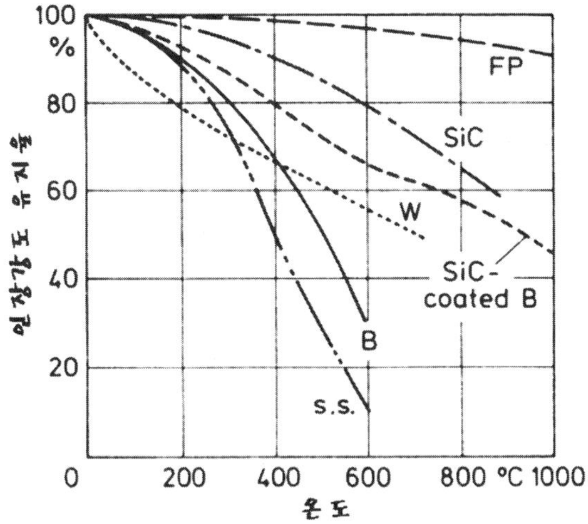

** 그림 4-26 ▌ 고온에서의 각종 강화 섬유의 인장강도 변화

** 표 4-7 ▌ 알루미나 강화 섬유의 특성

직경(μm)	밀도(gcm^{-3})	인장강도(MPa)	탄성(G)	융점(℃)
20±5	3.95	1,380	379	2,045

[a] $\alpha-Al_2O_3$

주로 금속 복합재료의 강화재로 사용하며 Al_2O_3/SiO_2 조성비에 따라서 다양한 물성이 가능하고 1,400~1,700℃까지 사용 가능하다. 순수 Al_2O_3은 매우 비활성으로 1,200℃까지 안정하다.

【3】 붕소섬유

붕소섬유는 기판 위에 CVD(Chemical Vapor Deposition) 방법을 이용하여 증착시켜 얻는 다음의 두 가지 방법이 있다.

① Boron hydride의 열적분해 방법으로 저온에서 이용된다. 유리섬유에 코팅된 탄소가 기판으로써 이용된다.

② Boron halide의 반응으로 수소가스는 boron trihalide 줄이기 위하여 사용된다. 화학반응은 다음과 같다.

$$2BX_3 + 3H_2 = 2B + 6HX \text{(X : 할로겐원소 Cl, Br, 또는 I)}$$

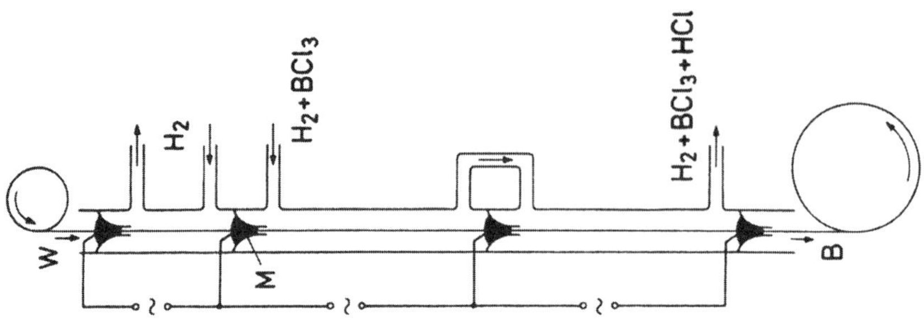

** 그림 4-27 ▌ 화학증착법에 의한 붕소섬유 제작의 모식도

증착법에 의한 붕소섬유 제작의 모식도를 보면 BCl_3 축소 과정에서 매우 미세한 텅스텐와이어(10~12μm diameter)가 수은실을 지나 반응 챔버로 들어간다(그림 4-27). 온도 변화에 따라 보론 할라이드가 고온 챔버에서 분해, 화학 증착된다.

유리섬유는 머리카락보다 가늘어 지름은 10미크론 정도이다. 탄소섬유도 7미크론 정도인데, 그에 비하여 붕소섬유는 100미크론 이상인데 한 가닥을 손에 잡고 구부리면 쉽게 꺾어진다. 붕소섬유의 영률은 500GPa로서 강의 2배이다.

【4】 탄화규소(SiC) 섬유

SiC 단일섬유 제조를 위한 CVD 과정은 다음과 같다. SiC는 텅스텐(또는 탄소기판)에 1,300℃로 가열되어 화학적으로 증착된다. 반응 가스는 70% 수소와 30% 알칼리 성분으로 혼합되고 Mercury seals가 양쪽 끝에 이용된다. Methyltrichlorosilane은 하나의 실리콘 원자와 하나의 탄소 원자를 포함하고 있기 때문에 이상적인 원료이므로 SiC가 화학량론적으로 증착될 수 있다. 화학반응은 $CH_3SiCl_3 \rightarrow SiC + 3HCl$이다.

Precursor법에 의해 제조되는 섬유는 직경 10~20μm이지만, 텅스텐선 또는 탄소선을 심선으로 해서 이 위에 화학증착해서 만드는 섬유는 직경이 50~500μm로 매우 두꺼운 섬유이다. 붕소 필라멘트와 SiC 필라멘트($SiC_{(CVD)}$라고 나타낸다)가 알려져 있고, 보통은 직경 140μm 전후(5.6mil)이다.

붕소를 예로 하면, 심선에 직접 통전해서 1,100~1,200℃에서 가열해 두어, 이것에 수소 가스를 carrier gas로 해서 BCl_3을 보내어 심선의 위에서 열분해하여 증착시킨다. 한편, $SiC_{(CVD)}$ 경우는 크롤시란을 원료로 해서 붕소와 같은 방법으로 탄소 심선 위에 증착시킨다. 원료를 얻기 쉬운 점과 심선의 가격, 반응속도의 면을 고려하면 붕소보다도 $SiC_{(CVD)}$의 쪽이 경제적이다.

** 그림 4-28 ‖ SiC섬유의 화학증착(CVD) 시설 현장(상부가 고온, 하부가 저온으로 하부에서 분해되어 상부에서 화학증착이 이루어짐)

그림 4-28은 세계에서 가장 큰 SiC섬유 CVD 시설로서 해마다 12,000마일의 SiC 필라멘트를 제조할 수 있다. CVD SiC 단일섬유의 성질을 표 4-8에서 볼 수 있다. SiC Fiber(SCS)는 pyrolytic graphite-coated 탄소코어 위에 실리콘과 탄소를 함유하는 화합물을 증착한다. 그림 4-29는 SiC의 구조를 나타낸 사진이다.

** 표 4-8 ‖ CVD SiC 섬유의 특성

	직경(μm)	밀도(gcm^{-3})	인장강도(MPa)	탄성계수(GPa)
β-SiC	140	3.3	3,500	430

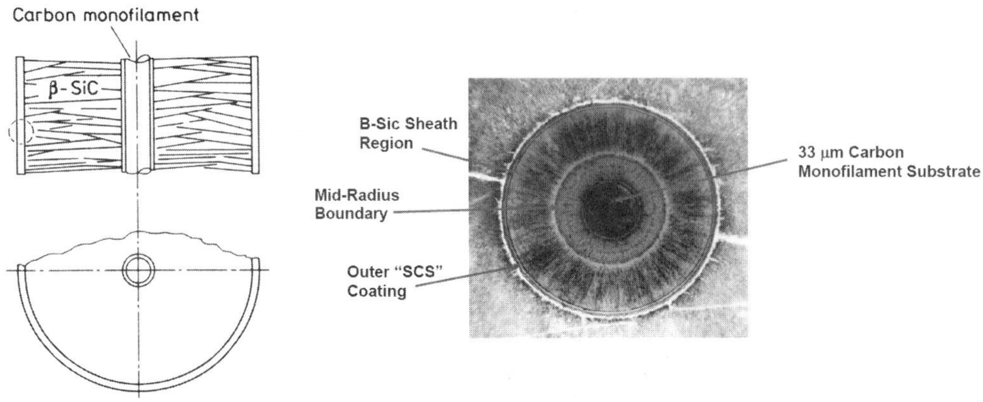

** 그림 4-29 ▌ SiC섬유의 구조

【5】 SiC 입자, 휘스커

구형의 SiC는 경제적이고 양이 풍부하여 연마용 재료, 내화성 재료, 그리고 화학 공업 재료로 사용된다. 전통적인 방법의 경우는 모래속의 실리카와 코크스의 탄소가 2,400℃의 전기로에서 반응하여 만들어진다. 휘스커(whisker)는 보통 증기상의 성장으로 얻어지며 휘스커의 직경은 겨우 몇 밀리미터에 불과하므로 전단비가 50~10,000사이로 다양하다. 휘스커는 균일한 치수나 성질을 갖지 않는데 이것이 가장 큰 단점이다. 현재는 금속, 화합물 등 많은 물질의 휘스커 제조에 성공하고 있다.

4.2 금속복합재료의 활용

금속복합재료(MMC : Metal Matrix Composite)는 금속기지(metal matrix)에 분말(particle), 휘스커, 장섬유(long fiber) 및 단섬유(short fiber) 등의 형태를 갖는 보강재(reinforcement)를 포함시켜 상온 및 고온에서 우수한 기계적 성질을 가지고, 높은 내마모성과 내열성 및 피로저항성 등을 갖도록 한 신소재이다. 개발 초기에는 주로 우주, 항공 산업과 군사용 목적으로 연구되었으나, 최근에는 자동차 및 스포츠 레저산업 등에 그 응용의 폭이 확대되면서 관심이 더해지고 있다. 그림 4-30은 금속복합재료 활용의 예이다.

금속복합재료는 보강재의 형태에 따라 입자분산강화합금(PSM : Particle dispersed Strengthened Metal), 섬유강화합금(FRM : Fiber Reinforced Metal), 휘스커강화

** 그림 4-30 ▌ 금속복합재료의 활용 예(우주항공, 자동차, 전자부품)

합금(WRM : Whisker Reinforced Metal) 등으로 나눌 수 있다. 입자분산강화합금은 1946년 스위스의 Irmann에 의해서 개발된 SAP(Sintered Aluminum Product)에서 기원을 찾을 수 있는데, SAP의 우수한 고온강도가 알루미늄 중에 분산되어진 알루미나 입자의 영향인 것이 알려지면서 분산강화법을 이용하여 복합재료를 제조하는 연구가 시작되었다. 입자분산합금의 강화기구는 입자 자체가 강도를 유지함으로써 생기는 것이 아니고, 균일 분산된 미립자들에 의해서 금속기지의 자체변형 저항을 높이고, 고온 하에서 탄성률, 강도 및 크리프특성 등을 개선시키는 것이다. 섬유강화합금은 금속기지 중에 높은 강도와 강성을 가지는 강화섬유를 포함시켜 금속기지만으로는 얻을 수 없는 우수한 기계적 성질을 가지도록 한 것이다. 알루미늄, 마그네슘, 구리, 티타늄 등의 합금에 탄소, 탄화규소, 알루미나, 붕소 등의 보강재를 사용하여 상온 및 고온에서 높은 비강도와 비강성을 가지도록 하는 경량형 금속복합재료와 철-니켈합금 등에 텅스텐, 탄화규소 등의 보강재를 사용하여 1,000℃ 이상의 고온에서 강도와 크리프특성을 향상시킨 고온형 금속복합재료가 연구되어지고 있다. 휘스커강화합금은 장섬유나 단섬유에 비하여 극히 미세하고 짧은 휘스커(보통 직경 : 0.1~0.5μm, 길이 : 50~복합μm)를 금속기지에 분산시켜 제조한 복합재료로 일반적인 금속복합재료가 가지는 장점 외에도 압연이나 압출 등의 2차 가공이 용이하다는 장점을 가지고 있다. 그러나 다른 금속복합재료에 비하여 제조단가가 너무 높아 미국의 NASA에서 우주, 항공 및 군사용 목적으로 제한적인 연구가 진행되어 왔다. 그러던 중 1979년 미국의 Exxon Oil사가 왕겨(rise hulls)로부터 탄화규소휘스커를 낮은 생산단가로 제조하는 데 성공함으로써 휘스커강화합금의 연구가 활성화되었다.

최근 몇 십년간 눈에 띄게 경량금속기지 복합재료가 발전을 거듭해왔기 때문에 경량금속 복합재료는 중요한 부분에 응용되고 있다. 특히 자동차 산업에서 금속기지 복합재료는 섬유강화 피스톤과 실린더 표면이 강화된 알루미늄 크랭크케이스 그리고 입자강화 브레이크 디스크 등이 상업적으로 이용되고 있다. 이런 발전된 복합재료가 현대의 재료과학에 관한 발전의 한계를 극복하는 데 기여하고 있다.

복합재료의 장점은 반드시 생산과 응용에서 가격경쟁력이 있을 때 실현될 수 있다. 특정한 성질이 복합재료를 통하여서만 구현될 수 있다면 이 재료의 사용은 필수적이다. 다양한 재료들(금속-세라믹-비금속)의 복합화는 다양한 재료를 만들 수 있는 기회를 제공한다. 이 새로운 재료들의 가능성은 각각 재료들의 기본적인 특성에 의하여 결정된다.

경량금속기지 복합재료의 요구 목표를 보면 다음과 같다.

- 상온의 항복강도와 인장강도의 향상
- 고온에서의 더 높은 크리프 저항성
- 고온피로강도의 향상
- 열 충격 저항의 증가
- 내식성 향상
- 탄성계수 증가
- 열변형의 감소

요약하여 보면 비강도의 향상은 폭넓은 응용을 제공한다. 기능성 재료로서의 목표는 아래와 같다.

- 전도성 재료의 강도 향상
- 비활성 재료의 크리프 저항성 증가
- 스위칭 접촉부의 burn out 거동 향상
- 미끄럼 접촉부의 젖음성 향상
- burn out 감소에 의한 점용접 전극의 동작시간 상승
- 전극부품을 위한 적층복합재료의 생산
- 연성 초전도체의 생산
- 특정 성질을 가진 자성재료의 생산

위에 언급한 목표와 다른 응용분야도 있다. 예를 들어 의학 분야에서는 생체 친화성뿐만 아니라 높은 강도와 내식성 등이 요구된다.

비록 재료의 발전이 금속복합재료의 사용한 시스템에까지 이르고 있지만 현실적으로 구현되지 못하는 경우가 많다. 왜냐하면 안정성과 신뢰성 그리고 생산과 제조

의 문제 그리고 경제성 등의 문제가 있다. 수송산업에서와 같은 응용분야는 지극히 비용 우선적이며 안전성에 있어 매우 보수적이므로, 이와 같은 재료들을 위한 추가적인 비용부담을 원하지 않는다. 이런 이유들로 금속기지 복합재료는 현재 새로운 재료의 진화를 위한 첫 단계이라고 할 수 있다(그림 4-31).

섬유강화 복합재료의 경우 연속섬유, 단섬유 혹은 휘스커 강화 복합재료로 분류된다(그림 4-32). 표 4-9에서는 불연속 강화재의 성질을 나타내었다. 또한 그림 4-33에서는 단일금속재료와 섬유강화복합재료의 비강도와 비탄성계수의 비교를 나타낸다.

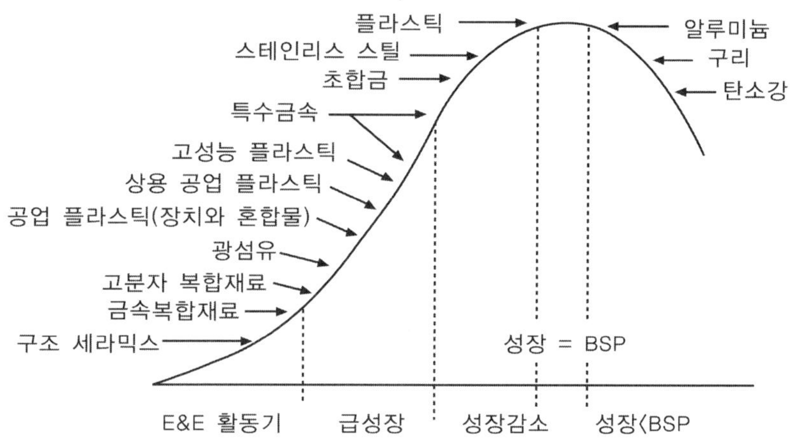

** 그림 4-31 ▌ 재료 시장의 발전 곡선(금속복합재료 시장은 초창기)

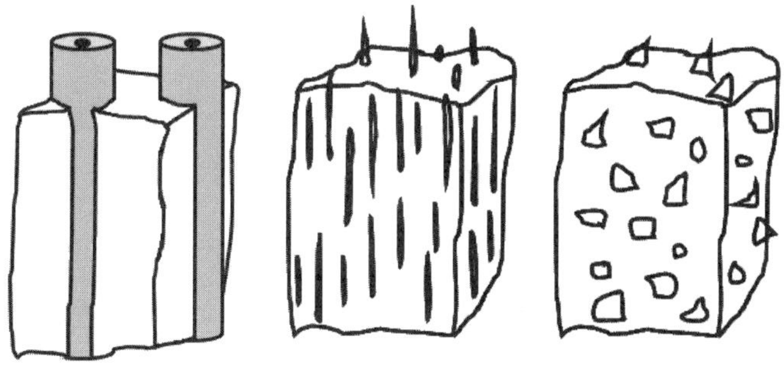

장 섬 유 휘스커 / 단섬유 입 자

** 그림 4-32 ▌ 세 가지 유형의 금속복합재료의 도식적 표현

**표 4-9 ▌ 강화재 형태에 따른 복합재료의 특성, 물성, 가격 비교

	강도	탄성계수	고온특성	마모	열팽창계수	비용
mineral wool : MMC	*	*	**	**	*	중
불연속 강화 MMC	**	**	*	***	**	하
장섬유 강화 MMC	**	**	**	*	***	상
기타 섬유	***	***	***	*	**	상

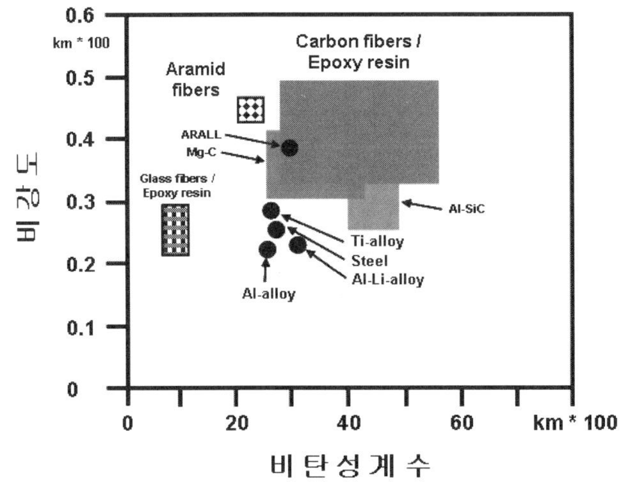

** 그림 4-33 ▌ 단일금속재료와 복합재료의 비강도와 비탄성계수의 비교

4.3 금속복합재료의 주조제조 기술

4.3.1 금속복합재료 제조기술의 개요

금속복합재료는 금속과 세라믹 강화재를 복합화하여 비강도, 비강성, 감쇠특성, 내마멸성, 내열성 등을 향상시키려는 tailored materials로, 세라믹 강화재에는 연속섬유, 휘스커 혹은 particulate의 불연속섬유를 들 수 있다.

금속복합재료에 관한 연구개발은 1960년대의 우주항공용 재료개발에서 시작되어 고가격의 연속섬유 강화재와 값비싼 공정의 분말야금방법 혹은 확산접합방법 등의 제조방법이 적용되어 왔다. 1980년대 이후부터는 저가의 단섬유강화재의 개발과 정형

(near-net-shape)로 대량생산에 응할 수 있는 값싼 주조제조방법의 개발에 중점이 두어지게 되었고, 또한 보다 가격경쟁력이 있는 입자분산강화 주조금속복합재료의 개발에 박차를 가하게 되었다. 이에 따라 금속복합재료는 우주항공용 재료에 국한되지 않는 자동차부품용 등의 대량생산 공업재료로서 개발이 진행되고 있다.

주조방법에 의한 금속복합재료의 제조시 해결해야 할 과제로는 1) 금속용탕과 세라믹 강화재와의 젖음성(wettability) 향상과 과도한 계면반응의 억제, 2) 세라믹 강화재의 균일분산, 3) 주조시의 가스기공의 제거 등이 있다. 이러한 과제들을 해결하고 건전한 금속복합재료를 주조방법으로 대량생산하는 제법으로 용탕단조(squeeze casting), 교반주조(stir casting)방법 등이 개발·적용되고 있다.

4.3.2 금속복합재료의 주조기술

금속복합재료의 응고제조 기술로는 교반주조, 용탕가압침투(pressure infiltration), Lanxide process(pressureless spontaneous infiltration), Thixomat injection molding, XD process(in-situ formation of reinforcement), spray codeposition, mixalloy process 등 여러 가지 방법이 제안·개발되고 있으나, 대량생산에 응용할 수 있는 정밀정형의 주조기술로는 세라믹강화재의 예비성형체상에 금속용탕을 가압침투 응고시키는 용탕단조방법과 교반주조 후 pressure die casting하는 방법이 기대되고 있다. 주조방법에 의한 복합재료의 제조시에는 기본적으로 금속용탕과 강화재와의 젖음성(wettability) 부족 및 계면화학반응에 의한 강화재의 열화, 강화재의 불균일 편석, 주조가스 결함존재 등의 어려운 문제가 지적되고 있다.

【1】 젖음성

금속용탕과 세라믹 강화재와의 젖음성은 다음의 Young 및 Dupre 식 (4.1)에 의한 접촉각(θ)과 흡착일(Wa)로 주로 평가되어지는데, 젖음성 향상을 위해서는 Wa, γ_{sv}의 증가, θ, γ_{sl}의 저하가 요구된다(그림 4-34).

$$\begin{aligned} \gamma_{sv} - \gamma_{sl} &= \gamma_{lv} \cos\theta \\ Wa = \gamma_{sv} + \gamma_{lv} - \gamma_{sl} &= \gamma_{lv}(1 + \cos\theta) \end{aligned} \tag{4.1}$$

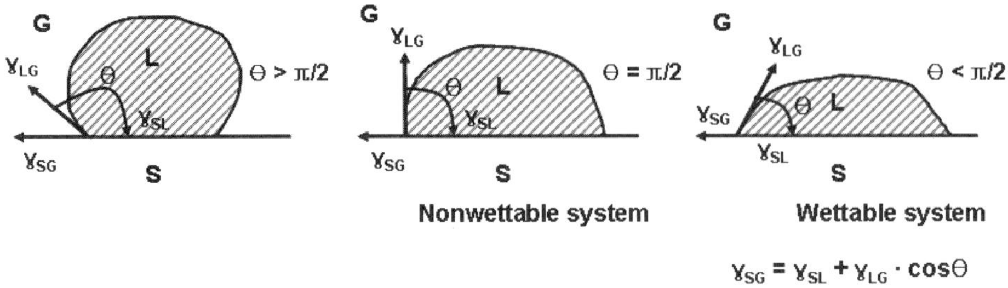

** 그림 4-34 ▌ 접촉각과 젖음성의 관계

강화재의 표면에너지(γ_{sv})는 일반적으로 산화물이 탄화물보다 작으므로 산화물강화재의 경우 젖음과 용침(infiltration) 향상을 위해서는 고액간의 반응에 의한 γ_{sl}의 저하가 요구된다. 예로 Al_2O_3의 γ_{sv}는 905mJ/m^{2}로 β-SiC의 $\gamma_{sv}(100)$ = 4,658mJ/m^{2}보다 작다. MC형 탄화물의 경우, 표면생성 자유에너지가 큰 안정한 탄화물일수록 γ_{sv}는 저하된다.

금속용탕의 표면에너지(γ_{lv})는 표면활성원소의 영향을 크게 받는다. Al 용탕의 경우 γ_{lv}는 종래 860~915mJ/m^{2}으로 측정되었으나 최근 초고진공 하에서는 1,050mJ/m^{2}으로, 산화성 분위기 중에서는 865mJ/m^{2}으로 측정되었다. 이는 Al 용탕이 산소와 친화력이 커서 표면에 Al 산화물이 형성되어 측정 γ_{lv}가 낮아짐을 나타낸다. Al 용탕의 γ_{lv}는 Cu, Zn, Cd, Mg, In, Sn의 첨가에 의해 저하되고, 특히 Ca, Sr, Sb, Li, Ba, Tl, Pb, Bi의 첨가에 의한 저하가 현저함이 보고되고 있다.

산화물과 금속 용탕의 계면에너지(γ_{sl})는 본질적으로 커서 좋지 못하지만 금속용탕 중 성분의 현저한 영향을 받는다. 예로 저산소 분압(10^{-16}atm)에서는 Al_2O_3-Cu계; γ_{sl} = 2,000mJ/m^2, Al_2O_3-Ag계; γ_{sl} = 1,600mJ/m^{2}으로 높지만, 고산소 분압(10^{-2}atm)에서는 800~1,000mJ/m^{2}로 계면층 반응에 의해 γ_{sl}이 저하하여 젖음성이 향상된다. Al_2O_3-Al계의 경우 고진공 고온하의 Al_2O_3 표면에서는 AlO 혹은 Al_2O 등 Al_2O_3보다 저산소 산화물층이 존재함이 보고되고 있고, Al_2O_3-Al간의 접촉각(θ)은 1% Mg, Ca≤2% 첨가에 의해 저하함이 보고되고 있다. 반응층은 Al_2O_3-Al-Ca계에서는 CaO, Al_2O_3-Al-Mg계에서는 MgO 및 $MgAl_2O_4$ 등이 보고되고 있다. 이처럼 젖음성을 향상시키는 성분은 계면에 반응층을 형성해서 γ_{sl}을 저하시키고 있다.

탄소 혹은 탄화물과 금속용탕의 계면에너지(γ_{sl})는 탄소의 결정학적 형태에는 의존성이 적고 주기율표상의 위치에 크게 의존한다. I_b-VI_b족의 4-6주기 금속은 Wa

= 70 ~ 300mJ/m^{2}로 작고 탄소와 불활성이나 알칼리 금속(Li, Na)은 흑연과 반응하고 반응열은 높지 않지만 γ_{lv}가 100 ~ 400mJ/m^{2}로 낮기 때문에 젖음성이 양호하다. Al 용탕의 탄소섬유의 젖음은 900℃ 전후에서 접촉각(θ)이 현저히 감소하여 젖음-비젖음의 천이온도가 인정된다. 이 현상은 Al 산화물층이 형성되어 Al 용탕과 탄소섬유의 확산장벽으로 작용하기 때문으로 온도상승이나 합금원소 첨가로 젖음이 가능해진다. Al보다 양전위를 갖는 Mg 등의 원소의 첨가는 산화물층의 Al과 치환하여 확산장벽층을 약하게 한다고 보고되고 있다. 천이금속은 탄소섬유와 강한 반응을 보여 Wa는 2,000 ~ 3,000mJ/m^{2}에 달하고 온도가 증가할수록 또 d각 전자수가 감소할수록(Ti > V ... > Ni) Wa는 증가한다. 천이금속의 탄화물은 공유결합의 탄화물보다 젖음성이 우수하다. SiC의 금속용탕과의 젖음성은 SiO_2층의 확산장벽 존재로 방해되어 젖음-비젖음의 천이온도가 관찰되는 경우가 많다. 이 천이온도는 산화물층의 금속의 확산에 의존하는 것으로 보고되고 있고 합금원소 첨가에 따라 변화가 가능하다.

【2】 젖음성 향상 기술

(1) 섬유강화재의 예열

세라믹강화재의 표면에 흡착되어 있는 산소, 수분 등을 제거해서 표면화학 조성을 조절함으로써 γ_{sv}를 증가시키려는 처리이다. 예로, 알루미나(Al_2O_3), 그라파이트 입자를 적절히 예열처리하면 강화재 표면에 흡착된 가스가 탈착됨에 기인해서 젖음성이 향상됨을 들 수 있다. 그러나 고온 장시간 유지는 강화재의 열화를 초래하므로 유의해야 한다.

(2) 금속용탕의 화학조성 조절

용탕의 화학조성 조절은 용탕과 강화재와의 계면반응을 어느 정도 촉진시키려는 목적과 산화물층의 화학조성을 개조해 젖음성 향상을 시키려는 목적으로 대별된다. 전자의 예로, SiC 및 알루미나 섬유강화 복합재료의 제조시 Al 용탕에의 Li의 첨가 탄소섬유강화 Al재의 제조시 용탕에의 Ta, Hf, Cr, Zr의 첨가, 탄소입자강화 Al재의 제조시 Si의 첨가 등을 들 수 있다. 후자의 예로, 대부분의 모든 강화재에 대해서 유효한 Mg의 Al 용탕에 첨가, 탄소섬유강화재에 유효한 Li 첨가 등을 들 수 있다. Li, Mg, Ca의 첨가는 젖음-비젖음의 천이온도를 저하시키고, Be는 반대효과를 보이는 것이 지적되고 있다.

(3) 섬유강화재의 표면처리

젖음성 향상을 위해 Al 합금계의 경우 강화재에 Ni, Cu 등의 금속표면처리가 유효하다. 표면처리층은 금속용탕의 산화층과 Al의 flux제인 K_2ZrF_6의 엷은층으로 둘러싸인 섬유강화재의 표층과 활성반응을 보이면서 산화층을 파괴한다. 알루미나입자강화 복합재의 제조시 행하는 MgO 표면처리는 또 다른 예로, 계면화학반응과 금속산화물층의 파괴로 젖음성을 향상시키는 방법이다. 계면반응성은 Li, Mg첨가가 계면에서 화합물을 형성하면서 젖음성 향상시키는 예와 같이 유효하게 작용한다. 그러나 필요이상의 계면화학반응은 기계적 성질을 현저히 저하시키므로 유의해야 한다. 대표적 예로, Gr/Al계에서 Al_4C_3 생성에 따른 복합재료의 특성저하를 들 수 있다. 또한 계면반응 중에서도 예비성형체 제작 시 실리카계의 결합재와의 반응도 고려되어야 한다. 심한 계면화학반응을 나타내는 경우는 그 방지책으로 용탕온도의 저하, 빠른 냉각속도, 용탕처리시간의 단축이 요구되고 이점에서는 용탕단조방법이 유효하다. 또 다른 방지책으로 CVD법 등에 의한 불활성층 표면처리도 실시되고 있다.

【3】 강화재의 편석 및 응고거동

주조시의 다른 문제점으로 강화재의 불균일 편석문제를 들 수 있다. 용탕가압침투방법의 적용시 불충분한 젖음성으로 인한 금속의 channelling을 적게 하기 위해 강화재의 체적율을 섬유의 경우 50~60%까지, 입자의 경우 30%까지 증가시키는 방법이 있으나 이는 복합재료의 강도조절 등의 유연성을 없게 할 뿐 아니라 강화재-강화재의 접촉을 증가시켜 소결되는 경우까지도 있고 해서 응력집중에 의한 횡축방향의 기계적 강도를 현저히 저하시키는 결과를 초래한다. 이에 대한 방지책으로, SiC 섬유에 SiC 입자 및 휘스커를 복합해서 섬유분리효과를 꾀하는 방법이 보고된다. 강화재가 입자형태의 경우 성장하는 수지상정(dendrite) 전방에 밀려 “입자 밀림” 효과를 보이면서 입자가 없는 영역이 생기고, interdendritic 영역에 강화 입자가 집중분포하여 낮은 파괴인성 연성을 나타내는 사실에 유의해야 한다. 특히 용탕교반혼합법인 교반주조법에 의한 복합 제조시는 강화 입자의 응집현상이 두드러져 Al/Al_2O_3 재의 경우 Sb 첨가에 의한 균일분산을 꾀하고 있다.

알루미나 섬유강화 Al-4Cu 합금계의 연구에 의하면 핵생성이 강화재 사이에서 시작되어 dendrite 성장이 강화재 쪽으로 향하기 때문에 섬유계면 근방에 용질이 농축되는 현상을 보고하고 있다. 이 현상은 예견컨대 섬유자체가 불균일 핵생성장소로 작용하여 강화재 사이로 수지상정이 성장될 것 같은 추측과는 반대로, 분배계수 K가

1 이하인 경우 금속기지와 강화재의 계면에 용질 및 2차상의 농축가능성을 설명하고 있다. 그러나 보강섬유와 금속용탕과의 온도차가 큰 용탕단조 시는 섬유복합화 영역의 DAS가 섬유비복합화 영역에 비해 현저하게 감소하며, 섬유계면에서 최소 Cu 용질 농도층이 불균일하게 분포하는 응고조직을 보여 찬 보강섬유가 불균일 핵생성장소로 작용하는 것으로 사료되었고, 용탕단조 후 재용해하여 서냉 응고한 경우에는 섬유복합화에 따른 DAS의 차가 적고 섬유계면에서 최종응고부인 Cu 용질 농축층이 균일하게 분포하여 이 경우에는 섬유가 불균일 핵생성장소로 작용하지 않는 것으로 사료되었다. 결정립의 크기는 통상 핵생성속도와 용탕유동(fluid flow)에 의한 결정립의 복사(duplication)에 의해 결정되지만, 용탕유동에 따른 결정립 복사작용에 대해서는 아직 보고된 내용이 없는 실정이다.

복합재료의 주조응고시의 또 다른 문제점은 기공잔존 문제이다. 예비성형체의 불충분한 용탕침투 혹은 교반주조시의 가스흡입에 따른 기공 문제는 쉽게 해결되지 않아 5% 미만의 기공잔존을 보고한 연구결과도 많은 실정이다. 용탕급탕에 따른 기공 문제는 기본적으로 압탕쪽으로 높은 온도구배를 가지게 하는 방향성 응고법과 높은 가압력으로 기공을 제거시키는 용탕단조법이 유효하다. 또 종래의 탈수소, 탈산소법으로 적용되고 있는 질소, 진공의 분위기조절 방법이 유효하다. Dural사에서는 Ar과 SF_6 혼합가스를 이용하여 탈가스 작업을 행하고 있다. 이러한 탈기공 처리에도 불구하고 잔존하는 기공은 압연, 압출 등의 후가공 공정에서 제거되고 있다.

4.3.3 교반주조

교반주조법은 단섬유 혹은 강화입자를 금속용탕 혹은 반용융 상태의 금속에 첨가하여 교반하고 그 슬러리를 주형에 주입 주조하는 방법으로, 사형주조, 금형주조, 원심주조 및 다이캐스팅 등이 가능하다. 대부분의 강화재가 금속용탕과의 젖음성이 좋지 못하기 때문에 열역학적인 표면장력 장벽과 점성항력을 극복하기 위해서 외력이 필요하다. 사형주조의 경우 냉각속도가 느리기 때문에 강화입자가 부력에 의해 편석되기 쉽다. 이를 적극적으로 이용하여 표면에 가벼운 고경도 강화 입자층 등을 형성시켜 내마멸성 혹은 내윤활성을 향상시키기도 한다. 부력에 의한 입자의 편석을 방지하기 위하여 반용융 상태의 슬러리 상태에서 강제 교반하여 주는 방법이 compocasting법이다. 금형주조의 경우, 빠른 냉각속도로 사형보다는 강화입자의 균일 분산을 꾀할 수 있다. 원심주조의 경우는 원심력에 의한 강화입자의 편석현상이 생기기 쉬운데, 예를 들어 알루미늄용탕의 경우 가벼운 그라파이트 입자는 내측에, SiC 입자와 같이 무거운 경우는 외측에 입자가 풍부한 영역을 형성한다. 입자강화 복합재료의 교반주조의 경우 상술과 같은 낮은 젖음성, 강화입자의 편석 문제 외에도 교반시의 가스 혼입 등에 의한 기공 발생, 용해시의 용탕과 강화입자의 반응 등과 같은 문제점이 있다. 이러한 문제점을 해결하고 성공적으로 Al/SiC_p 복합재료를 생산하고 있는 Duralcan사의 제조 공정을 소개하면 다음과 같다.

Al ingot를 200℃에서 예열하여 수분 등의 오염물질을 제거하고 과열로 인한 Al_4C_3의 생성을 방지하면서 적정의 온도에서 용해하고, 교반은 용탕표면이 파괴되어 dross 등이 혼입되지 않고 난류를 최소하기 위해 천천히 행한다. 회전 임펠러 장치를 이용하여 교반 및 fluxing, 탈기공(degassing) 작업을 행하는데 이때 Ar과 SF_6 혼합가스를 이용하고 있다.

4.3.4 용탕단조/용탕가압침투

용탕단조 시에는 기초현상으로

(1) 단열압축에 의한 용탕온도상승($\Delta T = \int^{P} (\partial T/\partial P)_s dP$)
(2) 응고점 온도의 상승($dP/dT = \Delta H/T(V_l - V_s)$: Clausius-clayperon식)
(3) 과냉의 증가 혹은 압력충격에 의한 핵생성의 촉진 현상이 일어나고,
(4) 조직 미세화로 인한 기계적 성질의 향상
(5) 가스고용한의 증가에 의한 응고중의 가스결함감소
(6) 급속한 열전달로 인한 급냉 효과
(7) 가압력으로 인해 수축공, 미세기공의 제거
(8) fiber와 matrix간의 wettability 향상
(9) 성형성과 표면상태의 향상

등을 이룰 수 있다(그림 4-35).

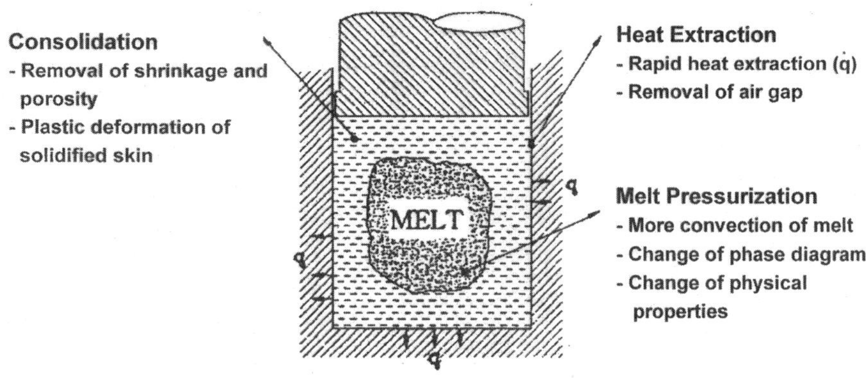

** 그림 4-35 ▎ 용탕단조 시 용융금속의 응고진행 모식도(급속 열전달과 용탕대류 증가 및 가압으로 조직 미세화)

용탕단조에 사용되는 예비성형체는 용탕 주입시 그 형태가 유지될 수 있도록 충분한 강도를 가져야 하고 보강섬유가 균일 분산되어야 한다. 예비성형체 제조방법은 가압 및 흡입 성형으로 대별되는데, 제조공정인자로는 진공압, 증류수의 양과 진공압 유지시간, 결합제의 양, 교반시간, 교반 후 지연 시간 등의 인자들이 있다. 양호한 예비성형체를 제조하기 위해서는 이들 인자들의 적정조건을 구해야 하고, 이를 위한 많은 연구가 필요한 실정이다.

용탕단조에 의해 양질의 금속복합재료를 얻기 위해서는 가압력, 용탕온도와 보강섬유의 예열온도, 함침속도 등과 같은 제조공정인자들의 정확한 제어가 필요하다.

용탕단조 공정에서 가압력은 주조시의 응고수축공을 보충하고 기지재료와 보강섬유의 젖음성을 향상시키는 가장 중요한 인자이다. 용탕단조 시에 발생하는 가압력 손실은 표면장력으로 인한 압력감소와 금형과의 마찰저항의 합으로 나타낼 수 있다. 표면장력으로 인한 압력감소는 식 (4.2)와 같이 Kelvin식으로부터 구할 수 있고 마찰저항은 식 (4.3)과 같이 Blake-Kozeny식으로부터 구할 수 있다.

$$\Delta P = 2\gamma \sum 1/r_i \tag{4.2}$$

γ : 계면에너지 r_i : 곡률반경

$$dp/dz = 16.8[V_f/R_f(1-V_f)]u\eta \tag{4.3}$$

η : 용탕의 동점성(dynamic viscosity)

따라서 이론적인 최소가압력은 식 (4.2), (4.3)의 합으로부터 구할 수 있다. 높은 가압력은 보강섬유와 기지재료간의 젖음성을 향상시켜 복합재료의 인장강도를 증진시키나 적정 이상의 가압력은 보강섬유의 표면을 손상시켜 기계적 성질의 저하를 초래한다.

복합재료의 최대인장강도를 얻기 위한 용탕 온도와 보강섬유 예열의 온도의 적정영역이 존재한다. 만약 보강섬유 온도(T_f)와 용탕 온도(T_a)가 너무 높으면 보강섬유의 열화에 의해 높은 강도의 복합재료를 얻을 수 없고, T_a와 T_f가 너무 낮다면 용탕은 보강섬유 주위를 흐를 수 없게 되어 비함침 영역이 형성된다. 그러므로 T_a와 T_f는 최소 임계값보다는 높아야 하고, 이 온도영역은 응고층이 형성되더라도 용탕이 보강섬유 사이를 흐를 수 있는 최소 통로를 확보해준다. 상기 내용은 섬유와 용탕의 반응성이 강한 경우에 나타나는 현상으로, SiC 휘스커와 같이 Al 용탕과 850℃까지 반응성이 거의 없는 경우에는 제조공정 온도는 복합재의 강도에 큰 영향을 미치지 않는다는 보고도 있다.

용탕단조 시의 함침속도와 플런저의 속도는 매우 밀접한 관계가 있다. 용탕선단부의 함침속도는 식 (4.4)와 같이 주어진다.

$$U = AV/S(1 - V_f) \tag{4.4}$$

A : 플런저 직경
V : 플런저 속도
S : 예비성형체 내의 용탕선단면의 면적
V_f : 섬유체적률

침투 속도는 침투 압력과 관련되므로 동시에 두 인자를 조정할 수는 없다. 섬유사이의 용탕 흐름은 많은 경우 레이놀즈 수(Reynolds number)가 100 이하인 층류(laminar flow)로 용탕과 섬유사이의 정수압 상호작용은 적다. 예로 플런저 속도만을 변화시킨 SiCpcs/Al(V_f38%)의 경우 함침속도가 1~5cm/sec일 경우에는 기계적 성질에 크게 영향을 미치지 않는 것이 보고되고 있다. 그러나 예비성형체의 압축강도가 부족하거나 예비성형체의 섬유체적률이 작은 경우에는 예비성형체 변형방지를 위한 임계함침속도는 존재함을 유의해야 한다.

4.3.5 무가압침투법(Pressureless infiltration process)

Lanxide사에서 개발한 제법으로 Al_2O_3 혹은 SiC 입자에 Mg 함유 Al 용탕이 자발적으로 침투하게 하는 방법으로 질소분위기에서 800~1,000℃로 가열하여 침투시킨다. Mg 함량 및 분위기의 조절이 중요하고 교반주조법보다는 훨씬 많은(45~70vol%) 입자체적률의 복합재를 제조할 수 있다. 공정도중 질화알루미늄(AlN)이 형성되어 복합재의 특성에 영향을 미치기도 한다. 이 제법으로도 정밀정형의 제품생산이 가능하다.

4.3.6 Thixomat injection molding

Plastic injection molding과 비슷한 제법으로 Dow사가 복합부품을 생산하기 위해 개발한 제법이다. 금속입자는 용해하여 재응고한다. 마그네슘기 복합재료의 생산에 응용되고 Al기 복합재료에도 그 적용이 기대되고 있다.

4.3.7 XD™ process(in-situ formation of reinforcement)

Martin Marietta사가 개발한 제법으로 Al 용탕에 Ti과 carbon을 각각 첨가하여 기상에서 TiC를 형성시키는 방법이다. 형성되는 TiC의 직경이 0.1~10μm로 모합금 상태에서 20~75vol%의 것이 제조되고, Al 용탕으로 희석시켜 25vol%의 복합재가 제조되고 있다. 이 합금은 브레이크 캘리퍼, 커넥팅 로드, 피스톤용으로 시험되고 있다.

4.3.8 Mixalloy process(Liquid metal mixing process)

이 제법은 서로 다른 용탕을 단열 이송하여 설계된 혼합 챔버에서 적정의 유속으로 와류를 형성시키면서 혼합하고 급냉시키는 방법이다. 강화입자상은 기상의 발열화학반응으로 형성되는데, 대표적인 예로 Cu 중에 50nm의 나노 TiB_2 강화입자를 형성시킨 복합재료를 들 수 있다.

4.4 기능성 MMC 부품의 개발현황

4.4.1 전자패키지용 복합재료

최근 전자패키지 기술 동향을 보면 전자부품의 초소형화, 초경량화, 초고집적화 경향으로 반도체칩이 미세화 되고 집적도가 향상되고 있다. 동시에 신호처리의 고속화에 따른 회로 동작시의 소비전력 증가를 피할 수 없게 되었다. 소비전력의 증가는 곧 발열량의 증가를 의미하므로 이는 칩의 온도를 상승시키고 디바이스의 수명을 줄이며 스위칭 딜레이를 상승시키는 요인이 된다. 또한 기존의 Kovar, Invar 등 금속재료나 AlN, Al_2O_3 등 세라믹소재는 부품소재간의 열팽창계수 차이로 인한 열응력을 발생시켜 반도체 소자간, 솔더의 파단 및 파손을 발생시켜 전자부품의 수명에 치명적인 영향을 미치는 요소이다. 차세대 열관리재료의 개발을 목표로 열적 특성의 자유로운 설계가 가능한 복합재료 개념을 이용하여 고열전도도-저열팽창계수-저밀도의 차세대 전자패키지용 열관리소재로서 고부피분율의 SiCp/Al 금속복합재료를 개발하고 그 열적 특성을 평가 분석하는 연구가 진행되고 있다. 전자패키징 재료의 응용 예를 그림 4-36에 나타낸다.

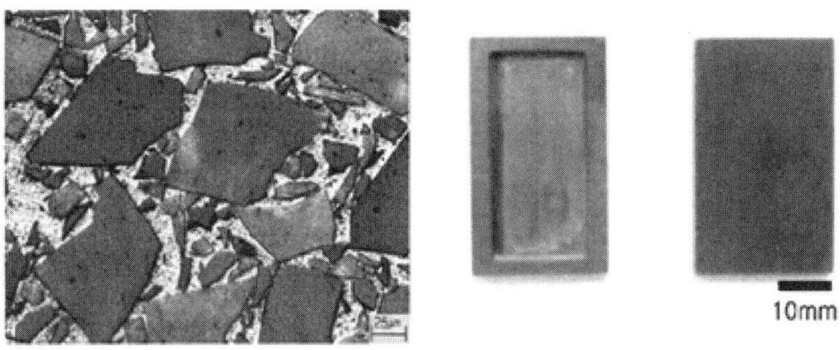

(a) (b)

** 그림 4-36 ▌ (a) 용탕가압침투 방법에 의하여 만들어진 70vol% SiCp/Al 금속복합재료의 미세조직, (b) 전자패키징 기판 재료의 응용

4.4.2 생체재료

세라믹스 중에는 생체 내에 매립되어 주위에 섬유성 피막을 전혀 만들지 않고 주위의 뼈와 접촉하여 강한 화학결합을 이루는 것들이 있는데, 이런 종류를 생체활성 세라믹스라 부른다. 이들 세라믹스 중에서 대표적인 것은 1970년 Hench에 의해 최초로 만들어진 Na_2O 24.5, CaO 24.5, SiO_2 45, P_2O_5 6질량% 조성의 Bioglass와 1977년 뼈와 직접 결합하는 것이 밝혀진 소결 수산화아파타이트($Ca_{10}(PO_4)_6(OH)_2$)가 있다. 바이오글라스는 중이의 인공 이소골 및 턱뼈용 매립재로서 이미 실용화되어 있다. 생체 경조직의 무기질 성분과 동일한 수산화아파타이트는 과립상 형태가 뼈충전재로, 다공질 형태가 턱뼈나 두개골의 수복재료로서, 그리고 치밀 소결체가 인공 이소골이나 인공 치근(그림 4-37)으로서 실용화되어 있다.

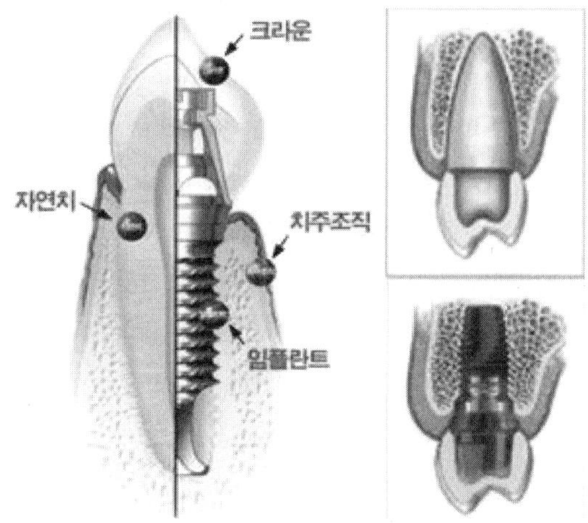

** 그림 4-37 ▌ 인공 치근의 구조 모식도

참고문헌

[1] 박익민, 신광선, 윤의박, 한국주조공학회지, 8(1988)412
[2] A.Mortensen, J.A.Cornie and M.C.Flemings, J. of Metal, 2(1988)12
[3] P.Rohati, Modern Casting, 4(1988)47
[4] 박익민, 제1회응고기술심포지움, 서울(1990)106
[5] 박익민, 제2회응고기술심포지움, 서울(1991)86
[6] T.Takai, T.Halicioglu and W.A.Tiller, Surf.Sci., 164(1985)341
[7] T.Choh and T.Oki, B. of JIM, 28(1989)285
[8] F.Delannay, L.Froyen and A.Deruyttere, J.of Mat.Sci. 22(1987)1
[9] S.P.Mehrotra and A.C.D.Chaklader, Met.Trans., 16B(1985)567
[10] J.V.Naidich, Prof.Surf.Membr.Sci., 14(1981)353
[11] N.Eustahopoulos, Int.Met.Rev., 28(1983)189
[12] J.A.Cornie, R.J.Suplinskas and A.W.Hauze, Cerm.Eng.Sci.Proc., 1(1980)728
[13] F.Dlanney, L.Frozen and A.Deryttere, J.of Mat.Sci. 22(1987)1
[14] 심상한, 정용근, 박익민, 한국주조공학회지, 10(1990)43
[15] T.W.Chou, A.Kelly and A.Okura, Composites, 16(1985)187
[16] M.Vedula and R.A.Queeney, Proc.Conf.TMS-AIME, NeW Orleans(1986)227
[17] J.W.Dinwo and I.Horsfal, Proc.of the 6th ICCM, London(1987)2390
[18] M.A.Bayou and M.Suery, Proc.of the 6th ICCM, London(1987)2481
[19] S.Towata, H.Ikuno and S.Yamada, Proc.of the 6th ICCM, London(1987)2412
[20] K.C.Russel, J.A.Cornie and S.Y.Oh, Proc.Conf.TMS-AIME, New Orleans(1986)61
[21] T.Hikosaka, K.Miki and Y.Nishida, Imono, 61(1989)780
[22] M.N.Gungor, J.A.Cornie and M.C.Flemings, ibid(1986)121
[23] 김대업, 김진, 박익민, 한국주조공학회지, 11(1991)3, 208
[24] D.U.Kim,I.M.Park and J.Kim, Proc. of the 8th ICCM, Honolulu(1991)17-M-1
[25] 김남수, 지동철, 조경목, 박익민, 한국주조공학회지, 12(1992)3, 238
[26] 조경목, 박익민, 김진, 한국복합재료학회 춘계학회논문집, (1992)153
[27] T.W.Clyne, Met.Trans., 18A(1987)1519
[28] Y.Nishita and H.Matsubara, B.of JIM, 19(1980)895
[29] H.Fugunaga, Proc. Int.Sym. on Advanced Cast MMC, Chicago(1988)101
[30] T.W.Clyne and M.G.Bader, Proc.ICCM-5th(1985), 755

[31] T.Suganuma and A.Tanaka, Tetsu-to-Hagane, 75(1989)1790

[32] D.M.Schuster, M.Skibo and F.Yep, J. of Metal, 11(1987)60

[33] P.Rohatgi, J. of Metal, 4(1991)10

[34] T.E.Wilks, Advanced Mat. & Processes, 8(1992)27

[35] D.O.Kennedy, Advanced Mat. & Processes, 6(1991)42

[36] P.Rohatgi, Advanced Mat. & Processes, 2(1990)39

[37] P.Rohatgi and R. Asthana, J. of Metal, 5(1991)35

[38] A.K.Lee, L.E.S.Caldera, S.T.Oktay and N.P.Suh, Ad.Mat.& Pro, 8(1992)27

[39] K.U. Kainer(eds.), Metal Matrix Composites, Wiley-VCH Verlag GmbH & Co. KgaA(2006)

[40] 홍준표, 박익민, 최정철, 주조응고, 반도출판사(1996)

[41] William G. Roeseler, Branko Sarh and Max U. Kismarton, 16TH INTERNATIONAL CONFERENCE ON COMPOSITE MATERIALS, COMPOSITE STRUCTURES, THE FIRST 100 YEARS(2007)

[42] Andreas Fischersworring-Bunk, Christian Landerl, Andreas Fent and Johann Wolf, Technical Paper, BMWINC, The New BMW Liline Six-cylinder Composite Mg/Al Crankcase

[43] Johann Wolf and Wolfram Wagener, Technical Paper, BMWINC, The BMW magnesium-aluminium crankcase

[44] Sadamu Sakamoto, AFC10, The Transition of the Casting Technology for Cylinder Blocks and the Future Issues(2008)

[45] Bob R. Powell, Larry J. Ouimet, John E. Allison, Joy A. Hines, Randy S. Beals, Lawrence Kopka and Peter P. Ried, SAE TECH. Paper Series, Progress Toward a Magnesium-Intensive Engine(2004)

[46] Toshihiro Takami, Manabu Fujine, Shinji Kato, Hidenori Nagai, Akinori Tsujino, Yoshi-hiko Masuda and Masago Yamamoto, SAE TECH. Paper Series, MMC All Aluminium Cylinder Block for High Power SI Engines(2000)

[47] J. Böhme, W. Schneider, J. Doerr, A. Rothe, C. Haberling, S. Schumann, T. Rudolph, K.D. Becker, D. Str mpfler and U. Bischoff, The Audi hybrid magnesium cylinder block

[48] Neckarsulm(GER), ALUNIMIUN TECHNOLOGIE, ALUSIL® CYLINDER BLOCKS

[49] Neckarsulm(GER), ALUNIMIUN TECHNOLOGIE, LOW PRESSURE DIE CASTING

[50] Neckarsulm(GER), ALUNIMIUN TECHNOLOGIE, LOW-PRESSURE DIE CAST

CYLINDER BLOCKS

[51] Neckarsulm(GER), ALUNIMIUN TECHNOLOGIE, ALUSIL® CYLINDER BLOCKS

[52] Neckarsulm(GER), ALUNIMIUN TECHNOLOGIE, VW-/AUDI-W12-ENGINES

[53] Neckarsulm(GER), ALUNIMIUN TECHNOLOGIE, HIGH-PRESSURE DIE CAST AND SQUEEZE CAST CYLINDER BLOCKS MADE OF ALUMINIUM

[54] 이욱진, 박익민, 박용호, JOURNAL OF MATERIALS SCIENCE & TECHNOLOGY, 24(2008)1, 99

[55] 최계원, 박용하, 박봉규, 박익민, 박용호, 조경목, 대한금속.재료학회지, 46(2008)7, 412

[56] 이욱진, 양준성, 박용하, 박봉규, 박익민, 박용호, 대한금속.재료학회지, 46(2008)8, 538

[57] 양준성, 박봉규, 박용호, 박익민, INTERNATIONAL JOURNAL OF CAST METALS RESEARCH, 21(2008)4, 231

[58] 이욱진, 양준성, 박용하, 박봉규, 박익민, 박용호, INTERNATIONAL JOURNAL OF MODERN PHYSICS B, 23(2009)6, 1377

[59] 이욱진, 박봉규, 박익민, 옥정중, Hisamichi Kimura, 박용호, MATERIALS TRANS ACTIONS, 50(2009)4, 864

[60] 이욱진, 손재형, 강남현, 박익민, 박용호, SCRIPTA MATERIALIA, 61(2009), 580

[61] 김병호, 손재형, 박경철, 박용호, 박익민, 한국주조공학회지, 29(2009)4, 176

제 5 장 소성변형 및 가공

소성가공(metal forming)은 재료를 원하는 형상의 틀(금형)에 위치시킨 후 소성변형(영구변형)을 이용하여 재료의 질량(재료 손실)과 화학조성의 변화없이 필요한 형상(치수)이나 기계적 특성(기능)을 얻는 가공공정이다. 일반적으로 소성가공에서 원재료의 형상은 비교적 단순하며 일회 또는 수회의 공정을 통해 복잡한 형상으로 성형된다. 이때 재료는 금형 내에서 파단이나 결함없이 균일한 소성변형을 이루며 목적하는 형상(치수)으로 성형되어야 하는데, 이러한 성형과정을 창조하고 제어, 관리하는 것을 공정설계(process design)라 한다. 따라서 공정설계(성형과정)의 최적화는 소성가공의 궁극적인 목표라고 할 수 있다. 원하는 제품 형상과 기능을 얻기 위한 공정설계에서는 소성가공동안 금형 내에서의 재료유동(material flow)뿐만 아니라 재료 선정(금속, 폴리머(polymer), 복합재료, 세라믹, 유리, 반용융(semi solid state) 및 분말상태), 금형 재료와 수명, 금형가공방법, 성형기계와 열처리가 포함된 후가공(post processing)과 같은 전반적인 생산기술에 대한 지식도 함께 요구하고 있다[1]. 이러한 경향은 제품의 설계단계에서부터 재료의 선정과 가공방법, 설비 특히 재활용 문제까지 포함하기 때문에 소성가공 분야는 기계공학과 금속학적 지식뿐만 아니라 산업공학 전반에 걸쳐 학문분야의 유기성이 매우 중요한 분야이다.

5.1 소성가공의 특징과 대상[2]

소성가공에서는 소재를 용융시키거나 깎아내지 않고 형상을 변화시키므로 나름대로의 장점과 한계를 갖고 있다. 다른 가공방법과 비교한 소성가공의 상대적인 특징을 요약하면 다음과 같다. 물론 소성가공에는 다양한 공정들이 있으므로, 이러한 특징이 일률적으로 적용되는 것은 아니다. 심지어는 소성가공 공정들 간에도 상대적인 장단점을 보이게 된다.

① **생산성** : 소성가공에서는 주로 금형이나 롤을 사용하여 소재에 하중을 가하여 변형시킨다. 금형은 직선운동, 롤은 회전운동으로 제품을 개별 생산하거나 연속 생산하므로 생산속도가 높은 편이다.

② **신뢰성** : 고체상태의 소재를 변형시키므로 제품에는 단류선(grain flow line)이라고 하는 결이 생긴다. 이로 인해 결의 길이방향으로 강인한 기계적 성질을 보이며, 제품의 사용 중에 신뢰성을 보인다. 특히, 부품의 신뢰도가 중요한 자동차 부품이나 항공우주용 부품은 반드시 소성가공을 거친 제품을 사용한다.

③ **제품의 비강도와 비강성** : 금속재료를 아주 얇게 대량으로 가공하는(예를 들어, 두께 1mm 정도) 현실적인 방법은 압연이라고 하는 공정이다. 이로써 비강도와 비강성이 높은 금속판재가 제조되며, 이를 소재로 한 판재성형가공으로 비강도와 비강성이 높은 제품을 생산할 수 있다.

④ **개발기간** : 소성가공에서는 금형이 함께 개발되어야 하므로 제품의 개발기간이 긴 편이다. 특히, 대량생산을 전제로 할 때는 개발기간이 더욱 길어진다.

⑤ **초기설비** : 고체상태의 소재에 힘을 가하여 형상을 변화시키므로 가공력이 큰 설비를 필요로 한다. 이러한 설비는 대개 가격이 비싼 편이다.

소성가공은 제조업의 기반기술로, 주요 수요산업은 자동차, 항공우주, 일반 가전제품, 건축 및 토목, 컴퓨터 및 사무용품 등이다.

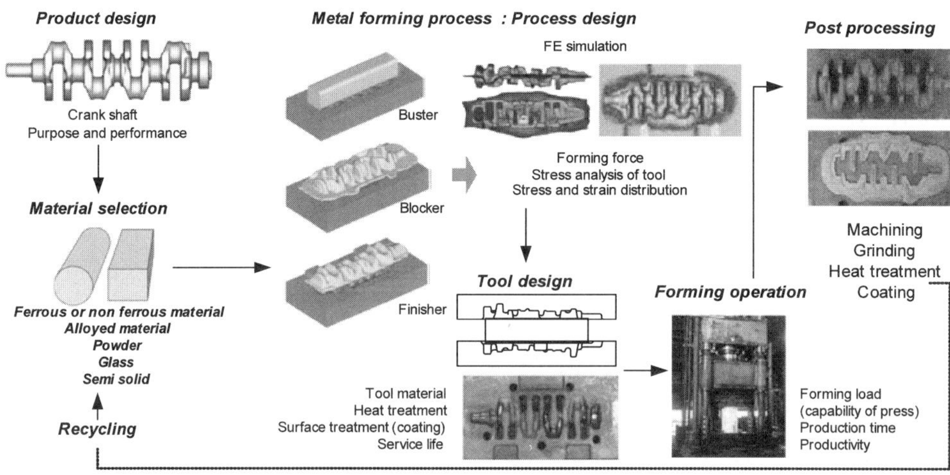

** 그림 5-1 ▌ 소성가공 공정의 절차

5.2 재료의 소성변형

5.2.1 소성변형

물체에 외력을 작용시키면 내부에 변형이 발생한다. 외력이 작으면 하중제거 후 변형이 원래로 되돌아가는 탄성변형을 나타내지만(그림 5-2(a)), 외력을 증가하여 가면 재료는 항복(yield)하여 하중을 제거하여도 변형상태를 유지하는 영구 변형이 발생한다(그림 5-2(b)). 이 경우의 성질을 소성변형(plastic deformation)이라고 한다[1].

5.2.2 단축인장상태에서 응력과 변형률 곡선

재료의 기본적인 변형거동은 인장시험을 통해 파악할 수 있다. 그림 5-3(a)에 나타낸 것과 같이 인장시편을 시험기에 걸어 잡아당기면 초기 표점거리 l0은 점차 늘어나게 되며 늘어난 길이 l에 대응하는 작용하중 P가 발생하는데 이것을 하중-변위 곡선(load-extension curve)이라 한다. 이때 재료가 받는 응력(stress)과 변형률(strain)은 다음과 같이 정의된다.

– 공학적 응력(engineering stress)

$$\sigma_e = \frac{P}{A_0} \tag{5.1}$$

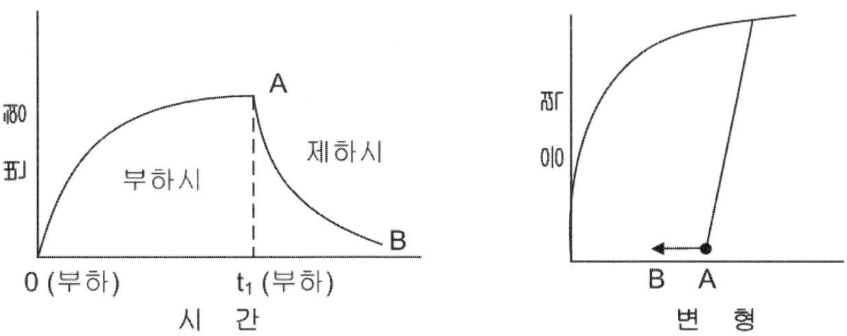

(a) (b)

** 그림 5-2 ▌ 탄성여효

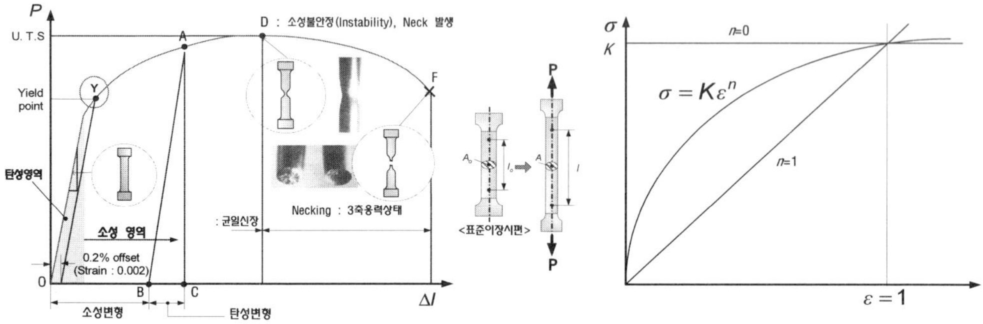

(a) 하중-변위 곡선 (b) 응력-변형률 곡선

** 그림 5-3 ▌ 단축인장상태에서 재료의 거동

– 공학적 변형률(engineering strain)

$$e = \frac{l - l_0}{l_0} \tag{5.2}$$

– 진응력(true stress)

$$\sigma = \frac{P}{A} \tag{5.3}$$

– 진변형률(true strain)

$$\epsilon = \int_{l_0}^{l} \frac{dl}{l} = \ln\left(\frac{l}{l_0}\right) = \ln(1+e) \tag{5.4}$$

여기서 A_0과 l_0는 각각 인장시편 초기 단면적과 길이이고 A는 변형동안 매순간 시편의 단면적이다. 그림 5-3(a)에서 인장시편은 항복점(yield point) Y에 도달하기까지 선형 탄성거동을 보이며 작용하중에 비례하여 늘어난다. 선형구간에서 응력 σ_e과 변형률 e의 관계는 탄성계수(elastic modulus 또는 Young's modulus) E를 이용하여 후크의 법칙(Hook's law) $\sigma_e = E_e$으로 정의된다[4].

항복점 이후 재료가 소성변형 또는 영구변형되기 시작하며 응력과 변형률 사이의 관계도 더 이상 선형적이지 않다. 이때 시편의 단면적은 일정하게 감소하지만 여전히 변위량의 증가와 더불어 하중도 증가한다. 이러한 성질을 변형경화(strain hardening) 또는 가공경화(work hardening)라고 한다. D점 이후 가공경화의 속도는 단면적의 감소속도를 따르지 못하고 하중은 최대가 되며 이후 하중은 점차 감소하다 F점에서 시편은 파단된다[5].

- 인장강도(UTS : Ultimate Tensile Strength)

$$\sigma_t = P_{max}/A_0 \tag{5.5}$$

- 균일신장(uniform elongation) : 인장강도에 도달하는 영역(D점)
- 소성불안정영역(instability) : 인장강도 발생 이후 영역(D점 이후)
- 네킹(necking) : 시편의 국부적인 변형
- 항복점(yield point) : 변형률을 축으로 0.2% 오프셋시켜 탄성영역에서의 기울기 연장선과 교차점

5.2.3 재료의 거동(가공경화모델)

응력-변형률 곡선($\sigma-\varepsilon$ 곡선, 소성곡선, 가공경화곡선)은 재료마다 고유의 특성이며, 통상적으로 재료의 유동응력(flow stress) 곡선이라고도 한다. 소성영역에서 재료의 거동은 다음과 같이 표현된다.

$$\sigma = K\epsilon^n (0 \le n \le 1) \tag{5.6}$$

여기서 n은 가공경화지수(strain hardening exponent)이며 K는 소성계수이다. 그림 5-3(b)는 n값의 변화에 따른 곡선의 변화를 나타낸 것이다. $n=1$은 탄성, $n=0$은 강완전소성이며 일반적으로 n이 작을수록 곡선은 급격히 일어서며 n이 커지면 일어서는 경사는 크지 않으나 곡선의 상승경향이 길게 지속된다. n치는 재료의 연성과 관계가 깊고 n승 경화에 가까운 재료에서 n값은 인장강도에 대응하는 변형률(ϵ_u)과 대략 같다($n = \epsilon_u$)[5].

** 표 5-1 ▌ 재료의 항복조건

최대전단응력조건(Tresca 항복조건)	전단변형에너지조건(Von-mises 항복조건)
$\tau_{max} = \dfrac{\sigma_{max} - \sigma_{min}}{2} = k$	$\bar{\sigma} = \sqrt{\dfrac{1}{2}\left[(\sigma_1-\sigma_2)^2 + (\sigma_2-\sigma_3)^2 + (\sigma_3-\sigma_1)^2\right]} = Y$
$k = \dfrac{Y}{2}$	$k = \dfrac{Y}{\sqrt{3}}$

5.2.4 항복조건(yield criterion)

인장시험에서 시편에 작용하는 인장응력이 재료의 항복응력 Y에 도달하면 재료는 소성변형을 시작한다. 그러나 보다 복잡한 응력상태 하에서 재료의 항복여부를 판단하기 위해서 작용하는 응력성분들과 재료의 단축항복응력 Y사이의 관계를 명확히 할 필요가 있다. 이러한 관계를 항복조건(yield criterion)이라 하며 금속재료들의 경우 가장 보편적으로 사용되는 항복조건은 최대전단응력 조건(maximum shear stress criterion)과 전단변형에너지 조건(distortion energy criterion)이 있다. 표 5-1에서 k는 재료의 전단항복응력이며 σ_1, σ_2, σ_3은 세 방향의 주응력을 의미한다. Von-mises 항복조건에서 $\overline{\sigma}$은 유효응력(effective stress) 또는 등가응력(equivalent stress)이라고도 한다[4].

5.2.5 재료의 유동응력곡선에 영향을 주는 인자

재료의 유동응력곡선에 영향을 주는 인자는 식 (5.7)과 같이 온도 T, 변형률 ϵ, 변형률 속도 $\dot{\epsilon}$, 재료의 미세조직 S 등이 있다. 일반적으로 온도가 증가하면 재료의 연성은 증가하고 탄성계수, 항복응력 및 인장강도는 감소한다. 온도는 가공경화지수 n에도 영향을 주며 대부분의 금속에서는 온도가 증가하면 n은 감소한다(그림 5-4). 또한 온도는 변형률 속도와 복합되어 유동응력에 영향을 미친다(그림 5-5).

$$\sigma = f(\epsilon,\ \dot{\epsilon},\ T,\ S) \tag{5.7}$$

변형률 속도의 증가는 강도의 증가를 가져오며 온도가 높을수록 이러한 효과는 커진다. 또한 변형률 속도의 영향은 변형률의 증가와 더불어 커지며, 재료의 가공경화지수 n값에도 영향을 준다. 일반적으로 변형률 속도가 증가하면 n은 감소하게 된다. 재료의 변형률 속도 의존성은 식 (5.8)로 표현된다.

$$\sigma = K\epsilon^{n}\dot{\epsilon}^{m}\ (\dot{\epsilon}\ :\ \text{일정온도에서 변형률 속도}) \tag{5.8}$$

여기서 m은 변형률 속도 민감지수(strain rate sensitivity exponent)이며 일반적인 범위는 냉간가공(cold working)의 경우 0.05 이하, 열간가공의 경우 0.05~0.4, 초소성재료의 경우 0.3~0.85이다. m값이 크면 인장시험에서 네킹발생이 억제되고 균일변형이 가능하다[5].

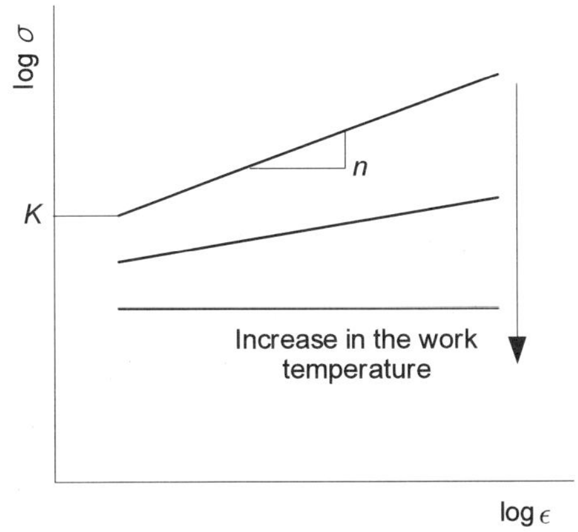

** 그림 5-4 ‖ 온도의 영향

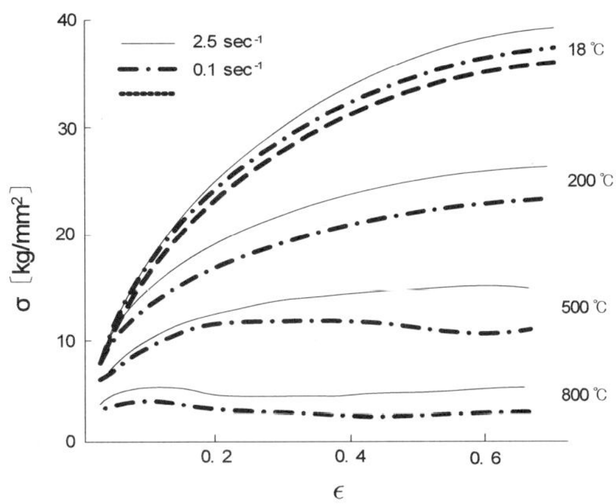

** 그림 5-5 ‖ 온도와 변형률 속도의 영향

5.2.6 마찰의 효과

실린더 형상의 시편이 금형사이에서 압축될 때 시편의 변형거동은 금형과 재료사이의 마찰(friction)에 영향을 받는다. 그림 5-6에서 μ는 마찰계수(COF : Coefficient of Friction)이고 k_s는 형상계수(shape factor)이다.

- 균일 변형(homogeneous deformation)

$$P = \sigma_y / A_f \tag{5.9}$$

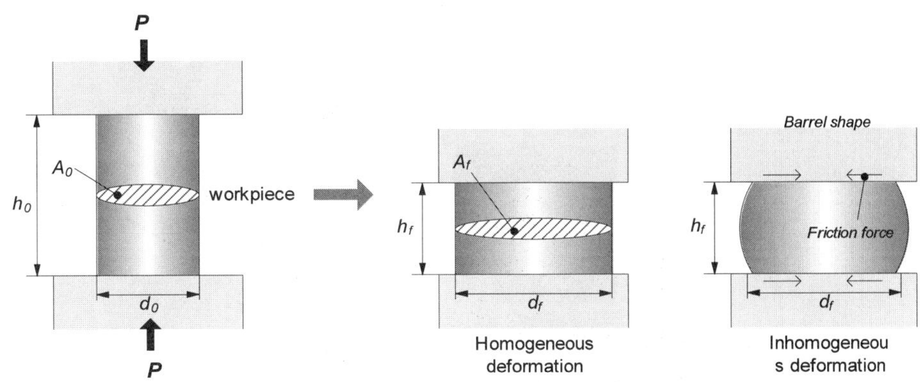

** 그림 5-6 ‖ 시편의 압축상태에서 마찰의 효과

– 불균일 변형(inhomogeneous deformation)

$$P = \sigma_y k_s A_f = \sigma_y \left(1 + \frac{\mu d_0}{3h_0}\right) A_f \tag{5.10}$$

접촉면에서 작용하는 마찰계수는 수직하중 N과 마찰력 F의 비로 정의되며 이를 쿨롱(Coulomb) 마찰계수라고 한다. 만약 두 물체가 소성변형하고 있을 때 σ_n을 재료의 항복응력 Y이라 가정하면 마찰계수의 최대값은 다음과 같이 정의된다.

$$\mu = \frac{F}{N} = \frac{\tau A_r}{\sigma_n A_r} = \frac{\tau}{\sigma_n} = \frac{Y/\sqrt{3}}{Y} = 0.577 \tag{5.11}$$

여기서 τ는 접촉면의 전단응력이고 σ_n는 수직응력, A_r은 실제 접촉면적이다.

5.2.7 재료의 경도(hardness)와 강도

재료의 기계적 성질을 평가하는 데 사용되는 가장 일반적인 시험방법 중 하나가 경도시험이다. 경도 H는 표면 압입으로 생기는 영구변형에 대한 재료의 저항성으로 정의된다(그림 5-7). 식 (5.12)와 같이 경도시험 재료의 표면적의 좁은 영역에 압축시험을 하는 것과 유사하고 시험의 간편성 때문에 많은 연구자들에 의해 재료의 항복강도 Y를 예측하는 척도로서 많이 사용되고 있다.

$$H = CY \tag{5.12}$$

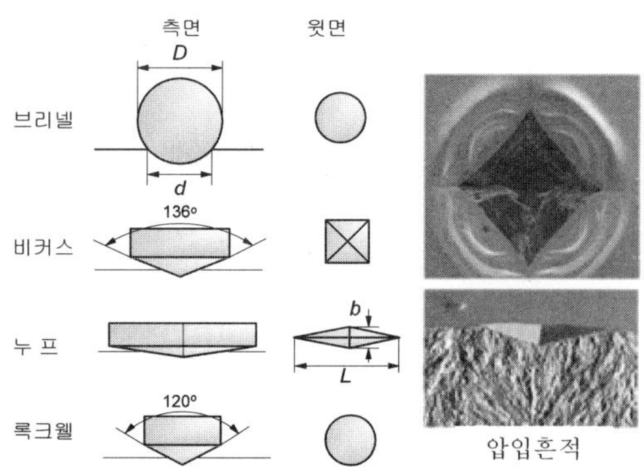

** 그림 5-7 ▌ 다양한 압입자 형상

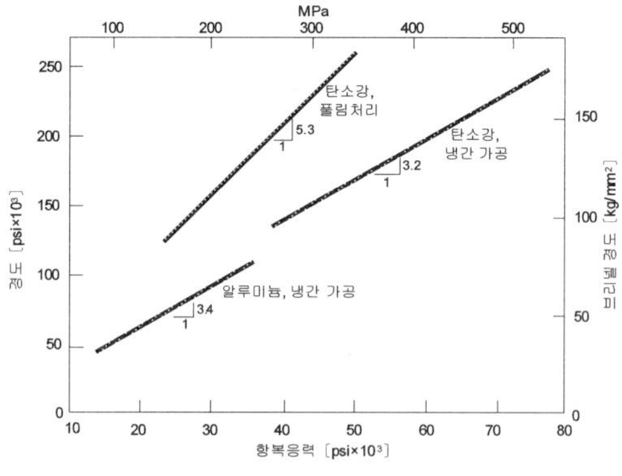

** 그림 5-8 ▌ 브리넬경도와 항복응력사이의 관계

여기서 C는 비례상수이다. 재료가 완전소성체일 경우 이론적인 C값은 약 3 정도이다. 이 값은 실험결과와도 비교적 잘 일치한다(그림 5-8). 철강 재료에 대한 극한 인장강도(UTS)와 브리넬경도(HB kg/mm^2) 사이의 관계는 대략적으로 다음과 같다. 단, HB의 압입하중은 3,000kg이다[3].

$$UTS = 3.5HB \tag{5.13}$$

5.2.8 소성가공 공정에서 공정 변수

소성가공에서 주요 공정 변수로는 원재료의 특성(billet material)과 금형조건(tool), 변형동안 금형과 재료계면의 상태(conditions at tool/material interface), 소성변형 영역(deformation zone), 사용되는 장비(equipment 또는 press), 최종제품의 특성(product), 공정이 수행되는 곳의 제반환경(environment)이 있다. 이러한 공정 변수들은 변형동안 서로 복합적으로 영향을 주고 있으며, 따라서 공정설계자는 공정 변수들 사이의 상호 유기적인 관계와 영향을 이해하는 것이 필요하다[5, 6].

5.2.9 소성가공 공정에서 성형한계

소성가공에서 재료의 성형성(workability)은 주어진 온도와 변형률 속도 하에서 파단이나 결함없이 최대로 발휘할 수 있는 변형량으로써 정의하지만 상업적인 제품 결함측면에서 표면 마무리 불량이나 판재의 주름, 재료 미성형과 같은 부분은 정의하기 어렵다.

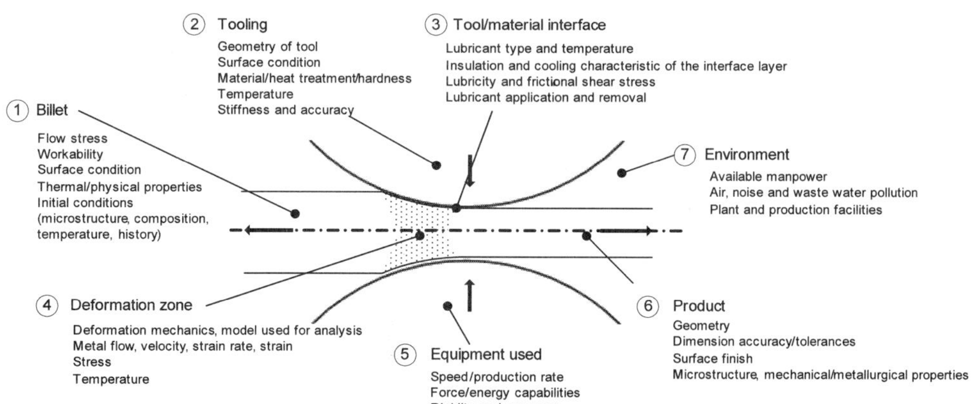

** 그림 5-9 ▌ 소성가공 공정에서 주요 공정 변수

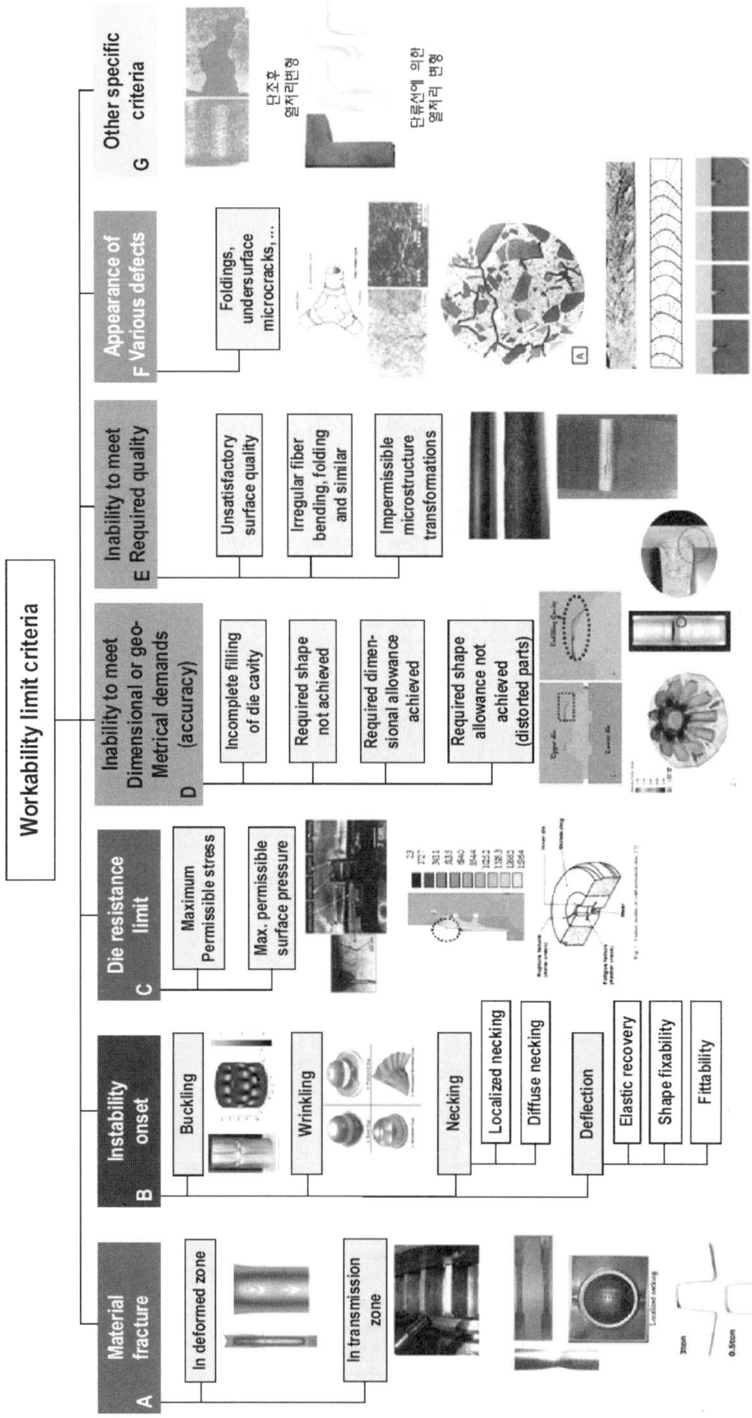

** 그림 5-10 ▌ 소성가공 공정에서 성형성 한계조건의 분류

일반적으로 재료의 성형성은 연성파괴에 대한 재료의 기본적인 저항성과 조합되어 응력과 변형률, 변형률 속도와 온도의 국부적인 상태에 매우 의존하고 있으며, 재료가공의 목적에 따라 다양한 방식으로 분류하고 있다(그림 5-10). 기본적인 재료의 성형성은 단축인장응력상태에서 육안으로 식별 가능한 임계크랙이나 파단없이 발휘할 수 있는 최대소성변형량(최대진변형률)으로 정의된다. 재료의 이러한 특성을 연성(ductility)이라고 부르며 이때 연성파괴변형률 ϵ_f과 연신율 e_f은 다음과 같이 정의한다[3, 7].

$$\epsilon_f = \ln\frac{l_f}{l_0} = \ln\frac{A_0}{A_f} = \ln\left(\frac{1}{1-\phi}\right),\ \ \phi = \frac{A_0 - A_f}{A_0},\ \ e_f = \frac{l_f - l_0}{l_0} \times 100 \tag{5.14}$$

대부분의 금속재료의 연신율이 대략 10～60%이며 열가소성 플라스틱(thermo-plastic)이나 초소성재료(superplastic material)는 최대 5,000% 이상인 경우도 있다. 실온에서의 유리나 분필과 같은 취성재료(brittle material)는 연성이 매우 작거나 없다.

5.3 소성가공 공정

소성가공 기술은 소재의 온도, 크기, 형상 및 작업 유형에 따라서 다양하게 분류할 수 있다. 온도를 기준으로 할 때 소성가공법은 냉간가공(상온), 온간가공, 열간가공의 3개 분야로 나눈다. 또한 작업의 유형에 따라 일차가공과 일차가공 제품을 가공하는 이차가공으로 나눈다. 소성가공법을 분류하는 최근 경향은 소재의 크기와 형상을 기준으로 한 체적성형가공(bulk deformation process)과 판재성형가공(sheet forming process)의 분류이다[5~8].

일반적으로 이루어지고 있는 소성가공법을 분류하면 주괴라든지 연속 주조에서 판, 봉, 관 등을 만드는 제1차 가공, 즉 주조 가공, 압출 가공, 압연 가공 및 인발 가공과 제1차 가공에 의한 소재를 2차적으로 가공하여 각종의 기계 부품, 제품을 만드는 제2차 가공, 즉 프레스 가공, 냉각 주조를 포함한 여러 가지 압축 가공 및 전조 가공, 또는 고에너지 속도 가공 등으로 분류할 수 있다. 제품의 종류는 선박, 건축 구조물에 사용되는 강재에서 고속으로 압연되는 자동차용 강판 또는 스테인리스, 알루미늄 제품까지 또 기계 부품, 전기 제품, 통신용 극박판, 나사, 기어 등의 전조에 의한 기계요소 등 매우 여러 가지이다.

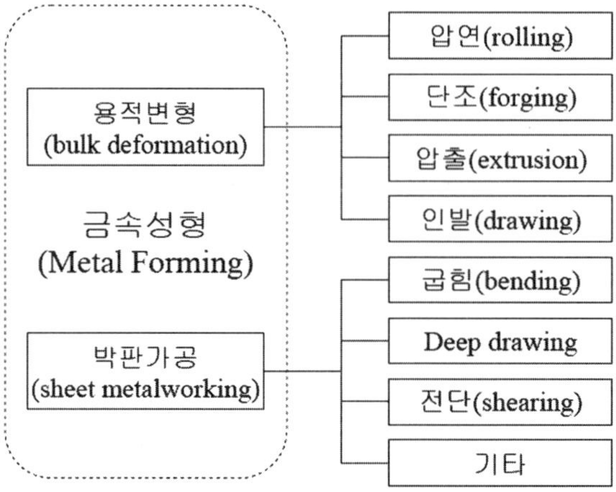

** 그림 5-11 ▌ 소성가공 공정 분류

5.3.1 온도에 따른 분류

가공 온도에 따라 냉간(cold), 온간(warm), 열간(hot)가공이 있다. 그림 5-12는 T_m 재료의 용융 온도(melting temperature)를 나타낸다. 재결정 온도 이상의 온도로 가공하면 항복점의 감소나 신장의 증대가 얻어진 위에 더욱 가공 경화되기도 하지만, 동시에 재료의 연화도 이루어져 낮은 변형 저항으로 변형이 이루어진다.

재결정 온도 이상의 온도에서 가공하는 것을 열간가공(hot working)이라고 한다. 열간가공에서는 한 번에 큰 변형량이 주어지므로 주조 조직을 파괴하여 균일하고 미세한 결정립의 조직으로 하거나 거친 마무리를 하는 데 널리 이용되지만, 재료 표면이 산화하여 제품의 조직이나 기계적 성질이 개선되지 않으며 치수나 형상의 정도가 높지 못하다.

재결정 온도 이하의 온도로 가공하는 냉간가공(cold working)에서는 변형 저항은 높지만 마무리 치수나 형상이 바르고, 기계적 성질이 균일한 동시에 좋은 마무리 표면을 가진 제품을 기대할 수 있다.

냉간가공에서도 상온보다 약간 높은 온도에서 소성가공하는 것을 온간가공(warm working)이라고 하여 구별하고 있다. 온도를 높이면 변형 저항이 감소하기 때문에 가공력의 감소를 기대할 수 있고, 그 때문에 공구의 강도(수명)에 대해서 유리하며, 또한 중간 온도이기 때문에 산화나 탈탄의 염려가 적으므로 탄소강이나 합금강에 적용된다. 표 5-2에 각각의 가공에 대한 장단점을 나타내었다[6, 9].

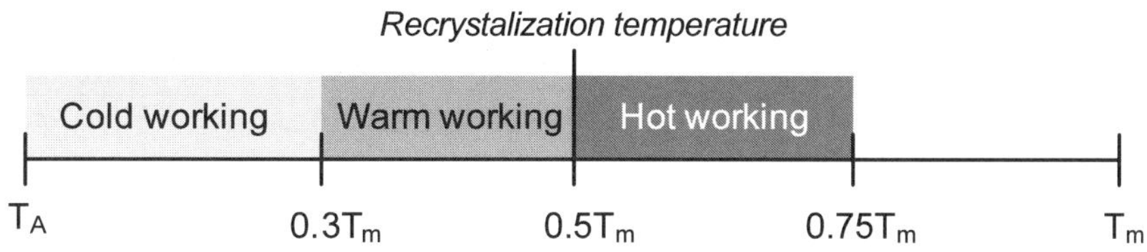

** 그림 5-12 ▌ 온도에 따른 가공 공정의 분류

** 표 5-2 ▌ 냉간(cold), 온간(warm), 열간(hot)가공의 장단점

	장 점	단 점
Cold working	- 높은 치수 정도와 표면 정도 - 부품의 높은 강도와 경도 - 재료의 가열없음	- 높은 하중과 기계용량 - 부가적인 어닐링공정 요구 - 재료의 성형한계
Warm working	- 낮은 성형하중 - 복잡한 형상 성형 - 어닐링 공정 불필요	- 초기 장비에 대한 투자비 증가
Hot working	- 낮은 성형하중, 대변형 가능 - 가공경화 없음 - 어닐링 공정 불필요	- 낮은 치수 정도와 표면 정도 - 높은 생산 비용, 짧은 금형수명

5.3.2 체적성형가공(bulk deformation process)

체적성형가공은 체적에 대한 표면적비(또는 두께 대 표면적 비)가 비교적 작은 경우의 성형가공을 의미한다[6~9].

5.3.2.1 압연(rolling)

압연은 두 개의 회전하는 롤 사이의 압착에 의해 재료의 두께를 감소시키는 압축변형 공정이다. 압연공정의 초기 재료명칭은 치수와 형상에 따라 슬래브(slab), 블룸(bloom), 빌렛(billet)으로 불리며 플레이트(plate), 바(bar), 와이어(wire), I 또는 H빔(beam) 형상으로 제작된다(그림 5-13). 그 외 링압연(ring rolling), 전조(thread rolling), 기어압연(gear rolling) 등이 있다(그림 5-14).

압연작업이 성공적으로 수행되려면 재료상수, 공정 변수 윤활 등의 많은 인자가 균형을 이루어야 한다. 압연된 후판이나 박판에는 그 표면 또는 제품내부(구조적 결함)에 결함이 생길 수 있다. 표면결함은 외관상의 이유 외에도 강도, 성형성, 기타 가공특성에 좋지 않은 영향을 미칠 수 있으며, 원재료의 개재물 및 불순물, 스케일,

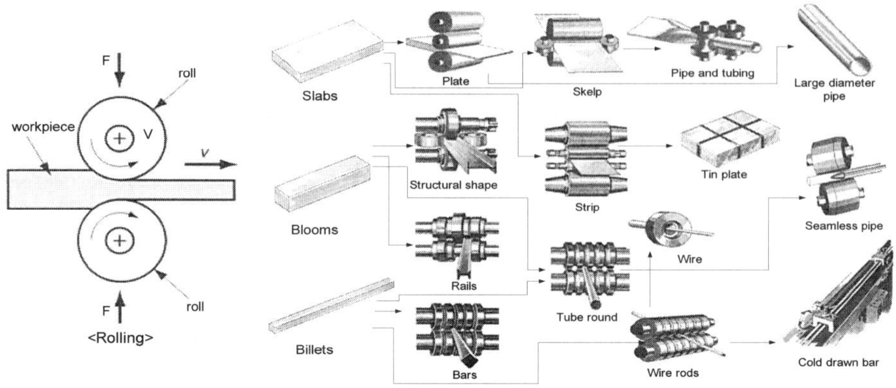

** 그림 5-13 ▌ 압연공정에 따른 재료의 명칭

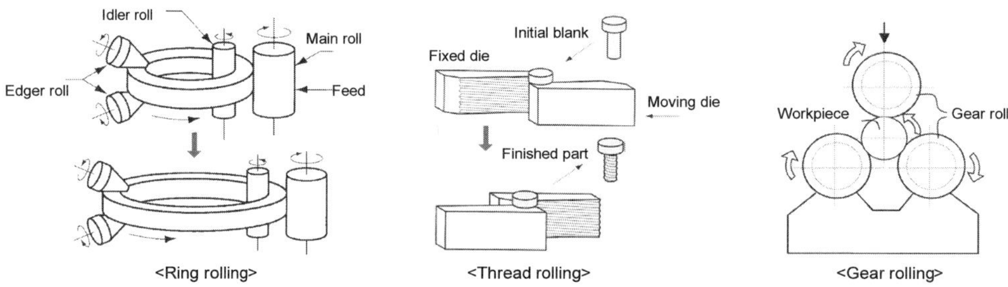

** 그림 5-14 ▌ 압연공정의 개략도 및 분류

녹, 이물질, 롤 자국 및 기타 전처리 및 작업조건으로 인해 생긴다. 블룸, 빌렛, 슬래브 등을 열간 압연할 때는 토치를 사용하여 스케일을 제거하는 스카핑(scarfing) 등의 여러 가지 방법으로 청정작업을 한다.

구조적 결함은 압연제품이 휘거나 제대로 모양을 이루지 못하는 결함이다(그림 5-15). 이 중 박판의 가장자리가 물결모양으로 되는 것은 롤의 굽힘 변형으로 인해 판의 가장자리가 중심부보다 얇아져서 생긴 것으로 판의 가장자리가 중심부보다 많이 늘어나므로 길이(압연)방향으로 자유 팽창하는 것이 억제되어 결국 좌굴이 발생한 것이다. 그림 5-15(d)와 같은 입벌림결함(alligatoring)은 압연 중 소재의 불균일한 변형이나 처음 사용된 주조 잉곳 내부의 결함으로 인해 발생되는 복잡한 양상의 결함이다.

압연 하중은 롤 지름과 압력 p의 크기에 의존하기 때문에 변형 저항이 높은 재료에서는 롤 지름을 작게 하고 압연 하중의 저하를 노리지 않으면 압연기의 구조 및 제품의 성질이나 정도에 영향이 생긴다.

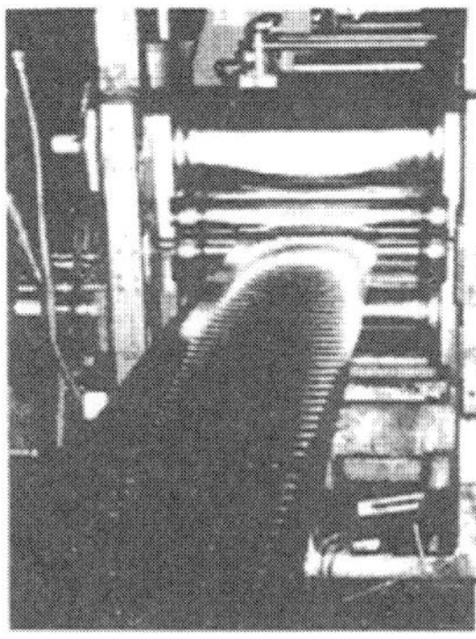

(a)

(b)

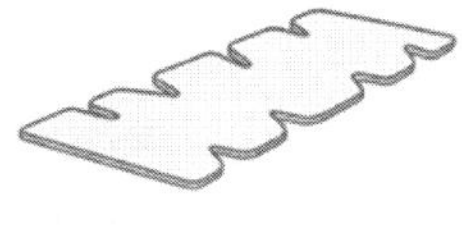

(c)

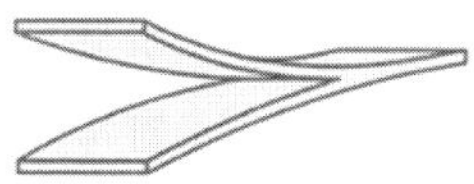

(d)

** 그림 5-15 ▌ 평면압연에서 나타나는 결함
(a) 중앙부 파형 (b) 측면 파형 (c) 측면균열 (d) 입벌림결함

롤 지름을 작게 하면, 판폭반향의 롤 길이가 크기 때문에 롤을 묶고, 거기에서 그림 5-16과 같이 백업롤(backup roll)을 붙여 4단 압연기로 한다. 같은 의미에서 그림 5-17에 나타낸 것과 같이 많은 롤을 붙인 6단 압연기, 12단 압연기가 있다.

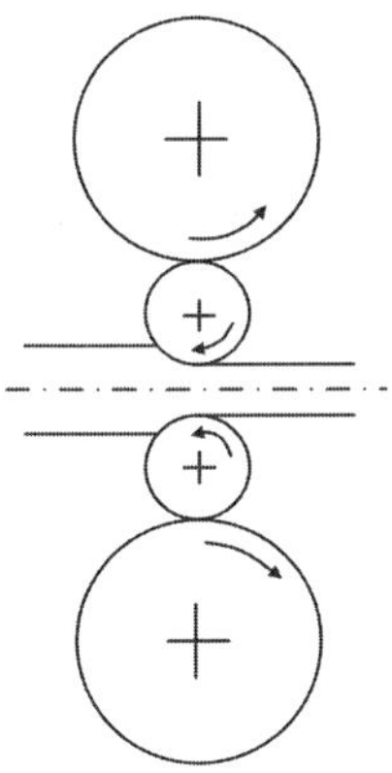

(a) 4단 압연기

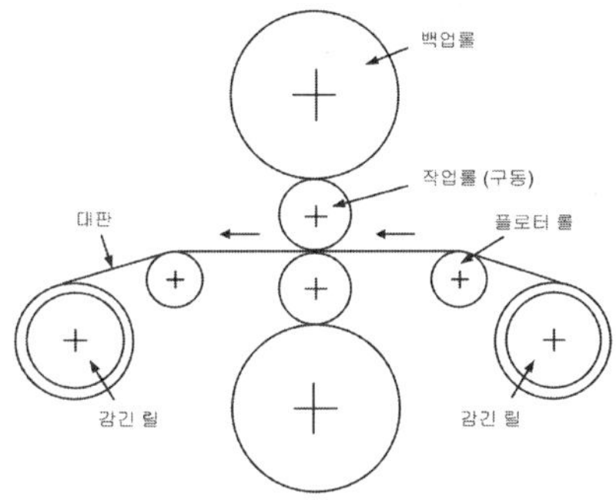

(b) 가소식 4단 압연기

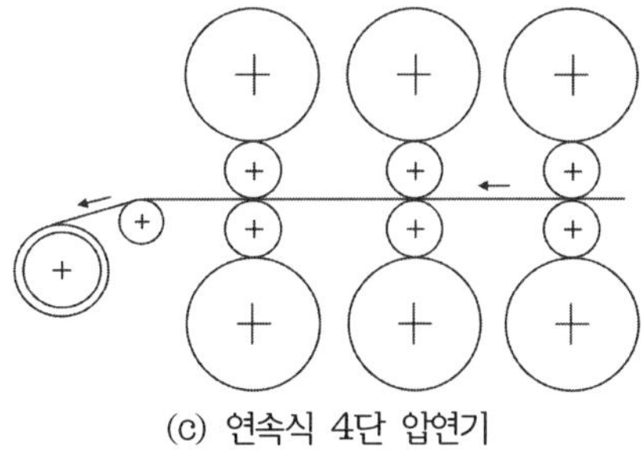

(c) 연속식 4단 압연기

** 그림 5-16 ▌ 4단 압연기

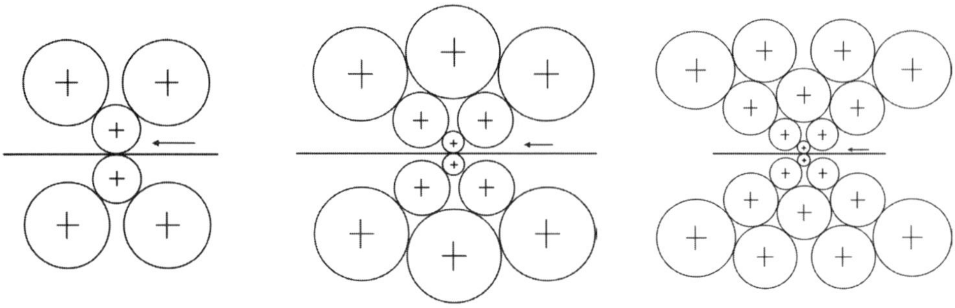

(a) 6단 압연기　　(b) 12단 압연기　　(c) 20단 압연기

** 그림 5-17 ▌ 다단 압연기

5.3.2.2 단조(forging)

단조는 재료가 직선운동(주로 상하)하는 두 개의 금형에 의해 압축되면서 금형공동부(cavities 혹은 impressions)의 모양으로 압축성형하여 소재의 유동에 따른 결정립의 양호한 배열로부터 단류선(grain flow line)을 얻는 공정이다[8]. 일반 기계가공과 비교할 때 단조의 주요 특징으로 재료의 절감(낮은 스크랩률)을 들 수 있다.

【1】 단조공정에서 주요 변수들

(1) 빌렛 재료(billet material)

→ 유동응력(flow stress) : 변형률, 변형률 속도, 온도, 미세조직(구성방정식) 등의 함수

→ 가공성(workability) : 변형률, 변형률 속도, 온도, 미세조직(성형한계선도) 등의 함수

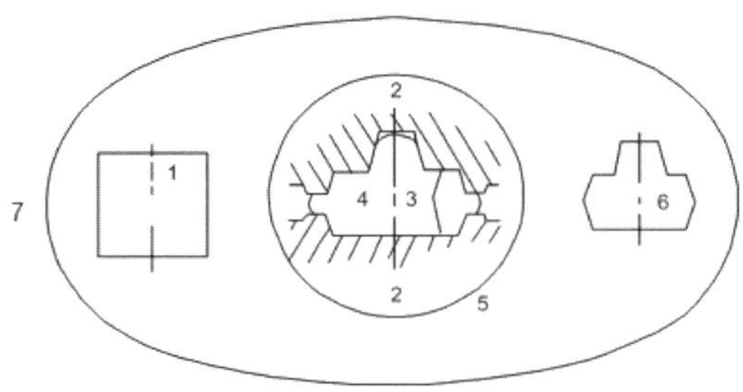

** 그림 5-18 ▌ 단조공정 시스템

→ 표면조건, 열적 물리적 특성, 초기 조건(화학성분, 온도, 가공이력/미세조직), 미세조직과 화학성분의 변화에 따른 유동응력과 가공성의 영향

(2) 공구(금형 : tool)

금형형상, 표면조건, 재료/열처리/경도, 온도, 강성과 정밀도

(3) 공구와 재료 계면조건

윤활제 타입과 온도, 계면의 고립(단열)과 냉각 특성, 윤활과 마찰전달응력, 윤활제 적용 및 제거와 관련된 특성

(4) 변형 영역(deformation zone)

변형 역학, 해석 모델, 소재유동, 속도, 변형률 속도, 변형률(동적), 응력(변형동안 변화), 온도(열생성과 전달)

(5) 가용 장비(equipment)

속도/생산율, 단조/에너지 용량, 강성과 정밀도

(6) 제품(product)

형상, 치수정밀도/허용공차, 표면마무리, 미세조직, 기계적 및 금속학적 특성

(7) 단조 환경(environment)

가용 인력, 대기/소음/폐수 공해, 설비와 생산능력과 제어

【2】 단조공정의 분류

단조는 자유 단조(open die forging), 반밀폐형 단조(impression die forging), 밀폐형 단조(closed die or flashless forging)로 구분된다(그림 5-19). 자유 단조는 평금형과 같은 단순한 형상의 금형으로 소재의 일부만을 가압하여 원하는 형상으로 만드는 단조방법이다. 반밀폐형과 밀폐형은 플래시(flash) 생성의 유무로 판단하며 특히 밀폐형의 경우 여분의 재료를 허용하지 않으므로 원하는 치수를 얻으려면 소재의 체적을 정확히 계량해야 하며 성형되는 최종제품의 치수와 거의 같도록 하는 준정형(near net-shape) 가공이 가능하다.

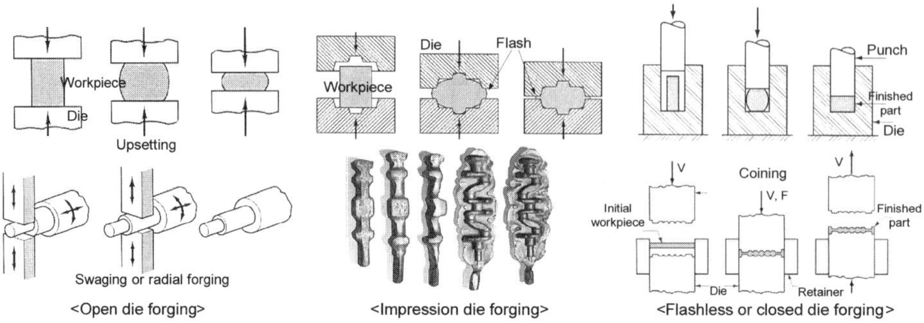

** 그림 5-19 ▌ 단조공정의 분류

(1) 자유 단조(open-die forging)

상하 2개의 금형 사이에 재료를 끼워 누르고, 압축 성형하는 방법으로 소량 생산의 경우나 간단한 형상 또는 대형의 경우에 사용된다. 가압 방향과 직각 방향으로 재료를 놓아 구속되지 않으므로 자유 단조(free forging)라 한다. 또한 자유 단조를 통하여 재료를 단련한다는 중요한 의미도 갖고 있다.

(2) 형단조(impression-die forging)

형단조에서는 소재가 2개의 금형에 의해 압축되면서 금형공동부(cavity)의 모양으로 만들어지는데, 전형적인 예를 그림 5-21에 나타내었다. 소재는 압력을 받음에 따라 바깥쪽으로 확대되어 형내에 만족됨과 동시에 나머지 실체의 양측에 있는 형면에 플래시(flash)로서 나온다. 플래시는 얇으므로 빨리 냉각하여 변형 저항이 증가하고, 그 후 나오기가 어려워져 압축력이 증대하고, 형의 구석구석까지 완전히 재료가 충만되도록 한다. 또한 열간에서 가공할 때는 두께가 얇은 플래시는 몸체부보다 빨리 냉각되므로 변형에 대한 저항이 커져서 금형공동부를 잘 채울 수 있도록 해준다.

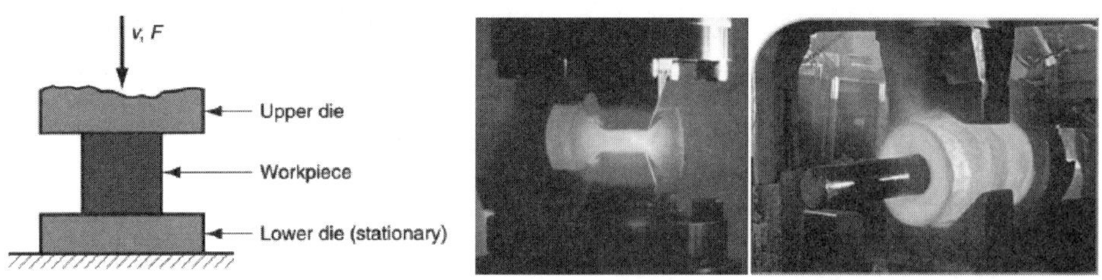

(a) (b)

** 그림 5-20 ▌ 자유 단조의 (a) 개략도, (b) 공정 사진

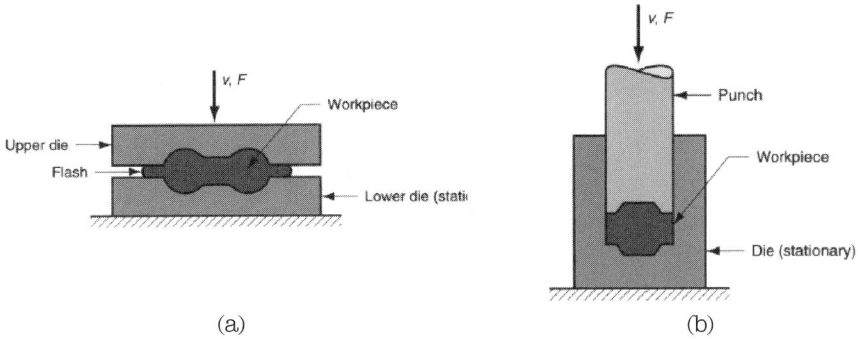

** 그림 5-21 ▌ (a) 형단조의 개략도, (b) 플래시를 만들지 않는 폐쇄단조

그림 5-21(a)에 보인 예는 일반적으로 형단조라고 하는 반면, 그림 5-21(b)처럼 플래시를 발생하지 않고 소재가 금형공동부를 완전히 채우는 공정은 폐쇄단조(flashless forging)라고 한다. 여분의 재료를 허용하지 않으므로, 원하는 치수를 얻으려면 소재의 체적을 정확히 계량하고 적절한 금형설계가 필수이다. 부족하게 계량된 소재로는 금형공동부를 완전히 채울 수 없게 되고, 과다한 소재는 과도한 압력을 발생시켜 금형을 파손시키거나 기계를 고장나게 한다.

↔ 열간 형단조에서 공정설계

- **공정결정** : 형상, 작업성, 회수율, 금형 수명, Grain Flow 방향 등을 검토하여 종타 또는 횡타 결정
- **공정수 결정** : 3공정품 – 업세팅 → 블로커(blocker) → 피니셔(finisher)

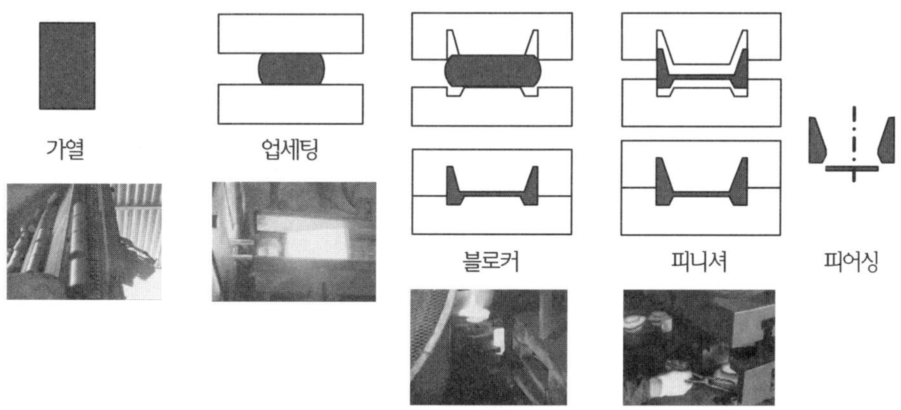

** 그림 5-22 ▌ 열간 형단조의 공정설계

– 각 공정의 목적

① 1공정(업세팅) : 가열된 소재의 스케일 제거(descaling)
경사진 절단면의 평면도 확보
다음 공정에서의 소재 위치 선정 용이
재료의 체적배분, 금형 수명 연장

② 2공정(블로커) : 중간 성형으로 피니셔에서의 결함 방지
치수정밀도 향상, 금형 수명 연장

③ 3공정(피니셔) : 제품의 품질 확보

【3】 단조재료의 분류

(1) 냉간단조용 강재

1) **탄소 함유량 증가** : 변형저항 증가, 연성 저하 – 시멘타이트(Fe_3C) 증가, 탄소 함유량 0.8% 이상 : 전체 펄라이트 조직

2) **펄라이트 조직의 소성변형** : 판상의 시멘타이트 변형, 변형저항이 높고, 파괴된 시멘타이트가 파괴의 기점이 되어 연성파괴 증가

3) **탄소량이 높은 재료** : 구상화 소둔(열처리) – 구형 시멘타이트로 변화, 구상화된 시멘타이트는 거의 소성변형되지 않기 때문에 변형저항이 낮고 연성이 증가

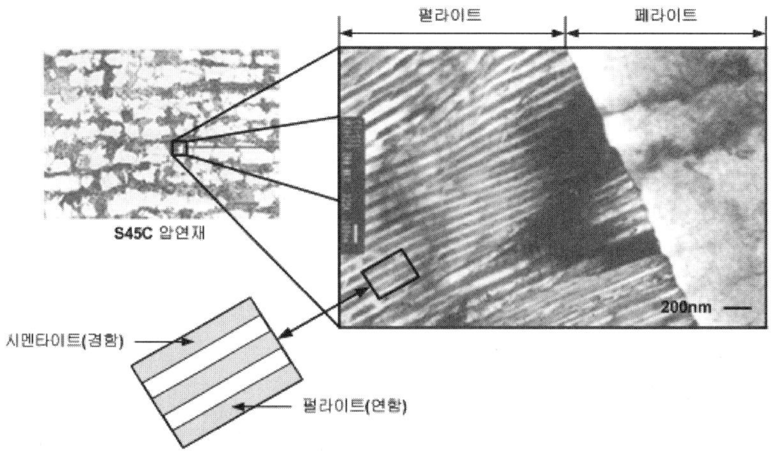

** 그림 5-23 ‖ S45C 탄소상의 펄라이트 조직

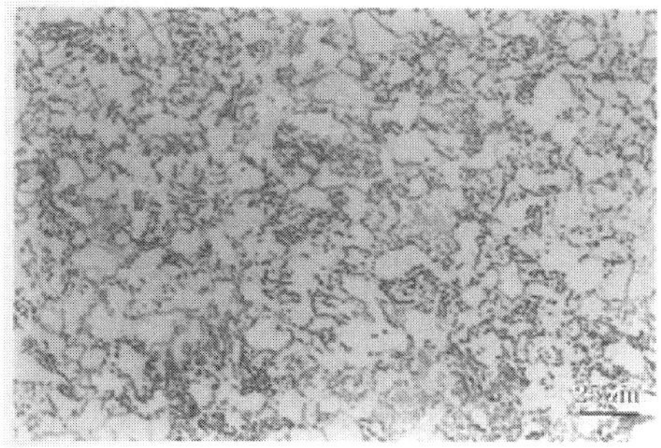

** 그림 5-24 ▌ S45C 탄소강의 구상화 조직(미소한 점이 구상화된 시멘타이트)

4) 냉간 단조용강 특징

① 단조전후 공정합리화 : 단조전 열처리, 인발, 필링(peeling)의 생략

② 높은 신뢰성 : 표면흠과 비금속 개재물 제거

③ 새로운 기능 : 냉간단조성과 피삭성 겸비, 안정된 자기 성능

(2) 열간 단조용 강재

1) 탄소 함유량에 상관없이 재료의 연성이 높기 때문에 재료 특성 문제가 적음

2) 열간 단조 소재의 두 가지 요구특성

① 유동응력(flow stress) : 다이 재료와 공정의 한계용량보다 낮아야 한다.

② 단조성(forgeability) : 결함없이 요구하는 소재의 변형량을 허용해야 한다.

Alloy group	Approximate forging temperature range	
	°C	°F
Least difficult		
Aluminum alloys	400–550	750–1020
Magnesium alloys	250–350	480–660
Copper alloys	600–900	1110–1650
Carbon and low-alloy steels	850–1150	1560–2100
Martensitic stainless steels	1100–1250	2010–2280
Maraging steels	1100–1250	2010–2280
Austenitic stainless steels	1100–1250	2010–2280
Nickel alloys	1000–1150	1830–2100
Semiaustenitic PH stainless steels	1100–1250	2010–2280
Titanium alloys	700–950	1290–1740
Iron-base superalloys	1050–1180	1920–2160
Cobalt-base superalloys	1180–1250	2160–2280
Niobium alloys	950–1150	1740–2100
Tantalum alloys	1050–1350	1920–2460
Molybdenum alloys	1150–1350	2100–2460
Nickel-base superalloys	1050–1200	1920–2190
Tungsten alloys	1200–1300	2190–2370
Most difficult		

(a) 단조성에 따른 분류

Steel	Major alloying elements	Typical forging temperature	
		°C	°F
Carbon steels			
1010	...	1315	2400
1015	...	1315	2400
1020	...	1290	2350
1030	...	1290	2350
1040	...	1260	2300
1050	...	1260	2300
1060	...	1180	2160
1070	...	1150	2100
1080	...	1205	2200
1095	...	1175	2150
Alloy steels			
4130	Chromium, molybdenum	1205	2200
4140	Chromium, molybdenum	1230	2250
4320	Nickel, chromium, molybdenum	1230	2250
4340	Nickel, chromium, molybdenum	1290	2350
4615	Nickel, molybdenum	1205	2200
5160	Chromium	1205	2200
6150	Chromium, vanadium	1215	2220
8620	Nickel, chromium, molybdenum	1230	2250
9310	Nickel, chromium, molybdenum	1230	2250

Source: Ref 2

(b) 탄소강과 합금강의 단조온도

** 그림 5-25 ▌ 금속 열간 단조 시 공정 온도

3) 열간 단조에서 재질 예측

① 금속재료(열간가공) : 가공 중 - 동적 재결정, 가공 후 - 정적 재결정

② 강의 재결정 후 냉각 과정에서 변태

③ 단조 후 조직 예측 : 각 변태 현상을 표현 가능한 수식적인 모델 필요

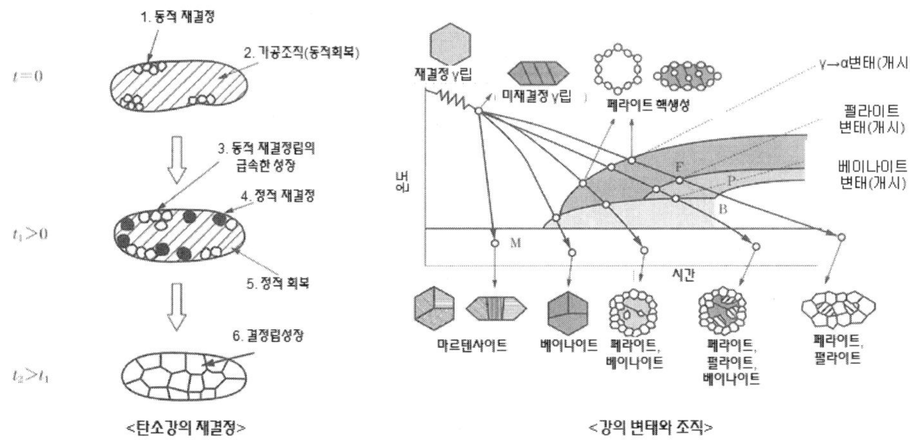

** 그림 5-26 ▌ 열간 단조에서 조직 예측

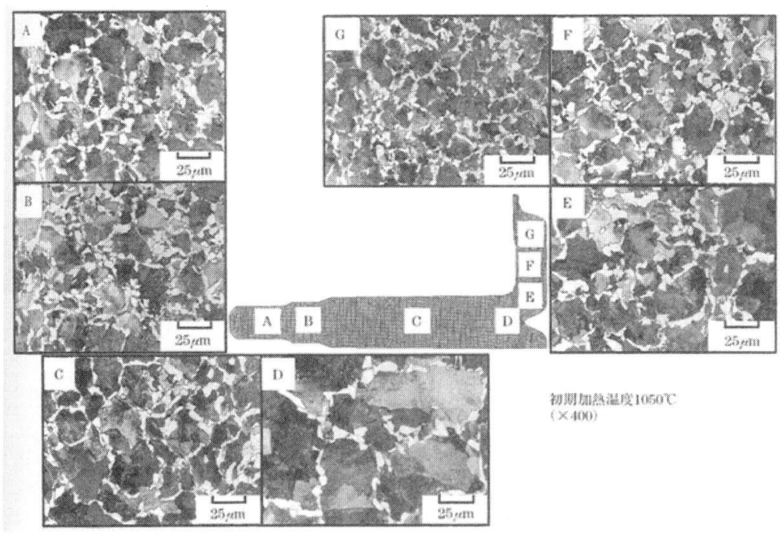

** 그림 5-27 ▌ 단조 후 조직변화 예

【4】 단조 금형설계 요령

(1) 성형 프로세스의 고려 방법

열간 형단조는 성형법으로부터 보면 압출 공법과 업세팅 공법의 조합이다. 그림 5-28은 그의 단순화환 공법의 사례를 보인다. 이 성형은 1,180~1,220℃로 가열한 소재를 저속 가공 프레스에서 압출 가공을 행하고, 고속 프레스에서 업세팅(마무리 가공)을 행하는 제품이다. 냉간 단조나 온간 단조에서 사용되는 유속이 큰 압출 가공법을 채용하기 위해 열간에서 변형 저항의 성형 속도 의존성을 고려하고, 가공 속도를 낮게 하여 변형 저항을 낮추도록 하였다. 그러나 열간 형단조에 있어서는 금형과 고온 재료의 접촉 시간이 기계 특성상 길어지기 때문에, 금형의 냉각이나 내열 대응 금형 재료의 선택이 중요하다. 일반적인 열간 형단조는 압출 공법과 업세팅 공법이 복합화 된 것인데 보유 프레스의 성형 속도도 결정되어 있는 중에서 어떻게 공정을 구분하는가가 문제이다. 또 사용하는 프레스에 의해 제조 공정에는 제한도 있어서 이 성형 프로세스의 결정이 생산성, 금형 수명, 품질 등의 주요인이 된다. 그림 5-29, 그림 5-30에 자동 생산되고 있는 제품과 수동 생산되고 있는 제품을 보였다.

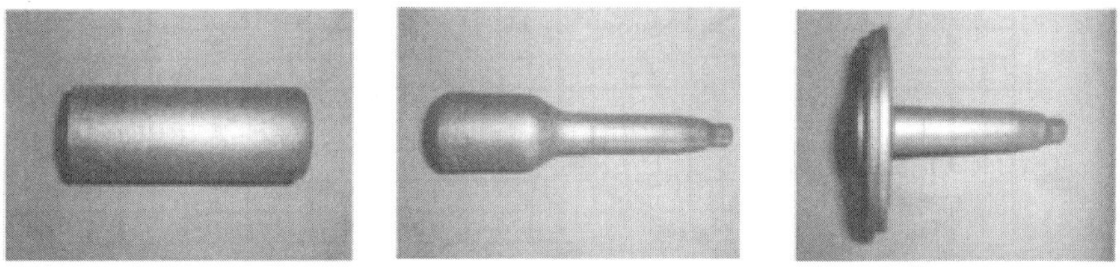

소재 압출 업세팅

** 그림 5-28 ▌ 압출 공법과 업세팅 공법의 분리형 사례

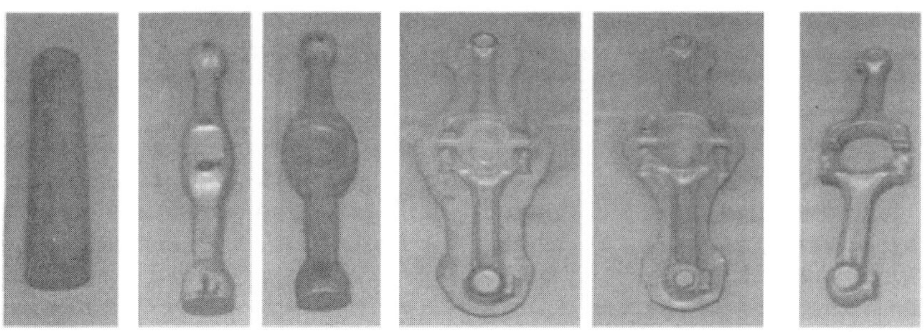

소재 신장 성형(롤) 황삭 성형 Burr 빼기 성형

** 그림 5-29 ▌ 자동 생산 5공정품의 각 공정 사이클

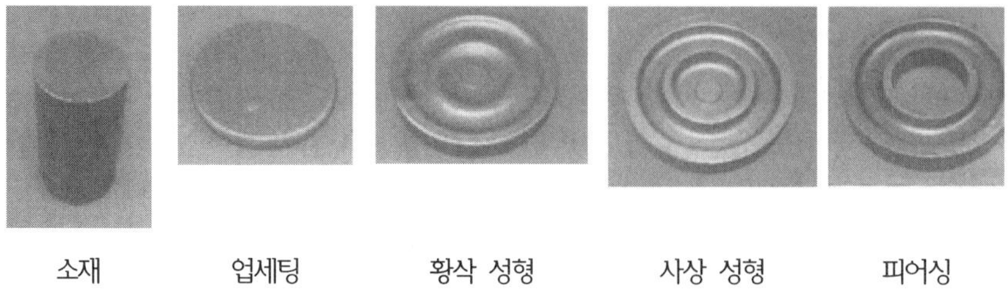

** 그림 5-30 ▌ 수동 3공정의 각 공정 사이클

그림 5-29는 Roll에서 예비 성형된 소재를 늘려서 펴는 성형, 업세팅 성형, 그리고 황가공 성형, 사상 성형, 최후의 burr 빼기의 5공정에서 성형량의 분산을 행한 제품이다. 또 그림 5-30은 업세팅 성형, 황가공 성형, 사상 성형의 3공정에서 생산된 사례이다.

(2) 재료 위치 결정

열간 형단조의 자동 생산 확대에서 제일 중요한 설계 요소로 고려하지 않으면 안 되는 것이 제1공정에서 재료의 놓는 방법, 위치 결정이다. 금형에 소재를 넣으면 위치가 결정되는 압출 공법은 단순한데, 업세팅 공법을 이용하는 경우는 위치가 정해지기 어렵기 때문에 주의를 하여야 한다. 그림 5-31은 위치 결정의 사례를 보인다.

(3) Knock Out 방법

열간 형단조에 있어서는 소재로부터 열전달에 의해, 금형은 고온이 되기 쉽다. 이런 이유로 소재와 금형의 접촉 시간을 짧게 하는 방법으로서 Knock Out를 이용하고 있고, 자동화 생산의 절대 조건이기도 하다. Knock Out 방법은 통상 내부 burr, 외부 burr를 밀어 올려서 행하고 있는데, 빼기 구배의 0°화나 형상의 복잡화 등에서는

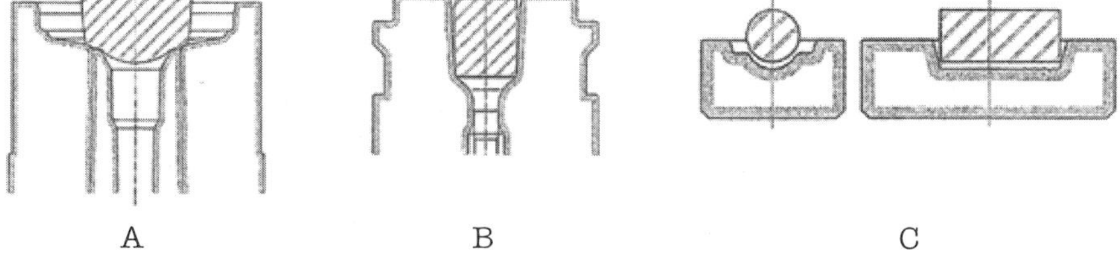

** 그림 5-31 ▌ 재료의 위치 결정 사례

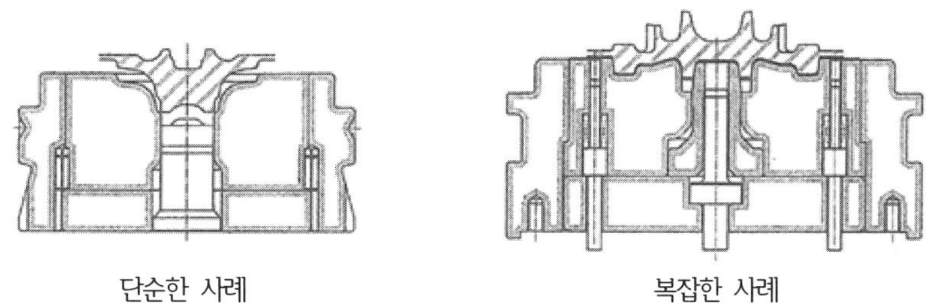

** 그림 5-32 ▌ 일반적인 Knock Out 사례

제품부를 밀어 올리는 경우가 있다. 이 경우, 제품 품질을 충분히 고려하여 실시하여야 한다. 그림 5-32는 Knock Out 사례를 보인다.

(4) 금형 분할선

밀폐 단조나 폐쇄 단조에서는 금형 분할을 고려하는 것은 없으나, 반밀폐 타입의 열간 형단조의 금형 설계에 관해서는 열간의 금형 분할선의 결정은 매우 중요한 요소의 하나라고 얘기할 수 있다. 그외 배려해야 할 점은 다음과 같다.

① 가능한 한 하나의 평면이 되도록 하고, Knock Out Pin 위치는 burr의 양을 고려해야 한다.

② 되도록 금형에 새기는 깊이가 얕도록 한다. 이것은 재료의 소성 유동이 단순한 압축에 가까운 업세팅 가공이 되도록 한다.

③ 금형에 새기는 깊이는 상하 금형이 동일하게 되도록 하여야 한다. 이것은 금속 유동과 금형에의 일정 부하를 목적으로 하는 것이다. 그러나 단조품이 상 또는 하형이 불안정에 가까운 것이 있고, 자동 단조에 있어서는 반송 방법의 안정화를 위해 억지로 금형 상하 깊이를 변화시킬 수 있다.

④ 제품의 형상상, 금형 분할선을 평면에 비해 경사를 주지 않으면 안 되는 경우는 2개를 취하여 전후의 금형 어긋남 방지를 행하는가, 큰 금형 어긋남 방지용 스톱퍼를 금형 설계 단계에서 넣어야 한다. 특히 일방적인 경사 금형 분할선의 경우는 경사부의 burr 두께를 제품 형상의 허용하는 범위에서 두껍게 하는 것도 중요하다. 그림 5-33에 금형 분할선의 적당, 부적당한 그림을 나타내었다.

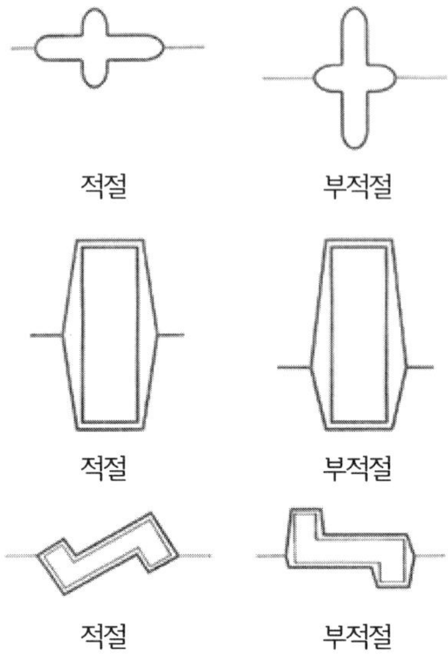

** 그림 5-33 ▌ 금형 분할선의 고려 방법

(5) 둥근 반경

열간 금형 설계에서 재료의 소성 유동을 적당하게 행하지 않으면 단조 긁힘의 발생을 일으킨다. 또 금형 수명을 고려한다면, 적당한 둥근 반경을 모퉁이 부, 각부에 부여하는 것이 상당히 중요하다. 제품 형상이나 제품의 특성에 의해 이 둥근 반경은 제한이 있는지도 모르는데, 가능한 한 크게 하는 것이 좋다. 이 둥근 반경이 작으면 주름, 긁힘이 발생하기도 하고, 재료의 소성 유동에서 금형의 코너가 금형 풀림을 일으키기도 하고, 제품의 금형 이탈이 나빠지기도 한다. 이것은 특히 자동 단조에서의 트러블에 연결되므로 주의하여야 한다.

(6) 버(burr)와 거터(버가 모이는 곳)

열간 형단조의 일반적인 버와 거터 형상은 그림 5-34에 보였다. 버 형상은 Impression 내에 살을 충만시키기 위하여 극단적으로 중요한 역할을 하는 것으로, Impression과 재료의 관계로부터 다음의 A, B, C로 층별로 고려하는 것이 가능하다. 또 버 두께(h)에 대해서는 다음의 실험식(M. W. Afansjew의 식)으로부터 구해지는 것이 가능하다.

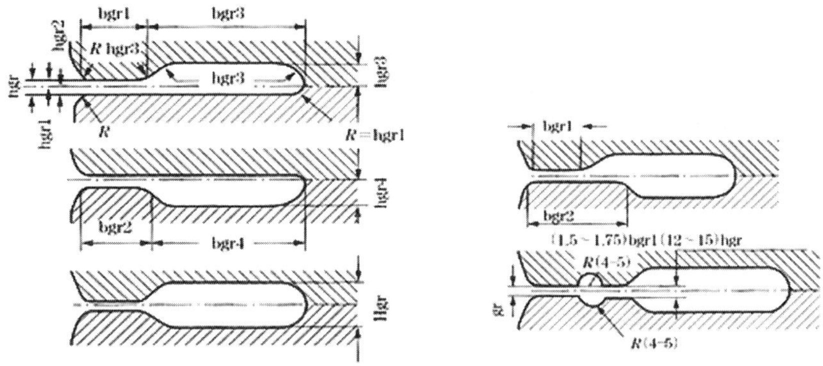

** 그림 5-34 ▌ 버와 거터의 고려 방법

$h = 0.015A_s^{0.5}$ 또는 $h = 0.01D_s$

A_s는 마무리 투영 면적, D_s는 원형 단면의 경우 마무리 직경이다.

또 각종의 버 형상을 보인다. 최근의 자동 생산에 대해서는 제품 형상과 같은 모양, 반송 방법에 의한 버 형상에는 주의가 필요하다. 시간적으로는 반속 finger의 형상에 의한 버 형상도 고려하여 대응한다.

【5】 단조공정의 결함

단조공정 중 소재가 불균질한 변형에 의해 인장응력을 받게 되면 발생하는 표면균열과 금형 내에서 소재유동에 따라 다음과 같은 여러 결함이 발생할 수 있다.

(1) 좌굴로 인한 겹침 결함
(2) 단조성 부족으로 인한 균열
(3) 설계 부적절로 인한 내부 균열(예 : Chevron crack)
(4) 금형 내 소재의 미충진
(5) 금형의 Wear와 Fatigue
(6) 열처리 및 고온가열 중 결함(산화물, quenching 균열)

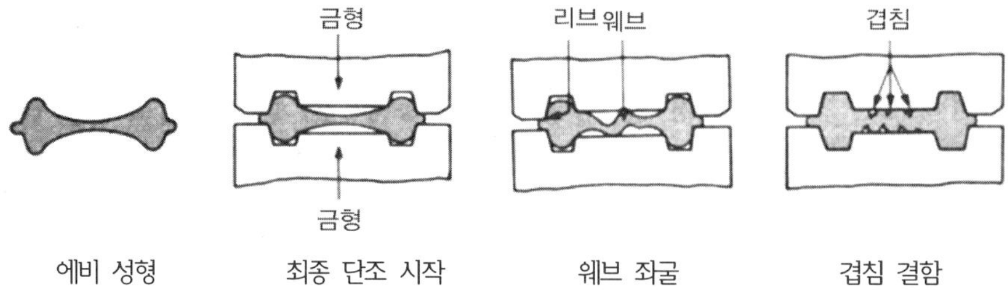

** 그림 5-35 ▌ 웨브부분의 좌굴로 인한 겹침 결함

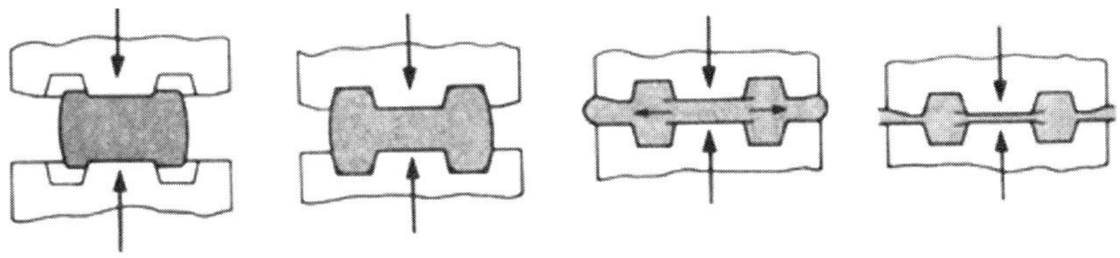

** 그림 5-36 ▌ 소재두께가 과대하여 생기는 내부 결함

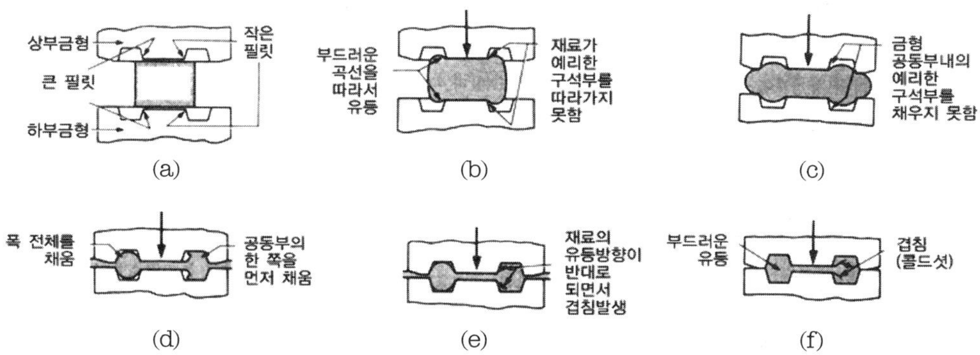

** 그림 5-37 ▌ 필릿반지름의 영향으로 단조품에 생기는 결함

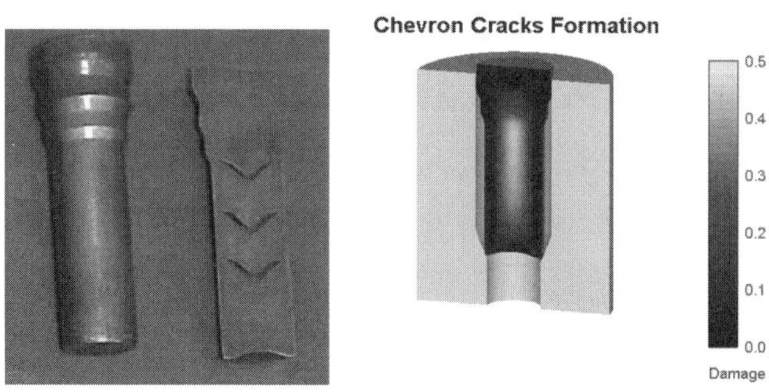

** 그림 5-38 ▌ 내부 균열(Chevron Crack)

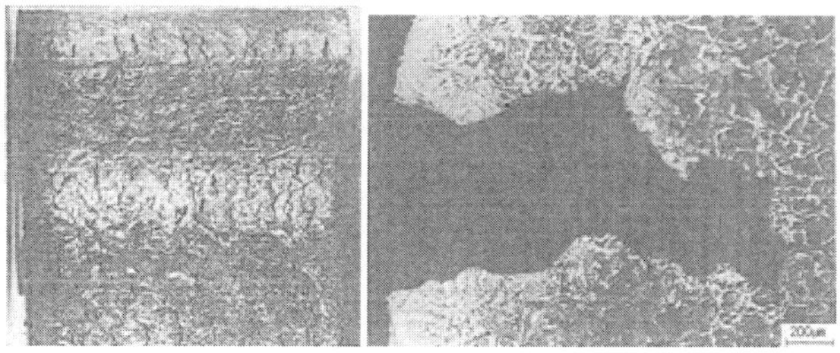

(a) SM40C로 만든 열간단조품의 표면거침과 표면 균열

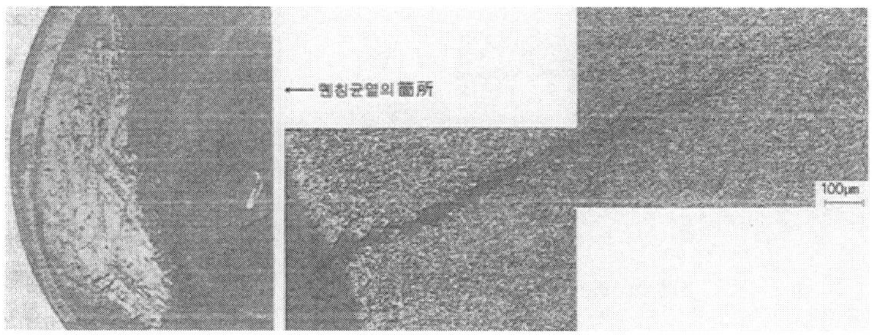

(b) CM440의 열간단조 노멀라이징 소형재의 Quenching 균열

** 그림 5-39 ▌

5.3.2.3 압출(extrusion)과 인발(drawing)

압출은 빌렛(billet)을 컨테이너(container)안에 넣고 램(ram)으로 밀어서 압력을 가하여 다이 사이로 통과시키는 공정이다(그림 5-40). 압축응력이 주가 되어 소재를 변형시키는 공정으로서 압출에는 작업방식에 따라서 직접, 간접, 정수압, 충격의 네 가지 기본 유형이 있다. 직접 압출(direct extrusion)은 전방 압출(forward extrusion)이라고도 하며, 램을 이용하여 다이를 통해 압출 제품을 얻는다. 빌렛은 컨테이너의 벽면에 대하여 상대운동을 하므로 벽면과의 마찰로 인해 램하중이 매우 크다. 간접 압출(indirect extrusion)은 후방 압출(backward extrusion)이라고도 하며 다이가 빌렛쪽으로 움직이므로 빌렛과 컨테이너의 벽면에서의 마찰은 없다. 정수압 압출(hydrostatic extrusion)은 컨테이너를 유체로 채우고 이를 통하여 빌렛에 압력을 전달하기 때문에 컨테이너 벽면에서의 마찰은 없다. 정수압이 가해지면 재료의 연성이 증가하므로 취성이 있는 재료도 이 방법으로 압출이 가능하다.

압축에서는 빌렛이 다이를 통과하며 단면적이 크게 감소하므로 금속유동의 양상은 공정 전반에 걸쳐 중요한 인자이다. 유동양상은 둥근 소재를 길이방향으로 자른 뒤 한쪽 단면에 사각격자무늬를 입혀서 압출을 한 후 단면을 잘라서 검사한다(그림 5-41).

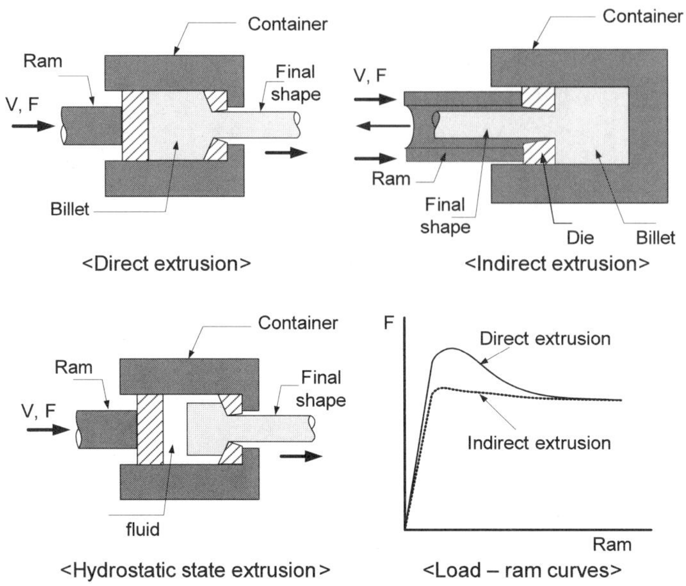

** 그림 5-40 ▌ 압출공정의 분류와 하중-램 곡선

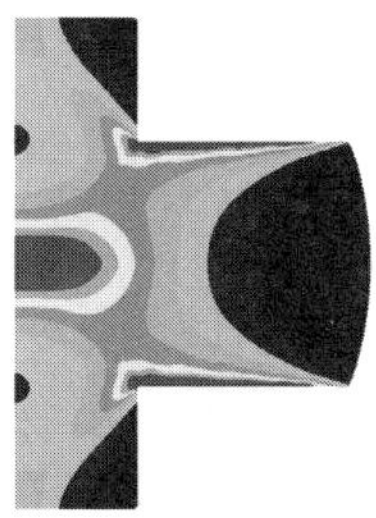

** 그림 5-41 ▌ 축대칭 빌렛의 압출에서 단면에 나타나는 변형 양상

접촉면에서 마찰이 크거나 다이각도가 클 때는 데드메탈 영역(dead-metal zone)이 발생한다. 재료가 다이출구로 유동함에 따라 전단을 심하게 받은 부분이 깔때기의 형상으로 형성된다. 이러한 모양으로부터 빌렛표면(산화층 및 윤활제가 함께)은 전단을 심하게 받은 부분을 통과한 뒤에 압출되므로 압출제품에 결함이 생길 수 있다. 열간 압출에서는 용기와 접촉한 부분의 재료는 급격히 냉각되므로 강도가 증가하게 된다. 그 결과로 중심부의 재료는 외주부의 재료에 비해 다이쪽으로 쉽게 유동되므로 데드메탈 영역이 넓게 형성되고 유동은 불균일해진다. 이러한 유동양상으로 인해 파이프 결함이 발생할 수 있다.

압출에서 압출하중 F에 중요한 영향을 주는 인자는 그림 5-42를 참조하여 다음과 같다. 이들 공정 변수는 소재의 유동에도 영향을 준다(그림 5-43).

① 압출비 : $R = A_0/A_f$(A_0 및 A_f는 각각 변형 전후 소재의 단면적)
② 금형 형상 : 다이각도 및 곡률 반지름
③ 압출속도
④ 윤활 : 마찰의 크기
⑤ 소재의 재질 : 유동응력
⑥ 소재의 길이

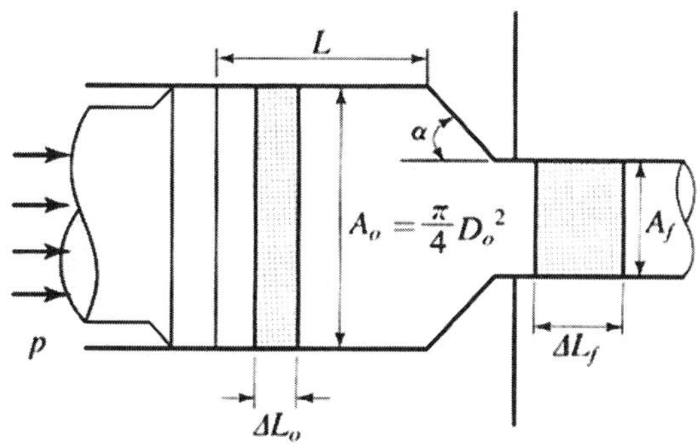

** 그림 5-42 ▌ 전방압출의 개략도

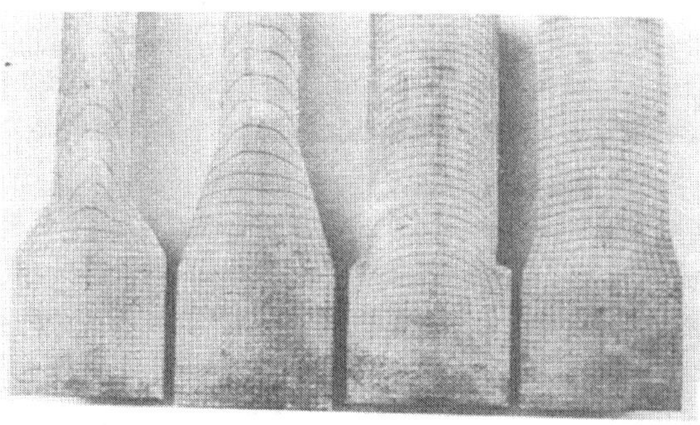

** 그림 5-43 ▌ 공정 변수의 변화에 따른 소재유동의 변화

** 그림 5-44 ▌ 복잡한 단면의 Heat sink 압출 제품

인발은 봉재(bar drawing)나 선재(wire drawing)를 다이 사이로 잡아 당겨서 단면적을 줄이는 공정이다(그림 5-45). 압출에서는 압축력이 작용하는 반면 인발에서는 인장력이 작용한다. 다이의 형상은 다양하고 신선은 봉재인발보다 재료의 직경이 작은 경우로 지름이 최소 0.025mm 정도이다. 관재인발(tube drawing)은 관재의 지름을 줄이면서 관재 내/외면의 진원도와 진직도를 높이는 데 사용한다. 관재인발에서는 튜브 내면에 내부 맨드릴을 사용하는 작업과 맨드릴을 사용하지 않고 지름만을 줄이는 작업(tube sinking)이 있다(그림 5-46, 5-47).

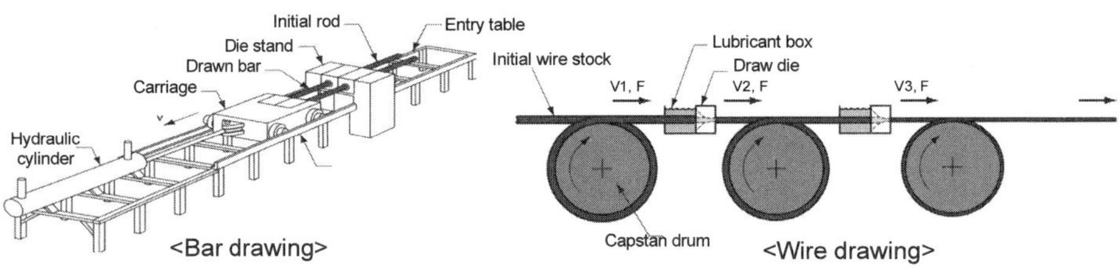

** 그림 5-45 ▌ 인발공정의 개략도와 분류

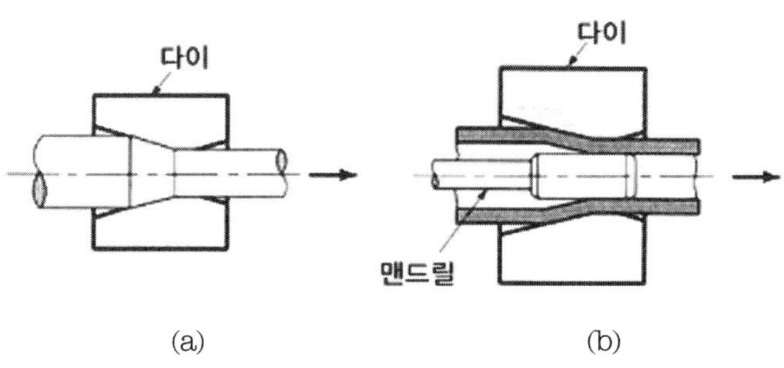

** 그림 5-46 ▌ (a) 봉재인발 및 신선 (b) 관재인발

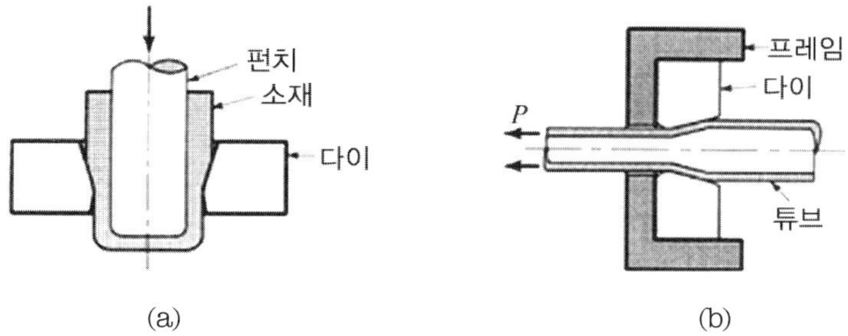

** 그림 5-47 ▌ (a) 맨드릴을 사용하는 관재인발(아이어닝) (b) 튜브싱킹

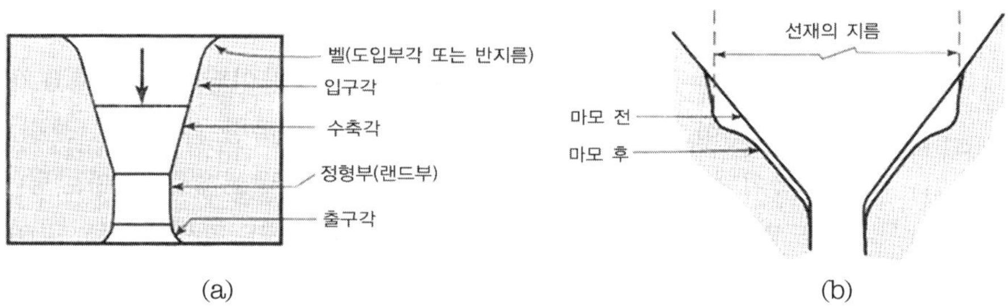

** 그림 5-48 ▌ 인발다이 : (a) 구조, (b) 마모양상

인발에 사용되는 전형적인 다이의 구조를 그림 5-48(a)에 나타내었다. 다이 반각은 보통 6°~15°이다. 랜드부는 다이의 출구치수를 유지하게 된다. 인발용 다이의 재료에는 보통 공구강이나 초경합금이 사용되고, 가는 세선의 인발에는 다이아몬드가 사용된다. 그림 5-48(b)에 인발다이의 마모유형을 나타내었다. 다이의 마모는 다이 압력이 가장 높은 입구부에서 가장 심한 것을 볼 수 있다. 이 부분의 마모가 심한 것은 입구부 소재의 지름 변화와 진동(입구접촉부에 변동응력이 걸림), 소재표면의 마모성 스케일 등에도 기인한다.

5.3.3 판재성형가공(sheet forming process)

판재성형은 체적성형 가공과는 달리 두께에 대한 표면적의 비가 높은 소재를 가공대상으로 하는데 프레스 가공이라고도 한다. 판재성형 방법은 전단, 드로잉 및 벤딩 성형으로 분류된다[6~9]. 부피성형 가공에서는 소재의 두께, 즉 세로치수를 능동적으로 변화시키는 반면 대부분의 판재성형 공정에서는 판재가 인장응력을 받음에 따라 신장되면서 두께가 조금만 변하게 된다. 판재가공에서는 두께가 감소되면 네킹이나 파단에 이를 수도 있기 때문에 가공 중 두께의 감소는 가급적 피해야 한다. 판재성형 공정의 기본적인 변형기구는 인장, 전단, 굽힘이며, 연신율, 성형성, 항복점신장 이방성, 결정립 크기, 잔류응력, 스프링백, 주름 발생과 같은 판재의 성질들이 전반적인 공정에 큰 영향을 준다.

5.3.3.1 전단(shearing)

전단은 펀치와 다이사이에 판재를 놓고 전단응력을 가함으로써 판재를 절단하는 작업이다(그림 5-49). 펀치와 다이의 모양은 다양하여 원형이거나 가위처럼 직선날인 경우도 있다. 전단작업에서의 주요한 공정 변수는 펀치하중, 펀치속도, 윤활, 표면상태, 펀치나 다이재료, 곡률반지름, 펀치와 다이 사이의 간극이다. 전단공정에서 가장 대표적인 것은 펀칭(punching)과 블랭킹(blanking)이다. 펀칭에서는 전단된 조각을 제거하는 것이고(피가공재에 뚫어진 구멍치수는 펀치 치수와 같다), 블랭킹에서는 전단된 조각이 제품이 되고(블랭킹된 제품은 다이구멍 치수와 같다), 나머지 부분은 스크랩이 된다(그림 5-50).

전단이 일어나는 과정을 살펴보면 그림 5-49의 A점과 B점으로부터 발생된 균열이 전파되어 서로 만나서 파단을 일으키게 된다. 그림 5-51에서 슬러그 표면의 거친 전단면은 이와 같은 균열들로 인해 형성된 것이다. 그림 5-51은 버(burr)의 형성 과정을 보여주고 있는데, 버의 높이는 간극(clearance)이 넓고 재료의 연성이 클수록 증가한다. 버의 높이, 형상, 크기는 후속되는 가공작업에 심각한 영향을 주는데, 예를 들어 플랜징 작업에서는 버로 인해 균열이 발생하기도 한다.

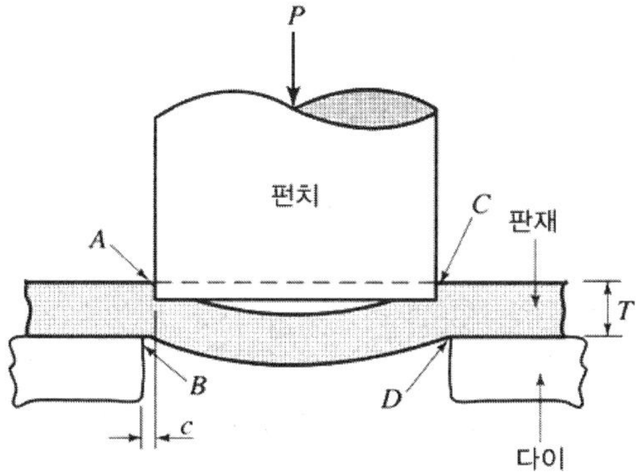

** 그림 5-49 ▌ 펀치와 다이에 의한 전단작업

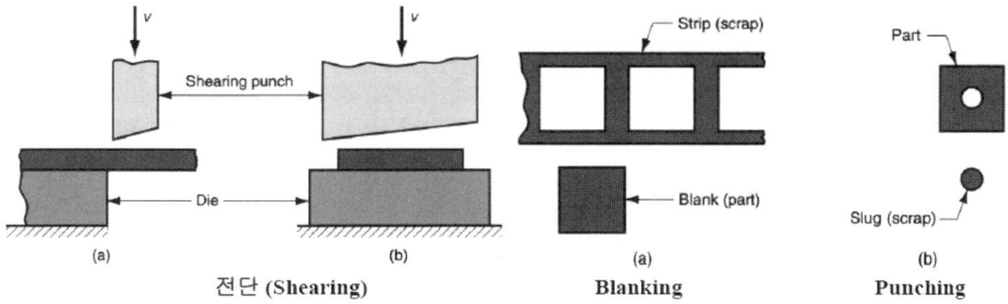

** 그림 5-50 ‖ 전단공정의 개략도와 분류

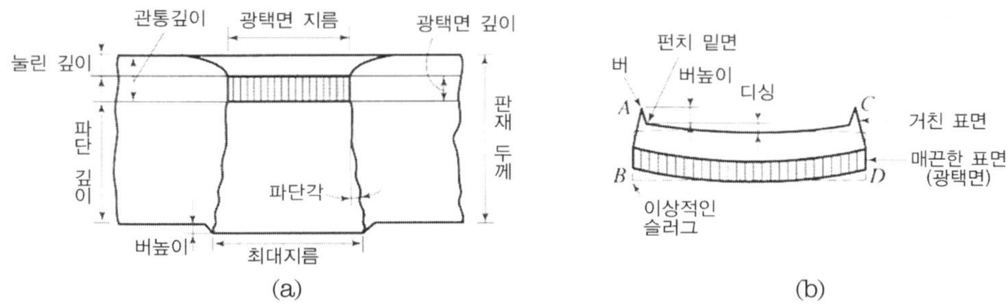

** 그림 5-51 ‖ (a) 펀치된 구멍 (b) 슬러그(떨어져 나온 소재)

그림 5-52에 나타낸 간극(clearance) c는 전단면의 형상과 양호성을 결정하는 가장 중요한 인자이다. 간극이 클수록 변형 영역이 확장되어 재료는 간극 내로 잡아당겨지므로 전단 부위는 둥글게 휘고 전단면은 거칠어진다. 실제로 간극이 너무 크면 전단변형이 일어나는 대신 금속판재는 휘면서 인장응력을 받고 전단작업이 이루어지지 않는다. 실제 작업에서의 간극은 판재두께의 2~10%가 적절하다.

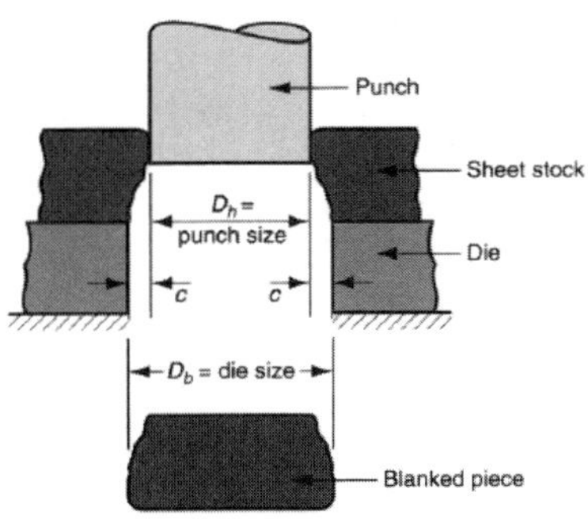

** 그림 5-52 ‖ 펀치와 다이스의 간극(clearance)

5.3.3.2 벤딩(bending)

프레스 작업에서 가장 많이 사용하는 작업으로서 플렌지, 말기, 접기, 주름잡기 등을 이용하여 특정 형상으로 성형하기도 하지만 판재의 관성모멘트를 크게 함으로써 강성을 증가시켜 주기도 한다. 벤딩 가공법은 개별 판재 부품에 적용되는 방법(그림 5-53)과 로울 성형과 같은 연속가공법으로 구분할 수 있다.

판재 굽힘의 변형과정을 그림 5-54에 나타내었다. V형 다이스에 의한 굽힘에서는 균등 굽힘이 아니라 x방향, 즉 판에 따라서 모멘트가 분포하는 형으로 되며, 그림 5-55에 나타낸 것과 같이 (a)에서는 중앙 집중하중의 자유 굽힘이라고 생각되지만, 판이 다이스 각도로 굽혀져 빗면과 평행될 때 다이스내로 들어가고(b), 좁아진 지점에서의 굽힘을 받으며, 또 행정이 진행하면 판은 펀치의 측면에서 굽힘이 되돌아가면서(c), 굽힘이 끝난다(d).

벤딩공정에서 전형적인 불량은 판재의 스프링백(spring back)이다. 스프링백은 판재의 벤딩 후 하중 제거와 함께 판재가 탄성회복하는 것으로 이것을 보정하는 방법으로는 과도굽힘(over bending)과 스퀴징(squeezing)이 있다(그림 5-56). 소재의 과도굽힘은 회전굽힘(rotary bending) 기술을 사용하기도 한다. 상형다이는 원추형 로커(각도가 90° 이내)이며, 자유회전하도록 되어 있어서 상형다이가 밑으로 내려오면서 판재를 구속하여 하형다이 주위로 판재를 굽힌다. 이때 하형다이의 여유각만큼 판재가 과도굽힘되므로 스프링백을 보정한다. 이외에도 코이닝, 신장굽힘(stretch bending) 등이 있으며 항복응력이 작으면 스프링백도 작아지므로, 스프링백을 줄이기 위해 고온에서 굽힘작업을 할 수도 있다.

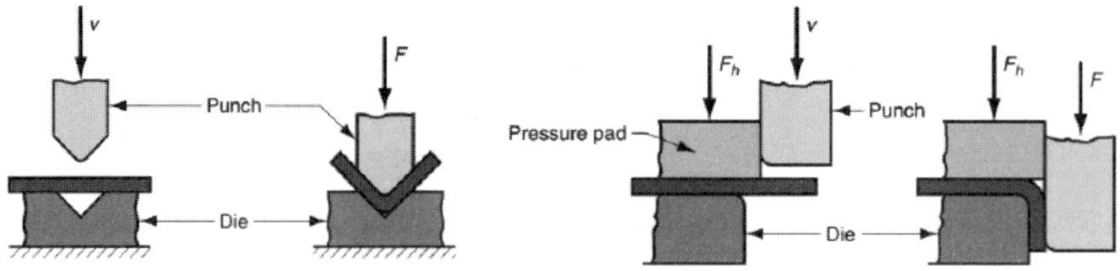

** 그림 5-53 ‖ 굽힘공정의 개략도

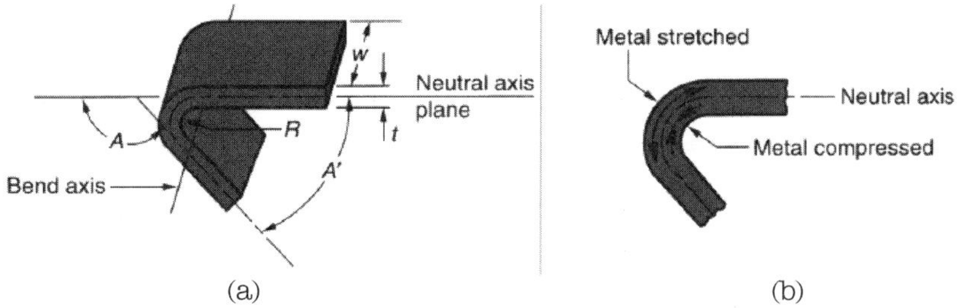

** 그림 5-54 ▌ (a) V-bending (b) Edge-bending

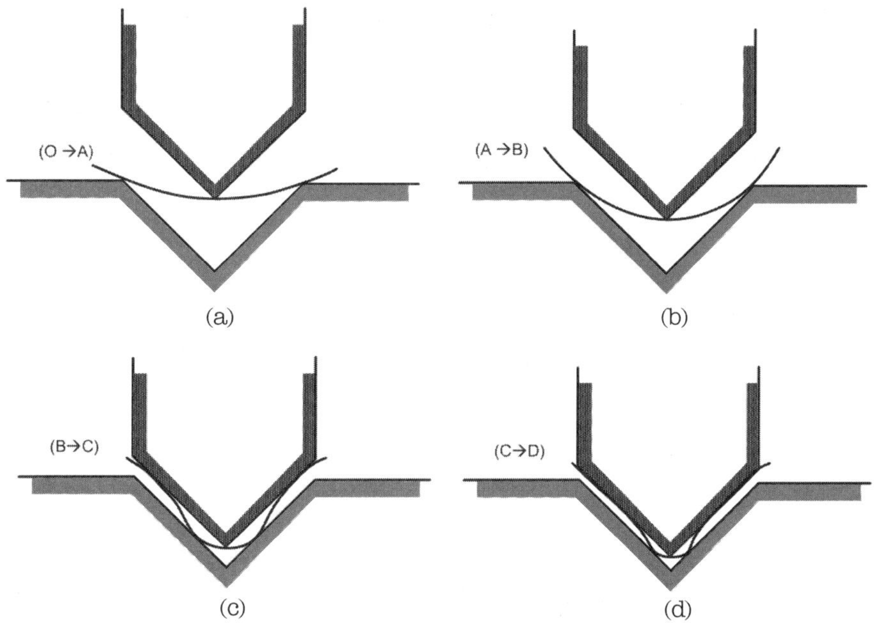

** 그림 5-55 ▌ V형 굽힘의 변형 과정

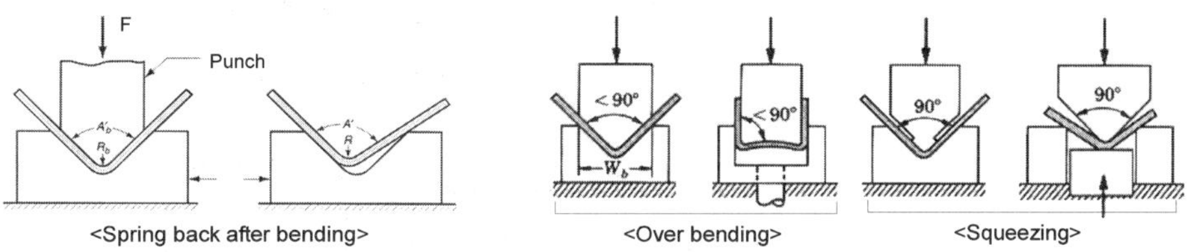

** 그림 5-56 ▌ 벤딩가공에서 판재의 스프링백 대책방안

5.3.3.3 딥드로잉(deep drawing)

편평한 금속판재를 원통형이나 각통형 제품으로 가공하기 위해 펀치로 소재를 다이공동부로 밀어 넣는 공정이다(그림 5-57). 통상 플랜지부가 블랭크 홀더력(blank holding force)에 의해 가압되어 있는 상태이며 딥드로잉 작업 시 블랭크 홀더력의 조절이 매우 중요하다. 블랭크 홀더력이 너무 크면 펀치하중이 증가하게 되고(마찰력으로) 컵의 벽면이 찢어지게 되며 과소한 경우에는 플랜지부에 주름이 생긴다(그림 5-58).

원통형 컵을 딥드로잉할 때는 반지름 R_0, 두께 t_0인 원형 소재(blank)를 모서리 반지름 R_d인 다이구멍 위에 올려놓고, 블랭크 홀더로 눌러서 일정한 하중을 준다. 펀치의 모서리반지름 R_p인 펀치가 하강하면서 소재를 다이공동부로 밀어서 컵을 만들게 된다. 그림 5-59를 참조하여 딥드로잉 공정에서의 주요 변수는 다음과 같다.

딥드로잉 공정 변수

① 금속판재의 성질
② 펀치지름(D_p)에 대한 블랭크 지름(D_0)의 비, D_0/D_p(드로잉비)
③ 판재의 두께(t_0)
④ 펀치와 다이 사이의 간극(c)

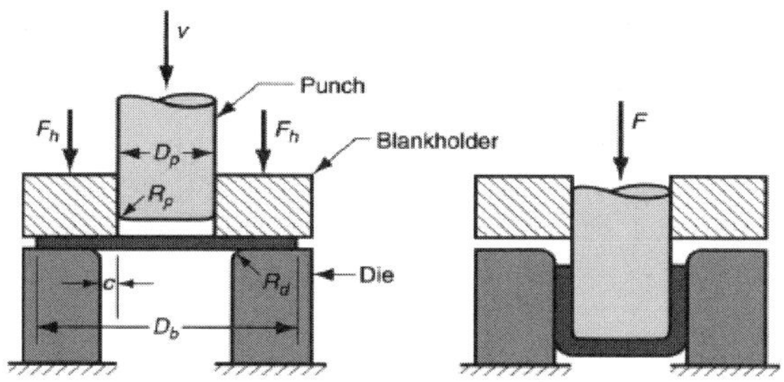

** 그림 5-57 ▌ 딥드로잉가공의 개략도

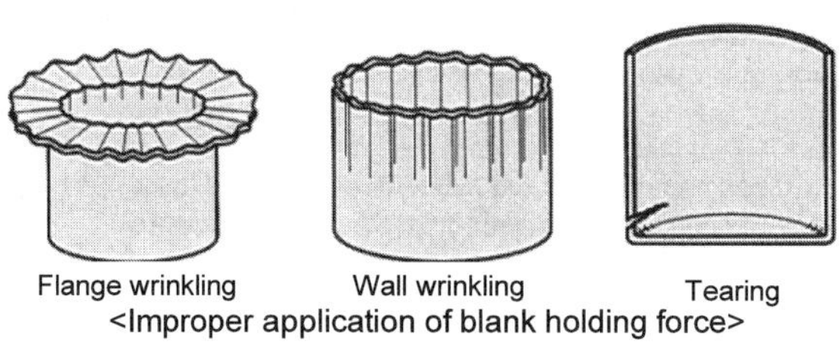

** 그림 5-58 ▌ 딥드로잉 결함

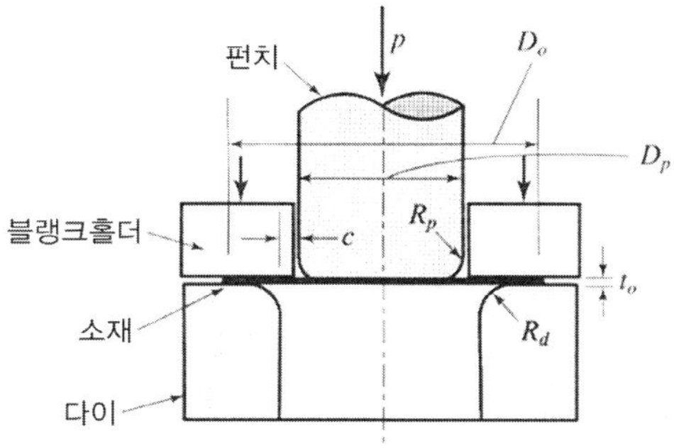

** 그림 5-59 ▌ 원형컵 딥드로잉에서의 공정 변수

⑤ 펀치와 다이 모서리반지름(R_p, R_d)
⑥ 블랭크 홀더 지지력(BHF : Blank Holding Force)
⑦ 펀치, 다이, 소재간의 마찰과 윤활
⑧ 펀치의 속도

드로잉가공으로서 판에서 원통상의 제품을 가공하는 경우 어떤 깊은 드로잉도 일회 가공되면 매우 편리하지만 드로잉가공에서의 재료의 변형 상태, 재료의 성질, 가공조건에 의해 한 번으로 가공할 수 있는 가공량에 한도가 있고, 만약 이 한도 이상의 가공을 한 경우는 파단이 생겨서 드로잉가공을 할 수 없게 된다. 이 한도를 드로잉률이라 한다.

이 드로잉률은 드로잉하는 제품의 블랭크 지름을 D, 드로잉펀치의 직경을 d로 할 때 $m = d/D$로서 나타낸다. 특히 파단이 생기지 않고 딥드로잉가공을 하는 최소의 드로잉률을 한계 드로잉률이라 한다. 이 한계 드로잉률은 위에서 설명한 바와 같이 드로잉가공을 하는 경우의 가공 한도의 목표 외에 재료사이의 가공성 양부의 비교 기준으로서도 이용한다.

보통 원통용기의 밑바닥을 파단하지 않고, 안전하게 드로잉가공할 수 있는 드로잉률은 실험자에 따라서 여러 가지 값이 제출된다. 이 한계 드로잉률은 재료의 성분, 제작조건, 열처리 등에 따라서 상당히 좌우되지만, 또 재료의 판두께, 가공조건에 따라서도 영향을 받는다. 예컨대 판두께가 얇으면 주름이 발생하기 쉬우므로 이것을 방지하기 위해 주름누르기 압력이 증가하여 마찰력도 커지고 이것으로 펀치력이 증가하여 드로잉한계는 저하한다. 이 드로잉가공의 한도를 알기 위한 여러 가지 시험법이 있고, 보통 이용하고 있는 것으로 에릭션 실험, 에릭션 딥드로잉 실험, 코니컬 컵 실험, 인장 실험에 의한 N값, R값 등이 있다.

5.3.3.4 기타 판재성형가공(other sheet forming process)

【1】 고무패드성형(rubber pad or Guerin process)

고무패드성형은 두꺼운 고무패드(또는 폴리우레탄)를 사용하여 양각의 성형 블록 위에 놓인 박판 금속을 성형하는 공정으로 일명 게린공정(Guerin process)이라고도 한다(그림 5-60). 폴리우레탄은 마모저항이 높고, 판재의 버나 예리한 모서리에 잘 찢어지지 않으며, 피로수명이 길어서 많이 사용된다. 금속판재를 굽히거나 엠보싱(embossing)할 때는 다이 대신에 고무판을 사용한다. 성형도중 판재의 바깥면은 경질의 금속면과 접촉하지 않으므로 손상이나 흠으로부터 보호된다. 가공압력은 보통 10MPa 정도이다.

다른 판재성형 가공법과 마찬가지로 마찰조건을 잘 조절하여야 성공적으로 제품을 가공할 수 있으므로, 적절한 윤활제 및 윤활방법을 선택하는 것이 중요하다. 고무성형 가공법은 공구비용이 싸고 작업에 유연성과 간편성이 있으며, 다이마모가 작고 판재 표면에 흠을 내지 않고도 복잡한 형상을 가공할 수 있는 이점이 있다. 또한 여러 겹으로 된 비금속 판재나 코팅된 판재도 성형할 수 있다.

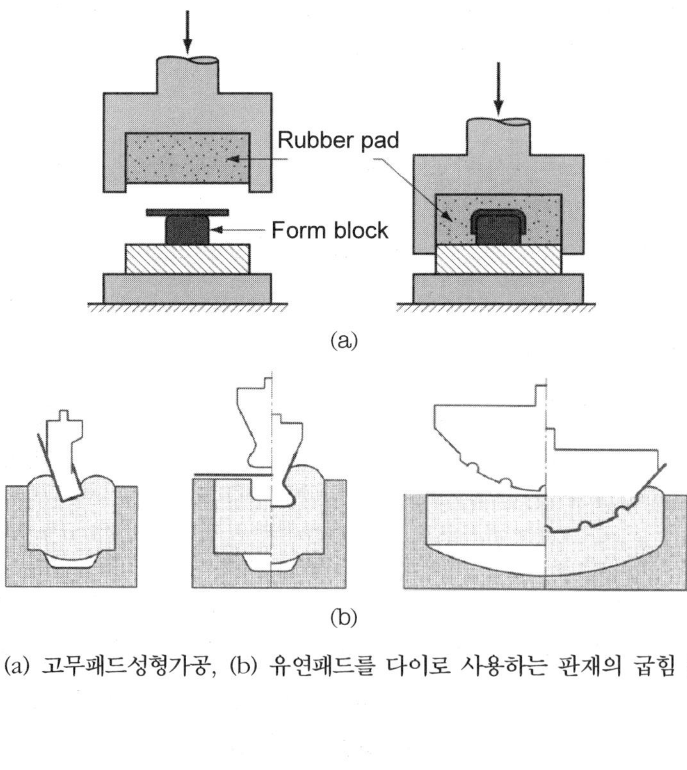

(a)

(b)

** 그림 5-60 ▌ (a) 고무패드성형가공, (b) 유연패드를 다이로 사용하는 판재의 굽힘 및 엠보싱 작업

【2】 하이드로포밍(Hydroforming)

하이드로포밍 공정은 액체의 압력을 이용하여 성형하는 방법으로 크게 판재 하이드로포밍(sheet hydroforming)과 튜브 하이드로포밍(tube hydroforming)으로 구분한다. 튜브 하이드로포밍은 튜브 내에 유체를 채운 후 밀봉하고 내압을 높여 확관함으로써 복잡한 형상 부품을 단일 부품으로 정형 제조하는 방법이다. 주로 롤성형으로 제조된 강관이나 알루미늄 압출 튜브를 소재로 사용하며, 내부에 액체를 이용한 압력을 가함으로써 복잡한 형상을 제조할 수 있다(그림 5-61).

판재 하이드로포밍은 일반 딥드로잉 공정과는 달리 액압으로 컵의 벽면을 가압하므로 펀치로 가압함에 따라 성형성이 향상된다. 성형동안 고무막의 압력을 적절하게 조정해야 한다(그림 5-62).

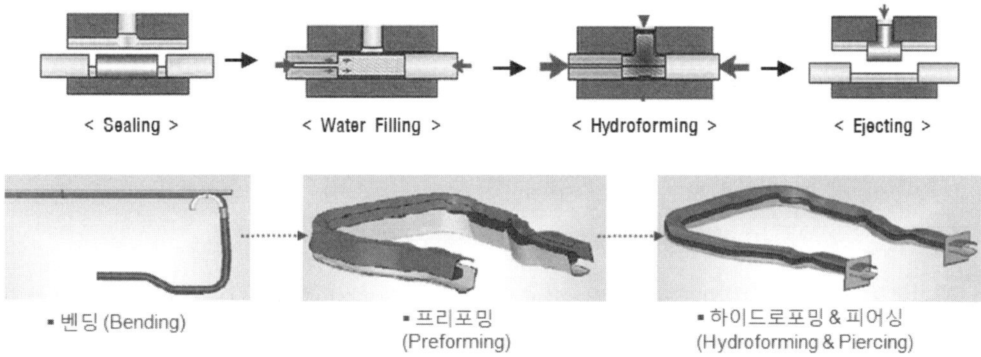

** 그림 5-61 ▌ 튜브 하이드로포밍

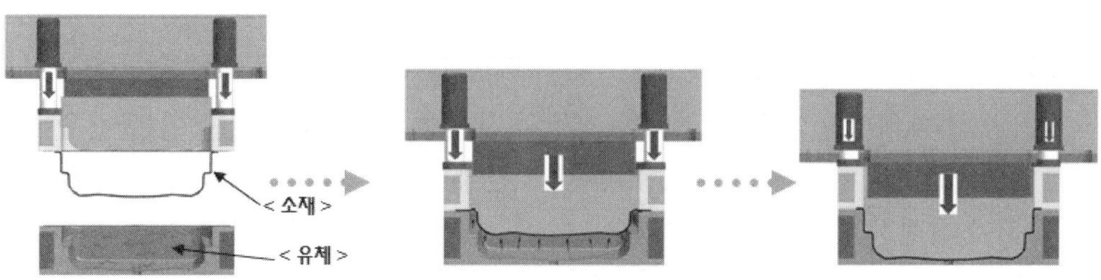

** 그림 5-62 ▌ 판재 하이드로포밍

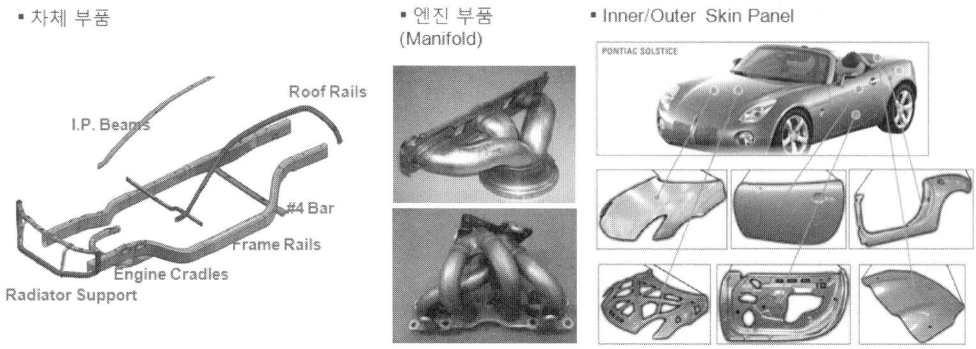

** 그림 5-63 ▎ 하이드로포밍 적용 사례

하이드로포밍으로 제조된 부품은 치수안정성과 강도가 높고, 딥드로잉 공정에 비해 훨씬 높은 정수압응력을 받음에 따라 성형 난이도가 높은 부품의 성형도 가능하다. 제품의 형상과 공정 중의 마찰에 따라서 제품은 다음과 같은 세 가지 유형의 공정을 적용하여 성형한다.

① 지속적인 확장과 압축
② 부분적인 확장과 압축
③ 조정(calibration)만을 적용

하이드로포밍 제품에 대한 설계유연성과 구조적 우월성으로 인해 이 공정은 다수의 고강도 부품, 최적의 사용수명과 무게 특성을 갖는 조립제품의 제조에 성공적으로 응용되고 있다. 하이드로포밍 제품은 매우 다양하게 응용되고 있는데 최근 수년간 가장 중요하게 떠오른 응용분야는 그림 5-63에 나타난 자동차부품이다.

【3】 스트레치성형(stretch forming) 및 스피닝(spinning)

스트레치성형 가공은 판재를 신장과 굽힘에 의해 풍선과 같이 물건을 부풀리는 듯한 상태의 가공을 말한다. 가공동안 판재는 블랭크 홀더나 금형구조에 의해 고정되어 플랜지의 유입이 없다(그림 5-64). 스피닝가공은 회전하는 맨드렐(mandrel)과 강체의 공구 또는 로울러를 사용하여 축 대칭품을 성형하는 가공법이다(그림 5-65).

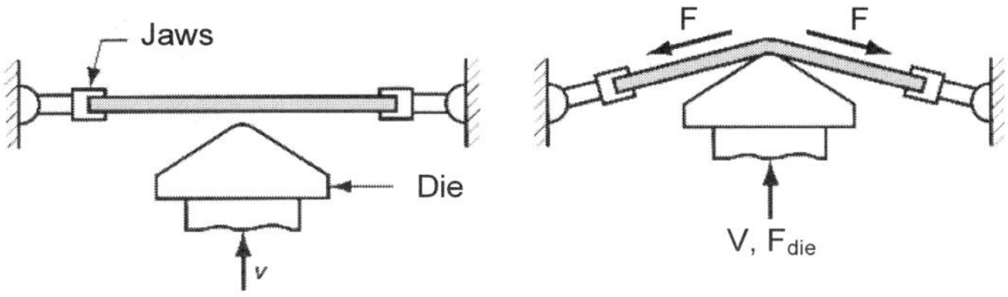

** 그림 5-64 ▌ 스트레치성형

** 그림 5-65 ▌ 스피닝가공

【4】 무금형 점진성형(dieless incremental forming or stylus forming)

스트레치성형과 유사하며 작은 스틸러스를 이용하여 판재 위에 그림을 그리듯 3차원적으로 원하는 형상을 점진적으로 성형하는 방법이다. 일반적으로 깊이가 깊은 제품을 성형할 때 사용되며 스틸러스(stylus)의 이송은 CNC 머신을 이용한다(그림 5-66).

【5】 다점성형(Multipoint forming)

다점성형은 단일 금형의 기하학적 곡면을 다수개의 펀치를 이용하여 구현한 후 성형하는 공정이다(그림 5-67). 펀치의 위치 조절로 다양한 기하학적 형상을 구현할 수 있다는 장점이 있다.

** 그림 5-66 ▌ 무금형 점진성형

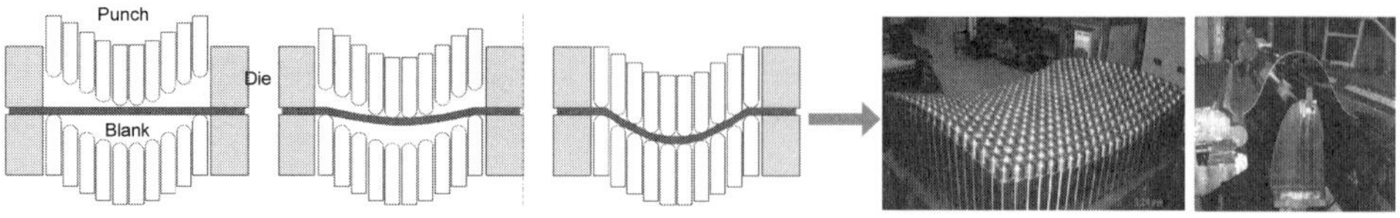

** 그림 5-67 ▌ 다점성형공정

【6】 열간판재성형(Hot Press Forming, HPF)

최근 자동차의 충돌안정성 및 경량화가 대두되면서 보론강을 이용한 열간판재성형(HPF) 공법 기술에 관한 많은 연구가 진행되고 있다(그림 5-68). 열간판재성형 공법은 블랭크(blank)를 900℃ 이상 가열하여 완전 오스테나이트(austenite)로 만든 후 성형과 동시에 금형 내부에서 퀜칭(quenching)하여 마르텐사이트(martensite) 변태에 의한 고강도의 판재성형품을 얻는 공정이다(그림 5-69). Hot Press Forming의 공정 개념도는 그림 5-70과 같다.

① Heating : Blank 가열(약 5분), 900℃(완전 Austenite화)
(UTS : 500MPa, YS : 400MPa 이하, Elongation : 50%)

② Forming : 800~600℃, 10초

③ Quenching between the dies(Cooling rate : 27℃/s, Bainite 발생 억제, 400~600℃ Martensite화, UTS : 15GPa)

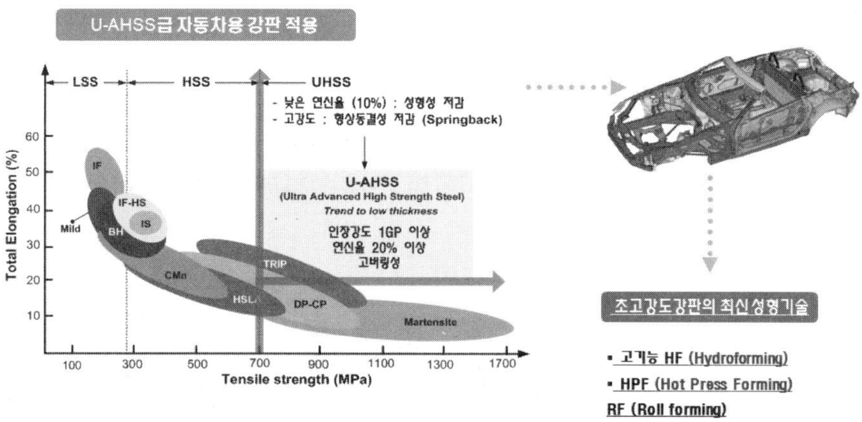

** 그림 5-68 ▌ 차량 경량화 및 고강도화 기술

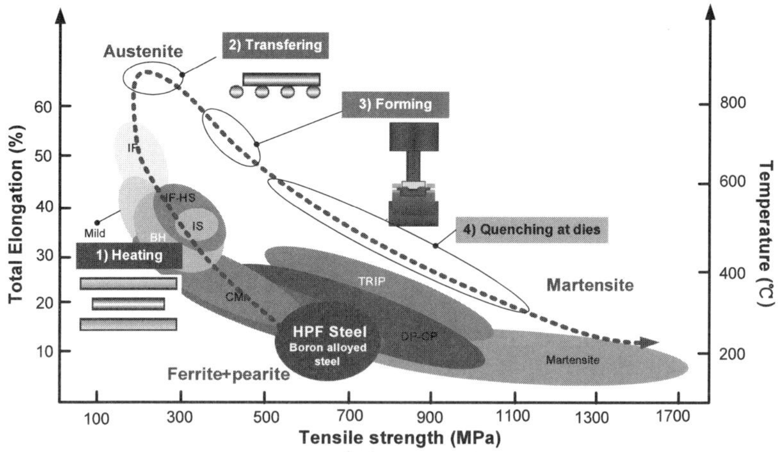

** 그림 5-69 ‖ Hot Press Forming 개요

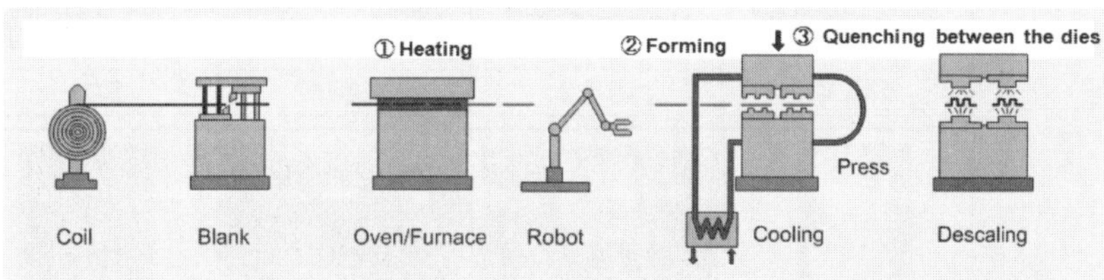

** 그림 5-70 ‖ Hot Press Forming(Direct Method) 공정 개념도

HPF의 장점은 아래와 같다.

① 차체의 강도(1,350~1,500MPa) 및 강성 향상으로 차량 경량화(약 30~50%)
② 고온상태에서의 성형으로 성형성 및 치수정밀도 향상(형상 동결성 확보)
③ 강도 향상에 의한 차량 충돌성능 대폭 향상
④ 어셈블리 구성 부품수 감소(부강재 대폭 삭제→제조 원가 절감)
⑤ 금형의 국부적인 냉각성능 제어를 통한 TWB 효과 구현 가능
→요구 부위의 소재 강도 조절 가능

Hot Press Forming 공법은 차량충돌(정면/측면), 전복 등의 상황에서 운전자와 승객을 보호하기 위한 차체 구조물 등의 부품 제작에 적용되고 있다. 예를 들어 A, B-Pillar, Roof Side rail, Side Sill, Roof Cross Menber, Floor C/MBR, Front Side Menger 등의 기타 보강 부재로 사용된다. 차량의 섀시 서스펜션 부품 및 의장 부품에 대한 충돌강성 보강용 부재(torsion beam, tubular beam, bumper back beam 등)에 적용되기도 한다.

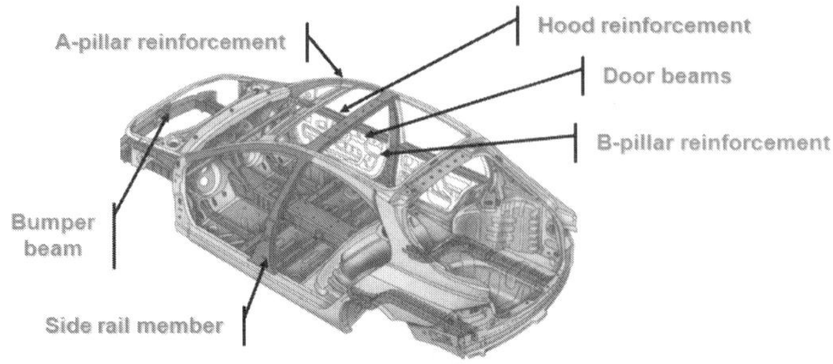

** 그림 5-71 ▌ Hot Press Forming 적용부품

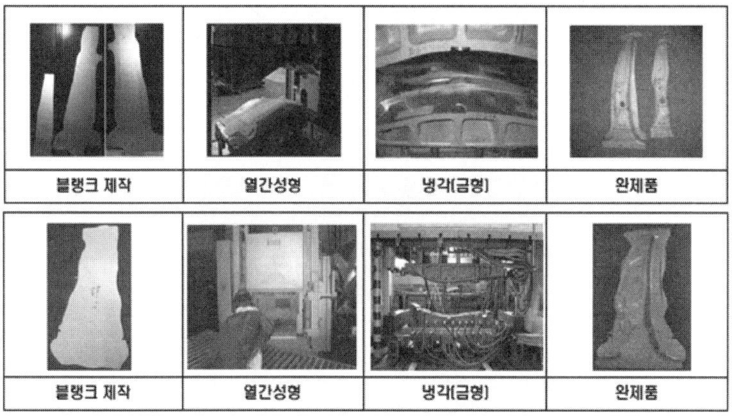

** 그림 5-72 ▌ Hot Press Forming 공정 예시(B-pillar, R/F)

Al-Si coated material과 GA coated material을 Hot Press Forming 공정을 적용하여 B-pillar와 R/F를 생산하고 있는 예를 그림 5-72에 나타내었다.

【7】 초소성 성형(superplastic forming)

결정립이 매우 미세한 합금(보통 10~15μm 이하)은 특정온도 및 낮은 변형률 속도 하에서의 초소성 거동으로 매우 큰 연신량(최대 2,000%)을 얻을 수 있다(그림 5-73). 높은 연성과 낮은 강도를 갖는 초소성 합금(특히 Zn-22Al, Ti-6Al-4V 등)은 다음과 같은 가공상의 이점을 준다.

- 가공 온도에서 재료의 강도가 낮아서 저강도의 공구를 사용해도 되므로 공구비용 절감
- 가공 오차가 작고 미세한 부분이 있는 복잡한 형상을 일체로 성형가능, 이차가공의 배제

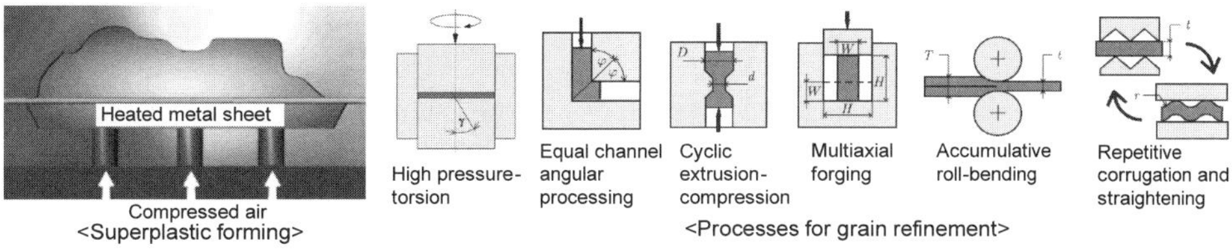

** 그림 5-73 ▌ 압축공기를 이용한 초소성 성형 공정과 결정립 미세화를 위한 다양한 공정

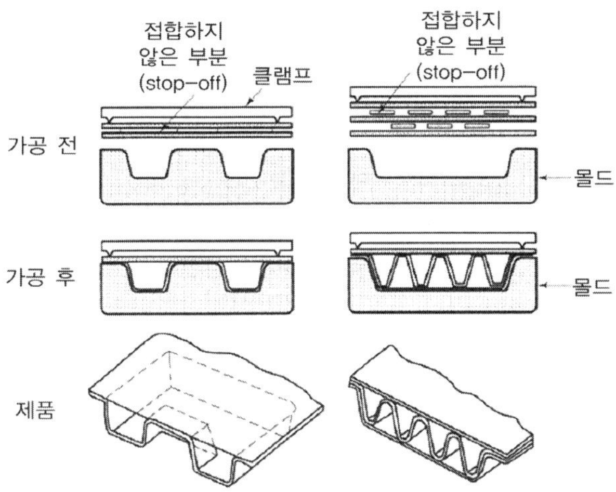

** 그림 5-74 ▌ 초소성 성형과 확산접합으로 성형된 구조물의 예

- 재료의 성형성이 높으므로 무게를 줄일 수 있고 재료도 절감
- 성형제품에는 잔류응력이 거의 없음

반면에 초소성 재료는 변형률 속도에 민감하므로 충분히 낮은 속도에서 가공하여야 한다(보통 10^{-4}~10^{-2}/sec). 또한 가공시간은 수초에서 수시간 정도로 가공 주기가 일반성형법보다 길므로 개별 작업에서만 주로 사용된다. 또한 부품의 적용온도에서는 재료가 초소성을 갖지 않아야 한다.

초소형 성형과 확산접합을 같이 사용함으로써 기계적 체결부품을 사용하지 않고도 치수 정확도가 높은 제품을 가공하므로 생산성을 높일 수 있고 잔류응력을 줄일 수 있다. 이 기술은 항공 산업에서 티타늄 구조물(보통 Ti-6Al-4V 합금)에 대하여 발달되어 있다. 7475-T6 알루미늄합금 구조물도 이 방법으로 개발 중에 있다. 초소성 성형이 사용되는 다른 금속으로는 Inconel 100, Incoloy 718 니켈합금과 철기의 고탄소강합금 등이다. 초소성 가공에 사용되는 금형재료는 저합금강, 주조공구강, 세라믹, 그라파이트, 소석고 등으로 가공온도와 초소성 합금의 강도를 고려하여 선택한다.

5.3.3.5 고에너지속도성형(High Energy-Rate Forming, HERF)

이 가공법은 매우 짧은 시간(10^{-3}~10^{-6}s)에 에너지가 방출되므로 단위시간당 에너지, 즉 에너지 속도가 매우 높으므로 고에너지속도성형이라고 하며 에너지원에 따라 폭발성형, 액중방전성형, 전자기성형 등이 있다.

【1】 폭발성형(explosive forming)

소재를 금형 위에 고정시키고 금형공동부는 진공으로 한 뒤 물과 같은 에너지 전달 매체가 채워진 탱크 안에 설치한다. 폭약을 소재에서 적당히 떨어진 높이에서 폭발시키면 폭약은 단시간에 고온 고압의 가스로 되어 충격파를 발생시키며 이에 따른 압력으로 판재를 성형하게 된다(그림 5-75).

최고압력을 결정할 때는 에너지 전달매체(예를 들면, 물)의 압축성과 음향임피던스(acoustic impedance), 즉 매체의 밀도와 음속의 곱이 중요한 인자이다. 매체의 압축성이 낮고 밀도가 높을수록 최고압력은 높다. 수면과 폭약과의 거리가 너무 짧으면 에너지가 대기로 방출되어 버린다. 폭발속도는 보통 6,700m/s이며, 재료의 성형속도는 30~200m/s 정도가 된다. 높은 변형률 속도에서 재료가 충분히 연성을 가진다면 폭발성형으로 매우 다양한 형상을 가공할 수 있으며, 금형은 생산수량에 따라서 알루미늄합금, 강, 가단주철, 아연합금, 철근 콘크리크, 목재, 플라스틱, 복합재료 등으로 만들 수 있다. 성형제품의 최종성질은 다른 가공법으로 만든 경우와 근본적으로 차이가 없으나 이 가공법에서는 안정성에 매우 유의하여야 한다.

폭발성형법은 1개의 금형만 사용하고 다양성이 있으며 소재판의 크기에 제한을 받지 않으므로 다른 방법으로는 가공하기 곤란한 대형제품의 소량생산에 적합하다. 두께 25mm, 지름 3.6mm의 대형강판이 이 가공법으로 가공된 예가 있으며, 벽두께가 25mm인 관재도 폭발성형법으로 벌징 가공된 적이 있다.

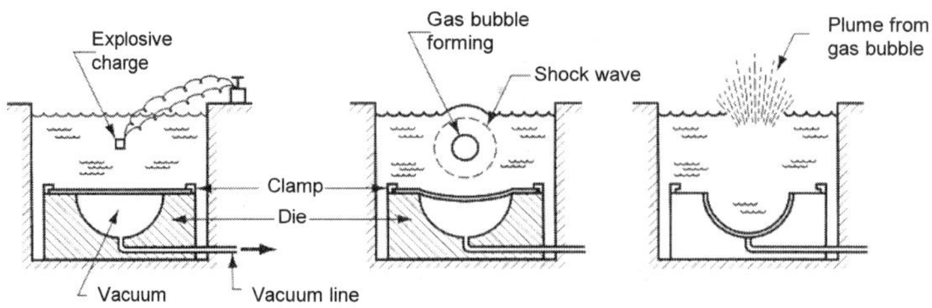

** 그림 5-75 ▌ 폭발성형

【2】 액중방전성형(electrohydraulic forming)

일련의 콘덴서에 직류로 저장된 전기에너지를 가는 전선으로 연결된 전극 봉에서 방전시켜서 에너지원으로 사용한다. 전극 봉을 통해 에너지가 급격히 방출되면 충격파를 발생하고 이에 따른 높은 압력으로 판재를 성형할 수 있다. 폭발성형보다 충격파는 약하나 보다 안전한 공정이다(그림 5-76).

【3】 전자기성형(electromagnetic forming)

저장된 전기를 자기코일로 갑자기 방출하여 가공하는 방법으로 전형적인 예로 링 모양의 코일로 가공할 관모양의 재료를 감싸고 코일에 의해 생성된 자기장이 금속판재를 통과하면서 소재 위에 와전류(eddy current)를 발생시키고 이 와전류로 인해 자체의 자기장이 생성된다. 두 자기장에 의해 발생하는 힘은 서로 반대방향이므로 코일과 재료간에는 반발력이 생겨서 관재를 내부 맨드랠에 밀착시키게 된다(그림 5-77).

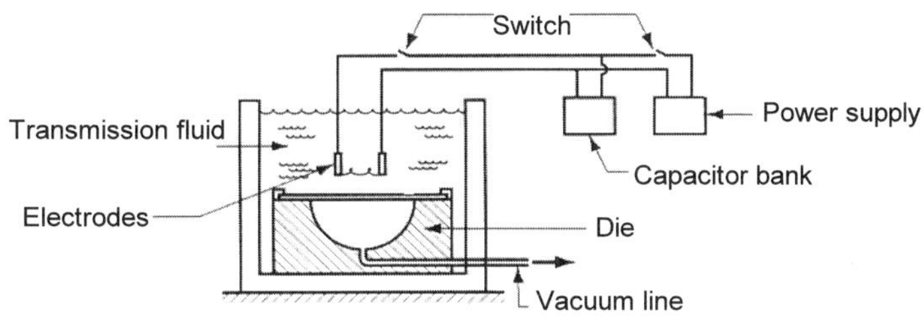

** 그림 5-76 ▌ 액중방전성형

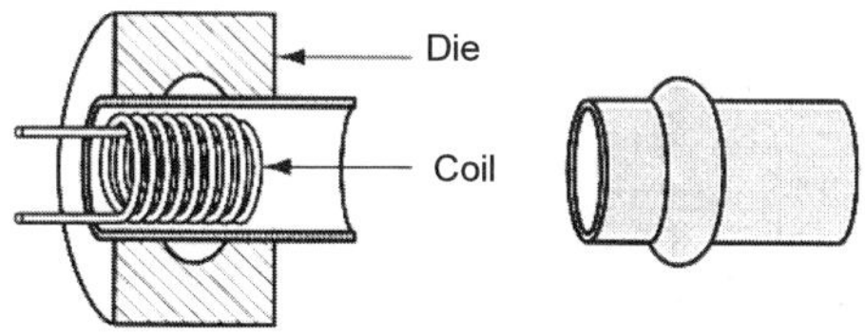

** 그림 5-77 ▌ 전자기성형

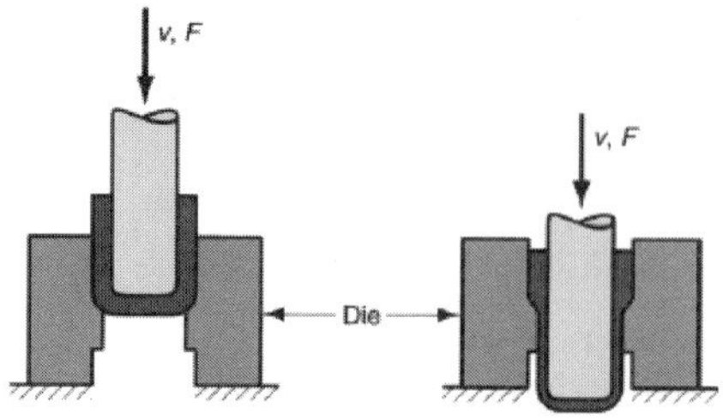

** 그림 5-78 ▌ 아이어닝의 개략도

5.3.3.6 아이어닝(ironing)

다이공동부에 들어가는 판재의 두께가 펀치와 다이간의 간극보다 크면, 두께가 감소하게 되는데 이러한 효과를 아이어닝(ironing)이라 하며, 이로써 일정한 벽두께가 만들어진다(그림 5-78). 간극이 작을수록 아이어닝 효과는 커지고 소재의 체적이 일정하므로 간극이 큰 경우에 가공된 컵보다 아이어닝된 컵은 길이가 길어진다. 이음매 없는 음료캔은 딥드로잉 후 3단계로 아이어닝된다.

5.3.4 분말성형

분말성형(Powder Metallurgy, P/M)은 분말을 이용하여 원하는 형상을 성형하는 방법으로 분말을 압축(compacting)하고 소결(sintering)하여 제품을 성형하는 공정이다[5~8]. 분말성형 공정은 성형 시 별도 압력의 사용 여부, 압력을 사용할 경우 가압 형태, 성형온도 등에 따라 다양한 방법으로 분류하는 것이 가능하다. 그림 5-79는 분말성형 공정을 압력과 온도의 관점에서 분류한 그림이다.

분말성형의 적용

- 고가의 재료를 사용하며 준정형(near net shape) 또는 정형(net shape) 부품의 생산, 분말성형 스크랩의 손실은 3% 이하
- 필터와 같이 기공을 포함한 부품의 제조
- 오일 등이 부품의 기공 내에 침투하는 영구윤활베어링(permanently lubricanted bearing)과 같은 특수 베어링 부품
- 소성가공 및 다른 공정으로 생산하기 어려운 특성 금속이나 합금(카바이드, 텅스텐, 세라믹 등)

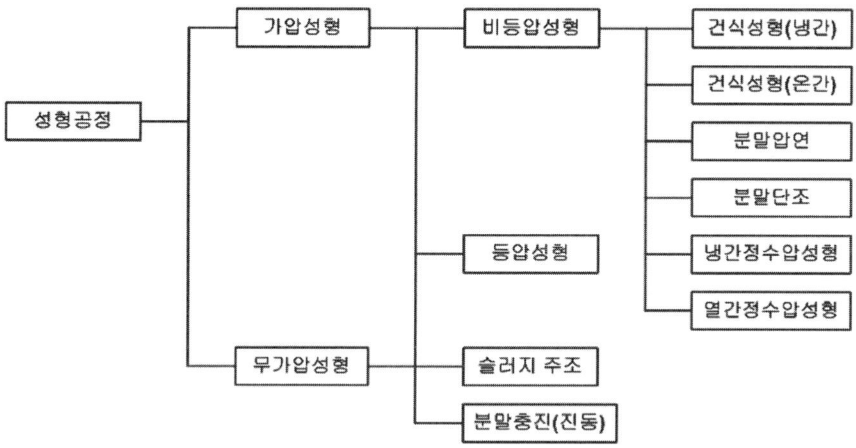

** 그림 5-79 ▌ 분말성형 공정의 분류

↞ 분말성형의 한계 및 단점 ↞

- 고가의 금형비용 및 원재료비용, 동일 체적 내 기계적 특성 및 밀도의 변화
- 상대적으로 긴 부품 가공 어려움, 분말재료의 관리 및 저장 어려움(산화, 불순물 침투)

5.3.4.1 분말성형 부품의 설계

- 부품형상은 가능한 단순해야 함
- 분말성형품의 치수공차는 0.1mm 이상 요구
- 구멍(hole)이나 홈(groove)은 취출 방향과 일치해야 함(그림 5-80).
- 날카로운 코너, 반경, 얇은 단면은 피해야 하며 최소 벽두께는 1.5mm
- 코너 반경이나 챔퍼(chamfer)는 가능하지만 다음의 형상은 제한된다(그림 5-81).

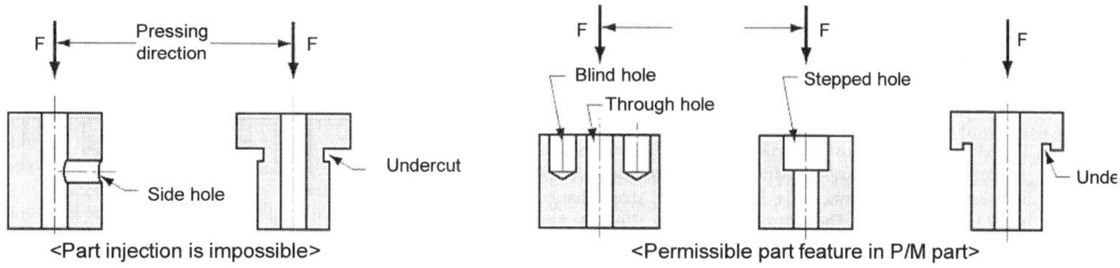

** 그림 5-80 ▌ 분말성형품의 구멍이나 홈의 위치

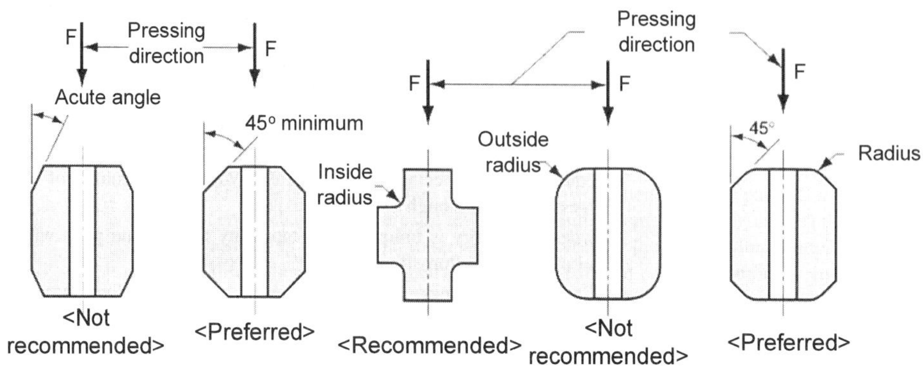

** 그림 5-81 ▌ 분말성형품의 챔퍼와 코너반경 형상

5.3.4.2 분말성형공정(powder metallurgy process)

전형적인 분말성형공정의 순서는 크게 세 가지로 구성되어 있다. (1) 분말의 혼합(blending and mixing of powder), (2) 압축(compaction), (3) 소결(sinterng), 이후 다양한 마무리 2차 공정들이 포함된다(그림 5-82).

【1】 혼합(blending and mixing)

분말야금에서 한 가지의 분말을 사용하는 경우라도 균일한 밀도의 제품을 얻기 위해서는 입도가 서로 다른 분말을 혼합해서 사용해야 한다. 혼합은 첨가한 모든 물질이 균일하게 분포하게 하는 것이 목적이므로, 균일한 분포를 얻기까지 충분히 혼합하여야 한다. 분말들의 교반(blending)과 혼합(mixing)에 수반되어지는 변수들은 재료, 입자크기, 혼합기 형태, 혼합기의 크기, 혼합기 내에서의 상대적인 분말의 부피, 혼합 속도, 전단 그리고 혼합 시간을 포함한다. 추가적으로 습도와 같은 환경적 요소도 혼합에 영향을 미친다. 혼합 시 발생할 수 있는 문제점들을 줄일 수 있는 약간의 간단한 규칙이 있다.

① 이동 이후에 건조 상태의 분말을 다시 교반
② 건조 분말에 진동을 주지 않는다.
③ 자유 낙하 방법을 통해 건조 분말을 장입하지 않는다.
④ 분말과 결합제(binder) 혼합물에 대해 불필요한 전단을 최소화한다.

- Blending : 동일한 화학조성이지만 크기가 다른 분말을 혼합하는 과정
- Mixing : 다른 화학조성을 가진 분말을 혼합하는 과정

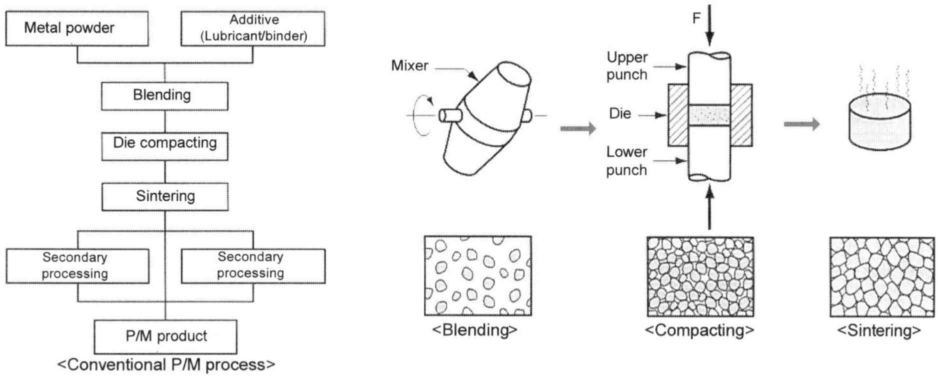

** 그림 5-82 ▌ 전형적인 분말성형공정과 각 공정에 따른 분말입자의 조건

분말 이외에 다음과 같은 첨가물들을 혼합한다.

- Lubricant : 분말입자와 다이의 마찰을 감소하기 위함
- Binder : 소결후 입자간의 충분한 강도를 가지기 위함
- Deflocculants : 이송동안 유동특성을 향상하기 위함

【2】 압축(compaction)

분말압축(powder compaction) 공정은 유압프레스나 기계프레스를 이용하여 혼합된 금속분말을 다이속에 눌러 형상을 부여하는 공정이다. 일반적으로 분말압축품 내 밀도를 균일하게 하기 위해 더블액션 프레스나 등방압축 공정(isostatic pressing)이 수행된다(그림 5-83). 압축공정에서 만들어진 부품을 green compact 또는 green이라도 한다.

(1) 냉간등방압축(CIP : Cold Isostatic Pressing)

금속분말은 고무, 우레탄 등과 같이 탄성이 우수한 재료로 만들어진 고물 몰드에 채운다. 그리고 보통 유체를 이용하여 챔버 내에서 정수압을 받게 한다. 모든 방향으로 균일한 압력이 가해지고 다이 벽과의 마찰이 없으므로 균일한 입자구조와 밀도를 가지며 모양에 상관없이 제품생산이 가능하다(그림 5-84).

(2) 열간등방압축(HIP : Hot Isostatic Pressing)

고용융점을 갖는 박판으로 용기를 만들어서 금속분말을 넣고 압력 매개체로는 불활성 가스나 유리질의 유체가 쓰인다. HIP의 주된 장점은 완전한 밀도(100%)를 갖고 입자들 간에 양호한 결합을 하여 좋은 기계적 성질을 갖는 제품을 생산할 수 있다는 것이다(그림 5-84).

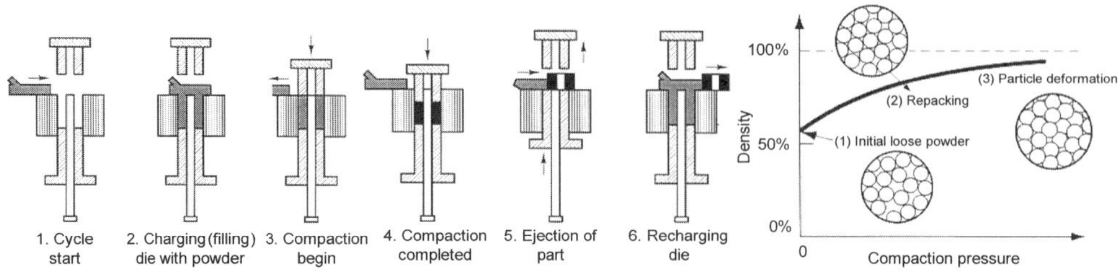

** 그림 5-83 ▌ 전형적인 압축공정 절차와 압축동안 압력과 분말밀도와 관계

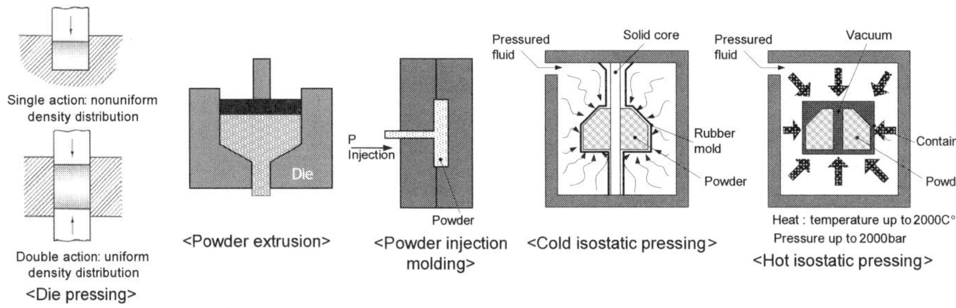

** 그림 5-84 ▌ 다양한 분말압축공정

(3) 분말압출(powder extrusion)

분말은 압출에 의해서도 압축될 수 있다. 이때 분말은 금속용기속에 담아서 함께 압출한다. 소결 후에 예비 성형된 분말성형부품은 재가열하여 형단조를 통해 최종형상을 만들기도 한다(그림 5-84).

(4) 사출성형(injection molding)

금속분말을 고분자재료(polymer)와 혼합하여 다이캐스팅과 유사한 공정으로 혼합물을 성형한다. 성형된 생형은 저온 가열로에서 플라스틱을 태운 후에 소결로에서 소결시킨다. 사출성형에 의해 만들어진 형상은 낮은 비용과 매우 복잡한 형상도 가능하다는 장점 때문에 폭넓은 용도가 있다. 결합제는 왁스, 폴리머(polymer), 오일(oils), 윤활제 그리고 표면활성제(surfactants) 등의 열가소성 혼합체이다. 분말-결합체 혼합물은 원하는 형상으로 몰드 내에 주입 성형된 후, 결합제는 제거되고, 최종적으로 남게 된 잔존 분말들은 소결된다.

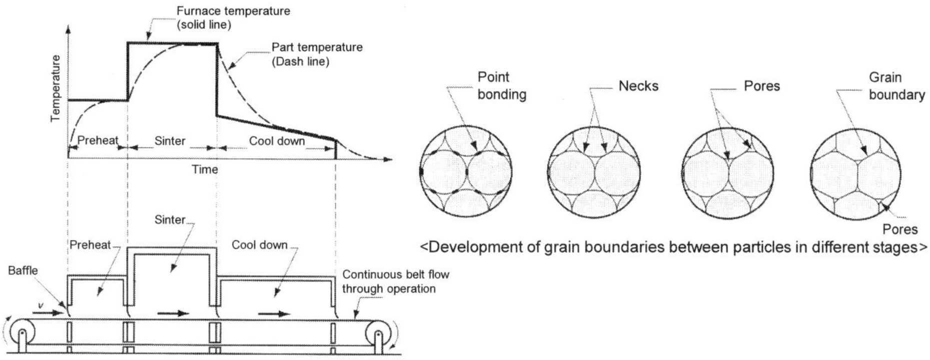

** 그림 5-85 ▌ 전형적인 소결공정과 분말입자간의 결합과정

【3】 소결(sintering)

소결은 금속의 융점 이하의 조절된 분위기에서 압축된 분말에 열을 가하여 각 입자끼리 충분한 정도로 결합시키는 공정이다. 소결하지 않은 압축분말은 취성이 강하며 강도는 약하다. 소결 후 분말입자들간의 결합강도와 성질, 즉 소결제품의 질은 확산(diffusion), 소성유동(plastic flow), 휘발성 물질의 증발, 재결정(recrystallization), 입자성장(grain growth), 기공수축 등에 따라 다르다(그림 5-85).

【4】 2차 및 후가공

- Sizing : 치수정도 향상을 위해 냉간압축
- Coining : 표면에 미세한 압축을 가하기 위해 냉간압축
- Impregnation : 부품 내 기공에 오일충전

5.3.5 미세성형가공

미세성형가공(micro forming process) 기술이란 크기가 몇 mm에서 몇 μm 정도에 이르는 미세하고 작은 초소형의 기계요소를 소성변형을 이용하여 만드는 기술로 정의할 수 있다. 미세성형가공은 크기가 작으면서 높은 정밀도를 필요로 하는 정보통신기기나 정밀기기, 미세수술 기구, 인공장기 등과 같은 의료 시스템 등에 사용되는 부품 제작에 알맞은 기술이다.

미세성형가공은 미세박판성형과 미세체적성형으로 구분할 수 있다. 미세체적성형은 단독으로 이루어지는 경우도 있으나, 박판성형과 결합(코이닝성형)되어 이루어지는 경우도 많다.

일반적으로 수μm 두께의 미세박판성형 제품의 경우 두께 방향으로 몇 개의 그레인 사이즈가 존재하고 극단적으로 하나의 그레인이 존재하는 경우도 있다. 이와 같은 조건에서 성형은 기존의 연속체 역학을 적용하기 곤란하며 따라서 재료의 거동에서 재료학적인 측면이 고려되어야 한다.

미세성형가공이 어려운 원인은 부품의 사이즈 효과(size effect) 때문이다. 이러한 사이즈 효과는 성형과정에서 다음과 문제점들을 야기한다.

- **재료의 특성**(material properties) : 사이즈가 감소할수록 성형과정에서 표면적의 비가 크게 증가한다. 이 경우 재료의 거동은 변화하며 항복응력, 인장강도, 경도, 벤딩강도(박판의 경우 스프링백) 등이 크게 증가한다.
- **그레인 사이즈**(grain size) : 홀-패치(Hall-Patch)식에서 재료의 강도는 그레인 사이즈가 감소할수록 증가한다.
- **마찰**(friction) : 마찰은 접촉면의 표면조도, 재료특성, 압력, 윤활, 온도 등에 의존하며 일반적으로 부품의 사이즈가 감소할수록 마찰계수는 증가한다.

이 외에도 미세성형공정 측면에서는 다음과 같은 문제점들이 있다

- 부품의 그립(gripping)과 위치유지(positioning) 문제
- 금형과 펀치의 배열의 어긋남
- 고속에서 장비의 정밀도 문제
- 금형 및 펀치, 부품 등 복잡한 내부형상
- 미세박판성형 : 재료의 이방성, 높은 성형하중(상대적으로 작은 금형), 높은 스프링백

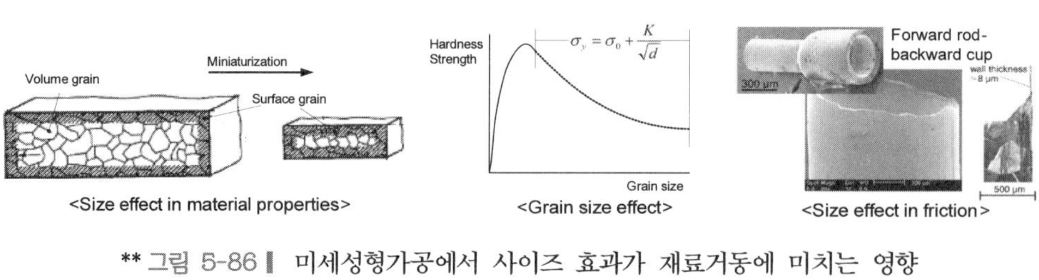

** 그림 5-86 ‖ 미세성형가공에서 사이즈 효과가 재료거동에 미치는 영향

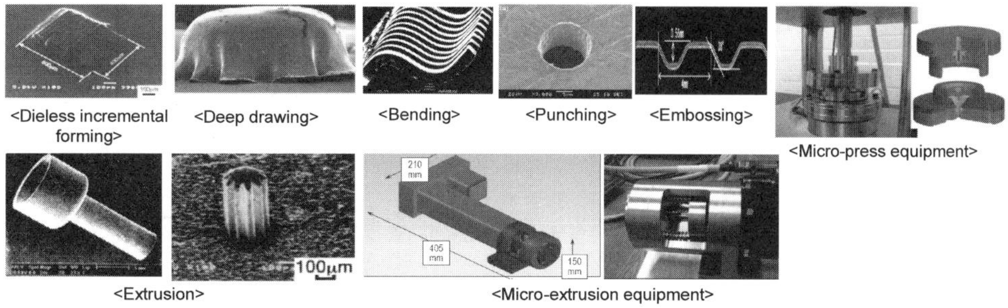

** 그림 5-87 ▌ 다양한 미세성형가공품과 장비

- 예) 냉간단조 : 마찰력의 증가, 사이즈 감소에 따른 펀치의 압력증가
- 펀칭 : 사이즈 감소에 따른 펀치력이 감소하지 않음(상대적으로 얇은 펀치에 높은 하중요구)

최근 미세소성가공 기술에서는 실제 금형을 제작하기 앞서 컴퓨터 시뮬레이션을 이용하여 소재의 변형 양상과 결함 생성의 여부 등을 예측하고 있다. 이러한 기술들과 더불어 미세성형가공의 제품설계, 공정설계, 소재, 윤활, 프레스 기계 등의 총체적 기술들이 조화를 이룰 때 고정도의 안정적 부품 성형이 가능하다. 무엇보다 미세성형 기술을 발전시키기 위해서는 정밀금형가공 기술이 필수적으로 요구된다.

5.4 소성공정 FE-Simulation(단조공정)

5.4.1 시뮬레이션에서 얻어지는 정보

【1】 1차 정보

- 소재형상 : 결육, 접힘 등 실제 금형형상과 비교가능
- 유동속도 : 변형도중 물체 내부의 유동속도 파악, 결육, 미충만 등 판단
- 상당응력 : 소성변형 영역에서 상당응력 크기 파악
- 최대 주응력 : 재료의 인장응력이 가해져 생기는 내부 결함 판단
- 정수압 응력 : 수직응력의 평균값
- 접촉압력 : 접촉압력 0이면 공구로부터 재료가 떨어진 것을 의미
- 상당소성 변형률 : 소성변형의 대소를 구분
- 변형률 속도 : 비변형 영역과 변형집중 영역 등의 추정

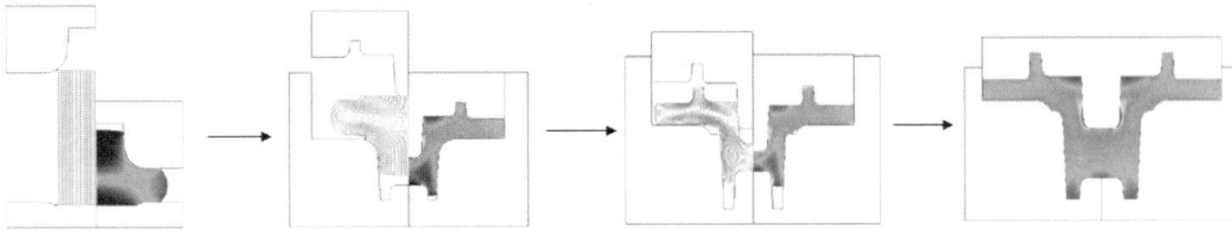

** 그림 5-88 ▌ 단조 공정의 성형해석

【2】 2차 정보

- 재료의 파괴
- 단조품의 재질
- 공구의 결함
- 피로 수명
- 공구 마모

5.4.2 시뮬레이션 순서

① **설계 정보의 수집** : 단조품의 설계, 공정 설계, 금형 설계 - 소재 재질, 각 공정별 소재형상, 금형형상 등

② **모델(Model)화** : 실제 단조공정을 단순화, 수치화
- 2차원, 3차원 모델인가?
- 소재 및 금형 온도를 고려하는가, 하지 않는가?
- 소재 및 금형의 변형 특성이 탄성, 강소성, 탄소성인가?
- 경계 속도, 외력, 마찰, 열전달 등의 경계 조건 설정은 어떻게 하는가?

③ **데이터 준비 및 입력** : 단조 소재 및 금형형상, 물성치, 위치, 또한 경계 조건과 계산을 제어하기 위한 각각의 파라미터 설정, Pre-processor

④ **계산 실시** : 작성된 데이터를 이용하여 계산, 계산결과 출력

⑤ **시뮬레이션 결과의 가시화** : Post-processor 그래픽 형식으로 출력

⑥ **시뮬레이션 결과 분석** : 시뮬레이션 목적과 모델화의 의도에 기초하여 분석

5.4.3 시뮬레이션의 주의사항

① **목적을 명확히 :** 효과적인 시뮬레이션
- 어떤 이유로 시뮬레이션 하는가?
- 무엇이 알고 싶은가?
- 목적으로 하는 결과에 영향을 미치는 중요한 변수는 무엇인가?
- 어느 정도의 정밀한 정보가 필요한가?

② **시뮬레이션의 과신은 금물 :** 시뮬레이션 결과는 입력 데이터에 기초하여 계산, 100% 올바른 데이터는 존재하지 않음

③ **모델링은 간단히 :** "가능한 단순한 모델링으로 하라" 복잡한 모델일수록 중요변수를 지나치기 쉽다.

④ **분석은 철저히 :** 변형률과 응력분포가 극단적으로 집중되어 있는가 검토, 1Step 성형량이 적절한가를 검토, 계산결과가 실제와 일치하는가를 검토, 과거의 데이터와 경험과 비교 - 분석력 : 시뮬레이션 프로(Pro)에게 필요한 힘

⑤ **Key person의 육성이 성공의 비결 :** 단조 실무와 시뮬레이션에 능숙한 Key person이 되어야 함

5.4.4 단조 시뮬레이션의 사례

① 단조 소재의 유동과 성형하중 예측

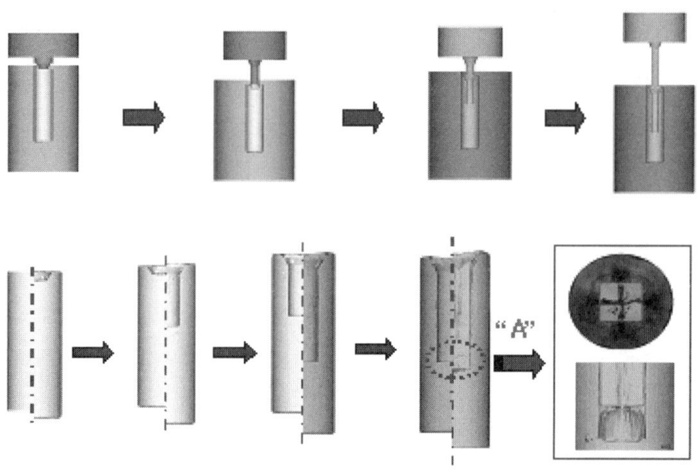

** 그림 5-89 ▌ 단조 성형 해석 사례 1

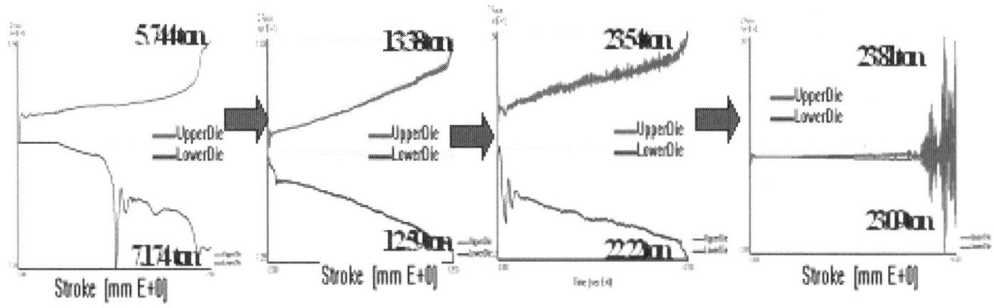

** 그림 5-90 ▌ 펀치 스트로크에 따른 각 공정별 성형 하중

② 재료 유동해석에 의한 결함 예측

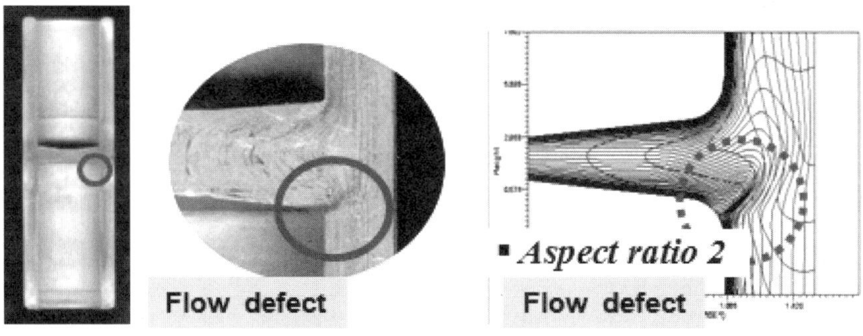

** 그림 5-91 ▌ 단조 성형 해석 사례 2

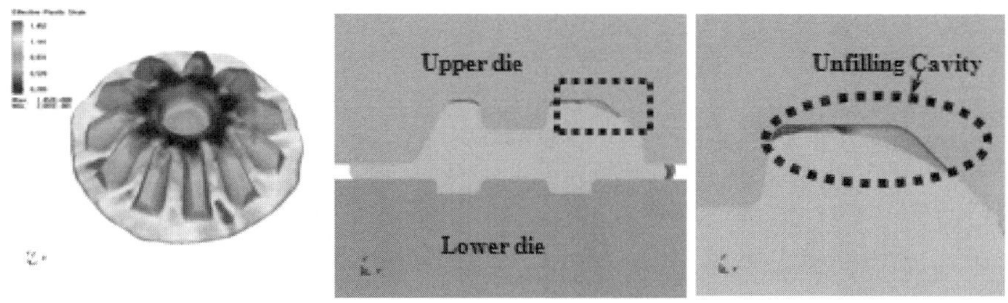

** 그림 5-92 ▌ 단조 성형 해석 사례 3

③ 금형 마모 문제 대책

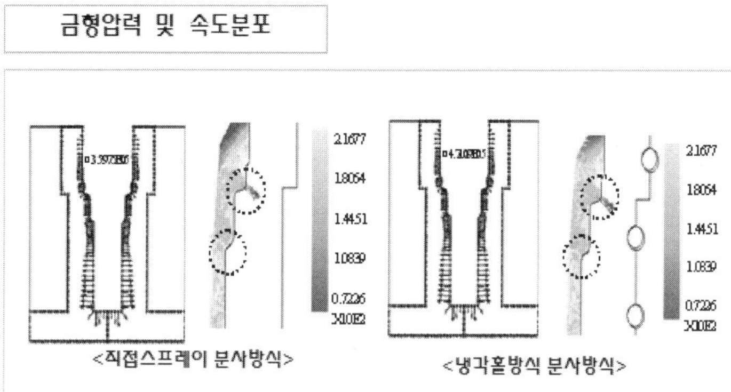

** 그림 5-93 ▌ 단조 성형 해석 사례 4

④ 금형강도해석 및 마모프로파일 결과

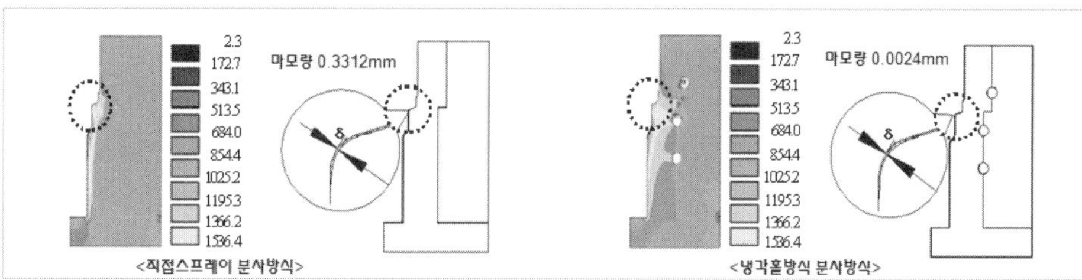

** 그림 5-94 ▌ 단조 성형 해석 사례 5

⑤ 금형의 파손 문제

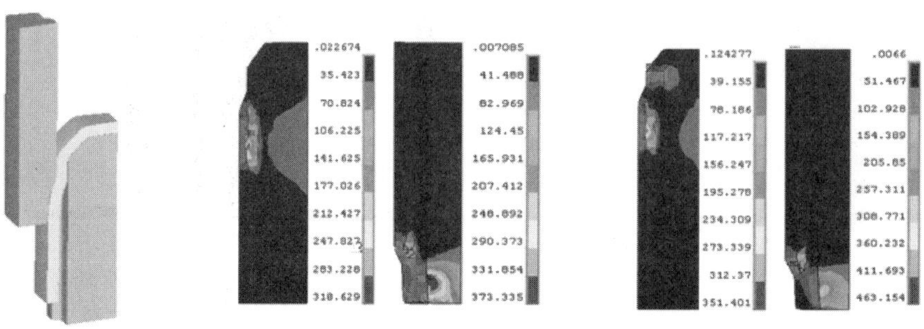

** 그림 5-95 ▌ 단조 성형 해석 사례 6

⑥ 제품의 정도

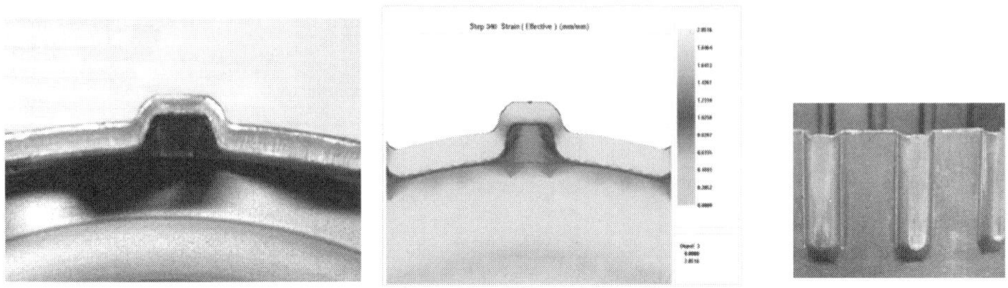

** 그림 5-96 ▌ 단조 성형 해석 사례 7

5.4.5 재질 시뮬레이션

재질 시뮬레이션 개요

소성가공 후의 재질, 성질의 예측 : TMCP(Thermo-Mechanical Control Process) 기술, 고강도 강판, 초미세립강 제조 기술 활용

단조공정 → 유한요소해석

변형(비정상상태) : 재료 재질 예측 어려움

소성변형 및 열 해석 가능 : 단조 가공에서 재질 예측 정도 향상

↓

열처리에 의한 재질 변화 및 열처리 변형 예측 가능

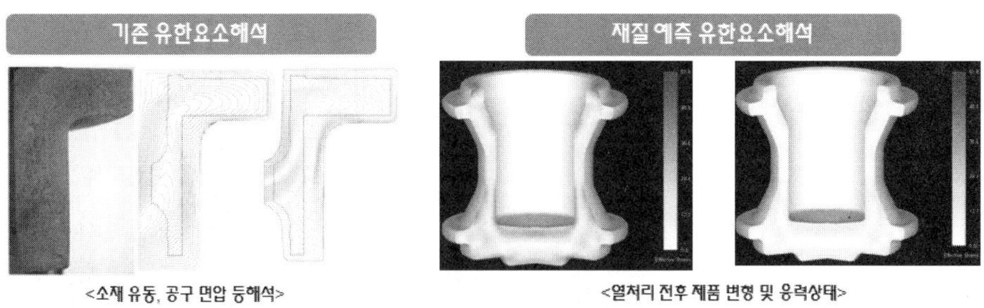

** 그림 5-97 ▌ 재질 시뮬레이션 사례 1

참고문헌

[1] 工藤英明, わかりやすい段造 可工, 日刊工業新刊社 (2005)
[2] 김낙수 외, 소성가공과 해석, 문운당 (2002)
[3] 이종수 외, 기계공작법, 문운당 (2007)
[4] 김동원, 소성가공, 청문각 (1994)
[5] Taylan Altan, et. al., Cold and hot forging, ASM international (2004)
[6] S. L. Semiatin, et. al., Metalworking, ASM international (2005)
[7] E. Mielnik, Metalworking science and engineering, McGraw Hill (1991)
[8] 문영훈, 대한금속학회보, 12, 6 (1999)
[9] M. Hashemipour, Manufacturing technology, Eastern Mediterranean Univ. (2005)
[10] L. Olejnik and A. Rosochowski, Polish Academy of Sciences, 53, 4 (2005)

memo

제 6 장

수송구조물 접합 시스템

접착제라는 것이 인식되어 사용되기 시작한 것은 인류의 역사와 시간을 같이 하고 있지만 사람들이 접착제에 적극적으로 관심을 갖게 된 것은 항공기나 차량부품과 같은 중요부품에 사용되기 시작하면서이다. 일반적 의미는 대형건축물이나 항공기 차량 등에 사용 가능한 접착제를 구조용 접착제라고 말하고 있다. 이렇게 매우 광범위한 의미를 갖는 용어를 ISO(국제표준화기구)에서는 “장기간 파괴되지 않고 최대 파괴하중에 비교적 가까운 하중을 가하는 것이 가능한 신뢰성을 보증하는 접착”이라고 정의하고 있으며, 우리나라와 일본 규격에서는 “장기간 동안 큰 하중에 오래 견딜 수 있는 신뢰성 있는 접착제”라고 규정하고 있다. 일반적으로는 “신뢰성이 보증된 접착제”라고 하는 것이 가장 간단하게 표현할 수 있는 말이다. 이러한 신뢰성은 접착제의 특성만으로 결정되는 것이 아니라 피착재의 화학적 구조, 재료 표면의 물리화학적 구조에 의해서 많은 영향을 받는다. 특히 접착제와 피착재의 계면에서 발생되는 물리화학적 현상은 피착재의 표면처리 방법에 많은 영향을 받는다.

구조용 접착제는 기본적으로 내열성이 우수해야 한다. 최하 120℃ 이상의 내열성을 나타내야 한다. 그렇기 때문에 구조용 접착제는 열경화성 수지가 주가 된다. 또한 실온에서 큰 힘을 장시간 가해도 변형되지 않아야 하며, 내충격성과 내박리성이 좋아야 한다. 그러나 열경화성수지의 대부분은 박리와 충격에 약하기 때문에 열경화성수지와 열가소성수지 또는 고무 등이 배합되어 구조용으로 사용된다.

하이브리드 가공 공정 기술은 ‘이종 소재 또는 이종 기술 간의 결합에 의해 부가가치가 높은 새로운 부품을 만들어 내는 기술’로 정의할 수 있다. 한 예로 하이브리드 접합 기술은 두 가지 이상의 Joining Technology가 조합되어 접합력을 향상시키는 새로운 복합 접합 공정 기술을 의미한다. 적용 대상이나 산업 분야에 따라 그 개념이 조금씩 다르지만 근본적으로는 이종의 두 대상을 결합하여 서로 간의 장점은 유지하고 단점은 없애거나 줄이는 기술을 의미한다.

6.1 구조용 접착 기술

6.1.1 구조용 접착제

구조용 접착제를 적용할 경우 내피로성 및 내구성을 향상시킬 수 있고, 피착제와 실링 및 하중특성을 부여하는 접합력 지속, 이종 재질 및 전착도장 금속의 접착 시 자유로운 디자인이 가능하며, 소음 및 마찰음을 저감시킬 수 있다. 또한 경량화 및 코스트 저감이 가능하며, 기계적 결함에 의한 미적 결함을 최소화 할 수 있는 특징이 있다.

자동차, 항공기, 철도차량 등을 포함한 수송 구조물의 제조에 있어 구조물용 접착제를 매우 폭넓게 적용하고 있다. 구조용 접착제를 사용하므로 차체의 강성이 획기적으로 증가하고 무게가 감소하며 소음과 진동 흡수에도 탁월한 효과가 있어 현재는 대부분의 유럽 자동차 제조 회사에서 접착제를 차체 접합에 바로 적용하고 있다. 아래 그림 6-1에 차체 구조에서 접착제 적용 부위를 나타내었다.

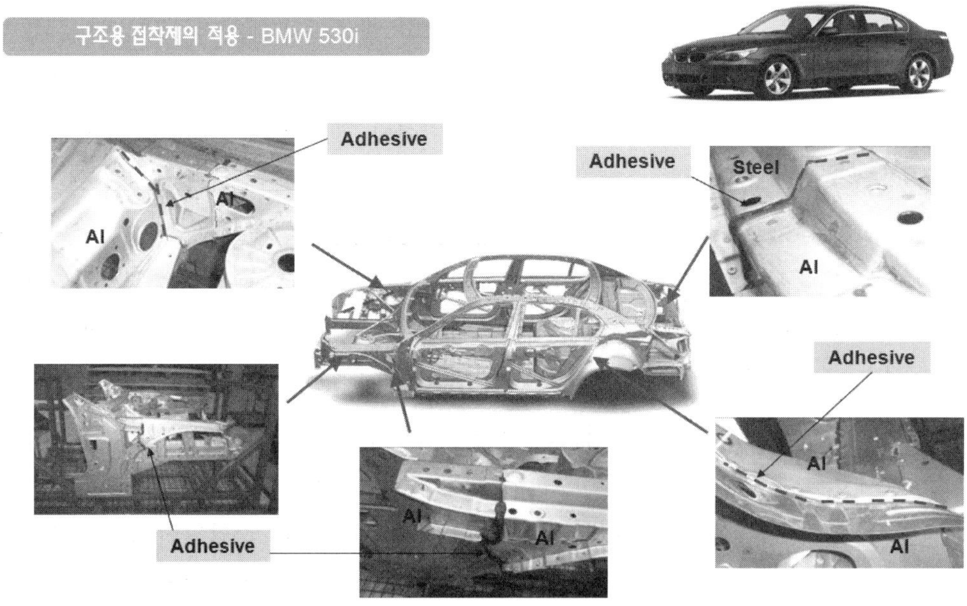

** 그림 6-1 ▌ 구조용 접착제의 적용 - BMW 530i

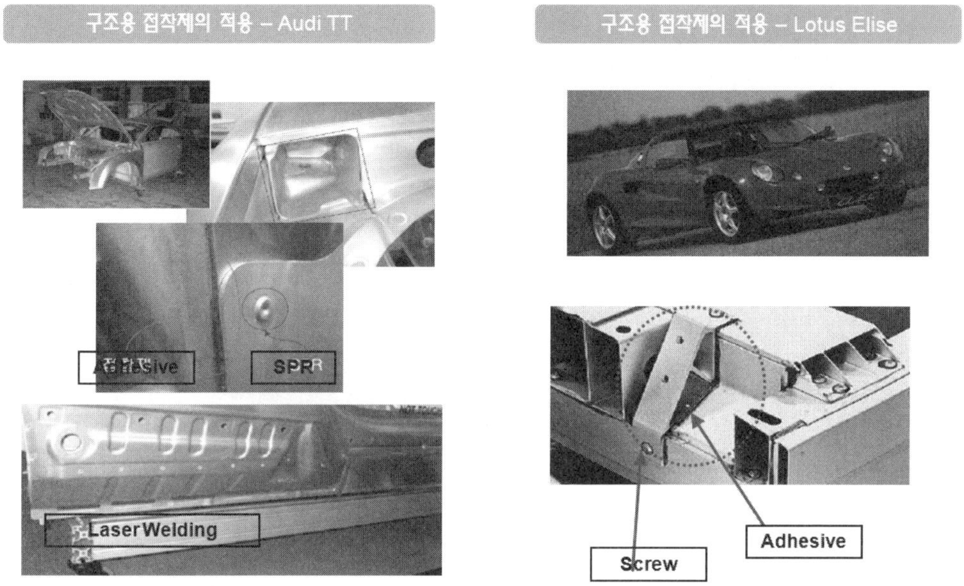

** 그림 6-2 ▌ 구조용 접착제의 적용 - Audi TT, Lotus Elise

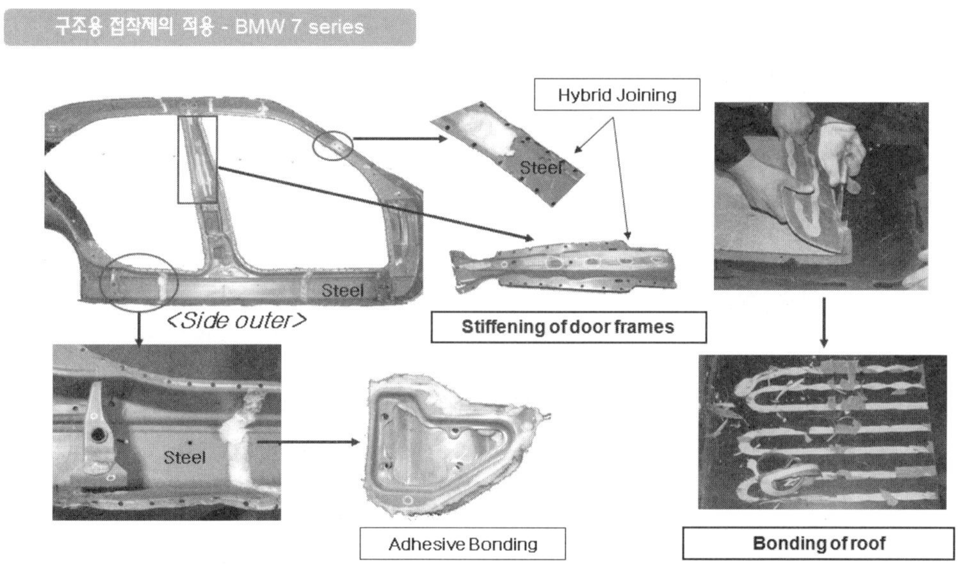

** 그림 6-3 ▌ 구조용 접착제의 적용 - BMW 7 series

Membrane-type LNG ship

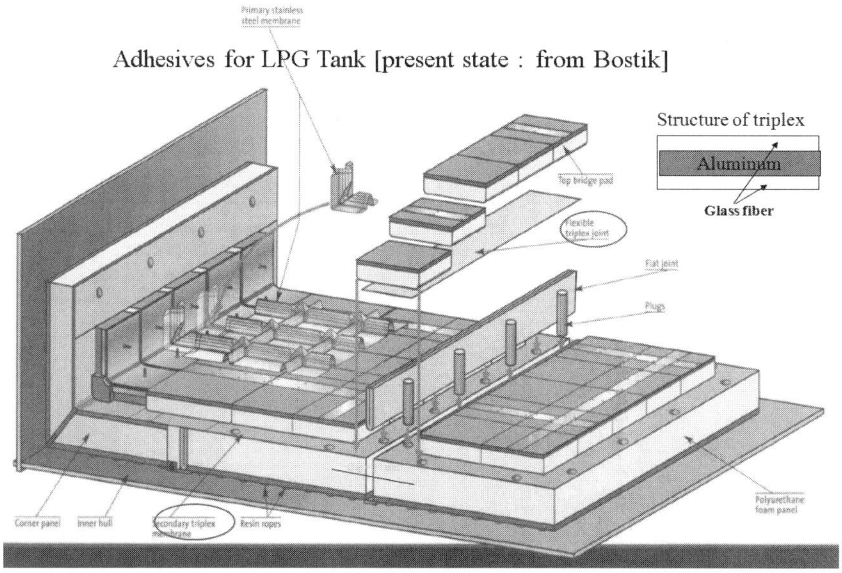

** 그림 6-4 ▌ 구조용 접착제의 적용 - LNG Ship

6.1.1.1 자동차 산업에서의 구조용 접착제 기술 적용 시 이점과 문제점

↞ 접착기술 적용 시 이점 ↠

① 용접을 할 수 없는 재질에 대해서도 접합이 가능

② 넓은 면 접합에 의한 응력의 분산효과 → 접합강도 향상 → 차체 강성증가

③ 다중 재료 설계 실현을 통한 차체 중량 경감

④ 접합에 필요한 제조 코스트를 저감 → 하이브리드 접합 → 고가의 기계접합 횟수 저감
⑤ 방수 밀봉, 녹 방지의 기능

자동차 산업에서의 접착기술 적용의 문제점

① 박리 강도가 약하므로, 접합부 설계의 제약 → 하이브리드 조인트 및 접합부 구조설계 기술 필요
② 경화 조건의 제약으로 생산성이 떨어짐 → 인덕션 히팅 경화기술 및 접착제 수정기술 개발 필요
③ 기존 기계접합 대체 시 제품 신뢰성 평가방법에 대한 기준확립 필요
④ 해외 선진 자동차메이커의 기술선점 → 국제특허취득 경쟁치열 및 기술이전 장벽이 높음

6.1.2 플라즈마 표면처리 기술

수송 구조물의 적용을 위해서는 구조용 접착제 기술과 함께 표면처리 기술을 적용하여야 한다. 표면처리(surface treatment)라 함은 부품의 금속재료 표면상에 이종 재질을 전기적, 물리적, 화학적 처리방법 등을 통해 보호표면을 생성시킴으로써 소지금속의 방청, 외관미화, 내마모성, 전기절연, 전기 전도성 부여 등의 폭넓은 목적을 달성시키고자 하는 일련의 조작을 말한다. 동종 혹은 이종 재질간의 접합에 있어 구조용 접착제와 모재 표면사이의 접착력 향상을 위해서는 적절한 표면처리가 요구되는 경우가 있다. 그 대표적인 방법이 플라즈마 표면처리 기술이다[1].

6.1.2.1 대기압 플라즈마의 정의

고체, 액체, 기체 상태와 달리 "물질의 제4의 상태"라고 불리는 플라즈마는 원자나 분자로 된 기체가 에너지를 받아 이온화된 입자들이 만들어지게 되며 이때 양이온의 수와 전자를 포함한 음전하를 띤 입자의 수는 거의 같아진다. 이러한 상태가 전기적으로 중성을 띠는 플라즈마 상태이다(그림 6-5).

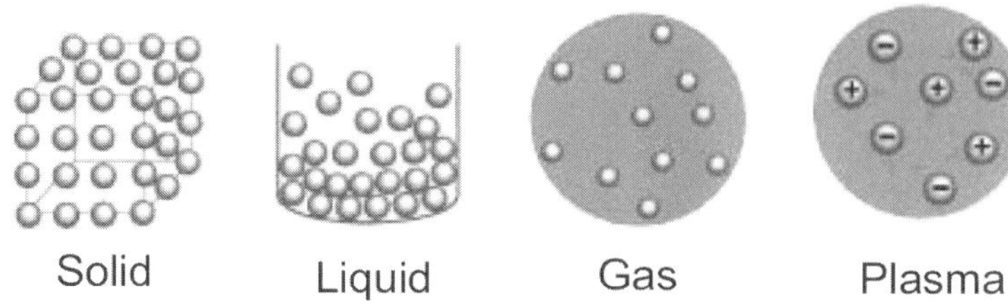

** 그림 6-5 ▌ 물질의 상태도

이러한 플라즈마는 진공에서 전기적인 에너지를 가해 줌으로써 생성되며 반도체나 FPD(flat panel disaplay) 업계 전반에서 CVD(chemical vapordeposition)와 dry etcher 등 초미세 공정으로의 적용이 폭넓게 이루어졌다. 이에 반해 대기압 플라즈마란 대기압 속에서 플라즈마를 발생시키는 기술이다. 하지만 대기압에서는 기체의 평균자유행정(mean free path)이 매우 짧아 전자를 가속하기가 어렵고 이로 인해 안정적인 플라즈마를 형성하는 것이 매우 어렵다. 최근에는 대기압 플라즈마에 관한 연구와 적용이 활발히 이루어지고 있는데 그 종류에는 코로나 방전과 DBD(dielectric barrier discharge) 방전 등을 예로 들 수 있겠다.

코로나 방전은 그림 6-6과 같이 침 전극이나 가는 선 도체 또는 날카로운 돌출부위 등의 모서리에 전압을 인가할 때, 불평등 전계로 인하여 부분방전이 안정적으로 발생되는 현상이다. 유전체 격벽 방전(dielectric barrier discharge)의 경우 두 전극의 한쪽 또는 양쪽 전극의 표면을 세라믹 등의 절연체(유전체)로 피복하여 교류전압을 인가하면 유전체에 전하가 축적되고 이를 이용하여 균일한 방전을 얻을 수 있다.

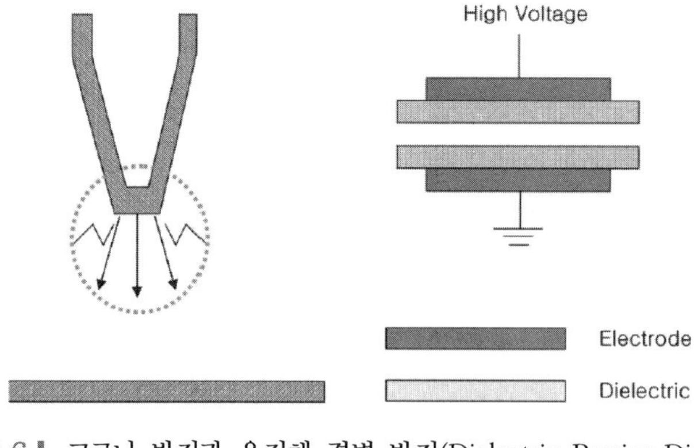

** 그림 6-6 ▌ 코로나 방전과 유전체 격벽 방전(Dielectric Barrier Discharge)

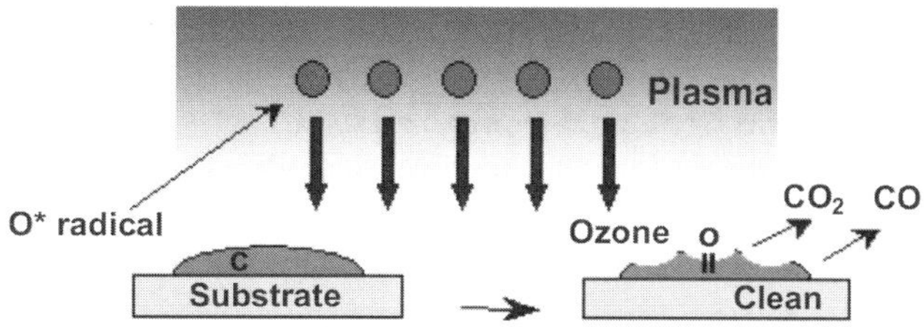

** 그림 6-7 ▌ 플라즈마에 의한 유기물 세정

6.1.2.2 대기압 플라즈마의 표면세정 원리

상태에 놓인 높은 에너지를 가진 입자가 어떤 재료의 표면에 충돌하는 경우 그 에너지는 충돌되는 재료의 표면에 전달될 수 있게 되는데 이러한 현상을 이용하는 것이 플라즈마 표면처리의 기본 원리이다. 따라서 원하는 표면을 다른 물질과 쉽게 반응할 수 있도록 화학적이나 물리적으로 활성화시킬 수 있으며 특정한 반응 가스를 이용하여 신물질을 코팅할 수도 있게 된다.

대기압 플라즈마는 서로 대향된 전극사이에 교류 전기장을 인가하면 전기장에 의해 반응 가스 내 전자는 높은 에너지로 가속되어지고 일정 수준 이상의 에너지로 가속된 전자는 산소 분자와 충돌하여 산소 이온(O_2^+)을 만들거나 산소 원자 이온($2O^+$)으로 분리된다. 이온 상태는 매우 불안정한 상태이므로 주위의 전자와 결합하여 산소 라디컬(O^*)이 되거나 다른 산소 이온과 결합하여 오존(O_3)을 만들게 되며, 오존은 다시 전자와 충돌하여 산소 분자와 산소 라디컬로 다시 분해된다. 이렇게 생성된 산소 라디컬을 피처리물 위로 분출시켜서 유기물을 제거한다(그림 6-7).

유기물은 주로 탄화수소(hydrocarbon)가 서로 고리형태로 연결되어 있는데 대기압 플라즈마 장치에서 발생되는 라디칼(radical)들이 그 고리를 끊어서 유기물을 분해시키는 작용을 통해 유기물을 제거하는 것이다. 여기에는 여러 단계의 화학작용을 통해서 이루어지는데 이를 화학식으로 표현하면 다음과 같다.

【1】 초기반응

$$H-C\cdots C-H+\cdot OH \rightarrow H-C\cdots C\cdot + H_2O \tag{6.1}$$

$$H-C\cdots C-H+O^* \rightarrow H-C\cdots C\cdot + \cdot OH \tag{6.2}$$

$$H-C\cdots C-H+O^3 \rightarrow H-C\cdots C-O\cdot + \cdot HO_2 \tag{6.3}$$

$$H - C \cdots C - H + O^2 \rightarrow H - C \cdots C + \cdot HO_2 \tag{6.4}$$

$$H - C \cdots C - H + h\nu \rightarrow H - C \cdots C + \cdot H \tag{6.5}$$

【2】 2단계 반응

$$H - C \cdots C \cdot + O_2 \rightarrow H - C \cdots C - O = O \cdot + M \tag{6.6}$$

$$H - C \cdots C - O = O \cdot + M \rightarrow H - C \cdots C \cdot + CO_2 + M \tag{6.7}$$

【3】 3단계 반응

$$H - C \cdots C \cdot + O_2 + M \rightarrow CO_2 + H_2O \tag{6.8}$$

유기물을 분해하는 작용에 가장 큰 역할을 하는 것은 주로 산소를 플라즈마 처리하여 발생되는 산소 라디컬(O*)과 오존(O_3), 산소 등이 있으며, 또한 공기 중의 수증기가 분해된 수산화기(·OH) 등이 있다. 초기 반응은 주로 탄화수소 고리 끝의 탄소와 수소 원자 간의 결합을 끊어 수소원자 1개를 탈락시키는 작용이 발생한다. 이 작용에는 주로 수산화기(6.1)와 산소 라디컬(6.2)에 의해 이루어지며, 그 반응률은 오존(6.3)과 산소분자(6.4)에 의한 반응률에 100배 내지 10,000배 가량 되므로 주요 반응 인자는 산소 라디컬과 수산화기라고 할 수 있다. 또한 플라즈마 생성 시 발생되는 자외선에 의한 직접 분해작용도 일어날 수 있지만, 역시 미비한 수준이라 할 수 있다.

2단계 반응은 수소원자를 잃은 탄화수소 결합의 남아 있는 탄소원자가 매우 불안정한 상태이므로 주위의 산소분자와 결합하여 이산화탄소(CO_2)로 하나씩 이탈하게 된다. 3단계 반응은 분열이 진행된 탄화수소 고리의 잔유물들이 초기 반응과 2단계 반응의 연속작용으로 인하여 결국에는 수증기분자와 이산화탄소로 모두 분해되는 것이다(6.8). 또한 산소라디컬이 세정물 표면과 결합하여 극성기들을 만들어 낸다. 이러한 극성기들로 인해 친수성의 특징이 나타나며, 이를 이용하여 PR 및 폴리머의 친수화에 쓰이기도 한다.

6.1.2.3 대기압 플라즈마 표면처리 효과

대기압 플라즈마의 가장 큰 특징은 세정물 표면의 에너지를 진공이 아닌 대기압에서 원하는 대로 조절할 수 있다는 것이다. 특히 coating, deposition 공정에서의

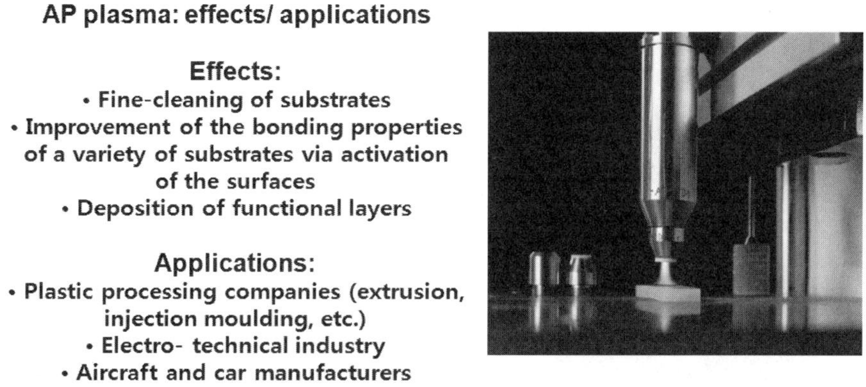

** 그림 6-8 | 플라즈마 표면처리

대기압 플라즈마의 사용은 막질간의 접착력을 향상시키거나, 약액 처리공정 전에 사용하여 약액의 침투력을 향상시킨다. 이러한 막질의 표면에너지 변화를 제일 간단히 확인하는 방법이 접촉각이다.

그림 6-9(a)는 LCD Glass의 대기압 플라즈마 처리 전후의 접촉각 사진이다. 대기압 플라즈마 처리 후 glass 표면이 친수화 되어 젖음성이 증가한 것을 볼 수 있으며, 유기막질에서도 동일한 효과를 볼 수 있다. 반대로 특수한 가스를 사용할 경우 발수나 소수성 처리도 가능하다. 그림 6-9(b)의 경우 CH_4 가스를 사용하여 LCD glass 표면에 대기압 플라즈마를 처리하는 경우, 처리 전후의 접촉각 사진이다. 대기압 플라즈마 처리 후 glass의 표면이 소수성으로 변화한 것을 볼 수 있다.

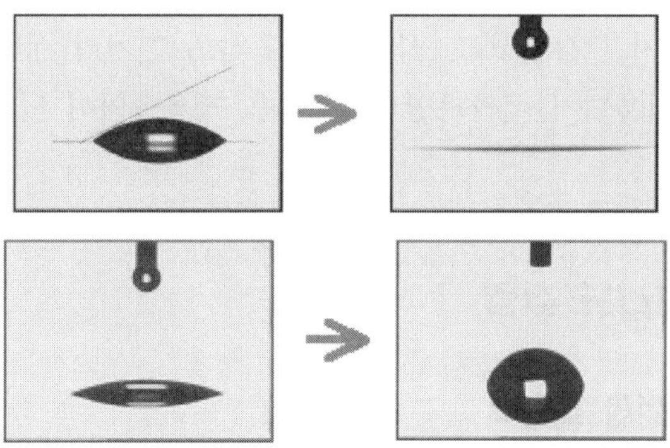

(a) (b)

** 그림 6-9 | 대기압 플라즈마 처리 전후 접촉각 : (a) 산소, (b) CH_4

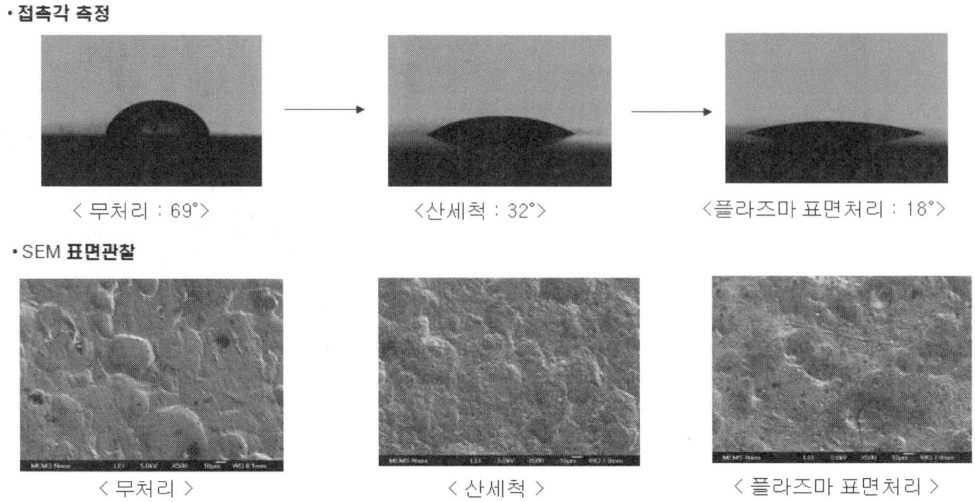

** 그림 6-10 ▌ 표면처리 방법에 의한 표면특성 변화

그림 6-10은 표면처리 방법(무처리, 인산+질산 산세척, 플라즈마)에 따른 자동차용 도금 강판의 표면특성 변화를 접촉각 측정, SEM 표면 관찰을 통해 나타내었다. 플라즈마 표면처리를 이용해 표면 접착력이 증가하였음을 알 수 있다.

플라즈마 표면처리의 기본은 본래의 재료가 다음 공정의 다른 재료와 잘 반응할 수 있도록 재료의 화학적 결합을 바꾸는 공정이 요구되는데, 이는 플라즈마 상태 내의 이온이나 전자의 높은 에너지를 이용해 가능하게 된다. 화학적 방법에 의한 표면처리는 많은 화학제품의 처리에 관계된 환경적인 문제를 야기하나 플라즈마를 이용하는 방법은 환경 친화적인 공정이므로 실제 산업적으로 많은 이점이 있다. 대기압 플라즈마는 장치가 간단하고, 사용이 간편하여 전처리 개념으로 LCD glass 및 PCB 산업 분야에 사용되기 시작하였으며, 향후 적용영역이 넓어질 것으로 예상된다.

6.2 하이브리드 접합

6.2.1 테일러 접합 블랭크

대표적인 이종 소재 하이브리드 접합 기술로서 테일러 접합 블랭킹(TWB : Tailored Welded Blanks) 기술이 있다. TWB는 용접 공정과 프레스 공정으로 구성되며, 자동차 내판을 제작할 때 프레스로 성형한 후 용접으로 붙이는 기존 방식과 달리 서로 두께가

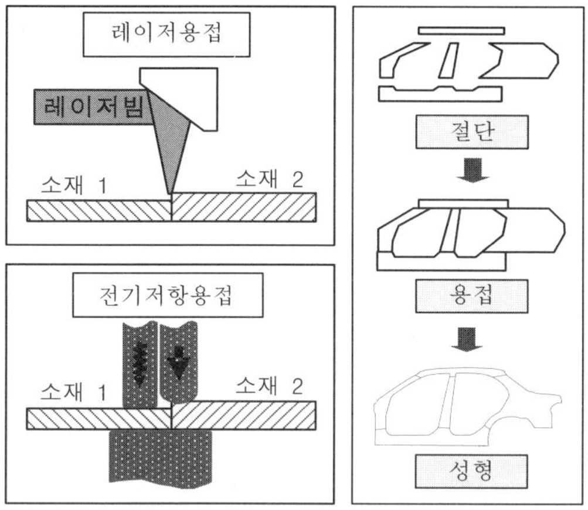

** 그림 6-11 ‖ TWB 공법 개념도

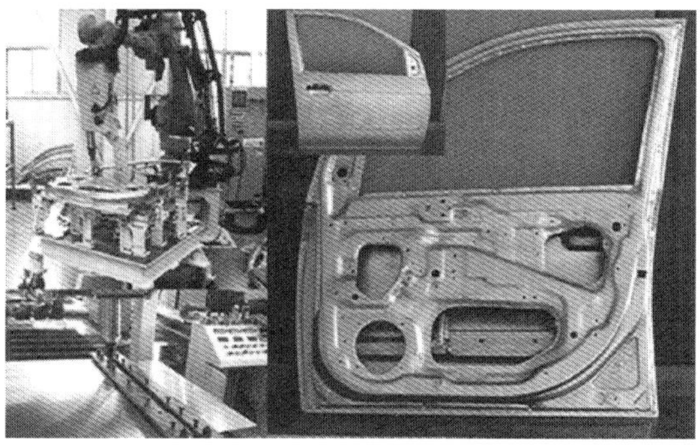

** 그림 6-12 ‖ TWB Aluminum Door

다른 강판을 먼저 레이저로 용접한 뒤 프레스 가공으로 완성하는 기술이다. 이 기술은 보강재가 필요 없으며, 필요한 곳에 적합한 두께의 재료 사용이 가능하기 때문에 불필요한 무게를 줄일 수 있고, 재료의 선택이 자유로우며, 접합강도와 품질이 우수하여 그 적용 범위가 확대되는 추세에 있다[12].

6.2.2 하이브리드 레이저용접

레이저용접은 용접부의 폭이 좁고 깊은 고속 용접이 장점인 반면, 아크용접은 용접부를 메워 주는 성능(gap-bridging ability)이 장점이다. 하이브리드 용접은 레이저와 아크의 이러한 장점을 서로 결합한 것으로, 그림 6-13과 같이 피가공물의 갭 허용범위가 넓고 기공 등의 결함이 적으며 깊은 용입 특성을 얻을 수 있는 장점이

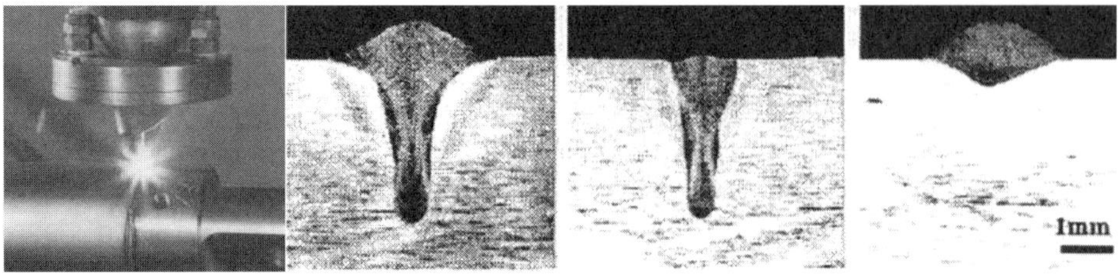

(a) (b) (c) (d)

** 그림 6-13 ▌ 용접 기술 : (a) 레이저용접, (b) 하이브리드 용접부 단면, (c) 레이저용접부 단면, (d) 아크 용접부 단면

있다. 레이저-아크 하이브리드 용접 기술은 다른 하이브리드 접합 기술에 비해 자동차 부품 분야에는 아직 활발히 적용되지 않고 있지만, 최근에 이러한 이점들이 재발견되면서 향후 많은 수요가 예상된다[2].

6.2.3 마찰교반용접

마찰교반용접(FSW : Friction Stir Welding)은 그림 6-14와 같이 밀링머신과 같은 공작기계를 활용하여 소재에 쇼울더 공구(shoulder)를 마찰시켜 발생하는 마찰열 및 소재의 소성유동을 이용하여 재료를 접합하는 기술로, 모재가 용융되지 않은 고상 상태에서 접합이 이루어져 열변형이나 용접부의 결함이 적은 결합기술이다.

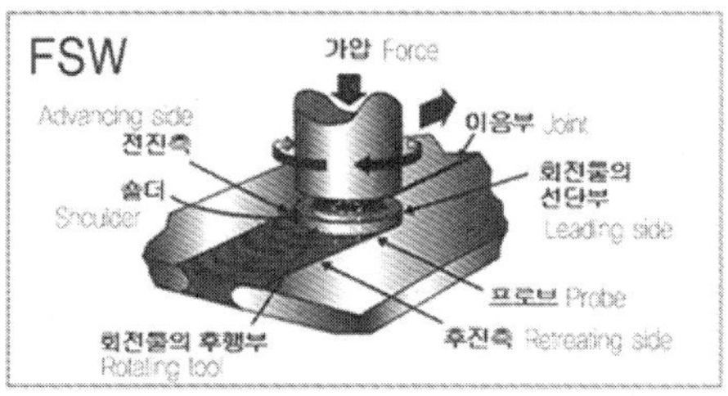

(a) 하이브리드 FSW 접합

(b) FSW 공정 개략도

** 그림 6-14 ▌ 마찰교반용접

Al을 비롯한 각종 경량합금이 경제적이고 고품위의 차세대 접합 기술로서 차체 TWB, 각종 암류, 철강/비철 이종접합 등 다양한 분야에 활발하게 확대 적용되고 있다. 특히 수송기계에 널리 사용되는 알루미늄 5000, 6000 계열 합금 등은 기존의 용접에 비해 높은 생산성과 아울러 우수한 기계적 특성과 용접부 품질을 확보할 수 있는 장점을 가지고 있다[2].

6.2.4 접착제 하이브리드 접합

6.2.4.1 기계적 접합의 문제점

기존의 접합기술을 다중 재료 설계에 적용 시 다음과 같은 문제점 및 애로사항이 있다.

↔ 용접이 불가능한 경우가 많음 ↔

- 비철금속과 철금속
- 비철금속과 비철금속
- 비금속과 금속

↔ 기계적 결합의 경우 동적 하중에 대해 취약 → 소음, 진동 발생 ↔

- 리베팅, 클린칭
- 볼트, 스크류
  - 기계적 결합 적용 시 생산단가 상승
  - 강판 용접의 경우
- 균열부식의 위험성이 높음
- 용접 시 열변형 및 용접부 취성
- Trip강인 경우 Si 첨가물에 의한 용접성 및 용융도금성 저하

6.2.4.2 Hybrid Joining의 강점

위와 같은 문제점을 해결하기 위하여 기계적 접합에 접합제 접합 기술을 결합한 하이브리드 접합 기술이 현재 자동차 차체 제작 공정에 사용되고 있다. 하이브리드 접합 기술은 다음과 같은 장점이 있다.

Adhesive/Hybrid Joining시 차체강성 및 내구성 향상

Body Rigidity (Torsion)	Spotwelded Design	Strutural Bonded/ Spotwelded
New car	100%	120%
After 4 year Road operation	80%	115%
Δx	-20%	-5%

** 그림 6-15 ▌ 사용연수에 따른 차체 강성 변화, SAE International, 2005

- 다중 재료 설계에 적합 - 소재에 상관없이 결합가능
- 내피로성 향상 및 결합강도 증가
- 내충격성 / 내부식성 향상
- 흡음 및 흡진성 향상
- 결합강성 향상 및 높은 작동 내구성
- NVH에 대한 성능 향상
- 기계적 결합수 감소 및 생산단가 절감

6.2.4.3 하이브리드 접합의 종류

- 접착제/리벳 접합
- 접착제/클린칭 접합
- 접착제/점용접 접합

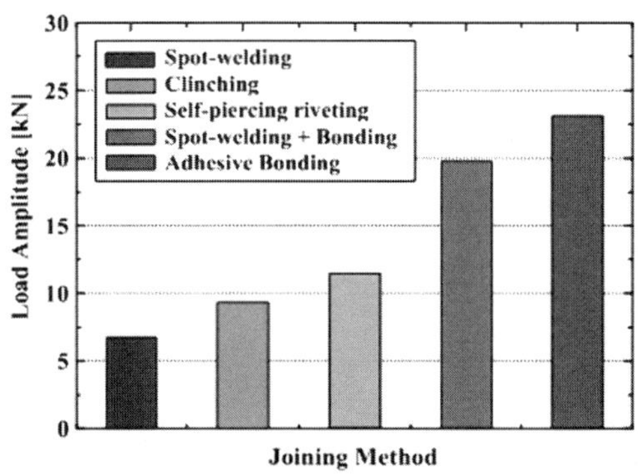

** 그림 6-16 ▌ 다양한 접합방법들의 단순피로특성, SAE International, 2005

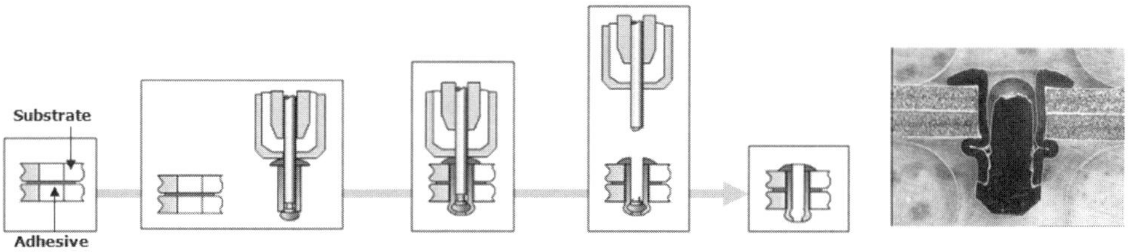

** 그림 6-17 ▌ 접착제/리벳 접합

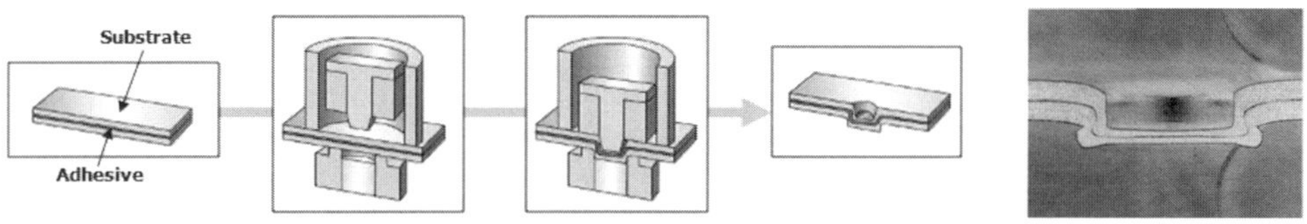

** 그림 6-18 ▌ 접착제/클린칭 접합

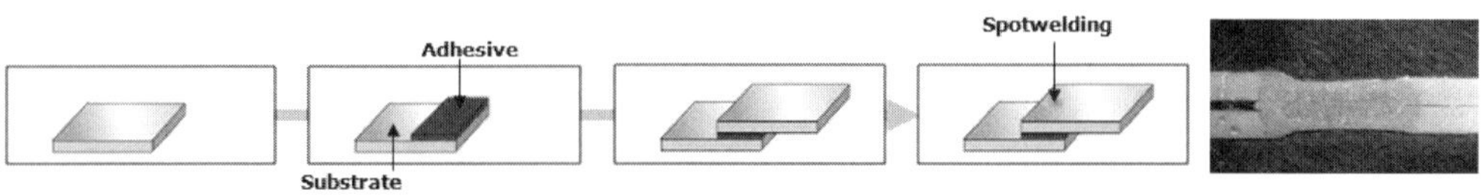

** 그림 6-19 ▌ 접착제/점용접 접합

참고문헌

[1] 윤영호 외, 대기압 플라즈마 표면처리 장치, NICE, Vol. 25, No. 3, (2007)
[2] 소범식 외, 제조에서의 하이브리드, 한국정밀공학회지 Vol. 25, No. 9, (2008)

제 7 장

고속절삭

가공이라는 말은 여러 가지 분야에서 매우 광범위한 의미로 사용되고 있지만, 일반적으로 가공이라 하면, "필요로 하는 특성을 가진 재료에 에너지를 공급하여 재료의 형상이나 치수, 표면 상태를 원하는 대로 만들어 필요로 하는 기능을 부여하기 위하여 행하는 일련의 행위"를 말한다.

일반적으로 가공이라 하면 종래에 사용되어 온 각종 공작기계에 의한 가공, 즉 기계가공을 의미하는 경우가 많다. 그러나 재료의 형상, 체적, 상태 및 특성 변화에 따라 표 7-1과 같이 크게 제거, 변형, 부착 및 변질 가공과 같은 4개 가공법으로 구분할 수 있다. 경도가 큰 재료로 만들어진 공구를 가공물과 상대운동을 시키고, 양자의 경도차를 이용하여 가공물의 일부를 제거하는 제거 가공(material removal process; 선삭, 드릴링, 밀링, 연삭 등)을 들 수 있다. 대부분의 제거 가공은 주로 기계력을 이용하여 재료를 가공하는 기계 가공의 형태를 취하고 있다. 그리고 가공물에 탄성 한계 이상의 기계력을 가하거나, 열에너지를 단독으로 또는 열에너지와 기계력을 병용하여 형상이나 치수를 변화시키는 변형 가공(material transform process)이 있다. 이 변형 가공에는 액상을 고상으로 변환시키는 주조, 고상에서 다른

** 표 7-1 ‖ 가공의 4대 분류

구분	내용
제거 가공 (material removal)	경도가 큰 재료로 만들어진 공구를 가공물과 상대운동을 시키고, 양자의 경도차를 이용하여 가공물의 일부를 제거. 주로 기계력을 이용하여 재료를 가공하는 기계가공의 형태(선삭, 드릴링, 밀링, 연삭 등)
변형 가공 (material transform)	가공물에 탄성 한계 이상의 기계력을 가하거나, 열에너지를 단독으로 또는 열에너지와 기계력을 병용하여 형상이나 치수를 변화시킴(주조, 소성가공, 분말성형 등).
부착 가공 (material adhesive)	2개 이상의 재료를 어떤 방법으로 부착시켜 원하는 형상이나 치수를 갖는 제품으로 만듦(용접, 용사, 증착, 도금 등).
변질 가공 (material trans-property)	재료의 형상이나 체적에는 변화가 없으나 성질만 바뀌게 함(열처리, 표면처리 등).

고상으로 바꾸는 소성 가공, 분말을 고상으로 바꾸는 분말소결이 있다. 그리고 2개 이상의 재료를 어떤 방법으로 부착시켜 원하는 형상이나 치수를 갖는 제품으로 만드는 부착 가공(material adhesive process; 용접, 용사, 증착, 도금 등)이 있으며, 마지막으로 재료의 형상이나 체적에는 변화가 없으나 성질만 바뀌는 변질 가공(material trans-property process; 열처리, 표면처리 등)이 있다.

이와 같이 종래로부터 일반적으로 이루어지고 있는 가공법은 주로 기계적 에너지에 의한 가공법이 주류를 이루고 있지만, 최근에 와서는 여러 가지 요인에 의해 이들 기계적 혹은 열적에너지뿐만 아니라 화학에너지, 전기에너지 등을 복합적으로 활용하여 가공능률, 표면상태 등의 가공 결과를 향상시키는 하이브리드 가공(hybrid process)법이 개발되어 실용화되고 있다.

이 장에서는 고효율 부품이 고경도이거나 경량 소재 혹은 복합소재라는 특징을 가지므로 일반적인 가공기술로는 부품을 제조하기 어렵다는 사실에 착목하고, 고능률 제거가공 기술 위주로 설명하였다. 물론 이해를 돕기 위해 개요와 현황을 설명한 후에 고능률 제거가공의 핵심 기술들을 구체적으로 다루었다.

이에 고속절삭(high speed cutting), 고능률 연삭(highly efficient grinding) 및 특수가공(non-traditional processing)으로 세분하여 설명하였다. 즉, 각 세부 가공기술에 대하여 먼저 전통적인 방법을 설명하고 최근 화제가 되고 있는 개발 사례를 소개한다.

7.1 절삭이란?

절삭가공은 피삭재보다 경도가 큰 공구(tool)를 사용하여 공작물로부터 칩(chip)을 깎아내어 원하는 형상의 제품을 만드는 작업을 말한다. 이때 사용하는 공구로서는 바이트(bite), 드릴(drill), 커터(cutter) 등 절삭날로 구성된 것과 연삭숫돌과 같이 입자로 구성된 것이 있으나 칩을 발생시켜 가공하는 절삭원리는 같다. 그러나 일반적으로 좁은 의미의 절삭이라 함은 절삭날로 구성된 공구에 의한 것을 뜻한다.

절삭과정은 본질에 있어 칩 생성과정이며, 대부분의 금속절삭시 칩 생성은 전단역이라 불리우는 극히 한정된 영역에서 매우 좁은 간격을 두고 잇달아 일어나는 집중된 전단소성변형에 의해 이루어지고 생성된 칩은 공구경사면과 심한 마찰을 일으키면서 외부로 배출된다. 따라서, 금속절삭연구에서 가장 기초적인 문제는 상기한 전단소성변형 거동과 칩-공구경사면의 마찰거동에 미치는 절삭조건, 피삭재와 공구의 재질 및 형상 등 절삭입력조건의 영향을 밝히는 것이다.

절삭상태는 전단역에서의 전단소성변형의 크기, 속도 및 저항 등 전단변형 특성과 칩과 공구경사면 사이의 마찰속도, 마찰저항 등 칩-공구경사면의 마찰상태에 따라 크게 달라지며, 이들 절삭변수에 의해 특징지어지는 전단과정과 마찰과정은 독립적으로 일어나지 않으며 서로 영향을 미치면서 절삭과정을 이룬다.

7.2 2차원 절삭

7.2.1 칩 생성기구

그림 7-1(a)는 절삭폭 b[mm], 절삭깊이 t[mm] 및 절삭속도 V[m/min]인 조건하에서 이루어지는 2차원 절삭모델을 나타낸 것으로 절삭이 이루어지는 동안 절삭속도 벡터와 절삭날은 수직관계를 유지한다.

이때 절삭날 중 공작물의 폭에 해당하는 길이의 절삭날이 절삭작용을 하게 되며, 절삭날상 모든 점의 절삭작용이 동일하다고 가정하면 절삭날의 작용을 한 점의 절삭작용으로 대표적으로 나타낼 수 있고, 이를 그림 7-1(b)와 같이 2차원 평면상에 나타낼 수 있다. 이때 생성되는 칩의 두께 t_c는 절삭깊이(또는 미변형 칩두께) t에 비해 상당히 두껍게 생성되지만 칩의 폭 b_c는 공작물 폭 b와 거의 같은 값을 나타낸다.

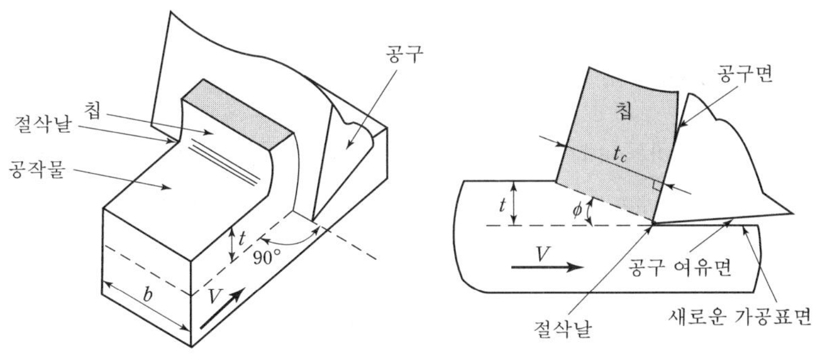

** 그림 7-1 ▌ 2차원 절삭

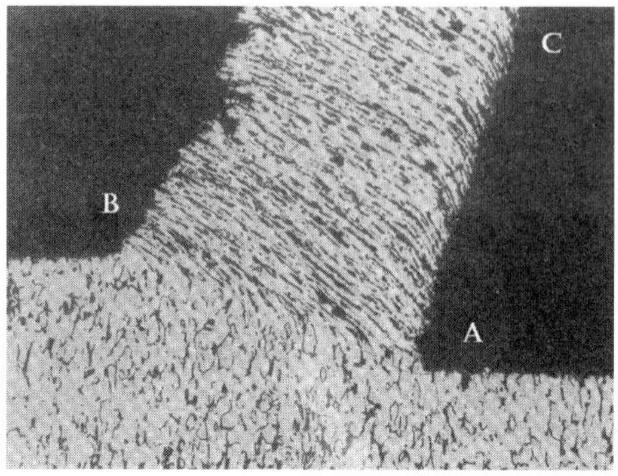

** 그림 7-2 ▌ 연속형 칩 단면

칩 생성과정에서 피삭재의 변형상태를 규명하기 위하여 절삭가공 중에 절삭작용을 순간적으로 정지시키고 부분적으로 생성된 칩의 단면을 직접 관찰하는 방법이 이용된다.

그림 7-2는 연속적으로 생성되는 칩의 단면을 촬영한 것이다. 그림에서 보는 바와 같이 절삭작용에 의해 변형된 부분과 변형되지 않은 부분이 선분 AB로 나타낼 수 있을 정도의 지극히 한정된 영역에 의해 명확하게 구분된다.

선분 AB 아랫부분은 아직 변형되지 않은 공작물 원래의 상태를 나타내고 있으며 선분 AB 윗부분은 전단소성변형에 의해 생성된 칩을 나타내고 있다. 그림에 나타난 바와 같이 전단이 일어난 방향과 절삭방향이 예각을 이루고 있으며, 이 각을 전단각(shear angle, ϕ)이라 하며, 선분 AB에 수직인 면을 전단면(shear plane)이라 한다. 한편, 전단소성변형에 의해 생성된 칩은 그림에 나타낸 바와 같이 A점에서 C점까지 공구경사면과 심한 마찰을 일으키면서 외부로 배출된다.

7.2.2 칩의 형태

칩의 생성상태는 피삭재의 재질, 절삭속도, 절삭깊이 및 공구의 형상 등에 의해 좌우된다. 칩의 대표적인 형태는 유동형 칩이며, 그밖에 전단형, 균열형, 경작형 칩 등이 있다. 전단형, 균열형 및 경작형 칩이 생성되는 경우 절삭저항의 변동이 심하고, 이 때문에 가공면의 상태도 불량해진다.

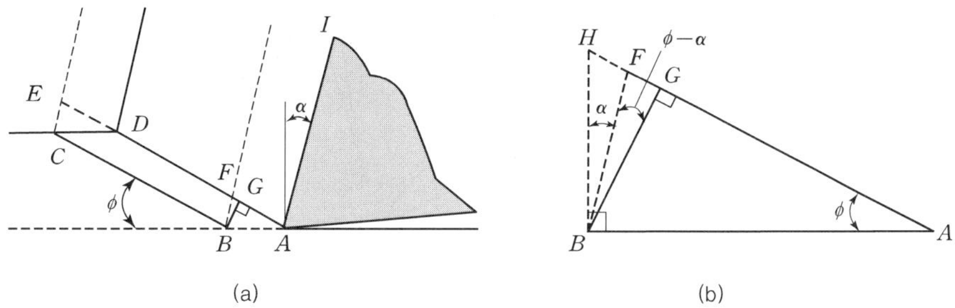

** 그림 7-3 ▎ 전단변형률

바람직한 절삭상태는 유동형 칩이 생성되는 경우에서 얻어지며 이하 유동형 칩이 생성되는 2차원 절삭의 전단과정과 마찰과정에 대한 해석을 시도하였다. 그림 7-3은 유동형 칩이 생성되는 과정을 나타낸 것이다. A는 공구인선이고 AI는 공구경사면을 나타낸다. 실제로 A에는 약간의 반지름부가 있지만 단순화하기 위해 점이라고 가정한다. AB의 아랫부분은 피삭재이고, 실제로는 이 부분에도 변형이 생기지만 매우 작기 때문에 무시한다.

또 칩은 AD면에서 전단변형이 일어나지만 실제 이 부분은 완전한 평면이 아니다. 그러나 여기서는 완전한 평면이라 가정한다. 그림 7-3(b)는 ABF 부분을 확대한 것이다. 피삭재 $ABCD$는 절삭시 $BCEF$로 전단변형되므로 전단변형률 γ는 다음과 같이 나타낼 수 있다.

$$\gamma = \frac{AF}{BG} = \frac{AG + GF}{BG}$$

따라서, 전단변형률 γ는 다음 식으로 표시된다.

$$\gamma = \cot\phi + \tan(\phi - \alpha) \tag{7.1}$$

그림 7-4에서와 같이 합력 R 및 R'를 이동시키면 R과 R'는 일치하게 되고, F_s와 F_n, F와 N, F_c와 F_t는 서로 직교하며 각 쌍의 힘 벡터들이 교차하는 점들은 R을 지름으로 하는 소위 절삭력원의 원주상에 있게 된다. 그림에서 주절삭분력 F_c와 배분력 F_t는 공구동력계에 의해 측정할 수 있으며, α는 공구경사각이다. 전단각 ϕ는 칩두께 t_c가 측정되면 기하학적인 관계로부터 식 (7.2)와 같이 나타낼 수 있다.

$$\tan\phi = \frac{t/t_c \cos\alpha}{1 - t/t_c \sin\alpha} \tag{7.2}$$

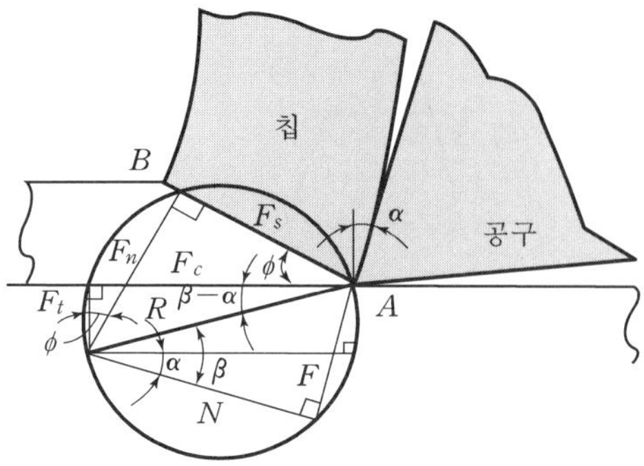

** 그림 7-4 ▌ 절삭력 원

이들 값으로부터 전단력 F_s와 전단면에 작용하는 수직력 F_n, 공구경사면에 작용하는 마찰력 F 및 수직력 N을 다음과 같이 나타낼 수 있다.

$$F_s = F_c \cos\phi - F_t \sin\phi \tag{7.3}$$

$$F_n = F_c \sin\phi + F_t \cos\phi \tag{7.4}$$

$$F = F_c \sin\alpha + F_t \cos\alpha \tag{7.5}$$

$$N = F_c \cos\alpha - F_t \sin\alpha \tag{7.6}$$

전단면에 작용하는 평균전단응력을 τ_s, 전단면적을 A_s, 절삭단면적을 $A_o (= bt)$라 하면 A_s와 τ_s는 각각 식 (7.7), (7.8)과 같이 나타낼 수 있다.

$$A_s = \frac{A_o}{\sin\phi} = \frac{bt}{\sin\phi} \tag{7.7}$$

$$\tau_s = \frac{F_s}{A_s} = \frac{(F_c \cos\phi - F_t \sin\phi)\sin\phi}{bt} \tag{7.8}$$

칩과 공구경사면 사이의 마찰계수 μ는 식 (7.9)와 같이 정의할 수 있으나, 뒤에서 언급되겠지만 마찰계수 μ만에 의해서는 칩과 공구경사면 사이의 마찰상태를 만족할 만하게 나타낼 수 없다.

$$\mu = \frac{F}{N} = \frac{F_c \sin\alpha + F_t \cos\alpha}{F_c \cos\alpha - F_t \sin\alpha} \tag{7.9}$$

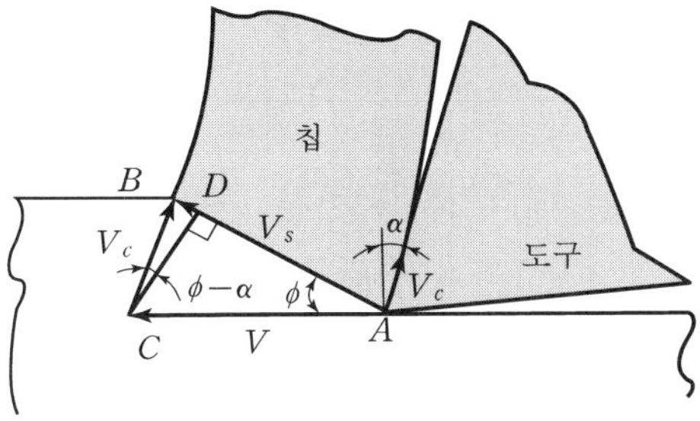

** 그림 7-5 ▌ 속도 성분

절삭속도 V, 공구경사면을 따라 흐르는 칩 흐름속도 V_c 및 전단속도 V_s는 연속의 조건에 의해 그림 7-5에 나타낸 바와 같이 기하학적으로 폐(閉)속도삼각형을 이룬다. 따라서 V_c와 V_s는 각각 식 (7.10), (7.11)과 같이 나타낼 수 있다.

$$V_c = V\frac{\sin\phi}{\cos(\phi-\alpha)} \tag{7.10}$$

$$V_s = V\frac{\cos\alpha}{\cos(\phi-\alpha)} \tag{7.11}$$

2차원 절삭시 단위시간당 소요되는 총에너지, 즉 절삭동력 U는 식 (7.12)와 같이 나타낼 수 있다.

$$U = F_c V \tag{7.12}$$

단위체적당 소모되는 절삭에너지, 즉 비(比)절삭에너지 u(specific cutting energy)는 절삭동력 U를 단위시간당 절삭되는 피삭재의 체적 Vbt로 나누어준 값으로 식 (7.13)과 같이 나타낼 수 있다.

$$u = \frac{U}{Vbt} = \frac{F_c V}{Vbt} = \frac{F_c}{bt} \tag{7.13}$$

같은 방법으로 단위체적당 소모되는 전단에너지 u_s(specific shear energy) 및 마찰에너지 u_f(specific friction energy)는 각각 식 (7.14), (7.15)와 같이 나타낼 수 있다.

$$u_s = \frac{F_s V_s}{Vbt} = \tau_s \gamma \tag{7.14}$$

$$u_f = \frac{FV_c}{Vbt} \tag{7.15}$$

절삭가공시 소모되는 에너지는 대부분 전단과정과 마찰과정에서 소모되며 대략적으로 전단과정에서 3/4, 마찰과정에서 1/4 정도 소모된다.

7.3 절삭가공법

대부분의 절삭가공 공정에서는 공구 또는 공작물이 서로 상대에 대하여 직선 또는 회전운동함으로써 기본적으로 평면 또는 원통면의 절삭가공 표면이 생성된다. 공구 또는 공작물의 운동은 주운동인 절삭운동(cutting motion)과 보조운동인 이송운동(feed motion)으로 구분되며, 표 7-2에는 몇 가지 중요한 절삭공정의 절삭운동, 이송운동, 사용 절삭공구와 생성되는 절삭가공 표면을 나타내었다.

표 7-2에서도 확인할 수 있는 바와 같이 대부분의 절삭공정에서 사용 절삭공구에 절삭날이 여러 개 있는 소위 다인공구(multiple-point tool)에 의한 절삭운동은 공구의 회전운동에 의해 이루어지며, 절삭날이 연결된 하나의 선으로 구성되어 있는 소위 단인공구(single-point tool)에 의한 절삭운동은 공작물의 회전운동과 공구 또는 공작물의 직선운동에 의해 이루어진다.

** 표 7-2 ▌ 절삭공정에 따른 공구 및 공작물의 운동

절삭공정	절삭운동	이송운동	사용 절삭공구	생성 절삭표면
바깥지름선삭공정	공작물의 회전운동	공구의 직선운동	바이트(단인공구)	원통 외면
평 삭 공 정	공작물의 직선운동	공구의 직선운동	바이트(단인공구)	평면
드릴링공정	공구의 회전운동	공구의 직선운동	드릴(다인공구)	원통 내면
밀 링 공 정	공구의 회전운동	공작물의 직선운동	밀링커터(다인공구)	평면

7.3.1 단인공구에 의한 절삭가공

그림 7-6은 날부와 자루부가 각각 다른 재료로 제작되어 조립된 단인공구의 예를 나타낸 것으로 날부에 해당되는 부분을 인서트(insert), 자루부분을 툴 홀더(tool holder)라 한다. 인서트는 고속도강 소재보다 경도가 큰 소재인 WC 또는 세라믹 분말을 소결시켜 제작한다. 공구의 기하학적 형상은 그림에 나타낸 바와 같이 6개의 각과 1개의 반지름으로 정의된다.

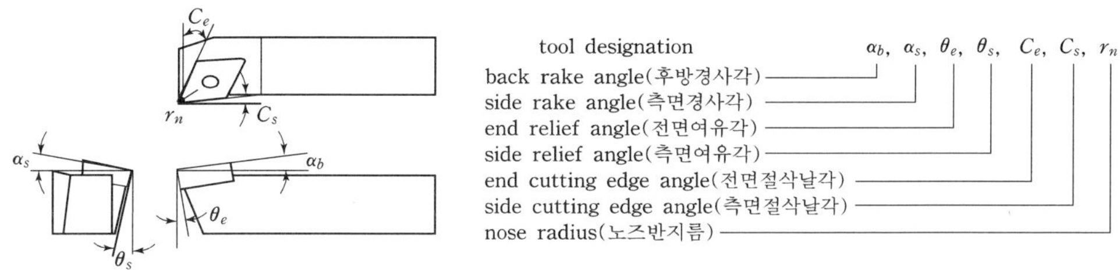

** 그림 7-6 ▌ 단인공구의 명명법

바깥지름 선삭공정은 선반(lathe)에서 수행되는 가장 기본적인 절삭공정으로 그림 7-7의 주절삭운동은 공작물의 회전운동에 의해 주어지며, 보조절삭운동인 공구의 이송은 축방향과 평행하게 주어진다. 중요한 절삭변수로는 절삭속도(cutting speed), 이송속도(feed rate) 및 절삭깊이(depth of cut)이다.

절삭속도 V[m/min]는 노즈(nose)부의 상대속도로 나타내기 때문에 가공 후의 지름 D_m 을 사용하여 식 (7.15)와 같이 나타낸다.

$$V = \frac{\pi D_m n}{1000} \tag{7.15}$$

바깥지름 선삭시 이송 또는 이송속도 f [mm 또는 mm/rev]는 공작물이 1회전하는 동안 공구가 축방향과 평행하게 이동하는 길이로 정의된다. 매분당 칩으로 제거되는 소재의 체적을 재료제거율(MRR : Material Removal Rate)이라 하며, 식 (7.16)과 같이 나타낸다.

$$\text{MRR} = V \times f \times d\,[\text{cm}^3/\text{min}] \tag{7.16}$$

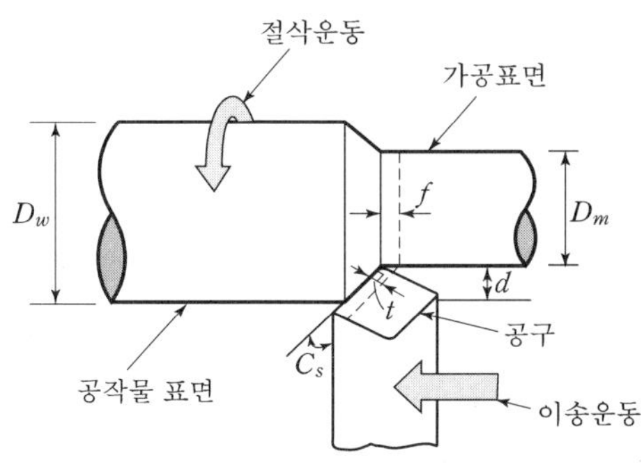

** 그림 7-7 ▌ 바깥지름 선삭공정

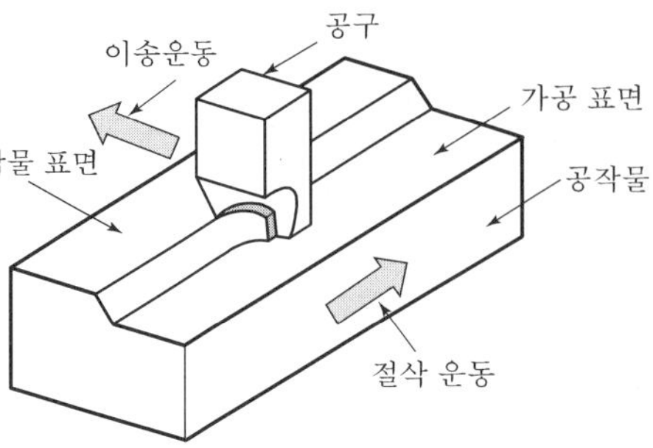

(a)

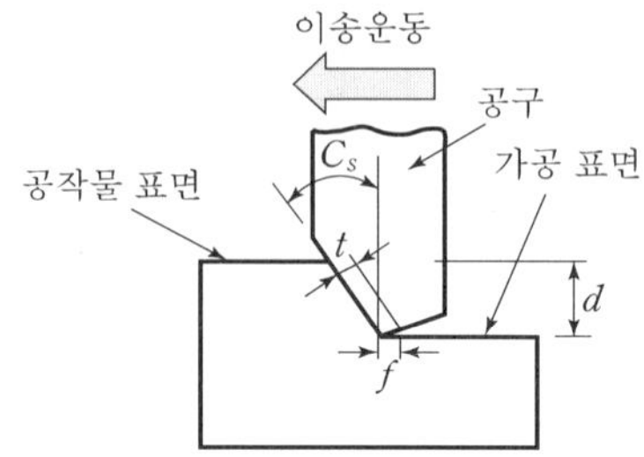

(b)

** 그림 7-8 ▌ **평삭공정** : (a) **절삭운동과 이송운동**, (b) **미변형칩두께**(t)

단인공구에 의해 이루어지는 대표적인 평면절삭 가공공정으로는 그림 7-8에 나타낸 플레이너(planer)에 의한 평삭공정(planing)과 셰이퍼(shaper)에 의한 형삭공정(shaping)을 들 수 있다. 평삭공정에서의 절삭작용은 그림 7-8(a)에 나타낸 바와 같이 공구축에 수직하게 직선왕복운동하는 공작물의 운동 중 공구축을 향한 직선운동에서 얻어지며, 이송운동은 공작물의 1회 왕복운동의 주기 중 절삭작용이 이루어지지 않는 틈을 이용하여 일정한 길이만큼 간헐적으로 주어진다. 또한 재료제거율(MRR)도 바깥지름 선삭시에서와 같다. 그러나 평삭공정에서의 MRR 산정시 절삭속도 V는 공작물의 직선운동속도이며 이송 f 및 절삭깊이 d는 그림 7-8(b)에 나타낸 바와 같다.

7.3.2 다인공구에 의한 절삭가공

2개 이상의 독립된 절삭날로 구성된 절삭공구를 다인공구라 한다. 다인공구는 여러 개의 절삭날로 구성되어 있기 때문에 단인공구에 비해 기하학적 형상이 복잡하며 절삭현상에 대한 해석도 간단하지 않다. 실제 생산공정에서 사용되고 있는 다인공구의 종류 및 수는 헤어릴 수 없을 정도로 많으며, 새로운 형상의 공구가 계속적으로 출현하고 있다.

드릴링 공정은 드릴링머신(drilling machine)의 주축대 선단에 장착된 드릴 비트(drill bit)의 절삭작용으로 원통 내면을 갖는 구멍을 가공하는 공정을 말하며, 드릴링공정에 의해 가공된 구멍에 추가적으로 보링(boring), 탭핑(tapping), 리밍(reaming) 등의 가공이 이루어질 수 있다. 그림 7-9는 절삭날 2개로 구성되어 있는 미국 표준 트위스트 드릴의 형상과 각부의 명칭을 나타낸 것이다.

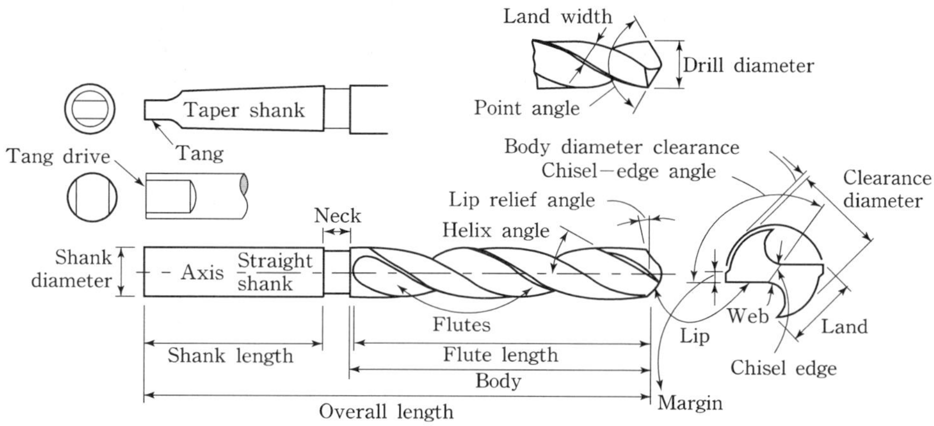

** 그림 7-9 ▌ 미국 표준 트위스트 드릴

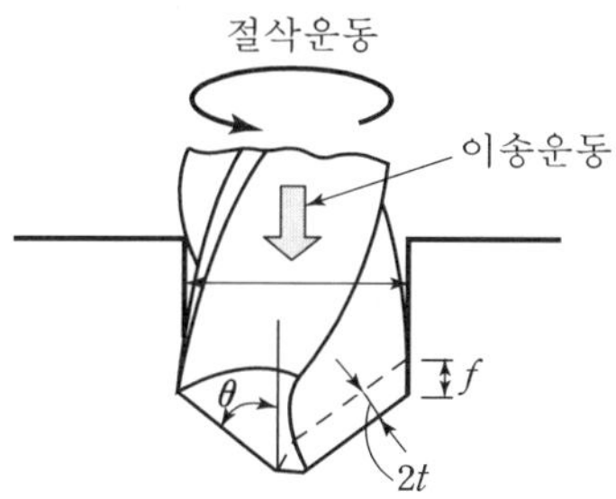

** 그림 7-10 ▌ 드릴링 공정

그림 7-10은 드릴링 공정을 나타낸 것으로 주절삭운동은 공구의 회전운동에 의해 주어지며 이송운동은 공구의 축방향으로 주어진다. 드릴링 작업에서 절삭속도 V [m/min]는 드릴지름 D [mm], 분당 드릴의 회전수 n [rpm]에 의해 식 (7.17)과 같이 나타낼 수 있다.

$$V = \frac{\pi D n}{1000} \tag{7.17}$$

드릴링 공정에서의 재료제거율(MRR)은 가공되는 구멍의 단면적×분당 공구의 이송량으로 나타낼 수 있으며 식 (7.18)과 같이 주어진다.

$$\mathrm{MRR} = \frac{\pi D^2 n f}{4000} \ [\mathrm{cm^3/min}] \tag{7.18}$$

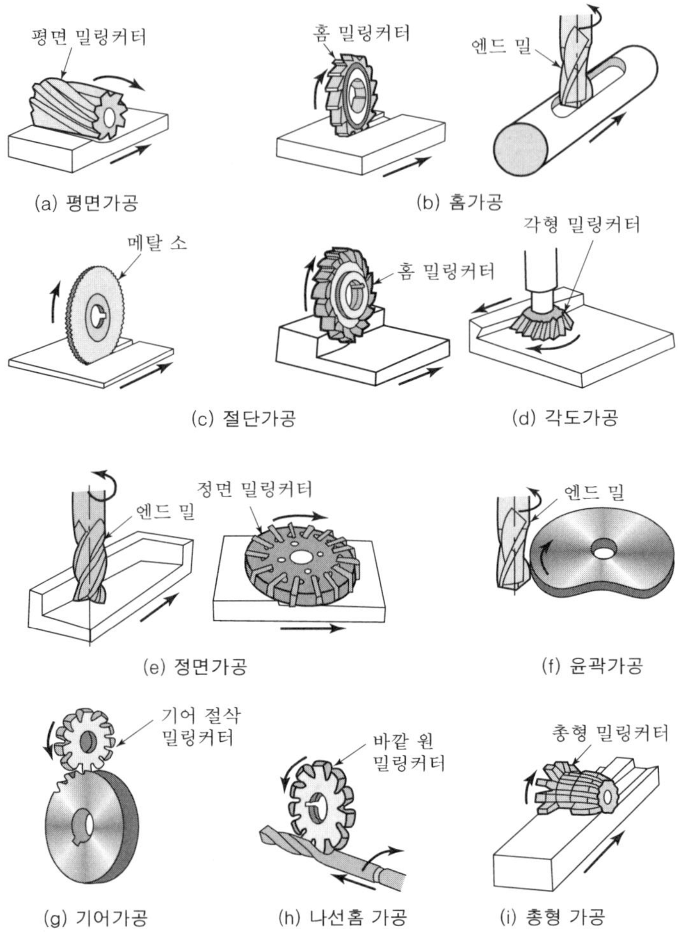

** 그림 7-11 ▌ **밀링가공의 종류**

절삭가공 공정 중 밀링가공 공정의 범주로 분류될 수 있는 가공법은 그림 7-11에 나타낸 바와 같이 매우 다양하며 평면가공을 비롯하여 홈가공, 각도가공, 윤곽가공 등에 이용된다. 이들 가공공정은 수평식 밀링머신(horizontal milling machine), 수직식(vertical) 밀링머신 등 여러 형식의 밀링머신에서 수행된다.

평면밀링 공정에서의 절삭속도 V [m/min]는 드릴링 공정에서와 같이 공구의 원주속도에 해당되며 밀링커터의 지름 D [mm], 분당 밀링커터의 회전수 n [rpm]에 의해 식 (7.17)과 같이 나타낼 수 있다.

한편, 이송속도는 절삭날당 이송량 f_t(feed per tooth), 커터 1회전당 이송량 f_r(feed rate)로 나타낼 수 있으며 식 (7.19) 및 그림 7-12에 이들 사이의 관계를 나타내었다.

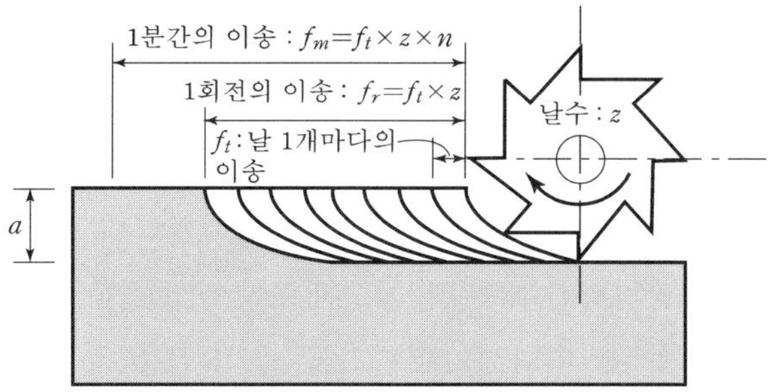

** 그림 7-12 ▌ 평면밀링 공정에서의 이송

$$f_m = f_t \times z \times n \tag{7.19}$$

여기서 f_m : 테이블의 이송속도 [mm/min]

f_t : 밀링커터 날당 이송량 [mm/tooth]

z : 밀링커터의 날 수

n : 밀링커터의 회전속도 [rpm]

밀링 공정에서의 재료제거율은 반지름 방향의 절입량 a [mm], 절삭폭(지면에 수직)을 b [mm]라 하면 식 (7.20)과 같이 나타낼 수 있다.

$$\text{MRR} = abf_m \,[\text{mm}^3/\text{min}]$$

또는

$$\frac{abf_m}{1000}\,[\text{cm}^3/\text{min}] \tag{7.20}$$

7.4 공구마모, 공구수명 및 공구재료

7.4.1 공구마모

공구마모는 여러 가지 원인이 복합적으로 작용하여 일어나지만, 크게 발생기구에 따라 응착마모(adhesive wear), 연삭마모(abrasive wear) 및 확산마모(diffusion wear)로 구분하여 설명할 수 있다.

응착마모는 칩 또는 공작물과 공구 사이의 마찰작용에 의해 발생되는 용착부가 상대운동에 의해 분리될 때 공구표면의 일부분이 칩이나 공작물에 붙어 떨어져 나가 공구를 손상시키는 마모이며 주로 고속절삭시에 발생한다.

연삭마모는 칩 또는 공작물에 붙어 있는 변형경화된 구성인선의 파편이나 공작물 속에 존재하는 경질입자가 오히려 공구재료를 미소절삭함으로써 공구를 손상시키는 마모이며 주로 저속절삭이나 흑피층 가공 등 경질층 가공시 발생한다.

확산마모는 고온·고압하에서 밀착된 칩 또는 공작물과 공구 사이에 공구의 구성 원자가 칩 또는 공작물로 이행하여 발생하는 마모로, 특히 전술한 칩과 공구경사면의 고착마찰영역에서 심하게 발생한다. 확산마모에 의한 마모량은 일반적으로 응착마모나 연삭마모에 비해 작으나, 공구의 물성을 약화시키는 원인이 된다.

공구마모는 여러 가지 형태로 분류할 수 있으나 대표적인 마모의 형태로는 공구경사면에 발생하는 크레이터마모(crater wear)와 공구여유면에 발생하는 플랭크마모(flank wear)를 들 수 있다. 그림 7-13은 바깥지름선삭과 같은 단인공구에 의한 연속절삭에서 발생하는 공구마모의 전형적인 형태를 나타낸 것이다.

크레이터마모란 칩이 공구경사면을 따라 유동함에 따라 공구경사면에 발생하는 움푹 패인 형태의 마모를 말하며, 주로 응착마모 및 확산마모에 의해 진행된다. 그림 7-13(a)에는 공구경사면상에 발달한 크레이터마모 형상을 나타내었다. 크레이터마모의 크기는 일반적으로 원래의 공구경사면으로부터 가장 깊게 패인 곳까지의 깊이로 나타낸다[그림 7-13(c)의 KT].

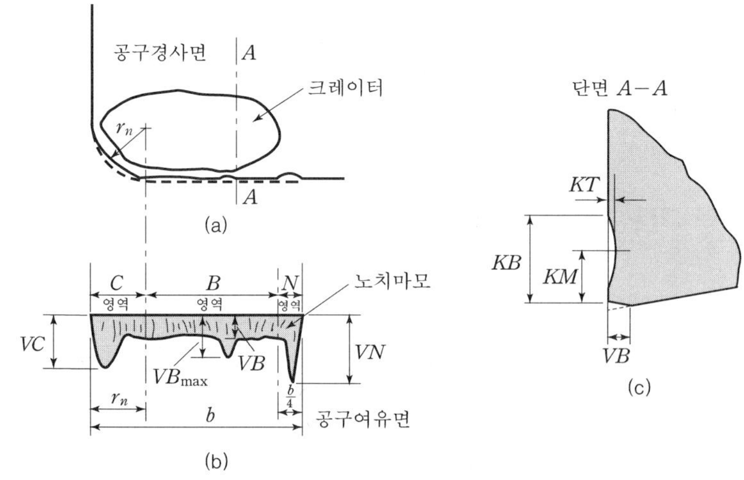

** 그림 7-13 ▌ 단인공구의 마모형태(ISO)

크레이터마모량이 증대되더라도 절삭작용에는 근본적으로 나쁜 영향을 미치지 않으며, 실질적으로는 공구경사각의 증대효과, 칩-공구경사면 마찰감소 효과로 인해 절삭작용 자체에는 오히려 유리하게 작용한다. 그러나 크레이터마모가 과대하게 발생되면 공구인선부가 기계적으로 약해지고 인선부의 파괴를 초래한다. 따라서, 크레이터마모의 깊이가 어느 정도 커지면 새로운 공구로 대체하여야 한다.

플랭크마모란 공구여유면(flank face)과 새롭게 생성된 절삭가공 표면 사이의 마찰작용에 의해 발생하는 마모로, 그림 7-13(b)와 같이 실제 절삭작용을 하는 절삭날에 따라 여유면상에 절삭방향에 평행하게 발달한다. 그림에서 C 영역은 공구노즈(tool nose) 또는 코너부를 말하며 주절삭날인 측면절삭날과 보조절삭날인 전면절삭날이 임의의 반지름을 갖고 만나는 부분이며, 이 부분의 마모폭을 VC로 나타낸다. 그림에서 N 영역은 원래의 공작물 표면을 포함한 부근의 절삭과정에서 발달된 마모상태를 나타내고 있으며, 마모의 폭과 깊이가 다른 부분에 비해 매우 크게 나타난다.

그림 7-13(b)에서 b는 측면절삭날 중 실제 절삭작용한 부분의 길이를 나타내며 절삭폭에 해당한다. b중 공구노즈반지름(tool nose radius)인 r_n과 전술한 N 영역인 $b/4$를 제외한 부분인 B 영역에서의 마모는 대체적으로 균일하며, 보통 여유면 마모폭이란 평균마모폭 VB를 말한다. 그림에서 VB_{max}는 B 영역에서 최대마모폭을 나타낸다.

7.4.2 공구수명

공구수명이란 새로운 공구를 사용하여 절삭가공하기 시작해서부터 공구마모량이 미리 정해진 기준(공구수명 판정기준)에 도달할 때까지의 시간을 말한다.

공구수명의 판정기준은 절삭가공의 경제성 또는 요구되는 가공표면의 정밀도 및 표면조도에 따라 결정되며 보통 공구경사면 마모의 경우 크레이터의 깊이(KT) 0.05~0.1mm 범위의 값을, 공구여유면 마모의 경우 평균 플랭크마모폭(VB) 0.2~1mm 사이의 값을 취하고 있다. ISO에서는 공구재료에 따라 다음과 같은 공구수명의 판정기준을 추천하고 있다.

고속도강 또는 세라믹공구

① 공구의 갑작스러운 파손(catastrophic failure)
② $VB = 0.3$mm (마모가 균일한 경우)
③ $VB_{max} = 0.6$mm (마모가 불균일한 경우)

⁂ 초경합금공구 ⁂

① 공구의 갑작스러운 파손
② $VB = 0.3\text{mm}$(마모가 균일한 경우)
③ $VB_{max} = 0.6\text{mm}$(마모가 불균일한 경우)
④ $KT = (0.06 + 0.3f)\text{mm}$, f [mm]는 이송

그림 7-14는 주어진 절삭조건하에서 절삭시간과 함께 플랭크마모폭이 커지는 전형적인 플랭크마모곡선을 나타낸 것이다.

절삭속도가 V_1, V_2, V_3, V_4, … 로 커짐에 따라 미리 설정된 공구수명 판정기준(OA로 표시)에 도달하는 절삭시간은 T_1, T_2, T_3, T_4, … 로 짧아진다. 플랭크마모곡선의 특징은 절삭속도 V_1의 예에서 보는 바와 같이 절삭초기(I 구역)에서는 새 공구의 예리함이 짧은 시간 동안에 비교적 급격히 둔화됨에 따라 마모폭이 급격이 증가한다. 그러나 마모폭이 어느 정도 커지면 마모는 시간에 따라 거의 일정한 비율로 진행된다(II 구역). 그러나 마모폭이 어느 정도 커지게 되면 마찰열의 증가와 함께 마모는 다시 급격하게 진행되며(III 구역), 일반적으로 공구수명의 판정기준은 마모재급증구역인 III 구역에 도달하기 전으로 설정해 준다. 이러한 마모곡선의 특징은 절삭속도가 커지더라도 같은 경향을 나타낸다.

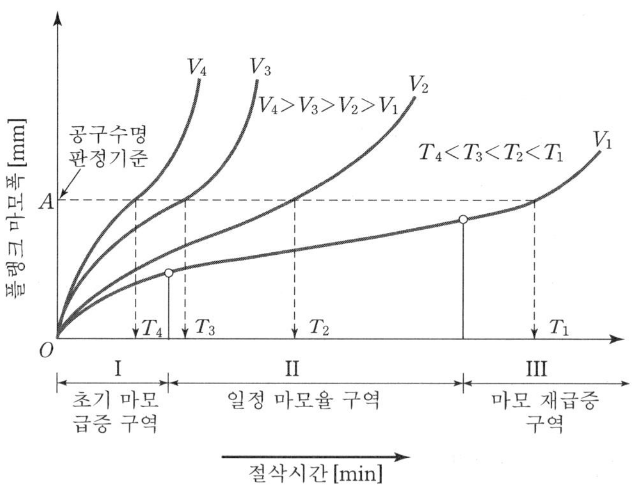

** 그림 7-14 ▌ 절삭시간에 따른 플랭크 마모의 성장

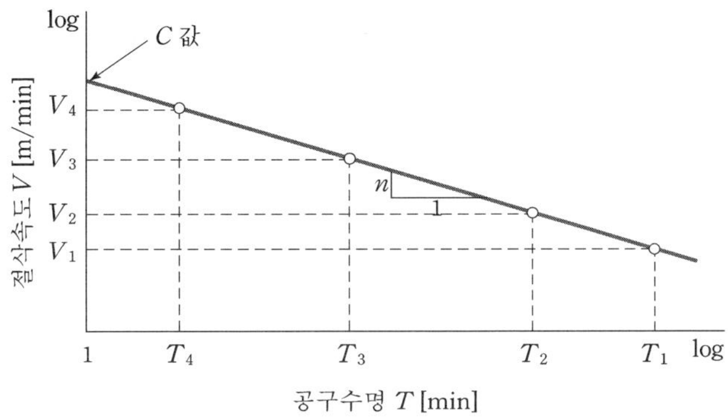

** 그림 7-15 ▌ 공구수명곡선

테일러(Taylor)는 광범위한 공구마모시험을 통하여 공구수명에 가장 큰 영향을 끼치는 인자가 절삭속도임을 밝히고 절삭속도(V)와 공구수명(T) 사이에 다음과 같은 경험적 관계를 제시하였다.

$$VT^n = C \tag{7.21}$$

여기서 n과 C는 공작물의 재질, 공구형상 및 재질, 절삭속도를 제외한 절삭조건들에 의해 결정되는 상수이다. 그림 7-14의 예에서 절삭속도 V_1, V_2, V_3, V_4일 때 공구수명 판정기준(OA로 표시)에 도달하는 절삭시간, 즉 공구수명은 T_1, T_2, T_3, T_4이다. 이들 값을 양대수좌표상에 나타내면 그림 7-15에서 보는 바와 같이 직선을 이루며, 이 직선의 기울기는 $-n$이다. 한편, 공구수명상수 C는 공구수명이 1분일 때의 절삭속도[m/min]값을 의미한다.

7.4.3 공구재료

절삭가공시 소요되는 절삭에너지의 거의 대부분이 전단소성변형과정과 마찰과정에 소모되며 이들 에너지는 대부분 열에너지로 변환된다. 따라서, 공구인선부는 고온상태를 유지하며 종종 1,000℃ 이상의 높은 온도를 나타낸다. 또한 전술한 바와 같이 공구인선부에는 매우 큰 수직응력이 작용하며 종종 1,000MPa 이상의 값을 나타낸다. 이와 같이 절삭공구는 높은 온도와 하중조건하에서 절삭작용을 수행하며 칩과 공구경사면 사이와 새롭게 생성된 절삭가공표면과 공구여유면 사이에는 극심한 마찰상태가 발생한다. 따라서 공구재료는 고온경도, 내마모성 및 인성이 요구된다.

일반적으로 공구재료의 경도가 높을수록 내마모성은 커지나 인성값이 낮아지는 특성을 나타낸다. 따라서, 피삭재의 재질, 절삭방식 및 절삭조건 등에 따라 경도 및 내마모성이 중요한 경우와 인성이 중요한 경우를 구별하여 공구재료를 선택할 필요가 있다. 표 7-3에는 현재까지 사용되어 온 공구재료 중 주요한 공구재료를 나열하였다. 번호가 커질수록 고온경도 및 내마모성은 커지나 낮은 인성을 나타낸다. 이하 이들 공구재료의 특성에 대하여 설명하기로 한다.

** 표 7-3 ▌ 주요 공구재료 및 성질

공구재료	고온경도	내마모성	인성
1. 탄소공구강 2. 고속도강 3. 주조합금 4. 텅스텐 카바이드 5. 세라믹 6. 다결정 CBN(PCBN) 및 다결정 다이아몬드(PCD)	↓	↓	↑

【1】 탄소공구강

금속절삭용 공구로 최초로 사용된 공구재료는 고탄소강을 경화열처리하여 고경도의 마르텐사이트 조직으로 된 탄소공구강이다. 그러나 마르텐사이트 조직은 250℃ 이상에서는 연화되어 공구의 기능을 상실하므로 현재의 기준으로 봐서는 연강의 절삭시 10m/min 이하의 극히 저속절삭만이 가능하다. 따라서, 현재는 금속절삭용 공구로는 거의 쓰이지 않으며 수공구, 목공공구, 다이류 등 일반적인 공구의 재료로만 사용되고 있다.

【2】 고속도강

고속도강(high speed steel)은 1900년대 초 테일러 등에 의해 개발되었으며, 텅스텐(W), 크롬(Cr), 바나듐(V), 몰리브덴(Mo) 및 코발트(Co) 등 합금원소가 20～30% 정도 함유된 강으로 크게 텅스텐계 고속도강과 몰리브덴계 고속도강으로 분류된다. 고속도강 소재는 주조, 단조, 압연, 기계가공 등이 쉽게 이루어져 복잡한 형상의 공구라도 성형이 용이하여 단인공구는 물론 탭, 다이스, 밀링커터 등 거의 모든 종류의 절삭공구 재료로 폭넓게 사용되고 있다. 고속도강 공구는 550℃ 이상에서는 점차 연화되어 공구의 기능을 상실한다. 최근에는 고속도강공구 소재에 수μm 두께의 TiN, TiCN, TiAlN 등의 경질피막을 공구소재의 연화가 일어나지지 않는 온도범위인 500℃ 이하에서 물리증착법에 의해 피복시킴으로써 내마모성의 향상은 물론 피삭재와의 마찰특성 개선으로 비피복공구에 비해 공구수명이 수배에서 수십배 이상 증대되고 있다.

【3】 주조합금

주조합금(cast alloy) 공구는 Co 45%, Cr 30%, W 20%, C 3% 정도와 Ni, Mn, Si 등을 소량 함유한 합금으로 주조에 의해 제조된다. 열처리는 하지 않으며 Cr_7C_3, WC, CoC 등 경질탄화물에 의해 공구로서 요구되는 경도를 얻는다. 상온경도는 고속도강공구에 비해 낮으나 800℃ 정도까지 경도의 저하가 크게 일어나지 않아 고속도강보다 다소 높은 절삭속도에서도 사용가능하다. 회주철, 가단주철, 청동의 가공에 널리 사용된다.

【4】 텅스텐 카바이드

텅스텐 카바이드(WC : tungsten carbide) 공구재료는 1926년 독일 Krupp사에서 상표명 Wiedia로 소개되었다. 텅스텐 카바이드 공구는 텅스텐(W)과 탄소(C)의 화합물인 고경도의 텅스텐 카바이드(WC) 분말과 결합제로 첨가한 코발트(Co) 분말을 혼합시켜 약 1,400℃에서 소결시킨 것으로 이전의 공구재료보다 경도가 월등히 높아 초경합금공구라 불린다. 초경합금공구는 1,200℃ 정도의 고온에서도 절삭공구에 요구되는 경도를 유지할 수 있기 때문에 고속도강이나 주조합금공구에 비해 훨씬 높은 절삭속도 범위에서의 가공이 가능하다. 그러나 공구파괴에 대한 저항의 척도인 인성이 고속도강에 비해 상당히 떨어지기 때문에 고속도강에 비해 공구각을 크게 해주어야 하며, 충격하중이 가해지는 절삭방식에서는 사용상에 제약이 뒤따른다. 한편, 1970년에는 초경합금공구의 내마모성을 개선시키기 위해 WC 공구 소재표면에 수 μm 두께의 TiC 층을 화학증착법에 의해 피복시킨 최초의 코팅된 초경합금공구가 등장하였으며, 그 후 화학증착법 또는 물리증착법에 의해 TiC를 포함하여 TiN, Al_2O_3, TiAlN 등 경질피막층을 공구소재 표면에 단층 또는 다층으로 피복시킨 다양한 종류의 코팅공구가 개발되어 좋은 효과를 나타내고 있다.

【5】 세라믹

세라믹(ceramic)공구는 1950년대 초 구소련에서 처음 개발되었으며, 고순도의 미세한 Al_2O_3 분말을 주성분으로 하여 1,600℃ 이상의 고온에서 소결시킨 것이다. 세라믹공구의 특징은 초경합금공구에 비해 고온경도가 높을 뿐 아니라, 비금속성 무기재료이므로 피삭재인 금속재료와의 친화성이 적어 내마모성이 뛰어나다. 그러나 Al 또는 Ti 합금과는 친화성이 크며 주로 주철이나 경강의 고속절삭시 좋은 성능을 나타낸다. 또한 취성이 매우 크기 때문에 충격하중이나 진동이 심한 경우 파괴되기 쉬우므로 사용상 주의를 요한다. 최근 Al_2O_3 세라믹공구의 인성을 증대시키기 위해 ZrO_2, TiC 및 SiC 위스커(wisker) 등을 첨가한 복합세라믹공구가 소개되어 좋은 성과를 나타내고 있다. 또한 Si_3N_4를 주성분으로 하는 질화실리콘(silicon nitride) 세라믹공구는 Al_2O_3 세라믹공구에 비해 향상된 인성과 높은 하중에 견딜 수 있는 성능을 나타내고 있다. 한편, Al_2O_3 분말과 TiC 분말을 혼합하여 소결시킨 서멧(cermet) 공구는 세라믹공구와 초경합금공구의 중간정도의 성질을 나타낸다. 세라믹공구보다 인성이 향상되어 파괴에 대한 저항성이 크나 고온경도 및 내마모성은 약간 저하한다. 그러나 초경합금공구보다는 고온경도가 높으며 경주철 경강 등의 고속절삭시 양호한 절삭성능을 나타낸다.

【6】 다결정 CBN 및 다결정 다이아몬드

다결정 CBN(PCBN) 및 다결정 다이아몬드(PCD)공구는 1970년대 초 미국 GE사에서 개발되었으며 2~20μm 정도의 미세한 다결정 입방정 질화붕소 입자 또는 다결정 다이아몬드 입자를 고압(70 GPa), 고온(1,200℃ 이상)에서 소결시켜 제조한다.

소결된 PCBN의 상온에서의 누프경도(Knoop hardness)는 3,500kg/mm^2 정도이며, PCD의 누프경도는 6,000kg/mm^{2}에 달해 세라믹이나 초경합금공구 재료에 비해 훨씬 높은 경도값을 나타내며, 절삭가공시 높은 내마모성을 나타낸다. PCD 공구의 경우 높은 경도에도 불구하고 탄소강, 티타늄 합금, 스테인리스강 및 내열합금강의 절삭시에는 피삭재와의 친화성 때문에 좋은 결과를 얻지 못하며, 비철합금과 유리, 흑연 등 비금속재료의 가공시 초고경도공구로서의 뛰어난 성능을 발휘하며, 초경합금의 절삭가공도 가능하다. 한편, PCBN 공구는 고경도강, 고속도강, 스테인리스강과 Co 또는 Ni 기의 내열합금 등의 가공시 탁월한 성능을 나타낸다. 그림 7-16은 지금까지 논의된 공구재료의 온도에 따른 누프경도의 변화를 나타낸 것이다.

7.5 표면거칠기 및 절삭유

7.5.1 표면거칠기

가공표면의 건전성은 표면거칠기(surface roughness), 표면균열정도, 열에 의한 손상, 바람직하지 않은 잔류응력(인장 · 잔류응력) 등 여러 가지 인자에 의해 평가된

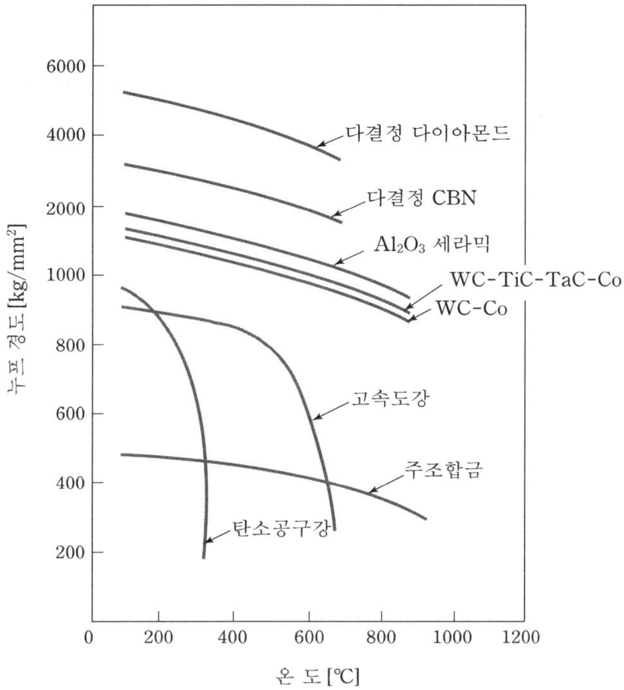

** 그림 7-16 ▌ 온도에 따른 공구재료의 경도변화

다. 이들 중 절삭가공에서는 표면거칠기가 가장 중요하며, 기타 인자들은 연삭가공 표면과 밀접한 관계가 있다.

절삭가공의 표면거칠기는 다음에 열거하는 사항에 의해 영향을 받는다.

① 가공표면 아래로 발달되는 균열에 의한 피삭재의 파괴(subsurface fracture of work material)
② 구성인선(built-up edge)
③ 공구형상(geometry of cutting tool)
④ 최소 미변형칩두께(lower limit of undeformed chip thickness)
⑤ 공구인선부에서 발생하는 피삭재의 소성유동(plastic flow at tool tip)
⑥ 공구인선부의 마모(wear on tool tip)
⑦ 진동(vibration)

【1】 피삭재의 파괴

주절삭날에 의해 절삭된 가공표면의 거칠기는 저속영역에서는 공구노즈부에 의한 경우보다 나쁘나 고속영역으로 갈수록 오히려 향상된다. 이는 후자의 경우 기하학적인

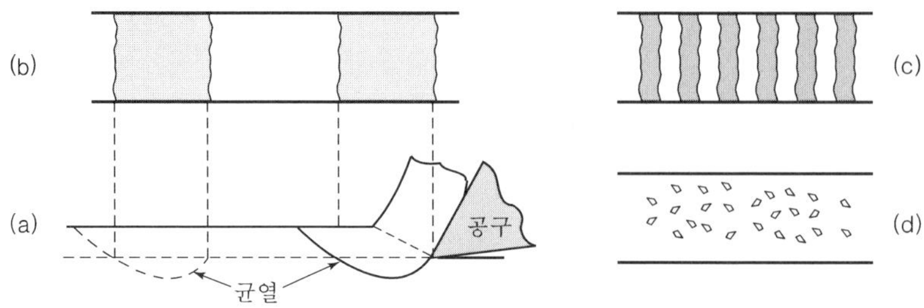

** 그림 7-17 ▌ 피삭재의 파괴

한계(이론적인 표면거칠기)가 있으며 전자의 경우 이러한 한계가 없기 때문이다. 특히, 주절삭날에 의한 표면거칠기의 크기는 절삭속도에 크게 영향을 받으며 저속영역에서는 주로 가공표면 아래로 발달되는 균열에 의한 피삭재의 파괴 및 구성인선에 기인하여 높은 표면거칠기를 나타낸다.

절삭속도가 매우 낮은 영역에서는 그림 7-17에 나타낸 바와 같이 최대전단응력방향으로 절삭면보다 더 깊이 발생하는 피삭재의 파괴에 의해 표면의 상태가 매우 불량하게 될 때가 종종 발생하며, 피삭재의 취성이 클수록 더욱 심하게 발생한다. 그림 7-17(b), (c)에서 어두운 부분은 파괴된 부분으로 실제적으로 절삭이 이루어지지 않은 부분이며 흰부분은 절삭작용이 이루어진 부분이다.

절삭속도(따라서 절삭온도)가 어느 정도 증가하면 파괴는 작아지며, 이때 칩이 연속적으로 생성되더라도 절삭가공표면을 자세히 관찰해보면 그림 7-17(d)와 같이 작은 흠집들이 있음을 볼 수 있다. 이러한 흠집은 그림 7-17(b), (c)의 경우와 같은 파괴기구에 의해 형성된 것이다. 절삭속도가 좀더 증가하면 이러한 피삭재의 파괴는 더욱 작게 일어나며 종국에는 사라지게 된다.

【2】 구성인선

균열에 의한 피삭재의 파괴가 더 이상 나타나지 않는 절삭속도에 이르면 칩과 공구경사면 사이의 마찰은 점점 심해지며, 이들 사이의 마찰응력이 커져 부분적으로 고착마찰상태에 이르게 되고, 공구경사면과 접촉하는 칩의 일부가 전단파괴되어 공구인선부에 얇은 층상으로 퇴적하게 된다. 이러한 과정이 반복되어 그림 7-18에 나타낸 것과 같은 구성인선이 발달하게 된다.

구성인선은 앞에서 설명한 얇은 층이 무수히 퇴적되어 발달하며, 이때 심한 가공경화가 일어나 매우 높은 경도를 나타내며 실제 절삭작용을 수행하게 된다. 구성인선은 원래 공구인선의 전방으로 성장하는 동시에 그림에서 보는 바와 같이 공구인선

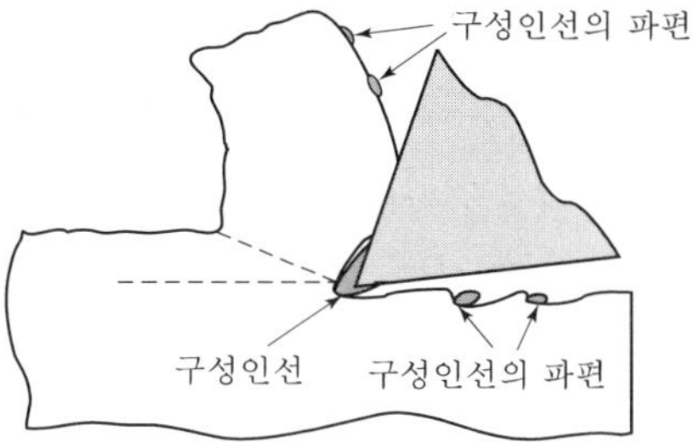

** 그림 7-18 ▌ 구성인선

아랫방향으로 발달되며, 어느 정도 성장하면 순간적으로 탈락하여 대부분은 칩면에 부착되어 배출되지만 일부 파편은 가공표면에 부착되어 가공표면의 건전성을 해친다. 구성인선은 발생, 성장, 탈락의 과정을 되풀이 하며, 그 주기는 대략 1/100초 내외로 보고되고 있다. 구성인선의 성장은 서서히 진행되며 탈락은 순간적으로 이루어지기 때문에 구성인선이 탈락하기 직전에는 절삭깊이가 원래 설정된 깊이보다 깊어졌다가 구성인선이 탈락되면 원래의 설정된 깊이로 되돌아온다. 따라서, 가공표면에는 이에 상응하는 요철이 주기적으로 발생하며 가공표면의 거칠기를 악화시킨다.

【3】 공구형상

그림 7-19는 바깥지름선삭시 공구노즈반지름과 이송의 크기에 의해 얻어지는 가공표면의 기하학적인 표면거칠기 요소를 나타낸 것이다. 그림 7-19(b)에서 보는 바와 같이 이론적인 표면거칠기 R_{th} 는 식 (7.22)와 같이 주어진다.

$$\therefore\ R_{th} \simeq \frac{f^2}{8r_n} \tag{7.22}$$

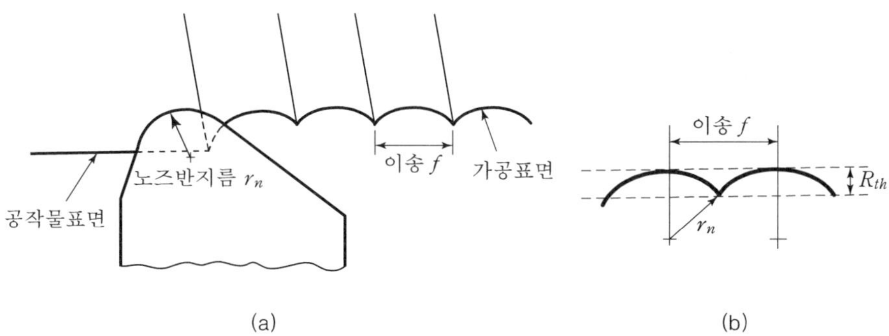

** 그림 7-19 ▌ 노즈반지름을 갖는 공구에 의한 이론적인 표면거칠기

식 (7.22)에서 알 수 있는 바와 같이 이론적인 표면거칠기 R_{th} 는 공구노즈반지름 r_n 이 크면 클수록, 이송 f 가 작으면 작을수록 낮은 값을 나타낸다. 그러나 실제의 표면거칠기는 이송 f 가 작을수록 낮은 표면거칠기값을 나타내지만 한계값 이하에서는 오히려 표면거칠기값이 커지는 경향을 나타낸다.

【4】 최소 미변형칩두께

그림 7-20(a)는 2차원 절삭시 절삭날 부근의 형상을 확대하여 나타낸 것이다. 그림에서 보는 바와 같이 절삭날은 아무리 예리하더라도 어느 정도의 둥금새를 나타낸다. 이 둥금새의 반지름을 공구인선반지름 r_e (edge radius)라 하며 일반적인 초경공구의 경우 5~30μm 의 값을 갖는다. 따라서, 절삭깊이가 아주 작을 때에는 실질적인 절삭이 이루어지지 않으며 공구는 공작물과의 상대운동시 절삭작용이 아닌 버니싱(burnishing) 작용을 하게 된다.

실제 절삭작용이 가능한 최소의 절삭깊이를 최소 미변형칩두께($t_{\min}$)라 한다. 한편, 그림 7-20(b)에 나타낸 바깥지름선삭의 경우 미변형칩두께는 절삭작용을 하는 절삭날(실선으로 표시)상의 임의의 위치로부터 공작물이 1회전 후의 절삭날(점선으로 표시)의 위치까지의 수직거리이며, A 점에서의 미변형칩두께 AA' 이며 B 점에서는 BB' 이다. 따라서, 공구선단으로 갈수록 미변형칩두께는 작아지고 어떤 한계값 이하에서는 절삭작용이 이루어지지 않으며, 이 한계값인 최소 미변형칩두께를 AA' 라 하면 $AA'O$ 부분은 절삭되지 않는다.

【5】 피삭재의 소성유동

그림 7-20(b)에 나타낸 절삭이 이루어지지 않는 $AA'O$ 부분은 공구선단에 의해 작용되는 심한 압축력에 의해 그림 7-21에 나타낸 바와 같이 횡방향의 소성유동을 한다. 그림에서 실선은 실제의 가공표면을 나타내며 점선은 소성유동이 일어나지 않은

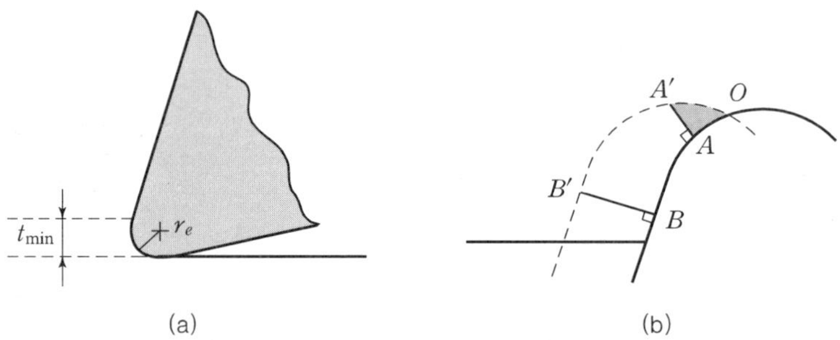

** 그림 7-20 ▌ 최소 미변형칩두께

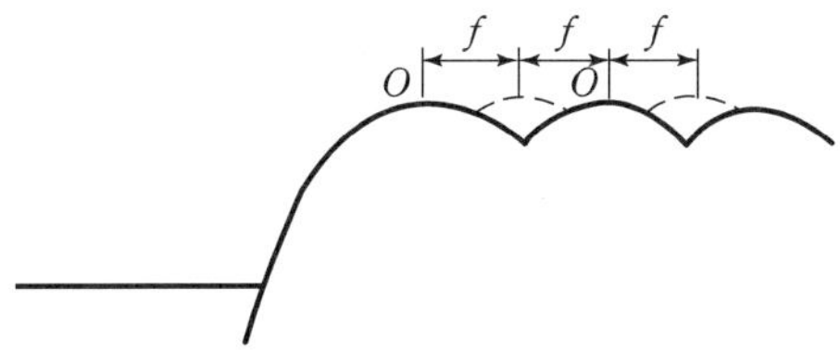

** 그림 7-21 | 피삭재 소성유동

상태를 나타내고 있다. 이러한 피삭재의 소성유동은 표면거칠기에 큰 영향을 미치며, 특히 연질금속의 경우 심하게 나타난다. 이밖에도 공구의 마모, 특히 공구선단에 이송간격으로 발달하는 그루브 마모(groove wear), 공구와 공작물간에 발생하는 진동, 공구각, 절삭유의 사용 유무 등 여러 가지 인자가 표면거칠기에 영향을 미친다.

7.5.2 절삭유

【1】 절삭유의 작용

절삭가공시에는 절삭구역에 절삭유가 공급되는데 이때 절삭유의 작용은 다음과 같다.

① **윤활작용** : 공구경사면과의 마찰을 감소시켜 발열에 의한 공구마모와 구성인선의 생성을 방지한다.

② **냉각작용** : 공구와 공작물을 냉각하여 절삭점의 온도를 저하시켜 공구의 수명을 연장하고 열팽창에 의해 정밀도가 떨어지는 것을 방지한다.

③ **칩배출작용** : 절삭구역 내의 절삭칩을 씻어내려 공구와 공작물표면 사이에 칩이 끼어 절삭면이 손상되는 것을 막는다.

④ **방청작용** : 절삭가공된 면이 산화되는 것을 방지한다.

【2】 절삭유의 종류

표 7-4는 절삭가공시 사용되는 주요 절삭유제를 나타내었다.

(1) 비수용성 절삭유

1) 광유

경유 등의 경질유 및 스핀들유, 기계유 등의 일반 윤활유를 단독 또는 혼합해서 사용한다. 광유는 그 성분이 탄화수소로서 경계 윤활성능이 좋지 않아 절삭유로서의 윤활효과, 용착방지능 등이 나쁘나 열안정성, 침윤성 등은 좋은 편이다.

표 7-4 절삭유제의 종류

- 절삭유
  - 비수용성 절삭유 (neat oil)
    - 광 유
    - 혼성유
    - 동식물유
    - 극 압
  - 수용성 절삭유 (soluble oil)
    - 에멀션
    - 솔류블
    - 케미컬 솔루션형

2) 혼성유

스핀들유나 기계유에 동식물유, 지방산, 지방산 에스테르 및 기타 유성향상제를 혼합한 것으로 광유에 비해 윤활효과가 우수하다. 비교적 저속 또는 경절삭에 사용한다.

3) 동식물유

라드, 경유(고래기름) 등의 동식물유도 사용되지만 보통 채종유, 대두유, 장유 등의 식물성유가 사용된다. 저속 경절삭에 사용된다.

4) 극압유

염소, 황, 인 등의 유기화합물이 극압첨가제로 첨가된 것으로 비수용성 절삭유의 주류를 차지한다. 중절삭, 피절삭성이 나쁜 재료에 적합하다. 저, 단속절삭에서는 염소화합물이 많은 것이 좋다.

(2) 수용성 절삭유

1) 에멀션(emulsion)형

물에 희석하면 유백색(은유색)이 되는데 이는 미립자의 지름이 1~3μm 이어서 빛을 반사하기 때문이다. KS에 W1종 1호, 2호, 3호로 구분한다.

- W1종 1호 : 극압첨가제 첨가하지 않음
- W1종 2호 : 극압첨가제 첨가
- W1종 3호 : 비철금속 가공용

윤활성능이 우수하여 절삭가공에 많이 사용된다.

2) 솔류블(soluble)형

물에 희석하면 투명 또는 반투명 색상이 되는데, 이것은 미립자의 지름이 0.01~0.1μm 이어서 빛을 통과시키기 때문이다. 광유에 다량의 계면활성제, 극압첨가제 등을 첨가한 것으로 KS에 W2종 1호, 2호, 3호로 구분한다. 세정성이 우수하여 주로 정밀연삭에 사용된다.

3) 케미컬 솔루션(chemical solution)형

극압첨가제가 첨가되지 않아 세정성과 윤활성은 W1종과 W2종에 비해 떨어지나 소포성, 방청성이 우수하여 정밀도를 요구하지 않는 연삭가공 등에 사용된다.

7.6 고효율 절삭가공

최근 기계산업의 발전에 따라 고기능 및 고효율 융합부품소재가 등장하게 되었다. 이러한 부품소재는 구체적으로 다음과 같은 것들이 있다.

① 고경도, 고인성으로 인한 난삭성을 유발하는 재료
② 절삭데이터가 없는 신소재
③ 형상적, 구조적으로 절삭가공이 곤란한 부품
④ 보유설비능력 이상의 가공정밀도가 요구되는 부품

이러한 부품소재는 표 7-5와 같이 절삭가공성이 좋지 않아 절삭 후의 표면상태가 불량이거나 공구수명이 짧아지며 고온에 의해 가공면에 잔류응력이 존재하게 되어 가공 측면에서는 매우 불리한 실정이다.

** 표 7-5 ▌ 재료 특성과 절삭 현상

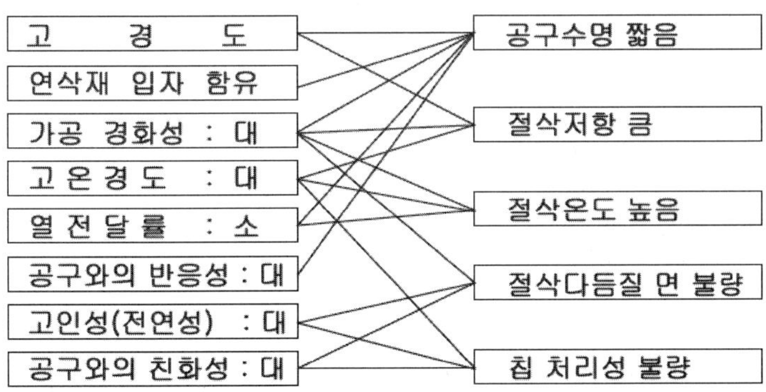

최근 절삭가공산업에서 전 세계적으로 기술개발에 연구가 집중되고 있는 분야로는 고능률가공기술, 초정밀미세가공기술 및 환경친화가공기술 등을 들 수 있다. 여기서는 고능률가공(high efficiency machining)의 핵심기술인 고속절삭가공(high speed machining)과 하드 터닝(hard turning)의 개괄적인 내용을 살펴보기로 한다.

7.6.1 하드 터닝

최근에 공구재료 및 공작기계 성능이 개선됨으로써 절삭공정의 고능률화가 급속하게 진행되고 있으며, 이의 일환으로 하드 터닝(hard turning), 하드 다이 밀링(hard die milling) 등 하드 머시닝(hard machining) 기술이 개발되어 산업현장에서의 적용이 시도되고 있다.

하드 터닝이란 HRC50 이상의 경화된 강을 CBN 등과 같은 고경도공구를 사용하여 선삭공정에 의해 수행되는 다듬질가공공정을 말한다. 볼 부시, 베어링, 기어, 샤프트, 커넥팅 로드 등과 같은 고경도강으로 제작되는 정밀부품을 가공하기 위해 종래에는 경화열처리를 하기 전에 황삭공정의 선삭가공을 하고, 열처리 후 연삭공정에 의한 다듬질가공이 이루어졌다. 따라서, 이러한 가공법은 각 공정마다 다른 공작기계를 이용하므로 가공순서가 복잡하고 제조원가가 높아지는 결과를 초래하였다.

그러나 연삭공정을 하드 터닝으로 대체함으로써 다음과 같은 장점을 가질 수 있다. 첫째는 비용적인 측면에서 공정의 단축으로 총가공시간을 줄이고 재료제거율도

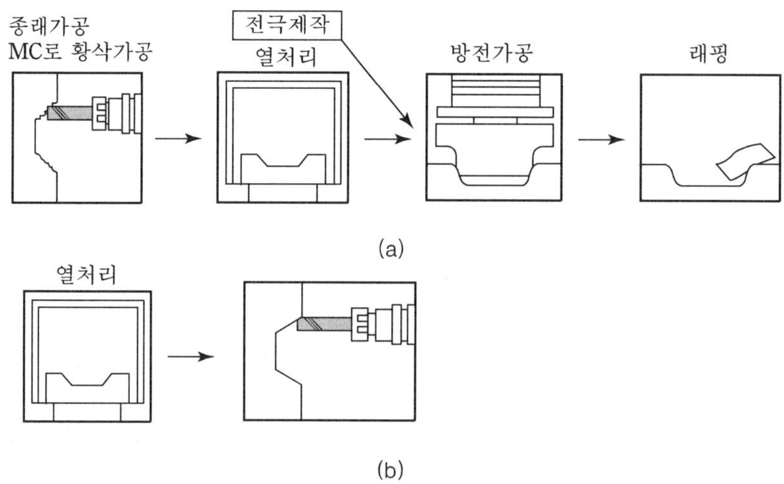

** 그림 7-22 ▌ 범용공정(a)과 하드 다이 밀링공정(b)의 비교

60 % 정도 향상시켜 생산성 향상과 생산비용을 절감할 수 있다. 둘째는 표면품위 측면에서도 칩으로 대부분 열을 발산하여 연삭시와 같이 버닝(burning) 현상이 없고, 공구인선이 가하는 소성력에 의해 가공 변질층에 잔류응력의 분포가 연삭에 비해 큰 압축응력을 받는 상태로 나타나기 때문에 부품의 피로수명을 향상시킨다. 상기와 같은 이유로 고경도강의 다듬질가공에서 연삭가공을 건식 하드 터닝으로 대체하려는 노력이 시도되고 있다.

또한 앞에서 언급한 바 있는 금형제작시 경화열처리된 금형소재를 직접 절삭가공함으로써 총가공시간을 대폭적으로 줄일 수 있는 절삭가공법을 하드 다이 밀링이라 하며 그림 7-22에 종래의 범용절삭공정과 비교하였다.

7.6.2 고속절삭가공

피삭재의 종류 및 사용공구에 따라 고속절삭의 범위가 다르기 때문에 현재 고속절삭가공의 명확한 정의는 이루어지지 않고 있으나, 표 7-6에서 제시하듯이 주축회전속도 20,000rpm, 테이블 이송속도 10m/min 이상인 공작기계에서 이루어질 수 있는 절삭가공으로 종래의 절삭가공보다 현저하게 높은 절삭속도하에서 이루어지는 경우를 의미한다.

고속절삭가공은 그림 7-23에서 보여 주듯이 생산성 향상, 고품위의 표면품질 실현, 방전가공과 같은 저속공정의 대체, 폴리싱과 같은 2차공정의 제거나 감소, 박판

표 7-6 ▌ 금형가공용 밀링가공기의 개발현황

대상/종류	수동/모방 밀링	CNC 밀링	고속 밀링
가공경로	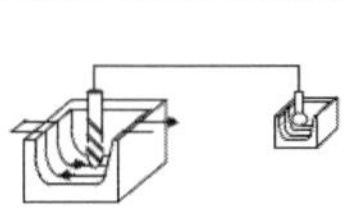	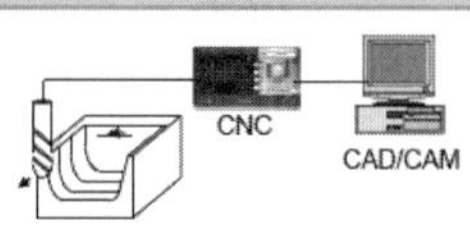	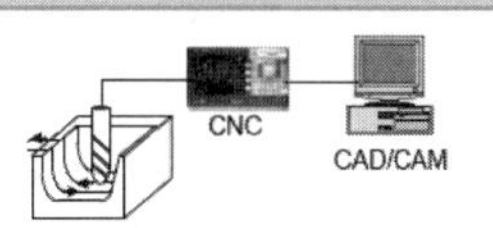
가공초점	황삭, 중삭	황삭, 중삭, 정삭	정삭
공작물	일반강	고경도강	고경도강
공구재료	HSS	HSS/WC	WC/CBN
절삭속도	10~100[m/min]	100~600[m/min]	300~1,000[m/min]
이송속도	100~500[mm/min]	3,000~5,000[mm/min]	10,000~100,000[mm/min]
이론조도	R_{th} > 0.1[mm]	R_{th} > 00.2[mm]	R_{th} > 00.1[mm]

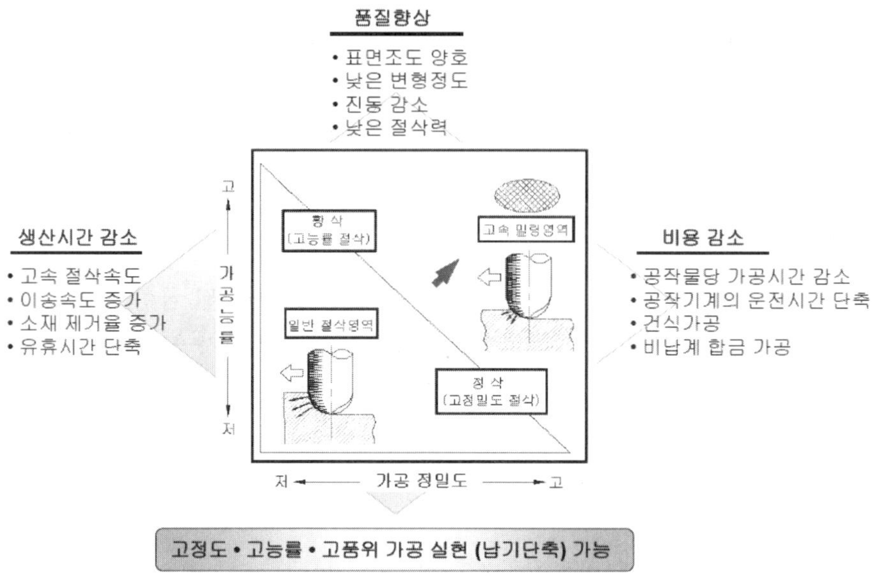

** 그림 7-23 ▌ 고속절삭의 이점

이나 취성부품의 가공, 공작물의 변형감소, 버(burr)의 감소, 소경공구의 효율적 사용 등 많은 이점으로 인하여 항공기산업을 위시하여 금형산업, 자동차산업 등에서 최근 급속하게 적용되고 있는 가공기술이다.

그림 7-24는 고속절삭의 적용범위를 도식화한 것이다. 예를들면, 알루미늄 및 티타늄 합금으로 제작되는 대형항공기의 날개 패널(panel)이나 천장 구조물부재의 경우 종래에는 여러 개의 파트를 조립하여 생산하였으나 최근에는 항공기의 안정성을 높이기 위해 대형단조물로부터 절삭가공에 의해 단일부품으로 제작된다. 이때 절삭가공에 의해 칩으로 제거되는 양은 모재의 90%에 이르기 때문에 고속절삭가공은 생산성과 직결된다.

한편, 금형제작시 생산성 향상과 가공면의 표면품위 향상을 위하여 고속가공의 적용이 확대되고 있는 추세이다. 금형제작시 종래의 절삭가공과 비교하여 고속절삭가공의 특징은 반지름이 작은 공구를 사용하며 높은 주축회전속도, 낮은 날당 이송량 및 높은 테이블이송속도의 조건으로 절삭함으로써 절삭가공면의 표면거칠기가 연삭가공에 버금갈 뿐 아니라 공정수의 감축으로 가공시간을 줄여 생산성을 높여준다.

이점	시간당 절삭량 증가	높은 표면정도	낮은 절삭력	높은 공진주파수	칩에 의한 열전달
적용 영역	경합금, 주철, 내열강	정밀가공 특수공작물	박막가공	임계 주파수에서 가공이 불가능한 경우	임계 열영향 내에서의 공작물 가공
적 용 예	항공•우주산업 	광학산업 	정밀기계요소 	정밀기계산업 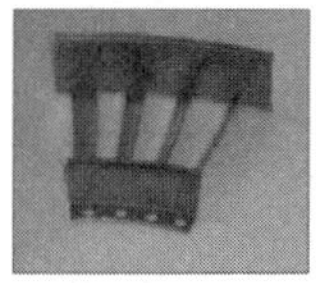	정밀기계산업 

** 그림 7-24 ▌ 고속절삭의 적용범위

그림 7-25는 종래의 범용절삭 가공과 고속절삭 가공을 비교한 예를 나타내고 있다. 그림에서 보는 바와 같이 범용절삭 가공의 경우 큰 지름의 공구, 낮은 절삭속도, 큰 절삭깊이의 조건에서 가공하기 때문에 제거되지 못한 부분이 많이 생기며, 이를 제거하기 위해 후속공정에 많은 노력이 필요하다.

또한 고속절삭 가공에서는 고온경도가 높은 공구를 사용하여 낮은 절삭깊이로 절삭 가공함으로써 $HRC50$ 이상의 고경도재료의 가공이 가능하다. 따라서, 종래에는 방전 가공에 의존하였던 경화열처리강의 직접적인 절삭가공이 가능할 뿐만 아니라 방전 가공 시 발생하는 가공 변질층의 깊이를 최소화할 수 있기 때문에 금형의 수명을 획기적으로 향상시킬 수 있게 되었다.

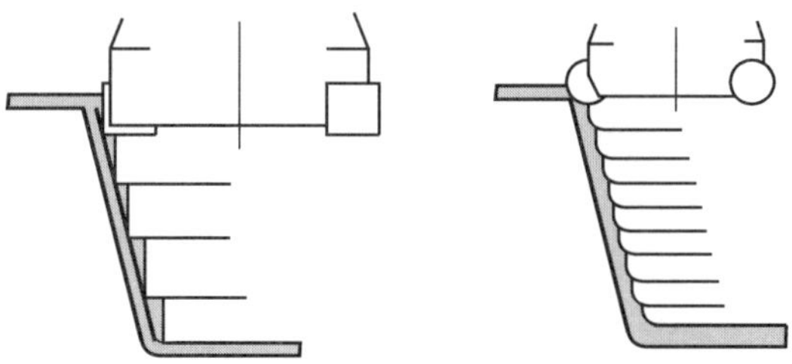

(a) (b)

** 그림 7-25 ▌ 범용절삭과 고속절삭의 비교 : (a) 범용절삭, (b) 고속절삭

그러나 이러한 장점에도 불구하고 고속절삭 가공의 일반적인 적용이 어려운 점으로는 아직까지 고속절삭의 칩생성기구에 대한 이해가 미흡하며, 고속가공용 공작기계가 매우 고가이고, 고속절삭에 사용되는 공구 역시 높은 고온경도와 강도가 요구되며, 공구의 런 아웃(run out) 등 불평형 질량이 가공정밀도, 공구수명에 지대한 영향을 미치기 때문에 공구 및 공구홀더의 선택에 어려움이 있다. 이와 더불어 고속절삭 가공에 알맞은 CAD/CAM 시스템과 이의 적절한 운영체계의 확립이 요구되고 있다.

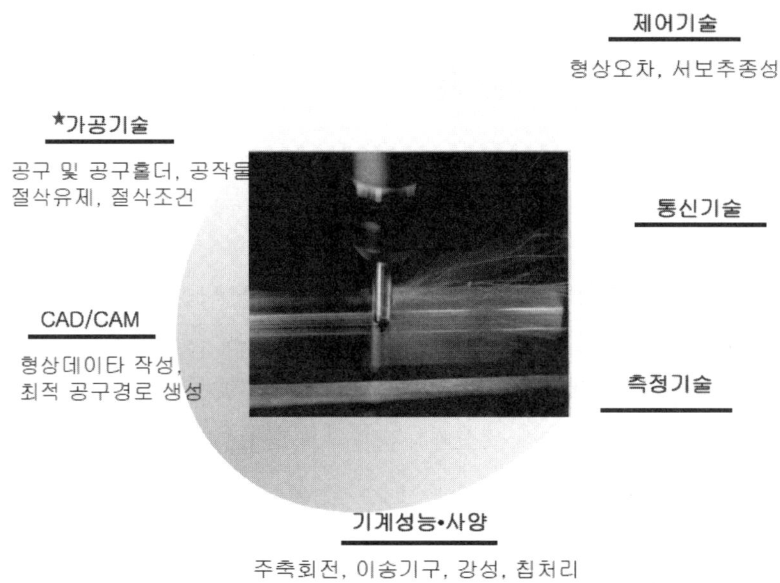

** 그림 7-26 ‖ 고속절삭의 요소기술 개발과제

G8RT 34 s L36-3Q32W1-00067-0

제 8 장

고효율 연삭

8.1 연삭이란?

8.1.1 서론

연마가공(abrasive processes)이란 단단한 **연마입자**(abrasives)를 절삭공구로 사용하여 공작물을 가공하는 공정들에 대한 총체적 명칭이고, 그 중 **연삭가공**(grinding)은 연삭숫돌(grinding wheel)을 이용하여 공작물을 가공하는 공정을 일컫는다. 연마가공은 우리 인류가 활용했던 가공공정 중 가장 오래된 가공공정의 하나이다. 우리는 역사에서 돌을 갈아서 도구로 사용했던 시대를 구석기시대라고 하는데, 돌을 가는 공정이 다름아닌 연마공정인 것이다. 연삭공정은 현재 산업화된 국가에서의 기계가공 비용의 20~25 %를 차지하고 있을 정도로 중요한 공정이다.

연삭공정 없이 현재와 같은 문명사회의 발전은 불가능하다. 거의 모든 정밀제품들은 직접 또는 간접적으로 연삭공정과 연관되어 있다. 절삭가공에 사용되는 모든 공구들은 연삭공정에 의하여 연삭되어지고 모든 기계제품에 들어가는 베어링 역시 연삭에 의하여 생산된다. 정밀전자제품 또한 예외가 아니어서 컴퓨터의 하드디스크 드라이브 등은 연삭가공을 거치지 않고는 생산이 불가능하다.

연삭공정은 전통적으로 좋은 표면거칠기와 치수정밀도를 요구하는 마무리공정으로 이해되어 왔다. 그러나 연삭공정은 마무리공정 외에도 주재료 제거공정으로도 널리 활용된다. 예를 들면, 철강회사에서 빌렛(billets)을 가공할 때 1,600cm^3/min 정도의 엄청난 재료제거율로 금속을 제거하기도 한다. 연삭공정은 또한 절삭가공방법으로는 가공이 불가능한 제품의 생산에 필연적으로 활용된다. 경도가 매우 높은 경화강의 가공이나 세라믹, 초경합금, 유리 등의 가공에는 연삭가공 외에 다른 대안이 없다. 따라서, 연삭공정을 정확히 이해하고 활용하는 것은 대단히 중요하며 현장 생산책임자의 연삭공정에 대한 이해는 현장의 생산성 향상과 직결된다고 할 수 있다.

8.1.2 연삭숫돌

【1】 개요

연삭작업의 공구로 사용되는 연삭숫돌은 연마입자, 결합제, 그리고 기공으로 구성되어 있다. 그림 8-1은 이러한 연삭숫돌의 구성을 나타내는 개요도이다. 연삭숫돌의 성능은 연마입자의 종류, 연마입자의 크기, 결합제의 종류, 그리고 기공에 따라 크게 달라지므로 이러한 인자들이 연삭숫돌의 성능에 미치는 영향을 이해하는 것은 매우 중요하다. 연삭숫돌은 사용된 연마입자에 따라 크게 재래식 연삭숫돌(conventional wheels)과 초연마재 연삭숫돌(superabrasive wheels)로 대별된다. 재래식 연삭숫돌은 산화알루미늄(aluminum oxides, Al_2O_3)과 탄화규소(silicon carbides, SiC)를 연마입자로 사용한 것으로서 연삭작업이 기계화된 초기부터 사용되었던 숫돌이고, 초연마재 연삭숫돌은 1950년대에 인공적으로 개발된 다이아몬드와 CBN(cubic boron nitride)을 연마입자로 사용하여 숫돌의 성능을 향상시킨 것이다. 재래식 연삭숫돌은 숫돌 전체를 연마입자로 만드는 반면 초연마재 연삭숫돌은 몸체(shank) 부분은 알루미늄이나 강과 같은 금속으로 제작하고 연삭날 부분만 초연마재 입자를 사용하여 제작한다. 이 절에서는 연삭숫돌을 구성하는 요소들과 그 특징에 대하여 설명하고자 한다.

【2】 연삭숫돌의 표기

(1) 재래식 연삭숫돌의 표기

재래식 연삭숫돌의 표기방법은 국제적으로 통일되어 있으며, 숫돌의 사양은 다음 사항을 포함한다.

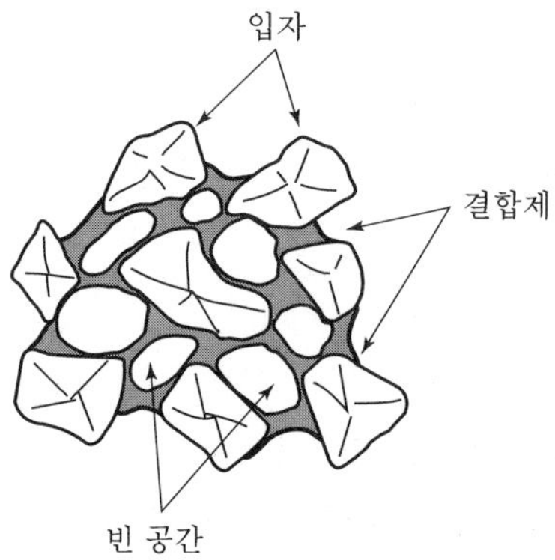

** 그림 8-1 ▌ 연삭숫돌의 구조

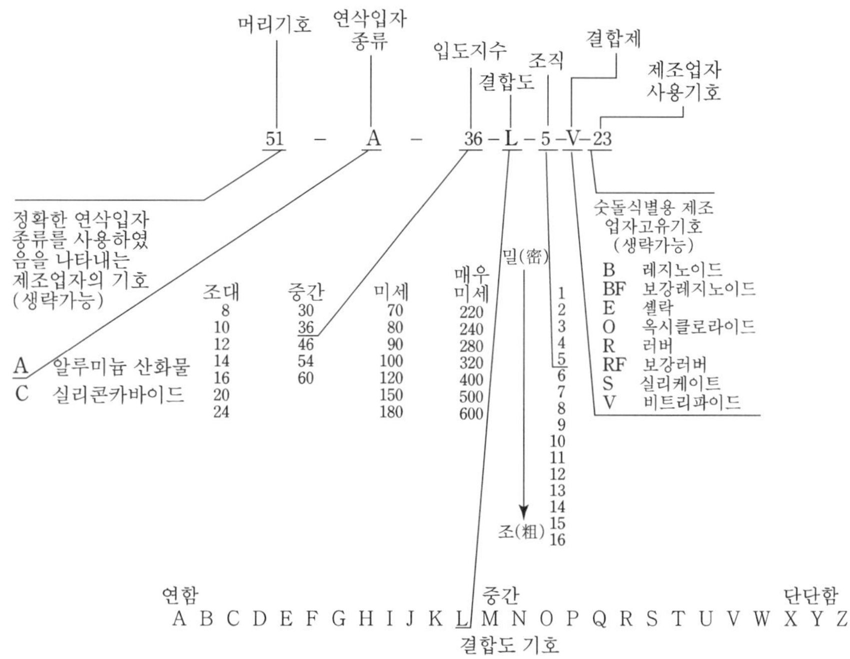

** 그림 8-2 ▌ 재래식 연삭숫돌의 표기방식

① 연마입자의 종류
② 연마입자의 크기
③ 연삭숫돌의 경도
④ 연삭숫돌의 구조
⑤ 결합제의 종류
⑥ 제조회사의 분류기호

그림 8-2는 국제적으로 통용되고 있는 재래식 연삭숫돌의 표기방법을 나타낸다. 기호 A와 C는 연마입자가 산화알루미늄(A)인지 아니면 탄화규소(C)인지를 나타낸다. 산화알루미늄과 탄화규소에도 몇 가지 종류가 있지만 기호로는 A와 C로 대별하여 나타낸다. 생산자 기호는 숫자나 문자로 나타내는데, 연마입자의 종류를 나타내는 기호 앞에 표기하여 산화알루미늄과 탄화규소의 특정한 타입을 나타낸다. 연마입자의 종류를 나타내는 오른편에는 연마입자의 크기를 기입하는데, 이것은 연마입자를 분류할 때 사용하는 체의 메시크기를 나타내는 것으로서 1인치당 그물눈의 수를 나타낸다. 따라서, 큰 숫자는 작은 입자크기를 의미한다.

연마입자의 크기는 산포가 비교적 큰 편이지만 메시크기에 따라 다음 식으로 나타낼 수 있다.

$$d_g[\mathrm{mm}] = 68\,M^{-1.4} \tag{8.1}$$

여기서 d_g는 연마입자의 크기를, M은 메시번호를 나타낸다. 예를 들어, 메시번호 60인 연마입자의 지름은 약 0.22mm 정도인 것이다. 연마입자의 크기를 나타내는 숫자 다음에는 연삭숫돌의 경도(wheel grade or hardness)를 나타내는 문자를 표기한다. 연삭숫돌의 경도는 연마입자가 결합제와 얼마나 단단히 결합하고 있는가를 나타낸다. 경도는 A부터 Z까지의 알파벳 문자를 사용하여 나타내는데 A쪽이 연한 쪽, Z쪽이 단단한 쪽을 나타낸다.

연삭숫돌의 경도표시 옆에는 연삭숫돌의 구조(structure)를 나타내는 숫자를 표기한다. 구조를 나타내는 숫자는 연삭숫돌에서 연마입자의 체적이 차지하는 비중을 나타내는 것으로서 숫자가 작을수록 연마입자가 많고 기공이 적은 것을 의미한다(dense).

입자의 체적 퍼센트를 나타내는 경험식은 다음과 같다.

$$V_g[\%] = 2(32 - S) \tag{8.2}$$

여기서 V_g는 입자의 체적 퍼센트를, S는 구조번호를 나타낸다.

연삭숫돌의 구조표시 다음에는 결합제의 종류를 문자로 나타낸다. 재래식 연삭숫돌의 제작에 널리 쓰이고 있는 비트리파이드 결합제(vitrified bond)는 "V" 문자를 사용하고, 고무계열의 결합제(rubber-based bond)는 "R"을, 레지노이드(resinoid) 결합제는 "B"를 사용한다.

(2) 초연마재 숫돌의 표기

다이아몬드와 CBN 같은 초연마재를 사용하는 숫돌은 재래식 숫돌과 유사하면서도 약간 다른 표기방법을 사용한다. 다이아몬드 입자는 "D"로, CBN 입자는 "B"로, 비트리파이드는 "V"로, 그리고 금속은 "M"으로 표기한다. 대부분의 초연마재 숫돌은 레진과 금속 결합제를 사용하는데, 최근 들어 CBN 숫돌의 경우 비트리파이드 결합제의 중요성이 강조되고 있다. 초연마재 입자는 매우 비싸기 때문에 금속 몸체(shank)에 초연마재 입자의 얇은 층을 더하여 연삭숫돌로 사용하게 되는데, 이때 초연마재 연삭층의 두께를 숫돌의 표기에 포함시킨다.

경우에 따라서는 연삭숫돌의 비용을 줄이기 위하여 금속 몸체에 한 층만의 초연마재 입자를 도금하여 사용하기도 하는데, 이러한 숫돌을 전착숫돌(electroplated wheel)이라고 하며, 이 경우 숫돌에는 입자종류와 입자크기만 표기한다.

초연마재숫돌의 입자크기는 재래식 숫돌의 입자크기 표기방법과 약간 다른 표기방법을 사용한다. 초연마재숫돌의 입자크기는 재래 연삭숫돌의 경우보다 더 잘 관리되어야 하기 때문에 두 숫자를 동시에 표기하는 방법을 사용한다.

예를 들어, 60/80이라고 하면 초연마재 입자의 대부분이 60번 그물체는 통과하지만 80번 그물체는 통과하지 못하는 입자크기를 의미한다. 초연마재 연삭숫돌의 표기에는 재래식 연삭숫돌의 표기에 없는 한 가지가 더 추가되는데, 그것은 집중도(concentration)이다. 집중도란 숫돌에 사용된 초연마재의 양을 말한다. 집중도 100은 연삭숫돌 체적 가운데 초연마재 입자가 차지하는 비중이 25%일 때를 나타내는데, 이것은 44 carats/cm^{3}에 해당된다. 보통 금속본드 또는 레진본드 결합제에 많이 사용되는 집중도는 50～150 정도이다. 그림 8-3은 초연마재숫돌의 표기방법을 나타낸다.

M 머리기호	D 연삭입자 종류	100 입도 지수	P 결합도	100 다이아몬드 함유율	B 결합제	 결합제 수정여부	1/8 다이아몬드 깊이
다이아몬드 종류를 표시하는 제조업자기호	B 큐빅보론질화물	20	A (연함)	25 (낮음)	B 레지노이드	표준결합제로부터 변경된 사항을 문자나 숫자로 표시	1/16
	D 다이아몬드	24		50	M 메탈		1/8
		30		75	V 비트리파이드		1/4
		36		100 (높음)			깊이표시를 하지 않으면 순다이아몬드를 뜻함
		46					
		54					
		60	Z (단단함)				
		80					
		90					
		100					
		120					
		150					
		180					
		220					
		240					
		280					
		320					
		400					
		500					
		600					
		800					
		1000					

** 그림 8-3 ▌ 초연마재숫돌의 표기방식

【3】 연마입자

연마입자는 연삭가공에서 절삭공구의 역할을 하는 것으로서 일반적으로 공작물보다 훨씬 단단한 입자를 사용한다. 현재 널리 사용되고 있는 연마입자는 재래식 연삭숫돌에 사용되는 산화알루미늄과 탄화규소 그리고 초연마재 연삭숫돌에 사용되는 다이아몬드와 CBN이며 표 8-1은 이러한 입자들의 몇 가지 물리적 성질을 나타낸다.

천연 연마입자로 코런덤(corondum)과 에머리(emery) 등이 있으나 이들은 보통 불순물과 혼합되어 있고 성질도 불균일하므로 재래식 연삭숫돌에 사용되는 산화알루미늄과 실리콘 카바이드는 모두 인공적으로 합성된 것(synthetic materials)을 사용한다. 최근에 개발된 산화알루미늄 입자의 변형된 타입으로 졸-겔 입자(sol-gel abrasives)가 있다. 이것은 용융이나 소결과는 다른 교상(colloidal)의 물질을 건조시켜서 만든 입자이다.

이 입자의 특징은 아주 미세한 입자들이 모여서 하나의 연마입자를 이룸으로써 연삭숫돌이 마모될 때, 이 미세한 입자들이 떨어져 나가는 형태로 마모가 일어남으로써 연마입자는 계속 날카로움을 유지할 수 있는 장점이 있다.

다이아몬드 입자는 천연과 인공합성물이 모두 사용되나 최근에는 다이아몬드 합성기술의 발달로 주로 인공 다이아몬드가 널리 사용된다. 인공 다이아몬드는 다이아몬드의 주성분인 탄소(흑연)를 고온・고압(니켈촉매 사용시 2,000℃, 75~95 kbar)에서 압축하여 제작한다. 다이아몬드는 지구상에 존재하는 물질 가운데 가장 경도가 높은 물질이므로 연삭성이 뛰어나 세라믹, 유리 등 고경도재료의 연삭에 효과적으로 활용된다. 그러나 다이아몬드는 철계재료의 가공시에는 흑연화 현상(graphitization)과 탄소확산(carbon diffusion) 때문에 마모가 심해져서 철계재료의 연삭에는 사용되지 않는다.

** 표 8-1 ▍ 연마입자의 물리적 성질

물리적 성질 \ 종류	산화알루미늄 (Al_2O_3)	탄화규소 (SiC)	CBN (BN)	다이아몬드 (C)
결정구조	hexagonal	hexagonal	cubic	cubic
밀도[g/cm^3]	3.98	3.22	3.48	3.52
용융점[℃]	2,040	~2,830	~3,200 at 105kbar	~3,700 at 130kbar
누프경도[g/mm^2]	2,100	2,400	4,700	8,000

다이아몬드의 이러한 약점을 보완하기 위하여 개발된 것이 **CBN**(Cubic Boron Nitride)이다. CBN은 6방정계(hexagonal) 결정구조를 가지는 BN(Boron Nitride)을 고온고압에서 압축하여 입방정계(cubic)화시킴으로써 다이아몬드와 유사한 결정구조를 갖도록 개발된 인공물질(synthetic material)이다. 따라서, CBN도 매우 높은 경도를 가지는데 다이아몬드와 같은 흑연화 현상이 발생하지 않아 고경도 철계재료의 연삭가공에 효율적으로 사용되고 있다.

【4】 결합제

연마입자는 여러 종류의 결합제에 의하여 결합되어진다. 이러한 결합제는 연삭저항력과 연삭온도에 견딜 수 있어야 하며, 연삭유로부터 화학적 영향을 받지 않아야 한다. 또한 결합제는 숫돌의 강성을 유지할 수 있어야 하며, 한편으로는 마모된 입자를 적절한 시기에 탈락시킬 수 있어야 한다. 주로 사용되는 결합제는 비트리파이드, 레지노이드, 금속결합제 등이다.

비트리파이드 결합제는 점토(clay), 장석(feldspar), 프릿(frit, 유리원료)의 혼합물로 구성된다. 연삭숫돌은 연마입자와 혼합하여 프레스에서 원하는 연삭숫돌 형상으로 성형한 후 노(kiln)에서 약 1,250℃ 정도의 온도에서 장시간 굽고 서랭시키는 공정을 거쳐서 생산된다. 비트리파이드 결합제를 사용한 숫돌은 많은 기공(porosity)을 포함하고 있어서 연삭성이 우수하며 강도도 높아서 재래식 연삭숫돌의 반 이상을 차지한다. 그러나 취성이 크기 때문에 사용 중 주의를 요하고, 특히 최근 연삭가공이 고속화되고 있는 추세이나 고속에서는 사용이 제한된다. 초연마재숫돌의 경우 지금까지는 비트리파이드 결합제를 많이 사용하지 않았는데 최근 중연삭용 CBN 숫돌에 그 사용이 늘고 있는 추세이다.

레지노이드 결합제는 열경화성 수지(phenolic thermosetting resins and plasticizers)를 결합제로 사용한 것이다. 연삭숫돌의 제작은 레지노이드 분말을 연마입자와 혼합하여 연삭숫돌 형태로 성형한 후 150~200℃에서 경화(baking or curing)하여 제작한다. 결합제의 경도는 경화제와 첨가제의 양에 의하여 조절된다. 레지노이드 연삭숫돌은 강도도 높고 충격에 잘 견디므로 재래식 입자를 사용한 중연삭작업(heavy-duty snagging operation)과 절단작업(cut-off)에 널리 활용된다. 초연마재숫돌에는 레지노이드 결합제가 가장 널리 쓰이며 다이아몬드를 이용한 초경합금의 연삭이나 CBN을 이용한 강의 연삭들과 같은 작업에 효과적으로 활용된다. 레지노이드 결합제는 알칼리성 절삭유에 의해 화학적 영향을 받아 강도를 떨어뜨릴 가능성이 있으므로 알칼리성 절삭유와는 함께 사용하지 않는 것이 좋다.

금속결합제는 초연마재 연삭숫돌의 제작에 널리 사용된다. 가장 널리 쓰이는 금속결합제의 형태는 분말야금법으로 생산된 청동분말을 연마입자와 혼합하여 소결시키는 것이다. 이때 숫돌의 강도는 첨가물과 청동의 조성을 조정하여 변화시킨다. 다른 금속 결합제로는 철과 니켈분말 등이 있다. 석재 절단용 커터 등에 니켈분말을 많이 사용한다.

전착에 의한 결합방법은 초연마재 연삭숫돌의 제작에 사용되는 방법으로 다이아몬드나 CBN 입자를 미리 제작된 섕크(shank)에 한 층만 니켈도금 방법으로 결합시키는 것이다. 전착숫돌은 다이아몬드나 CBN 입자의 사용량이 적기 때문에 적은 비용으로 초연마재 숫돌을 생산할 수 있는 이점이 있으며, 또한 복잡한 형상의 숫돌도 쉽게 제작할 수 있는 장점이 있다. 반도체 소재로 사용되는 실리콘 잉곳을 얇은 두께로 절단(slicing)하는 공정 등에 효과적으로 사용된다.

8.1.3 연삭이론

【1】 연삭작업의 기하학적 분석

연삭작용은 종종 밀링커터의 절삭작용에 비교된다. 그것은 밀링커터의 원주면상의 날이 숫돌의 연삭입자에 해당하며 공작물에 이송을 주는 동시에 밀링커터 또는 숫돌을 비교적 고속으로 회전시켜 가공하는 방식이 유사하기 때문이다. 따라서, 밀링커터에서 한 날당 최대 절입깊이를 연삭에서의 **입자당 최대절입깊이**라고 생각할 수 있다.

먼저 밀링커터에서 최대절입깊이를 기하학적으로 계산해본다. 밀링커터의 절삭작용을 표시하는 그림 8-4에서 커터지름 D_s, 커터날 수 Z, 커터의 단위시간당 회전수 N, 커터의 원주속도 V_s, 공작물 이송속도 v_w, 절입깊이 d, 날당이송량 S_z 라고 기호를 정한다.

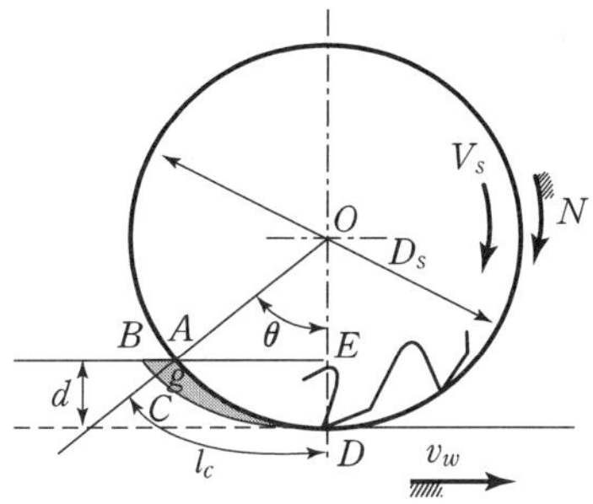

** 그림 8-4 ▌ 밀링커터에 의한 평면절삭

그림 8-4에서 해칭한 부분을 날 하나가 절삭한 부분이라고 하면 커터의 중심 O 와 절삭상의 한 점 A 의 연장선에 있는 $\overline{AC}$ 길이가 날당 최대절입깊이 g 가 된다. 여기서 $\angle AOD=\theta$ 로 놓고, 절입깊이 d 는 커터지름 D_s 에 비해 작다고 하면

$$g=\overline{AC}=\overline{AB}\sin\theta \tag{8.3}$$

$$\overline{AB}=S_z=\frac{v_w}{NZ}$$

$$\overline{AE}=\sqrt{\left(\frac{D_s}{2}\right)^2-\left(\frac{D_s}{2}-d\right)^2}=\sqrt{D_s d-d^2}$$

$d \ll D_s$ 이므로

$$\overline{AE} \fallingdotseq \sqrt{D_s d}$$

$$\sin\theta=\frac{\overline{AE}}{\overline{OA}}=\frac{\sqrt{dD_s}}{D_s/2}=2\sqrt{\frac{d}{D_s}}$$

따라서, 최대절입깊이($\overline{AC}$)는

$$g=2\frac{v_w}{NZ}\sqrt{\frac{d}{D_s}} \tag{8.4}$$

연삭의 경우는 커터의 날수 Z 대신에 연삭날간격 μ 를 사용한다. 즉, $\mu Z=\pi D_s$ 로 놓고 이것을 윗식에 대입하면 연삭의 최대절입깊이가 구해진다. 즉,

$$g = 2\mu \frac{v_w}{V_s}\sqrt{\frac{d}{D_s}} \tag{8.5}$$

여기서 $V_s = \pi DN$ 이다. 그리고 접촉호의 길이 l_c 는

$$l_c = \frac{D_s}{2}\theta = \sqrt{dD_s} \tag{8.6}$$

이 된다.

【2】 연삭저항력

연삭저항력은 연삭작용 때문에 숫돌과 공작물 사이에서 발생하는 저항력을 말한다. 그림 8-5는 평면연삭을 나타내는데, 플런지 연삭의 경우 숫돌의 연삭작용에 저항하는 공작물에 발생하는 전체 저항력벡터는 접선성분 F_t 와 법선성분 F_n 으로 나눌 수 있다. 트래버스연삭에서는 연삭축에 평행하고 테이블 이송방향에 수직한 연삭저항력성분이 추가된다. 그림 8-5에서 연삭저항력성분과 관계하는 연삭동력 P 는 다음과 같이 쓸 수 있다.

$$P = F_t(V_s \pm v_w) \tag{8.7}$$

플러스 사인은 공작물과 숫돌의 방향이 반대인 상향연삭에 대한 것이고, 마이너스 사인은 공작물과 숫돌의 방향이 같은 방향인 하향연삭에 대한 것이다. 이송속도가 숫돌주속에 비해 매우 느릴 경우(대부분의 경우) 전체 동력은 다음과 같이 간단히 쓸 수 있다.

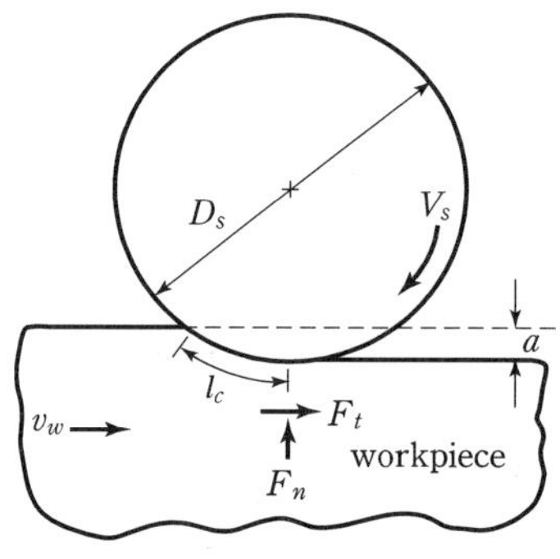

** 그림 8-5 ▌ 플런지 연삭에 대한 연삭저항력 성분

$$P = F_t V_s \tag{8.8}$$

【3】 연삭비(grinding ratio)

재료의 연삭은 연삭숫돌의 마모를 동반한다. 역사적으로 숫돌의 성능은 주로 마모에 대한 저항성으로 평가하였다. 그러나 숫돌의 마모는 고려되어야 할 하나의 인자일 뿐이다. 연삭숫돌의 마모는 재료의 마모된 체적으로 표현된다. 플런지 연삭에 대한 숫돌의 마모체적은 다음과 같다.

$$V_{wheel} = \pi D_s \Delta r_s b \tag{8.9}$$

여기서 Δr_s 는 감소된 숫돌의 반지름이고, D_s 는 마모 전후의 평균 숫돌지름이고, b 는 연삭폭이다. 그림 8-6은 누적재료체적에 대한 실제 숫돌의 마모거동을 보여준다. 그래프를 통해 초기에 높은 숫돌마모를 보이다가 정상상태 마모율을 나타내는 것을 볼 수 있으며, 마지막으로 마모가 가속되는 것을 볼 수 있다. 마지막 영역에서는 공작물에 버닝과 채터가 발생하게 될 것이다.

숫돌의 마모저항에 대한 성능을 표시하는 지수로 일반적으로 연삭비 G-ratio가 사용되며, G 로 표시하고 단위체적의 숫돌마모에 대한 제거된 재료체적으로 나타낸다.

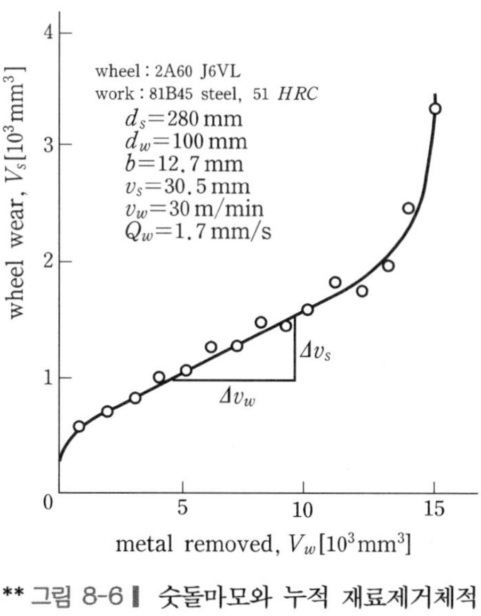

** 그림 8-6 ▌ 숫돌마모와 누적 재료제거체적

$$G = \frac{V_{workpiece}}{V_{wheel}} \tag{8.10}$$

또는 정상상태의 마모로 나타내기도 한다.

$$G = \frac{\Delta V_{workpiece}}{\Delta V_{wheel}} \tag{8.11}$$

【4】 연삭온도

연삭가공은 단위체적의 재료를 제거하기 위해 매우 높은 에너지 투입이 필요하다. 실제로 거의 모든 에너지는 연삭영역 안에서 열로 바뀐다. 발생된 높은 온도는 공작물에 버닝, 상변태, 인장잔류응력, 크랙 그리고 피로강도감소 등 다양한 형태의 열 손상을 입힌다. 뿐만 아니라 연삭동안 공작물의 열팽창은 마지막 제품에 정밀도 감소와 변형을 유발한다. 연삭에 의한 생산성은 연삭온도에 의해 종종 제한되기도 한다. 연삭온도를 측정하는 데는 열전대 또는 방사온도계가 주로 사용된다. 그러나 표면부근의 온도와 공간에 매우 큰 온도구배로 인하여 연삭점의 정확한 온도를 측정하기는 힘들다.

그림 8-7에 나타낸 것과 같이 2차원 열전달모델에 대하여 최대준정상상태 온도상승(the maximum quasi-steady-state temperature rise) θ_m 은 다음과 같은 무차원식으로 나타낼 수 있다.

$$\overline{\theta_m} \equiv \left(\frac{\pi k V}{2\alpha q}\right)\theta_m = 3.543 L^{1/2} \tag{8.12}$$

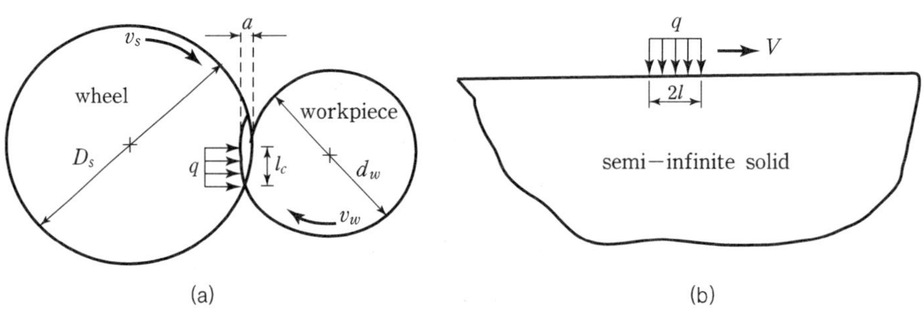

** 그림 8-7 ▌ 연삭영역온도에 대한 열원모델

무차원변수 L은 다음과 같이 정의된다.

$$L \equiv \frac{Vl}{2\alpha} \tag{8.13}$$

여기서 $\overline{\theta_m}$ 은 무차원 최대온도, V는 열원속도, l은 열원의 반길이, k는 열전도도, α는 열확산계수이다. 평균표면온도 θ_a는 $2/3\theta_m$이다. 이 이동열원 온도해석은 일반적으로 $L>5$에 대해서만 유용한데도 불구하고 대부분의 실제 연삭상태인 $L=1$ 이하까지도 적용되고 있다.

열전달모델에서 속도 V는 공작물 이송속도 v_w에 상당한다.

$$V = v_w \tag{8.14}$$

그리고 열원의 반길이 l은 접촉길이의 반이다.

$$l = \frac{l_c}{2} \tag{8.15}$$

기하학적으로 보면 접촉호 길이는 다음과 같다.

$$l_c = (aD_s)^{1/2} \tag{8.16}$$

위의 식들을 조합하여 최대연삭온도 상승을 구하면 다음 식과 같이 된다.

$$\theta_m = \frac{1.13q\alpha^{1/2}d^{1/4}D_s^{1/4}}{\bar{k}v_w^{1/2}} \tag{8.17}$$

θ_m을 구하기 위해서 결정되어야 될 변수는 연삭영역에 걸쳐 단위면적당 공작물에 유입되는 에너지비율인 열플럭스 q이다. 발생되는 전체 연삭에너지 중에 단지 분율 ϵ이 열로서 공작물로 전달된다. 비연삭에너지 u에 대하여 열플럭스는 다음과 같다.

$$q = \frac{\epsilon u v_w db}{l_c b} \tag{8.18}$$

여기서 분자는 공작물로 들어가는 연삭동력의 일부분이고 분모는 연삭영역의 면적이다. 해석을 계속 진행하기 위해서는 ϵ을 구하여야 한다. 칼로리미터 방법을 사용하여 공작물로 유입되는 연삭열의 분율을 측정한 결과 약 60～90% 정도였다. 전체 비연삭에너지는 칩형성, 플라우잉(plowing), 미끄럼에 관계되는 에너지를 모두 포함한다.

$$u = u_{ch} + u_{pl} + u_{sl} \tag{8.19}$$

숫돌과 공작물 사이의 경계에서 발생되는 거의 모든 미끄럼에너지는 열로서 공작물로 전달된다. 그밖에 실제 모든 플라우잉 에너지는 공작물 내로 유입된다. 또한 칼로리미터로 측정한 결과 칩형성에너지의 약 55 %가 공작물로 전도되는 것을 알아내었다. 따라서, 모든 연삭에너지는 칩형성에 필요한 에너지 45 %를 제외하고는 공작물로 전달된다.

$$\epsilon = \frac{u_{pl} + u_{sl} + 0.55u_{ch}}{u} = \frac{u - 0.45u_{ch}}{u} \tag{8.20}$$

식 (8.20)을 식 (8.18)에 대입하고 식 (8.17)와 조합하면

$$\theta_m = \frac{1.13\alpha^{1/2} d^{3/4} v_w^{1/2} (u - 0.45u_{ch})}{k D_s^{1/4}} \tag{8.21}$$

이 된다.

【5】 연삭숫돌의 마모

숫돌마모의 세 가지 주요 메커니즘은 그림 8-8과 같이 정상마모, 입자파괴, 본드파괴이다. 정상마모는 공작물을 문지름으로 인한 입자의 무뎌짐과 마모면적의 성장을 포함한다. 입자파괴는 입자 내 파괴에 의한 입자의 부분적인 파괴, 본드파괴는 본드로부터 입자의 탈락으로 발생된다. 또 다른 형태의 마모는 본드의 부식인데, 이는 본드의 강도를 떨어뜨리고 입자탈락을 가속시킨다. 이는 특히 레진 본드 다이아몬드 숫돌에서 발생된다.

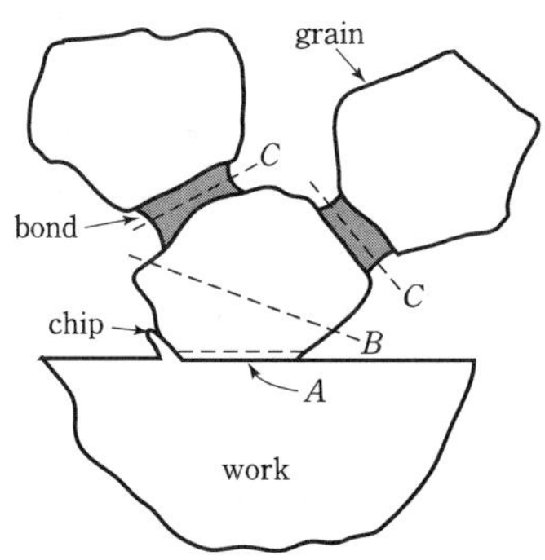

** 그림 8-8 ▌ 연삭마모 메커니즘

8.1.4 연삭작업

연삭작업은 공작물의 형상과 연삭기의 구조에 따라 다음과 같이 분류된다.

- 연삭
  - 평면연삭
    - 수평형 평면연삭
    - 수직형 평면연삭
  - 원통연삭
    - 바깥지름연삭
    - 안지름연삭

A – 정상마모(attritious wear)
B – 입자파괴(grain fracture)
C – 본드파괴(bond fracture)

한편, 이송량의 방향에 따라 **트래버스**(traverse) 연삭과 **플런지**(plunge) 연삭으로 구분하기도 한다.

【1】 수평형 평면연삭

그림 8-9는 연삭숫돌을 고정하여 회전하는 스핀들이 수평축을 가지고 평면을 연삭하는 작업이다. 공작물은 작업대 위에 고정되어 좌우로 왕복운동을 한다. 이때 공작물이 좌우로 왕복운동을 하면서 매 행정시마다 연삭깊이는 고정시키고 왕복운동에 수직한 방향으로 이송을 주어 평면을 연삭하는 방식을 트래버스 연삭[그림 8-9(a)]이라 하고, 왕복운동에 수직한 방향의 이송없이 깊이방향으로만 이송을 주어 연삭하는 방식을 플런지 연삭[그림 8-9(b)]이라 한다. 이때의 재료제거율(material removal rate, Z_w)은 다음과 같이 계산된다.

$$Z_w = f\, a_p\, V_{trav} \tag{8.22}$$

여기서 f 는 이송량, a_p 는 물림깊이(back engagement), V_{trav} 는 숫돌이송속도를 나타낸다.

【2】 수직형 평면연삭

그림 8-10은 연삭숫돌을 고정하는 스핀들이 수직축을 가지고 평면을 연삭하는 방식으로 보통 컵(cup)형 연삭숫돌을 사용하여 넓은 평면을 가공한다. 이때 공작물을 고정한 테이블은 왕복운동을 하며, 로터리 테이블을 이용하여 회전운동을 하기도 한다.

【3】 원통바깥지름연삭

원통바깥지름연삭 작업은 공작물을 저속으로 회전시키고 연삭숫돌을 같은 방향으로 회전시켜 원통형의 가공표면을 얻어내는 작업이다. 공작물을 고정하는 테이블은

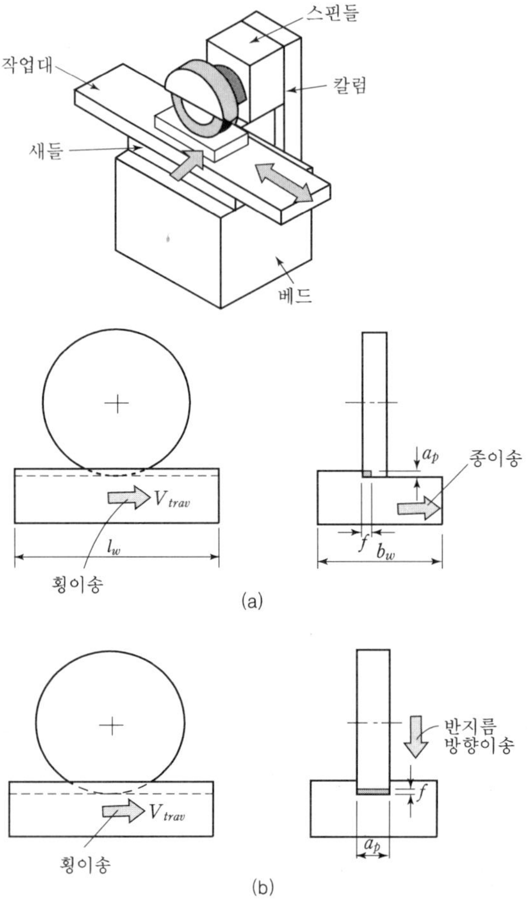

** 그림 8-9 ▌ 수평형 평면연삭 작업 : (a) 트래버스 연삭, (b) 플런지 연삭

좌우로 이송할 수 있게 되어 있고 연삭숫돌을 고정한 헤드가 연삭깊이방향으로 이송할 수 있게 되어 있어 트래버스 연삭[그림 8-11 (a)]과 플런지 연삭[그림 8-11 (b)]을 수행할 수 있다. 트래버스 원통연삭에서의 재료제거율은 다음과 같이 구해진다.

$$Z_{w_{\max}} = \pi f\, d_w\, V_{trav} \tag{8.23}$$

여기서 f 는 이송량, d_w 는 공작물의 지름, V_{trav} 는 횡이송속도를 나타낸다. 또한 플런지 연삭에서의 재료제거율은 다음과 같이 계산되어진다.

$$Z_{w_{\max}} = \pi\, a_p\, d_w\, V_f \tag{8.24}$$

이때 a_p 는 연삭숫돌의 폭, V_f 는 반지름방향의 이송속도를 나타낸다.

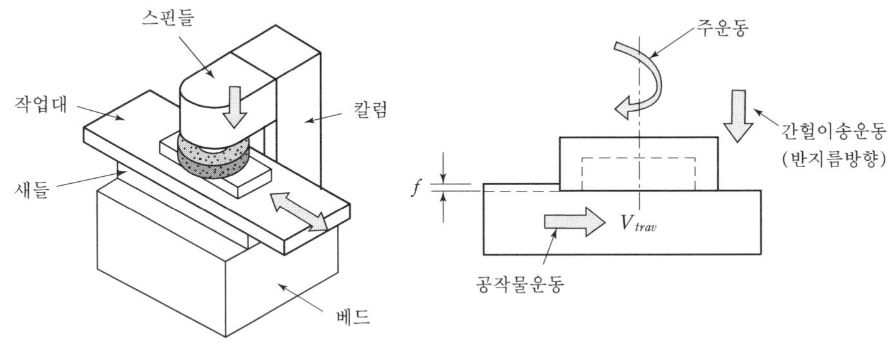

** 그림 8-10 ▌ 수직형 평면연삭

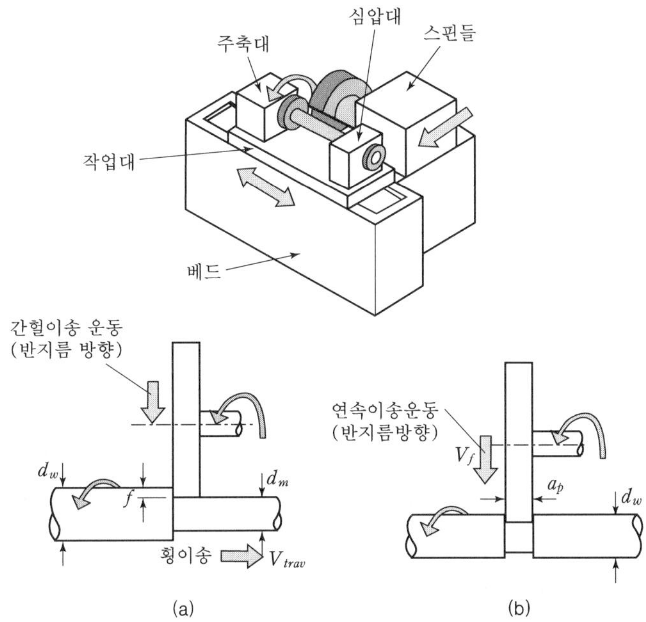

** 그림 8-11 ▌ 원통바깥지름연삭 작업 : (a) 트래버스 연삭, (b) 플런지 연삭

【4】 원통안지름연삭

원통안지름연삭 작업은 공작물을 저속으로 회전시키고 작은 안지름 연삭숫돌을 공작물에 내접시켜 고속으로 회전시킴으로써 원통형의 내면을 얻어내는 작업이다. 안지름연삭작업 역시 그림 8-12의 트래버스 연삭(a)과 플런지 연삭(b)을 수행하며 재료제거율은 원통바깥지름연삭과 같은 방법으로 계산되어진다.

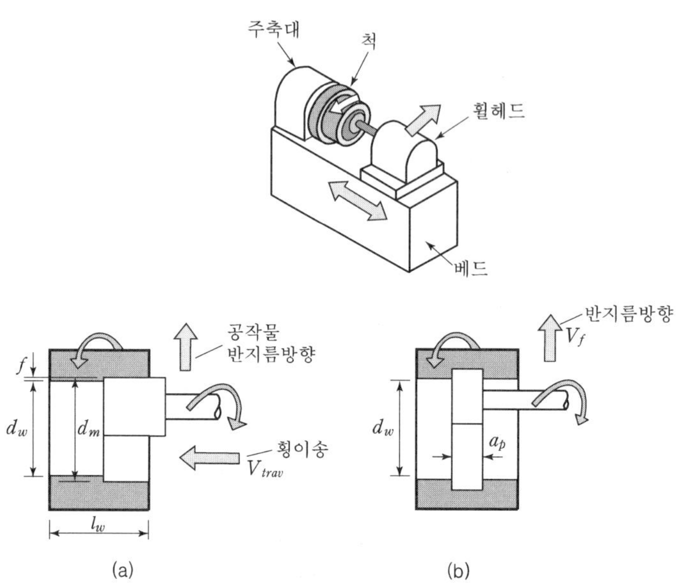

** 그림 8-12 ▌ 원통안지름연삭 작업 : (a) 트래버스 연삭, (b) 플런지 연삭

【5】 센터리스연삭 작업

센터리스연삭기는 그림 8-13에 나타낸 것처럼 원통형 공작물을 회전하는 조정숫돌(regulating wheel)과 연삭숫돌 사이에 위치시킨 지지대(work rest blade)에 지지하여 공작물의 회전과 이송을 조정숫돌의 회전으로 조정하면서 공작물 바깥지름을 연삭하는 기계이다. 원통연삭의 일종이지만 공작물에 센터구멍을 뚫을 필요가 없고 공작물 자동공급장치를 붙여서 자동화하는 것이 용이하여 양산에 적용하고 있다. 각종의 핀, 중공 원통, 단붙이부품, 그 외 센터 또는 척으로 지지하는 것이 어려운 공작물에 대한 원통연삭을 한다.

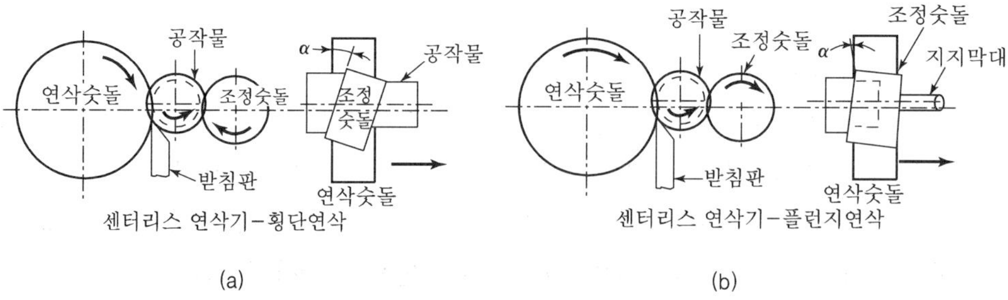

** 그림 8-13 ▌ 센터리스연삭 방법 : (a) 통과이송법, (b) 이송절입법

그림 8-13(a)에 나타낸 것처럼 통과이송법(through feed method)에서는 조정숫돌축이 연삭숫돌축에 대해서 기울어져 있고, 이 기울기에 의해 축방향으로 공작물에 이송을 주게 되어 연삭작업을 하게 된다. 그림 8-13(b)에 나타낸 이송절입법(infeed method)은 단붙이부품과 테이퍼부품 등의 연삭에서 사용되는 방법으로 공작물을 지지막대로 정위치에 유지시켜 연삭숫돌 또는 조정차를 보내주어 플런지연삭하는 방법이다.

8.2 고능률연삭가공

8.2.1 크리피-드 연삭(creep feed grinding)

연삭은 전통적으로 재료제거율이 낮은 마무리 공정에 주로 사용되어 왔다. 그러나 밀링, 형삭, 평삭과 같이 연삭으로도 소재를 대규모로 제거하는 작업을 할 수 있다. 그림 8-14에 나타낸 바와 같이 연삭깊이를 깊게 하고(1~6mm) 이송속도를 작게 함으로써 재료제거율을 대폭 높인 연삭작업을 **크리피-드**(creep feed) **연삭**이라고 한다. 연삭숫돌은 주로 연한 결합도의 수지결합제로 성긴 조직을 사용하고 연삭온도를 낮게 하여 표면정도를 높인다. 그러나 표면정도보다는 작업효율이 중요하므로 작업도중에는 숫돌을 드레싱하지 않는다.

크리피-드 연삭에 사용되는 연삭기는 최대출력 250kW, 고강성 및 감쇠능력, 주축속도 및 테이블속도의 가변정밀제어, 대용량의 연삭액 사용이 가능하도록 특수하게 제작된다. 다른 소재제거 작업에 비해 크리피-드연삭의 경제성과 경쟁력을 분석해 볼 때 공동부(cavity), 트위스트 드릴의 홈, 터빈 블레이드의 밑부분[그림 8-14(b)]

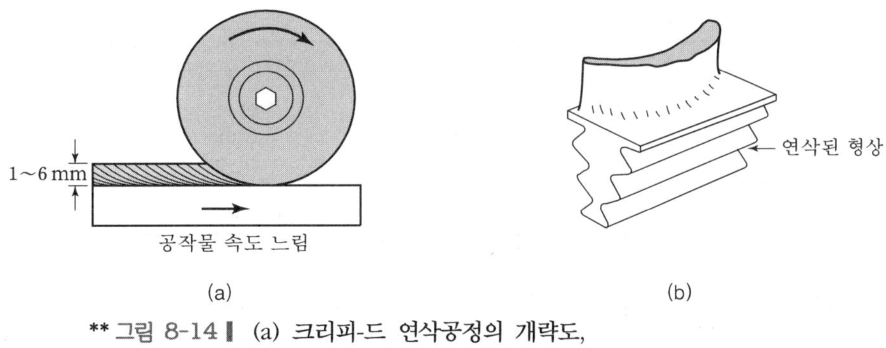

** 그림 8-14 ▌ (a) 크리피-드 연삭공정의 개략도,
(b) 크리피-드 연삭으로 가공된 터빈블레이드 뿌리부분

등과 같은 특정 용도에서는 경제성이 있다. 이 경우에는 숫돌을 가공하려는 공작물의 형상대로 드레싱하여 사용하고, 공작물은 사전에 밀링, 형삭, 브로칭가공될 필요가 없다.

8.2.2 고속연삭

연삭숫돌의 회전속도가 5,000rpm 이상 혹은 주속도 50m/sec 이상인 경우를 고속연삭(high speed grinding)이라고 한다. 표 8-2는 기존 연삭과 크리피-드 및 고속연삭을 절입깊이, 테이블 이송속도, 숫돌의 회전속도 및 제거율 관점에서 서로 비교하였다. 고속연삭은 모든 조건에서 기존 연삭보다 높은 가공 조건하에서 높은 제거율을 실현하고 있음을 알 수 있다. 이미 주속도 150m/sec는 실용화하였으며, 주속도 300m/sec의 초고속연삭에 대해서는 일본과 독일을 중심으로 연구되고 있는 실정이다.

연삭의 기하학적 분석에서 이미 살펴 보았듯이, 연삭숫돌의 회전속도가 증가함에 따라 공작물과 입자사이의 접촉길이는 짧아지며, 또한 생성되는 연삭 칩의 두께도 얇아지게 된다. 따라서 연삭표면의 온도는 저하될 것이며, 연삭된 표면적당 접촉 입자수가 증가함에 따라 표면 거칠기도 향상된다.

유럽에서는 주로 독일을 중심으로 고속 연삭이 개발되어 왔다. 특히 다이아몬드 다음으로 경도가 높으면서 철강재료의 연삭에 최적인 CBN(Cubic Boron Nitride) 연삭숫돌을 이용하여 고속화를 진행하여 왔다. 최고 400m/sec까지 실현하였으나, 스핀들의 정밀도를 확보하면서 고속을 유지하기에는 250m/sec가 적절함을 알 수 있다. 동시에 숫돌의 결합제인 비트리파이드 본드의 채택과 연삭유 절감 등도 개발 과제이다.

** 표 8-2 ▌ 가공조건에 따른 고능률 연삭기술의 비교

	Conventional grinding	Creep feed grinding	High speed grinding
Depth of cut (a_P)mm	Shallow 0.001 – 0.05	Deep 0.1 – 30	Deep 0.05 – 30
Table speed (V_W)m/min	High 1 – 30	Low 0.05 – 0.5	High 0.5 – 10
Wheel speed (V_S)m/s	Low 20 – 60	Low 20 – 60	High 50 – 200
Remove rate (Q_W)mm^3/s	Low 0.1 – 10	Low 0.1 – 10	High 50 – 300

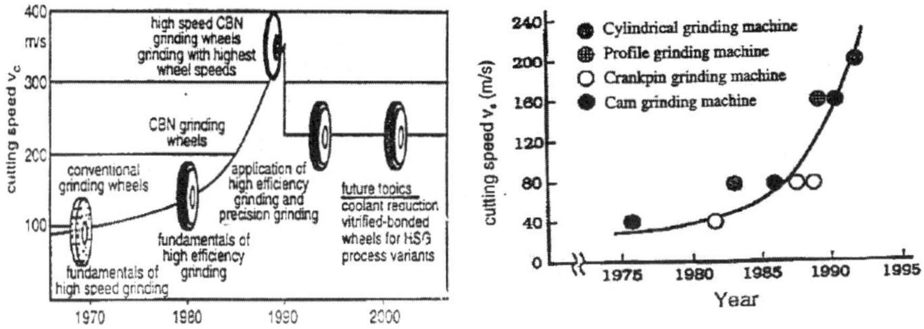

** 그림 8-15 ▌ 유럽(좌)과 일본(우)에서의 고속 연삭기술 개발 역사

한편, 일본에서는 1976년에 이미 CBN 연삭숫돌을 이용하여 주속도 40m/sec를 실현하였고, 200m/sec를 실용화 연삭속도로 설정하였다. 토요다 工機, 미쯔비시 重工 등에서 자동차 부품의 고능률 및 정밀연삭을 위해 200m/sec의 주속을 구현하는 초고속 원통 및 평면연삭기를 개발 시판하였다.

연삭시 발생되는 연삭 열은 가공물의 표면을 연화시키거나(softening) 혹은 태울(burning) 뿐만 아니라, 재료 표면의 경도 변화나 크랙, 피로강도를 저하시키기도 한다. 표면 하부에 큰 잔류응력이 존재하여 가공품의 변형을 유도하기도 한다. 이러한 연삭 열을 저감시키면서 친환경적인 작업 환경(green manufacturing)을 구현하기 위한 일환으로 한국생산기술연구원에서는 -30도의 압축냉각공기를 식용성 오일과 섞어 분사하는 방법을 개발하였다. 극저온의 압축공기는 볼텍스 튜브(voltex tube)를 이용하여 고온 및 저온의 공기로 분리하여 적용하였다. 연삭유가 가지는 역할인 윤활, 냉각 및 칩처리를 친환경하에서 실현한 좋은 사례이다.

기타, 일본공업대학의 스즈끼(鈴木) 교수는 연삭유를 메가소닉 진동에 의해 액체를 분무 상태로 하여 노즐 분사하는 방법을 개발하였다. 윤활 및 칩제거 효과를 향상시키기 위하여 고안된 사례이다.

일반적으로 연삭숫돌이 가공물과 접촉하는 영역에는 연삭유가 직접 공급되지 않는 어려움으로 가공점에서 온도가 좀처럼 낮아지지 않는 실정이다. 이를 개선하기 위하여 연삭 노즐을 연삭숫돌에 직접 가압 접촉시킨 후에, 연삭유를 공급하게 되면 연삭숫돌 표면에 연삭유가 항상 젖어 있는 상태를 유지하게 되며, 가공점에서도 온도를 저하시킬 수 있게 된다. 이런 생각을 실제 연삭숫돌 주변부에 구현한 사례를 그림 8-17에 나타낸다.

** 그림 8-16 ▌ 연삭액 저감과 환경을 고려한 압축냉각공기를 이용한 건식 연삭

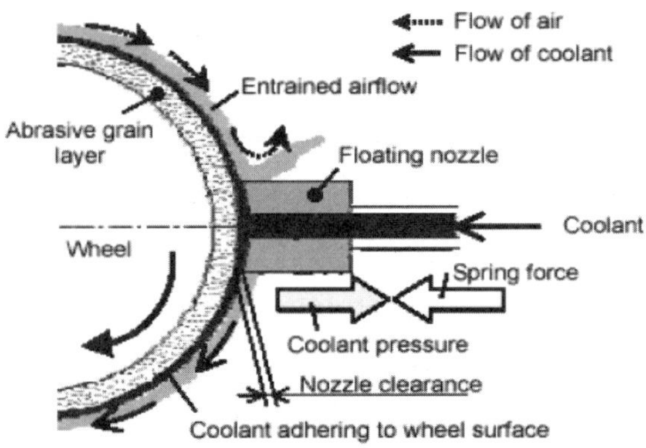

** 그림 8-17 ▌ 플로팅 노즐(Floating nozzle)

8.2.3 주철본드 연삭숫돌을 이용한 고능률 연삭

텅스텐 카바이드(WC)와 같은 초경재료나, 세라믹 등의 경취성 재료의 마지막 부품화 단계에서 다이아몬드 연삭숫돌은 재료에 원하는 형상과 치수를 구현하여 부품화한다. 그러나, 이런 재료는 매우 경하여 연삭비(grinding ratio)가 매우 낮다. 즉, 초경/세라믹 부품을 제조하기 위한 원가의 대부분을 가공비가 차지할 정도이다. 최근 보다 복잡한 형상을 요구하는 부품이 점차 늘어가고 있는 실정으로 볼 때, 보다 능률적인 연삭기술의 개발이 절실히 요구된다.

이러한 문제점을 해결할 수 있는 방법의 하나로서, 3차원 형상 구현이 가능한 강성이 높은 가공기에서 인성(tough)이 높은 연삭숫돌을 이용하는 것이다. 일본 동경대학 생산기술연구소의 나카가와(中川) 교수팀에서 개발한 주철본드(cast iron bonded) 다이아몬드 연삭숫돌은 이를 실현할 수 있는 고강도, 고인성 공구라 할 수 있다.

【1】 폐기절삭 칩의 재활용과 흑연 구상화

대형 기계 구조물이나 자동차 금형을 가공하기 위해서는 금속 재료를 절삭하여 형상을 얻는다. 특히 풍력발전용 터빈 등의 대형부품을 가공하기 위해 사용되는 대형 공작기계는 대형 주물로부터 절삭을 하여 구조물을 얻고 있다. 이때 주로 사용하는 재료는 편상 흑연을 포함한 회주철이며 이는 진동흡수능력이 탁월하며 가격이 저렴하여 널리 활용되고 있다. 절삭시 발생하는 많은 회주철 절삭칩은 일반적으로 용해되어 건설용 철근으로 재생되고 있다.

그러나 보다 고부가의 제품으로 재생하기 위한 노력의 일환으로 절삭칩을 잘게 분쇄하고, 결합제로서 카보닐 철분을 섞은 후 이를 6～8ton/cm^{2}의 고압 성형한 후에 1,100～1,200도 고온에서 30～60분에 걸쳐 소결과정을 거쳐 분말소결품을 만들 수 있다. 이렇게 얻은 소결품은 회주철의 흑연이 편상으로부터 구상화가 이루어져 인장강도가 2배 이상 증가하게 된다. 이는 기포설에 의한 흑연 구상화로 그림 8-18과 같이 설명될 수 있다.

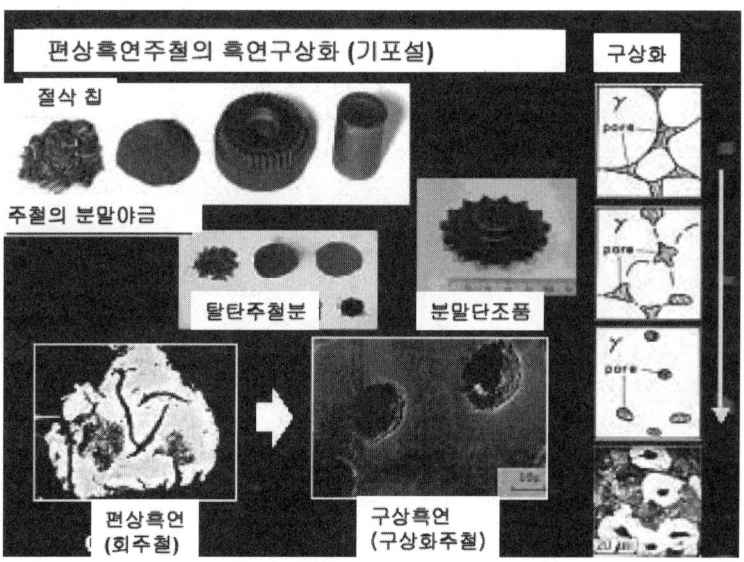

** 그림 8-18 ▌ 편상흑연주철의 흑연구상화(기포설)

최근에는 절삭시 발생되는 칩의 형태를 일정한 단섬유(fiber) 형태로 얻기 위해 진동절삭(vibration cutting)을 실시하며, 미세 단섬유를 얻어 이를 다이아몬드 입자와 카보닐 철분을 혼합하여 이미 기술한 성형 및 소결조건을 통해 주철본드(CIFB : Cast Iron Fiber Bonded) 다이아몬드 연삭숫돌을 얻을 수 있다.

【2】 그라인딩센터(GC : Grinding Center)

일반적으로 머시닝센터(MC : Machining Center)는 절삭가공에서 3차원 형상을 얻기 위해 널리 사용되어 왔다. 이를 연삭에 활용하여 얻을 수 있는 이점은 다음과 같다.

① 풍부한 NC 기능에 의한 3차원 형상 가공
② 자동 공구 및 파레트 교환 기능(ATC, APC)
③ 연삭숫돌의 트루잉, 드레싱 용이성 및 자동 연삭모드
④ 세라믹이나 고강도 철강재의 헤비듀티(Heavy duty) 연삭을 위해서는 고강성 구조가 필요하다. 그래서 머시닝센터를 이용하여 연삭을 하면 효율적이다.

이러한 머시닝센터를 연삭을 위해 다양한 기능을 넣어 만든 장비를 그라인딩센터(GC : Grinding Center)라 한다.

** 그림 8-19 ▌ 철본드 다이아몬드 연삭숫돌의 표면에 제거된 세라믹분말이 덮여 있는 모습, 머시닝센터에서 세라믹을 고능률 연삭하고 있는 모습, 다양한 형태의 연삭숫돌, 연삭중 발생되는 스파크에 의한 드레싱 모습

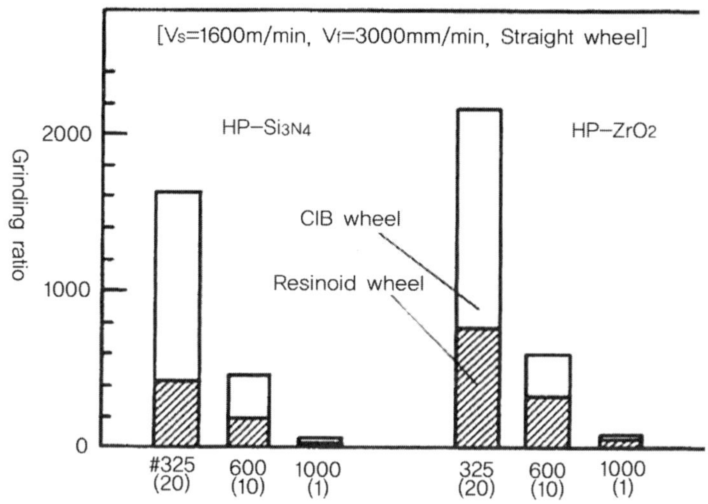

** 그림 8-20 ▌ 주철본드(CIB)와 레진본드 다이아몬드 연삭숫돌의 연삭비 비교

【3】 세라믹의 높은 재료제거율과 고 연삭비

이와 같이 강성이 높은 공작기계인 머시닝센터나 터닝센터 상에 고인성의 주철본드 연삭숫돌을 적용하여 알루미나(Al_2O_3) 세라믹을 연삭할 경우 제거속도는 42,000mm^3/min, 연삭비는 1,000에 도달한다. 종래의 연삭숫돌을 적용한 경우 알루미나, 탄화규소(SiC), 질화규소(Si_3N_4)와 같은 화인 세라믹은 연삭비가 100을 약간 넘는 정도이므로 10배 가까이 능률을 향상시킬 수 있음을 알 수 있다.

그림 8-20은 주철본드(CIB)와 레진본드(resinoid) 다이아몬드 연삭숫돌의 연삭비를 비교한 결과를 나타낸다. 화인 세라믹중에서 경도가 가장 높은 질화규소를 #325의 같은 다이아몬드 입자를 적용하였음에도 불구하고, 주철본드(1,600)가 레진본드(400)에 비해 연삭비가 4배나 높음을 알 수 있다. 연삭비는 입자가 굵은 숫돌에서 그 차이가 크며 절대값도 높음을 알 수 있다.

【4】 방전 트루잉 및 드레싱(electro discharge trueing and dressing)

일반적으로 다이아몬드 연삭숫돌은 종래의 세라믹 연삭숫돌이나 알루미나 스틱 등으로 강제 접촉시켜서 연삭숫돌의 진원도를 향상시키는 트루잉(trueing)이나 다이아몬드 입자를 돌출시키는 드레싱(dressing)을 통해 가공 정밀도와 가공능률을 향상시킨다. 특히 드레싱은 다이아몬드 입자의 돌출을 촉진시켜 항상 예리한 절삭날이 유지되도록 해주는 중요한 역할을 한다.

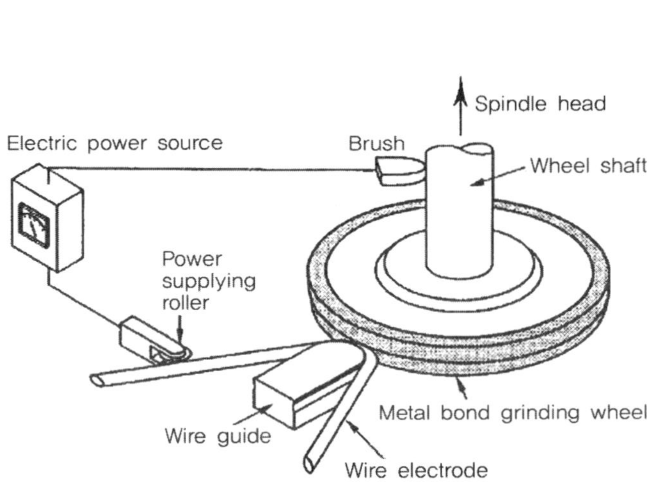

** 그림 8-21 ‖ 와이어 방전에 의한 기상(on-machine) 트루잉/드레싱 방법

한편, 주철본드(CIB) 연삭숫돌은 편상흑연주철의 구상화를 통해 얻은 강도와 인성이 매우 높은 공구이다. 따라서 전통적인 방법에 의해서는 트루잉/드레싱 효과가 거의 없다. 주철본드 연삭숫돌로 세라믹을 중연삭(heavy duty grinding)할 때 발생하는 스파크를 이용하여 자생적으로 드레싱은 가능하지만, 정밀 제어가 어렵기 때문에 높은 에너지 밀도를 갖는 특수한 방법이 필요하다.

그림 8-21은 주철본드 연삭숫돌의 결합제가 금속이라는 사실로부터 전원 공급장치로부터 와이어(-)에 전류를 공급하고, 숫돌축(+)과 연결하여 숫돌의 금속결합제를 스파크 방전에 의해 일정하게 제어하면서 제거하는 원리를 나타내고 있다. 특히 연삭숫돌은 계속 회전을 하면서 가공물을 연삭제거하는 동안 측면에서 와이어 방전에 의해 기상(on-machine) 실시간(in-process) 드레싱을 하는 방법이다. 이 방법을 적용하면 연삭상태가 일정하고 연삭된 가공물은 균일한 표면을 얻을 수 있게 된다.

8.3 고능률 복합 연삭시스템

8.3.1 정의

고능률 복합 연삭시스템은 기존의 연삭공정을 대치하여 각 연삭 공정을 하나의 장비에 복합화하거나 고효율·고속화하고, 자동화 기반의 다양한 제품에 유연하게 대응할 수 있도록 모듈식 구성이 가능케 함으로써 제품의 고품위 최종 가공뿐만 아니라 생산효율을 극대화하는 연삭시스템으로 정의된다.

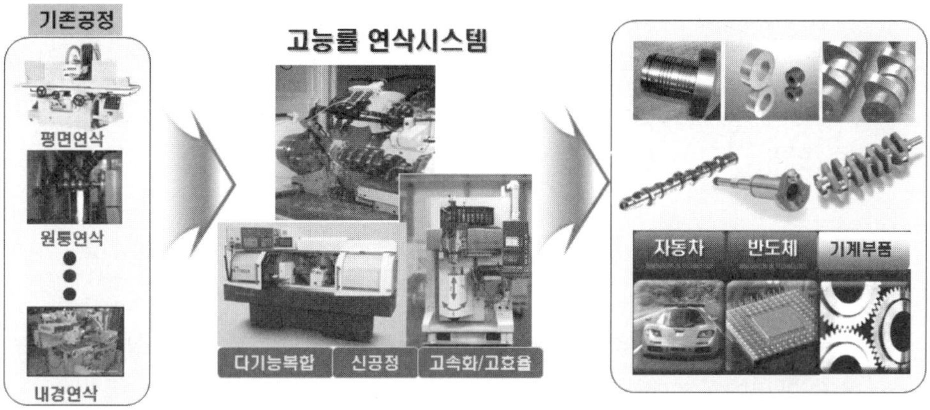

** 그림 8-22 ▌ 고능률 복합 연삭시스템의 개요도

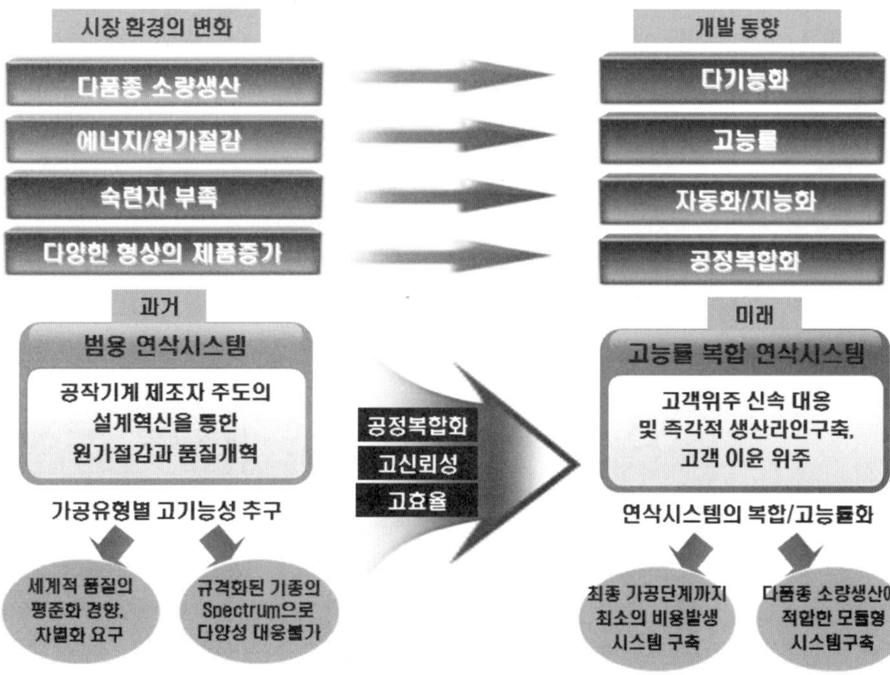

** 그림 8-23 ▌ 고능률 복합 연삭시스템의 트렌드

이러한 연삭시스템이 과거의 평면, 원통, 내・외경, 기어・나사 가공 등을 위한 범용 연삭기에서 전용 연삭시스템으로 변화하고 있으며, 전용 연삭시스템의 다양화에 맞추어 다품종 소량생산과 신뢰성 높은 제품을 생산하기 위한 고능률화되어 가고 있는 실정이다.

따라서 고능률 복합 연삭시스템은 그림 8-23과 같이 이러한 수요자 맞춤형 요구가 매우 높은 자동차, 조선, 항공 등의 주력산업을 대상으로 다기능 복합 공정과 신공정 및 고속 고효율을 중심으로 고객 위주의 신속 대응이 가능한 시스템이라 정의할 수 있다.

8.3.2 시스템 구조

고능률 복합 연삭시스템은 범용의 평면, 원통, 내·외경, 형상 연삭을 위한 범용 연삭기 개념에서 그림 8-24에 나타낸 바와 같이,

① 복잡한 형상의 다수의 연삭공정을 하나의 장비에서 연삭가능한 Multi-Grinding화
② 밀링·선삭 공정 또는 초음파 공정 등이 융합된 공정복합화 또는 하이브리드화
③ 다품종 소량 생산체제의 제품생산 유연성에 대응한 ATC 등을 채용한 다기능화 및 공정변화에 대한 유연대응 및 Full 자동화
④ Cycle-Time 단축을 위한 광폭화, 연삭주속의 고속화 등 단위 장비 차원의 고능률화뿐만 아니라, 다수 연삭공정 상의 드레싱시간 단축, 인라인 공정의 운용의 최적화·지능화

를 통한 시스템 및 요소기술로 구성된다.

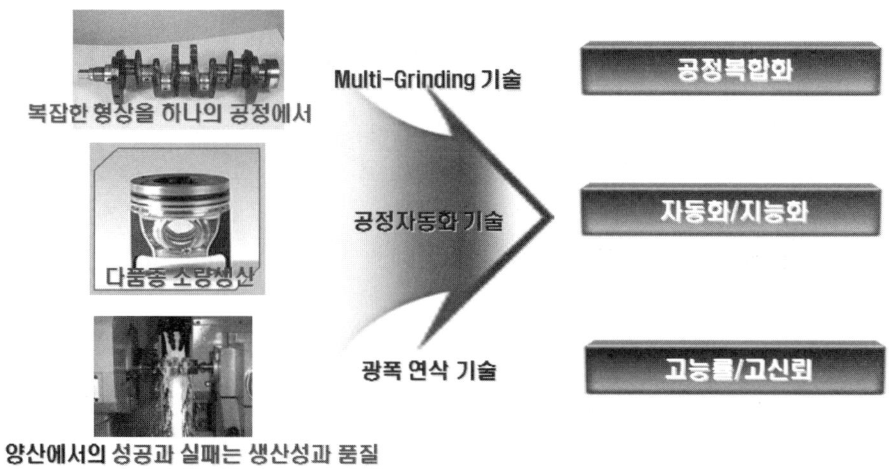

** 그림 8-24 ▌ 고능률 복합 연삭시스템 개발 방향

8.3.3 기술개발 현황

연삭공정은 제품의 마무리 공정에 사용되어 최종 품질을 좌우하는 핵심 공정으로, 고능률 복합 연삭시스템은 다기능 복합화 및 고속·고효율화, 신공정 대응을 위한 기술 개발이 초점화되고 있다. 최근 다품종 생산체계에 대한 유연대응으로 수요자 맞춤형 장비공급 요구가 매우 높은 자동차, 조선, 항공 등의 주력산업에 대한 고능률 복합 연삭시스템을 정리하면 다음과 같다.

【1】 다기능 복합 연삭기

앵귤러, 내경, 외경 및 정면 연삭을 필요로 하는 다품종 소량생산 및 변종 변량 생산체계에 대응하면서 제품의 단납기화 그리고 에너지 및 원가를 절감할 목적으로 적용되고 있다. 또한 부품의 경량화, 기능의 복합화에 따른 복잡한 형상의 부품이 증가하였으며, 숙련 작업자 및 기능공의 부족도 복합연삭기의 보급이 확산된 원인 중의 하나이다. 복합연삭기를 요구하는 대표적인 부품은 피스톤, 캠샤프트, 미션, 클러치, 디프케이스, 요크 등이 있다.

이종 공정(선삭과 연삭 등–독일 EMAG, VSC MODEL)의 복합화, 서로 다른 가공법의 통합, 숫돌하나로 여러 공정을 연삭하는 방법, 숫돌을 자동으로 교환하여 여러 종류의 숫돌을 사용하는 방법, 복수의 스핀들을 부착하여 숫돌을 터렛(turret) 방식으로 선택하는 방법, 복수의 숫돌 스핀들과 각각의 이송축으로 순차적 혹은 동시에 연삭하는 방법 등 그림 8-25와 같은 다양한 형태의 복합연삭기가 출시되고 있다.

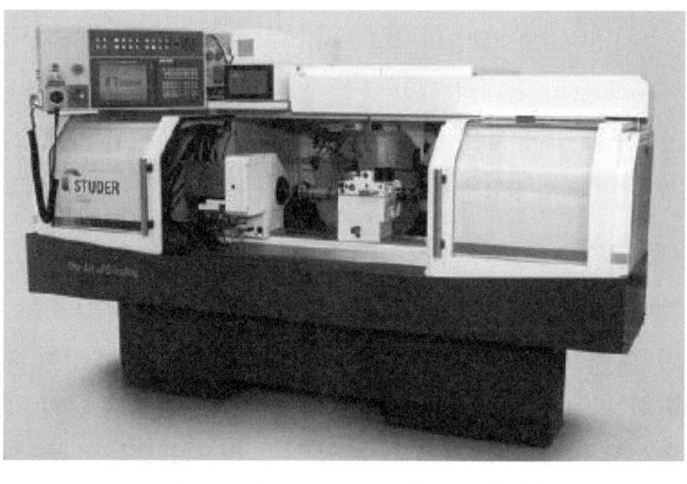

** 그림 8-25 ▌ STUDER(스위스) 복합연삭기

** 그림 8-26 ▌ EMAG(독일) Vertical Grinding Center

【2】 자동화 대응 고속 · 고능률 연삭기

수평형 타입의 범용 연삭기에서 설치 공간 컴팩트화, 비연삭 사이클 감소 및 자동화가 용이한 이유로 수직형 연삭기의 도입이 확산되고 있다. 또한 여러 기능을 추가하기가 매우 용이하여 선반 및 밀링 등의 기능을 추가하여 절삭, 연삭 복합화도 가능하다. 수직형 연삭기 1대를 이용하여 내경, 외경 연삭 및 복합형상 연삭가공이 모두 가능하다. 대표적인 적용 사례는 베어링, 기어, 밸브 몸체, 펌프 링 등이 있다.

한편, 그림 8-26과 같이 머시닝 센터나 수직형 터닝 센터에서 수직형 연삭 개념이 부가된 Attachment 형태의 장비(독일 EMAG, WEISSER 등)도 시장에 소개되고 있는데, 긴 샤프트류 보다 짧은 형상의 피삭물 종류가 훨씬 많으며 향후 전반적인 가공기의 발전에 따라 복합형상의 정밀부품 소요는 점점 다양하고 수량도 많아질 것으로 전망된다.

【3】 광폭 센터리스 연삭기

길이가 긴 샤프트의 외경 가공시, 원통연삭에서 여러 공정이 요구되는 다단형상의 샤프트를 한 번에 외경 가공할 수 있다. 크랭크 샤프트는 인피드(in-feed) 방식으로 다단형상을 한 번에 외경 가공할 수 있으며, 바 샤프트는 스루-피드(through-feed) 방식으로 물류 이동형 외경 가공이 가능하다.

광폭 센터리스(centerless) 연삭기는 캠샤프트(cam shaft)나 크랭크 샤프트(crank shaft), 스티어링 샤프트(steering shaft) 등 자동차 부품이나 베어링의 외경, 실린더 로드 연삭에 주로 사용되는데, 국내에서는 자동차 메이커 및 자동차부품 생산업체, 대형 실린더 로드 제조사에서 응용되고 있는 실정이다. 캠샤프트나 크랭크 샤프트의 경우 원통연삭기에서도 연삭 가공이 가능하지만 광폭 센터리스 연삭기는 원통연삭기에 비하여 긴 공작물을 짧은 시간에 가공할 수 있어 높은 생산성 때문에 부품 제조사에서는 광폭 센터리스 연삭기를 선호한다.

연삭숫돌축, 조정숫돌축, 연삭숫돌, 연삭숫돌 드레서, 조정숫돌 드레서, 조정숫돌 이송 테이블, 테이블 각도 보정축 등으로 이루어져 있으며 일반적으로 6축에 서보모터를 사용하고 있다. 그림 8-27은 센터리스 연삭기 베드에 경사를 주어 공작물의 조정숫돌에 대한 접촉성을 높임으로써 공작물의 회전을 용이하게 하는 연삭 가공 정도 및 가공 세팅에 유리한 제품도 출시되고 있다.

대형 센터리스 연삭기는 양슬라이드 방식 채용으로 숫돌 마모량 보정이나 드레싱 후 보정이 센터리스의 양쪽 슬라이드 테이블에서 이루어지므로 항상 공작물의 가공 위치가 고정되어 양산 라인에서 가공물의 정도유지 및 세팅이 용이하여 생산성 향상뿐만 아니라, 무인자동화가 실현되고 있다.

** 그림 8-27 ▌ MICRON(日)의 경사베드 모델

【4】 대형 양면 연삭기

트랜스미션 블록과 같은 대형부품의 연삭이나 브레이크 디스크, 피스톤 링, 펌프 실 등과 같은 소형부품 대량 평면 연삭시, 양면의 동시처리가 가능하다. 특히 이는 양면 래핑 공정을 대체할 수 있는 고효율 친환경적 연삭인 점이 특징이다. 부품의 로딩 및 언로딩을 완전 자동화하여 무인화가 가능하다.

독일, 일본 등은 선진 연삭시스템 생산업체뿐만 아니라, 연삭숫돌, 고속주축 등을 생산하는 전문 요소부품 메이커가 시장경쟁력을 뒷받침하고 있다. 이를 바탕으로 수요제품의 맞춤형 장비 제공 및 공정기술, 지능화 S/W 공급 등 토털 솔루션을 공급하는 추세이며, 이는 장비메이커의 신제품의 신뢰성 확보로 이어지는 선순환이 이루어지고 있는 실정이다.

이는 연삭기뿐만 아니라 이와 관련된 연삭공구 관련 기술의 개발을 통해 첨단가공분야에서 세계시장의 대부분을 장악, 전체 시장의 대부분을 차지하는 독점적인 위치를 차지하고 있다. 고능률 연삭시스템의 핵심은 기존 연삭방식의 변화에 의해 생산성을 높이는 방법으로 복합 연삭기로 대표가 될 수 있으나, 국내의 연삭시스템이 시장에서 많은 호응이 없는 것은 제품의 품질 안정화 및 시스템의 특성을 평가하여 정확한 신뢰도를 갖지 못한 요인이 크게 대두가 되고 있다.

최근, 고효율 및 친환경 에너지와 관련된 부품소재의 개발 경쟁이 심화되고, 국제사회에서 경쟁력을 향상시키기 위해서는 고능률 가공기술 및 가공기의 개발이 시급하다. 특히 고능률 복합연삭기는 선진국과 비교하여 기술 수준이 낮은 만큼 많은 노력이 필요하다.

제 9 장

특수가공

9.1 개요

특수가공(non-traditional processing)이란 기계에너지 및 열에너지 이외의 에너지를 공급에너지로서 사용하는 가공법을 총칭한다. 최근 전통적인 기계가공법에서 탈피하여 전혀 새로운 가공원리에 의한 여러 가지 가공법이 필요하게 되었고, 이러한 특수가공의 발달이 촉진된 요인을 요약하면 다음의 2가지로 정리할 수 있다.

① 난삭성(difficult-to-cut) 재료에 대한 가공능력의 증대
② 가공 형상의 복잡화, 미세화, 고밀도화

원자력 산업이나 우주관련 산업 및 해양 개발을 비롯하여 고속 엔진의 발달, 고온 고압의 중화학 공업의 발전에 따라 재료의 특성(경도, 인성, 내열성, 내식성, 내마모성 등)에 대한 요구는 점차 심화되는데 이를 모두 충분히 만족하는 하이브리드 재료는 거의 대부분 난삭성 재료로서, 기존의 기계적 수단으로는 가공하기 어려운 것이 많다. 예를 들면, 금형 재료는 무엇보다도 경도와 인성이 요구되어 종래의 기계 절삭가공으로는 수고와 시간이 너무 많이 걸린다. 특히 금형의 수명을 연장시키기 위해 초경합금이 사용되는 경우가 많아졌는데 이는 특히 기계가공이 곤란하다. 디젤, 제트 및 로켓의 엔진에서는 부분적으로 내열재료를 사용하여야 한다. 크롬, 몰리브덴 및 텅스텐 등은 경도가 높아 일반적인 기계가공으로는 역시 제거하기 어렵다.

와이어 인발용 다이아몬드 다이스는 0.02mm 이하의 구멍을 필요로 한다. 기타 스크린이나 쉐도우 마스크 등과 같은 고밀도 미세가공을 요구하는 곳에서 역시 특수가공이 적용되고 있다. 한마디로 단단하거나 까다로운 형상의 가공에는 비 기계적 에너지를 적용한 특수가공을 활용한다. 표 9-1은 이러한 특수가공을 분류하여 정리한 것이다.

** 표 9-1 ▌ 특수가공의 분류

1. 물리적 가공	
1-1. 전기가공 (전기에너지)	- 제거가공(방전가공, 전자빔가공, 이온가공, 플라즈마가공) - 부착가공(방전소결, 전자빔용접, 점자빔증착, 플라즈마용접/용사, 이온플레이팅, 스퍼터 증착) - 변형가공(방전성형)
1-2. 자기가공 (자기에너지)	- 변형가공(전자성형)
1-3. 광가공 (광에너지)	- 제거가공(레이저가공) - 부착가공(레이저용접)
1-4. 음향가공 (음향에너지)	- 제거가공(초음파가공) - 부착가공(초음파용접)
2. 화학적 가공	
2-1. 화학가공 (화학에너지)	- 제거가공(화학연마, 화학연삭, 포토에칭, 케미컬밀링) - 부착가공(화학기상증착, 무전해도금) - 변형가공(폭발성형)
2-2. 전기화학가공 (전기화학에너지)	- 제거가공(전해연마, 전해연삭, 전해가공) - 부착가공(전기도금, 전기주조)

9.2 방전가공

9.2.1 개요

방전가공(EDM : Electrical Discharge Machining)은 공작물과 전극 사이에 방전을 발생시켜 재료를 미량씩 용해하며 제거하는 것으로 구멍뚫기, 3차원 가공, 절단 등의 작업을 한다. 초기의 방전가공에서는 방전의 반복빈도가 낮고, 가공속도가 느려서 전극소모가 큰 결점이 있어 응용도 좁은 분야에 한정되어 있었다. 그 후, 가공 속도나 전극소모 등의 가공 특성이 크게 개선되고, 응용범위도 현저하게 확대되어 현재로서는 특수가공법 중에서도 가장 널리 사용되는 가공법의 하나로, 1m를 넘는 큰 금형에서부터 수μm의 구멍이나 홈의 가공까지 넓은 범위에 이용되고 있다. 특히, 와이어 컷 방전가공기가 실용화되어 종래의 형조방전가공기와 병용하게 된 후로는 응용범위가 한층 더 확대되고 있다.

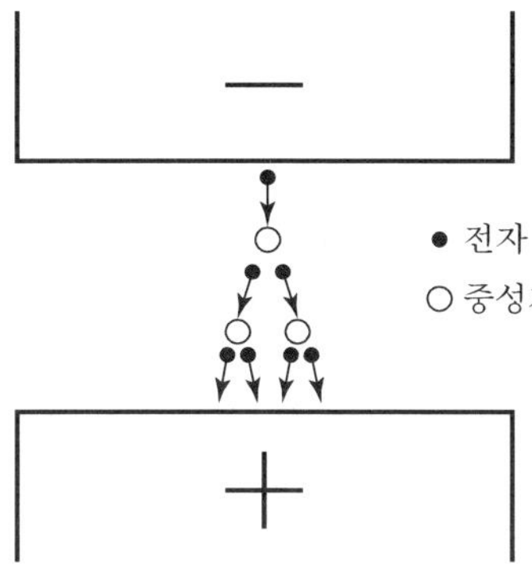

** 그림 9-1 ▌ 전자사태

9.2.2 형조방전가공(고정전극 방전가공)

방전현상이란 양극간에 고전압을 가하면 에너지밀도가 높아져 중간의 절연체인 기체 및 액체가 파괴되고 전자사태(electric emergence)로 인하여 아크(arc)가 발생되어 고온·고압이 형성되는 현상이다(그림 9-1).

방전가공은 이 현상을 기계가공에 이용하는 전기가공법의 한 종류이다. 이 가공법은 동이나 흑연 등 비교적 가공이 용이한 도전성 재료를 전극으로 하고 가공할 도전체를 피가공물로 한다. 이들의 극간간격을 절연액으로 채우고 5~50μm 정도 접근시킨 후 고압전압을 양극에 간헐적으로 걸어주면 아크에서 수천도의 고열과 절연액이 발생되므로 그것의 증류화에 의한 고압을 이용한다.

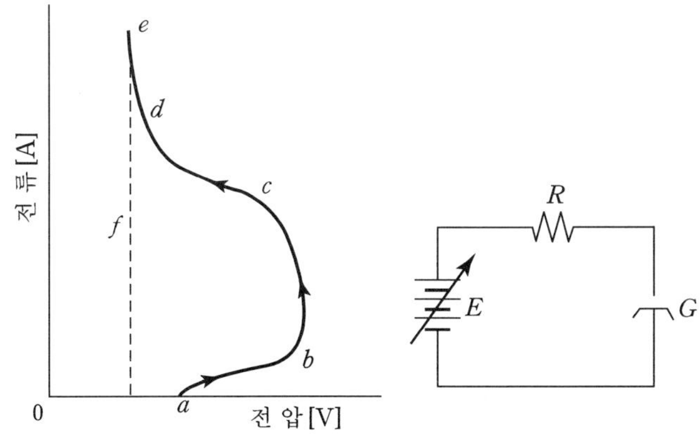

** 그림 9-2 ▌ 절연파괴 전압-전류 특성

전류방전의 초기상태(그림 9-2의 $a \sim b$ 영역)에서 전압을 증가시키면 전류도 따라 증가하고, 감소시키면 같이 저하한다. 이 영역의 방전을 비자속방전(非自續放電)이라 하며, 이때의 전류를 암류(暗流)라 한다. 방전현상은 $10^{-7} \sim 10^{-3}$초 정도의 짧은 시간 동안에 이루어지며, 이 현상의 반복작용을 통한 열적 침식으로 가공이 된다.

전압을 상승시키면 기체는 전리되어 $10^{-11} \sim 10^{-9}$A 정도의 미세한 전류(암류)가 흐른다. 이때 전원전압을 상승시키면 국부적인 절연파괴에 의하여 전극 표면에 코로나(corona)방전이 발생한다. 코로나방전은 불안정한 방전상태이다. 그 후 전압을 더 상승시키면 전자사태 현상이 일어나 아크방전으로 이행된다.

방전의 진행과정은 일반적으로 불꽃방전의 암류상태에서 아크방전까지이며, 지속시간은 $10^{-7} \sim 10^{-3}$초 정도로 짧고, 전류밀도는 $10^{6} \sim 10^{9}$A/cm^{2}가 되어 많은 에너지가 빠른 시간 내에 방출된다. 진행과정을 그림 9-3에 나타낸다. 실제 가공액의 분출과 함께 이루어지는 가공과정은 그림 9-4와 같으며 그 진행과정은 다음과 같다.

① 전극과 피가공체가 수미크론 간격으로 수만 볼트의 전압이 걸리면 불꽃이 일어나며, 불꽃은 가는 아크기둥이 되어 대단히 높은 전류밀도의 고전자가 피가공체에 가해진다. 전자의 흐름은 열이 되며 피가공체의 어느 한 점은 용융점 이상이 된다.
② 이 열로 인하여 주변의 가공액은 기화상태가 된다.
③ 방전으로 생기는 가공액의 격한 기화팽창은 용해되는 피가공체와 전극간에 큰 압력을 가한다. 이 압력은 피가공체 및 전극 전체에 비하면 작지만 단위 면적당 압력은 상당히 크다.
④ 공작물에서 용융 비산된 부분은 주변의 가공액에 의해 냉각되어 입상의 가공칩이 되고 가공액 중에 분리되어 분산된다. 용융 비산되지 않는 부분은 방전점 부근에 쌓인다.
⑤ 이밖의 방전시간은 $10^{-7} \sim 10^{-3}$초이며 가공액이 유입되면서 절연이 회복된다. 방전휴지시간이 끝나면 다시 전압이 걸리고 다음 방전이 반복된다.

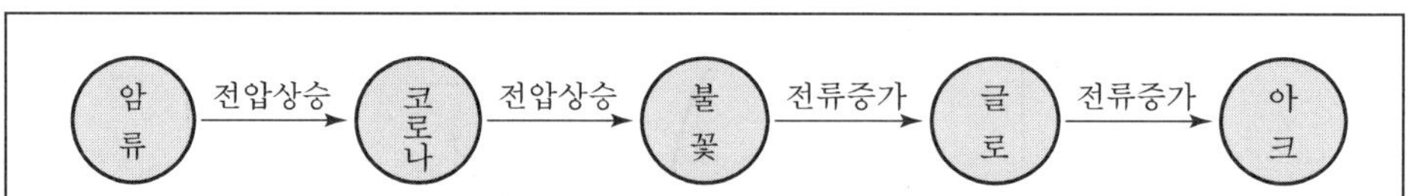

전리된 상태에서 미세한 전류가 흐름($10^{-11} \sim 10^{-9}$A)	전극의 전위순위가 높은 부분에서 일어남. 일명 부분파괴라 함.	전극간 전체에서 발생, 강력한 빛과 음이 발생함.	안정된 광원 등에 사용(네온사인)	그림 9-2의 d~e 영역이며 안전상태 방전임.

** 그림 9-3 ▌ 방전의 진행과정

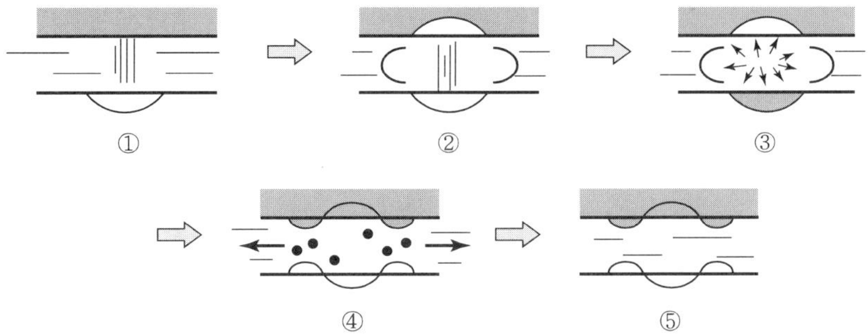

** 그림 9-4 ▌ 방전유압에 의한 가공 과정

9.2.3 와이어 컷 방전가공

와이어 컷 방전가공은 팽팽하게 장력을 건 금속제 와이어를 가공전극으로 사용하는 방전가공의 일종으로, 1960년경 러시아에서 발명되었다. 그 이전에는 투형기로 형상을 보면서 수동으로 테이블을 움직여 가공을 하였으므로 미세하고 어려운 형태는 가공할 수 없었으나, 이 기술의 발명으로 미세한 형상의 가공이 가능하게 되었다. 그 후 NC 기술이 이 기술에 도입되고 가공속도가 향상되어 현재는 거의 무인운전의 상태로 발전됨에 따라 실용화가 촉진되어 급속히 보급되고 있다.

와이어 컷 방전가공은 블랭킹용 프레스 다이 제작에 적합하며 공정을 단순화하고 인력과 경비를 절감하며 정밀도를 향상시키는 등 광범위하게 이용되고 있으며 그 적용분야는 다음과 같다.

① 2차원 형상 가공
② 블랭킹 다이, 소결 및 인발, 압출 다이스 가공
③ 방전가공용 전극의 가공
④ 시작품 가공
⑤ 다종 소량제품 가공
⑥ 형상 게이지 가공
⑦ 노즐, 홈, 반도체 등 미세형상 가공
⑧ 상하 형상이 다른 테이퍼의 가공

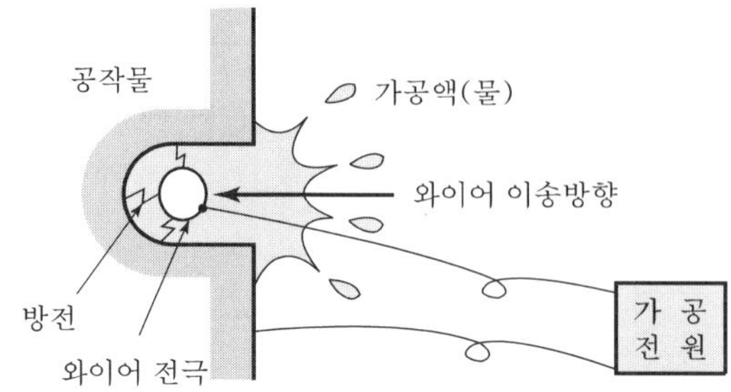

** 그림 9-5 ▌ 와이어 방전가공원리

와이어 컷 방전가공기(wire cut discharge machine)는 그림 9-5와 같이 전극으로 동, 황동, 텅스텐 등의 재질로 된 가는 와이어 전극을 사용하고, 전극과 공작물 사이에 방전액을 분사시키면서 방전시켜 가공한다. 이때 방전에너지에 따라서 와이어 전극과 공작물이 동시에 용융상태가 되어 그림 9-6과 같이 가공이 진행된다. 가공순서는 다음과 같다.

① 와이어 전극과 공작물 사이에 방전주가 발생하고, 그 방전에너지가 부분적으로 용융상태가 된다.
② 동시에 주변의 가공액이 급격히 가열되어 기화하고 팽창, 즉 부분적 폭발상태로 된다.
③ 폭발로 용융된 금속은 비산하여 금속의 가공층이 되고 가공액과 함께 제거된다. 와이어 전극과 공작물 표면은 가공액으로 냉각되며 홈으로 가공된다.

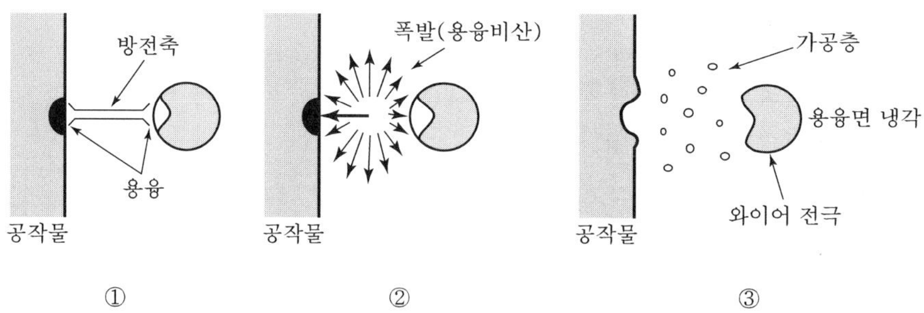

** 그림 9-6 ▌ 와이어 방전과정

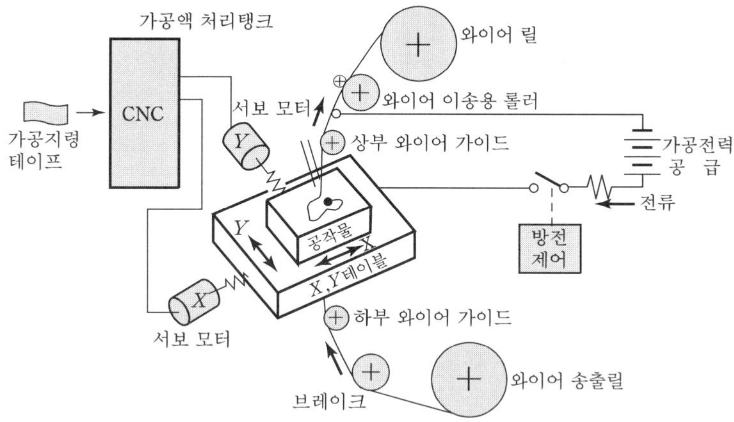

** 그림 9-7 ▌ CNC 와이어 컷 방전가공의 개략도

그림 9-7은 CNC 와이어 컷 방전가공기의 개략도를 도시한 것이다. 여기에서 공작물이 고정되어 있는 크로스 테이블(cross table)은 NC 서보모터의 구동에 의해 X, Y축 방향으로 이송되어 2차원 형상을 가공한다. 와이어 전극은 공급용 릴(reel)로부터 항상 일정한 속도(1~10m/min 범위 내에서)로 보내지며 이는 방전작용에 수반되는 전극의 소모를 보정해 준다. 와이어 굵기는 보통 ϕ0.05~0.33mm이며 가공효율이나 와이어 단선의 방지 등을 고려하여 그 굵기를 선정한다. 와이어는 방전충격력 등에 의해 강제진동이 수반되며 이를 극소화시키기 위해서는 항상 변동이 없는 일정한 장력(tension)을 걸어줄 필요가 있으며, 그 값은 보통 와이어의 파단력(항장력)의 약 1/2 정도면 된다. 예를 들어, ϕ102mm의 동와이어일 경우에는 500~800g, ϕ0.25mm의 황동와이어일 경우에는 500~800g의 범위 내에서 그 장력을 설정해주면 된다.

절연액(가공액)으로는 초순수(deionized water)나 등유가 이용되고 있는데, 일반적으로 물을 사용하며, 초순수를 사용했을 때의 장점은 다음과 같다.

① 취급이 용이하고 화재의 위험이 전혀 없다.
② 공작물과 와이어 전극을 빨리 냉각시킨다.
③ 전극에 강제진동이 발생되더라도 극간접촉이 일어나지 않게 도와준다.
④ 가공시 발생되는 불순물의 배제와 양호물의 도전율(또는 비저항값)은 가공특성에 큰 영향을 미치므로, 이 값을 일정하게 제어하는 것이 다른 조건을 향상시키는 것 이상으로 가공물의 정밀도와 밀접한 관계가 있다.

가공면거칠기를 양호한 상태로 유지하면서 가공속도를 높이려면 극간에 공급되는 방전펄스(pulse)의 파형이 좋아야 하는데, 좋은 파형을 만들기 위해서는 다음 방법을 적용한다.

① 진동폭이 좁고 전류파고값이 높아야 한다.
② 극성은 정극성(와이어 전극 : 음극, 공작물 : 양극)이어야 한다(재질에 따라 역으로 할 수도 있음).
③ 방전회로로서는 콘덴서 방식이 좋다.
④ 충전회로로서는 트랜지스터식 스위칭(transister switching)회로를 사용하는 것이 적당하다.

가공속도는 공작물의 재질과 두께, 그리고 와이어의 종류에 의해 변화하지만 일반적으로 알고 있는 가공속도는 5mm 두께의 강(STD-11)을 가공하는 경우 최대이송속도는 10mm/min(40mm^2/min) 정도이고, 80mm 두께의 경우 1mm/min 정도이다. 최근에는 성능이 급격히 향상되어 고속가공도 가능해졌다. 이 속도는 레이저 가공기 등에 비교하면 결코 빠르지 않지만, 중요한 것은 가공정도가 높고 타발금형 등과 같이 두꺼운 재료의 부품을 고정도 생산가공하는 데 효과적으로 사용할 수 있다는 점이며, 따라서 와이어 컷 방전가공기의 필요성을 증대시킨다는 것이다.

3.3.2.4 마이크로방전가공

마이크로방전가공은 종래 방전가공을 기초로 종래 방전가공의 1/100 정도로 방전에너지를 작게 하여 서브미크론의 표면거칠기와 미크론 단위의 가공정도가 실현가능한 기술이다. 방전가공은 비접촉가공이므로 가공전극에 의하여 공작물에 가해지는 힘이 작기 때문에 초소형 부품의 고정밀가공이 가능하다. 또한 전도성이 있는 재료라면 기계적인 경도에 관계없이 가공이 가능하다. 금속은 물론이고 소결 다이아몬드의 경우에 바인더가 전도성을 지닌 것과 비저항에 따라 가공의 용이성이 다르지만, Si 등의 반도체 재료도 가공이 가능하다. 방전에너지를 작게 함에 따라 최상으로는 $0.1\mu m\ R_{max}$의 가공면 거칠기를 얻을 수 있고, 날카로운 모서리의 가공이 가능해졌다. 이러한 특징으로 마이크로노즐의 구멍가공은 물론, mm 이하 영역의 부품가공과 몰드금형, 프레스금형 등의 광범위한 분야로의 적용이 시작되고 있다.

그림 9-8은 미세공구를 전극으로 이용한 마이크로방전가공의 원리를 간략화한 그림이다. 원하는 형상으로 성형된 미세전극과 가공물 사이에 방전전원을 연결한 후

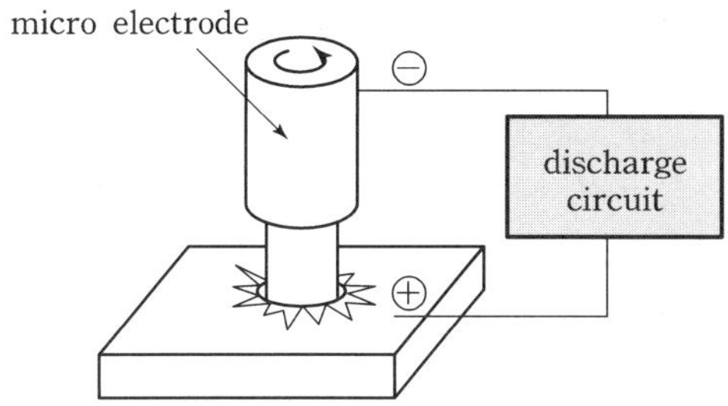

** 그림 9-8 ▎ 마이크로홀 가공공정

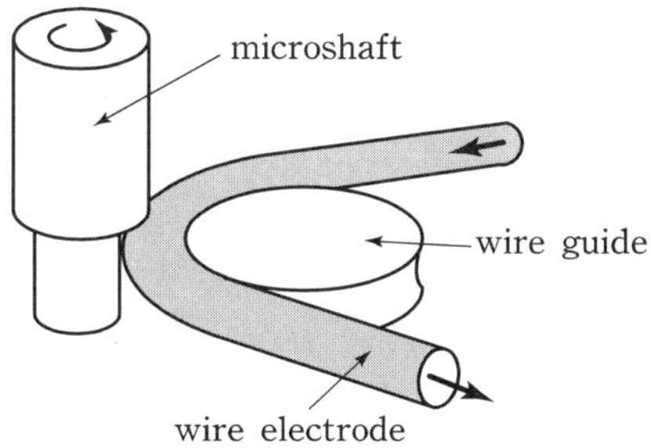

** 그림 9-9 ▎ WEDG의 원리

미세전극을 이송하면 전극의 미세형상이 가공물에 전사된다. 안정된 방전을 유지하기 위해선 공작물과 전극간의 간극을 일정하게 유지하여야 한다. 따라서, 간극측정 회로로부터 측정된 간극신호를 이용하여 방전상태를 추정하고 방전상태에 따라 전극 이송을 제어할 필요가 있다.

방전가공이 진행됨에 따라 가공물뿐만 아니라 전극 또한 가공되어 전극소모가 발생한다. 전극소모는 가공물의 형상오차에 직접적인 영향을 주며, 특히 마이크로머시닝과 같이 가공물의 크기가 작은 경우에는 상대적으로 그 영향이 증가하게 된다. 마스자와(Masuzawa)는 이와 같은 전극소모를 없애기 위하여 와이어 방전연삭법(WEDG : Wire Electro Discharge Grinding)을 제안하고 이를 미소축가공에 적용하였다. 그림 9-9는 와이어 방전연삭의 원리를 보이고 있다. 방전가공은 와이어 가이드를 따라 일정한 속도로 움직이는 와이어전극과 가공물 사이에서 발생한다. 가공 중에 와이어전극은 계속적으로 공급되므로 전극소모의 영향을 무시할 수 있다. 또한 방전영역이 좁아서 마이크로머시닝이 용이하므로 핀 게이지 등의 미소축가공에 응용될 수 있다. 또한 구멍가공용 전극을 직접 제작함으로써 지름 100μm 이하의 미소구멍가공을 쉽게 지원하는 장점을 가지고 있다.

마이크로방전가공의 특징은 가공전극 및 공작물에 걸리는 힘이 작기 때문에 가늘거나 얇은 공작물의 가공에도 적용가능하며, 도전성이 좋은 재료라면 기계적인 경도에 관계없이 가공 가능하다. 마이크로방전가공의 예는 미소폭의 슬릿가공, 기어금형의 가공, 실리콘의 가공 등 여러 가지 가공에 이용되고 있다. 미세구멍의 응용을 예로 들면, 잉크제트 프린터 노즐, 유량제어용 오리피스, X선 측정용 핀홀 등이 있다.

와이어 방전연삭시 가공물의 이송량과 회전량을 동시에 제어하면 다양한 형상의 미세축을 가공할 수 있다. 그림 9-10은 WEDG로 가공한 마이크로핀이며, 그림 9-11은 와이어방전가공(WEDG), 방전가공(EDM), 전주의 복합가공에 의해 제작된 마이크로 주사바늘이다. 그림 9-12는 지름 20μm의 미세구멍을 가공한 예이며, 그림 9-13은 여러 개의 미세구멍이 가공된 마이크로노즐의 응용 예이다.

그림 9-14는 지름 300μm인 초경 미세 앤드밀의 가공 예로서, 가공물의 회전각과 와이어전극의 축방향 이송량을 동시 제어하여 헬릭스각(helix angle)이 30°인 4개의 절삭날을 가공한 것이다. 그림 9-15는 지름 50μm의 미세축에 미세한 홈(groove)을 200μm 피치(pitch)로 가공한 예이다. 그림 9-16은 다각형 구멍을 가공한 예이다. 고정된 미세전극의 한 면을 가공한 후, 일정한 각도로 회전시키고 미세전극의 가공을 반복하면 다각형의 미세전극을 가공할 수 있다. 이렇게 가공된 미세전극을 이용하여 다시 다각형의 미세구멍을 가공한다. 미세구멍을 가공한 후 미세전극을 일정한 각도로 회전시키며 중첩가공하면 별모양 등의 복합형상 구멍가공도 가능하다.

또한, 미세구멍가공의 중첩에 의해 슬릿가공도 가능하고, 미세전극을 밀링해서 앤드밀처럼 사용하면 미세 3차원 형상의 가공도 가능해진다. 이러한 미세형상 가공기술을 이용하여 프레스용 펀치 및 다이를 제작하고, 이를 이용하여 미세형상부품을 제작하는 미세 프레스가공 등에도 응용이 시도되고 있다.

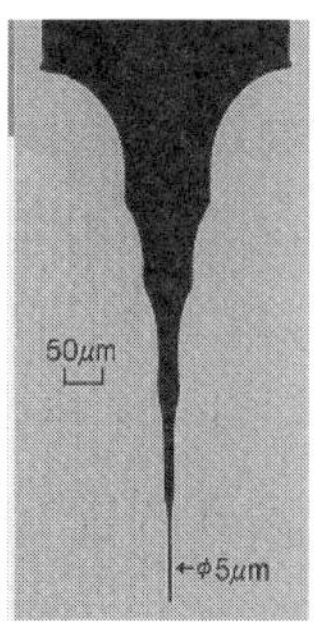

** 그림 9-10 ‖ 마이크로축노즐

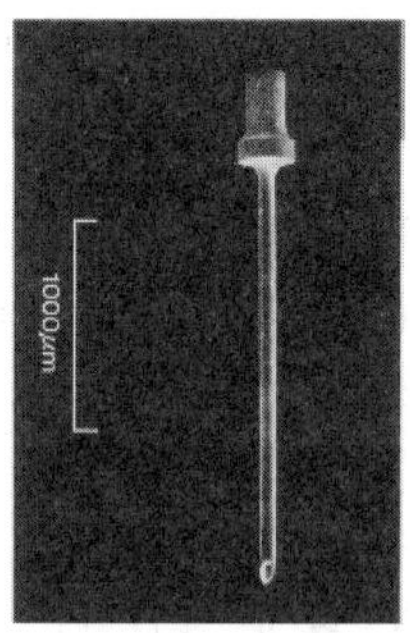

** 그림 9-11 ‖ 마이크로바늘

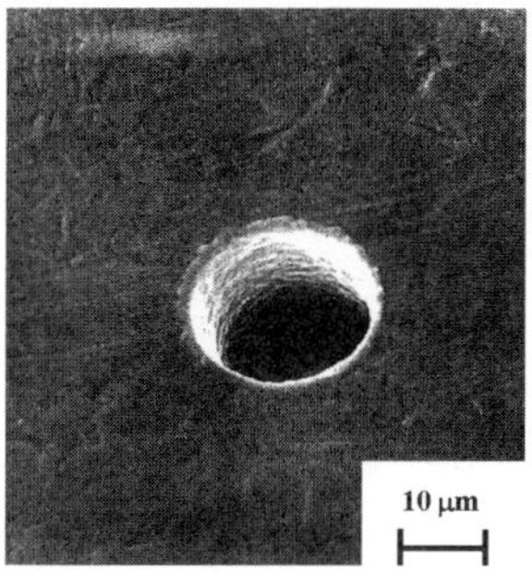

** 그림 9-12 ▎ 마이크로홀 ($\phi 20\mu m \times 50\mu m$)

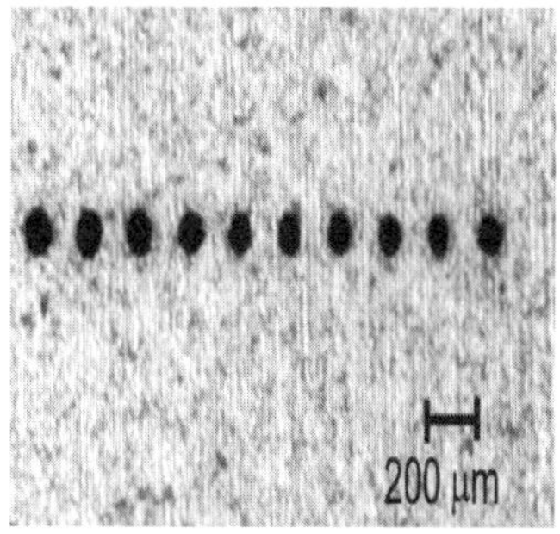

** 그림 9-13 ▎ 잉크제트 프린트 ($\phi 100\mu m$, 피치 $204\mu m$)

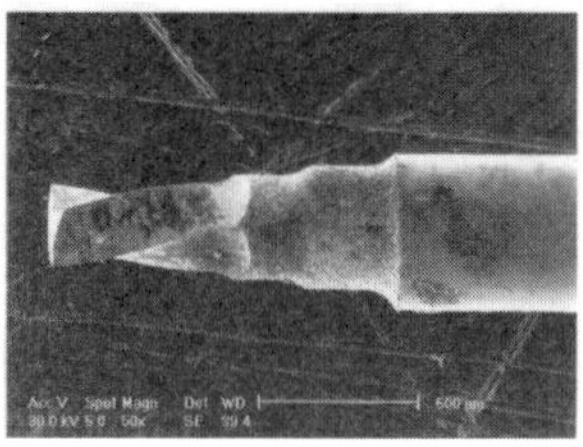

** 그림 9-14 ▎ 마이크로 엔드밀

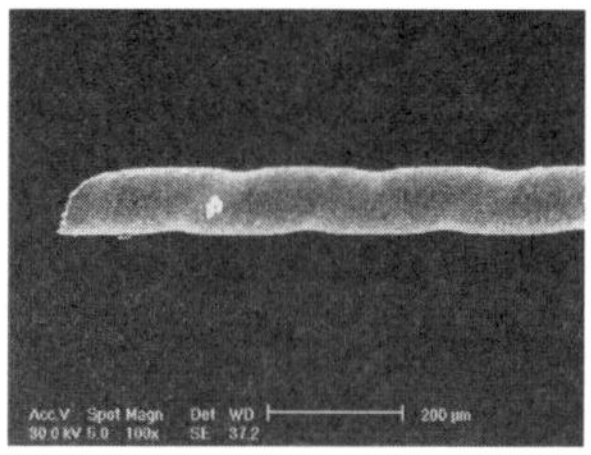

** 그림 9-15 ▎ 마이크로 그루브 축 ($\phi 300\mu m \times 500\mu m$)

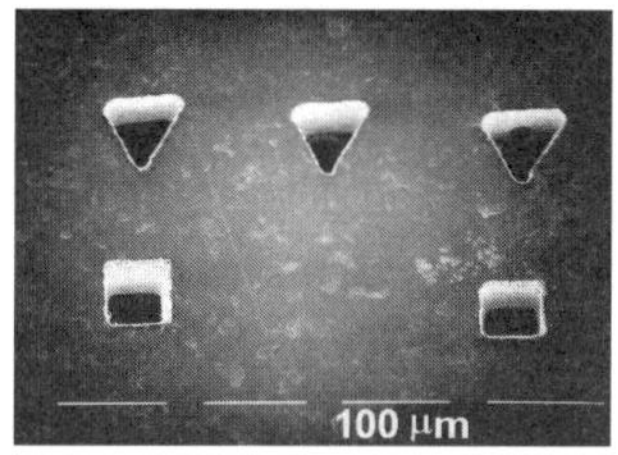

** 그림 9-16 ▎ 다각형 홀 ($\phi 50\mu m$; 피치 $200\mu m$)

9.3 집속 빔가공

광, 전자, 이온 등의 가는 에너지빔을 재료표면에 쪼여 국소적으로 가공하는 방법을 빔(beam)가공법이라고 한다. 넓은 의미로서 방전가공과 광조형가공도 포함되며, 빔의 종류에 따라 분류하는 방법 외에, 가공원리에 따라 분류하면 에너지빔에 의해 고체 표면 및 그 부근에서의 화학적 반응을 촉진시키는 방법과 에너지에 의해 표면을 기계적 또는 열적으로 제거하는 방법으로 나눌 수 있다.

광빔에 의한 마이크로머시닝법에는 광조형법과 더불어 반응가스(SiH_4) 분위기 중에 Si 웨이퍼를 놓고 표면에 레이저빔을 비추어 국소적으로 실리콘 결정을 성장시키며 미소구조체를 만드는 방법이 있다. 엑시머(excimer) 레이저를 이용한 재료가공은 저온 프로세스로서 다른 레이저가공에 비해 열변형이 거의 없고 밴드폭이 좁아 정밀가공에 적합하다. 국내에서도 엑시머 레이저를 이용한 마이크로머시닝으로 $10\mu m$의 슬릿을 가공하고 있다.

전자빔(electron beam)에 의한 가공법은 마이크로머시닝법으로 극히 작은 전자총을 제작하여 이 전자총에서 나오는 전자빔으로 3차원 미세구조체를 가공하는 방법이다. 이온빔(ion-beam)에 의한 가공에는 FIB(접속이온빔)가 많이 이용되고, 여러 가지 원자의 이온빔을 발사하여 재료의 성질을 국부적으로 바꾸어 가공하는 방법이다. 또 최근에는 방사광 가속기에서 나오는 X선을 이용한 마이크로머시닝법이 크게 각광을 받고 있다. X선은 직진성이 좋아 고 세장비(high aspect ratio)의 미세구조물가공에 적합하다. 여기서는 레이저를 이용한 특수가공법에 대하여 자세히 설명한다.

9.4 레이저가공

9.4.1 열에너지를 이용한 레이저가공

레이저(laser)는 light amplification by stimulated emission of radiation의 머리글자를 딴 말로서 고도로 집중된 고밀도 빛에너지를 의미한다. 레이저가공은 이러한 빛에너지를 이용하여 공작물을 국부적으로 가열・용융・증발시킴으로써 원하는 형태로 가공하거나 용접하는 등의 작업을 말한다.

레이저는 1960년 마이맨(Maiman)이 길이 45mm의 고체 루비를 사용해서 0.6943μm 파장의 펄스발진에 성공한 후, 루비 대신에 YAG(Yittrium-Aluminum-Garnet) 레이저가공기가 개발되었다.

이것과는 별도로 기체를 사용해서 레이저를 발생시키는 것도 거의 동시에 시작되어 현재는 CO_2 가스 레이저발진기가 많이 실용되고 있다. 레이저광은 간섭성을 가지며, 단색성이 뛰어나고 순수색이며, 광선의 발산각이 작고 레이저를 사용해서 집광하면 극히 작은 점상의 스폿으로 되는 등의 특징이 있다. 레이저로써 집광할 경우 태양광과 비교가 되지 않는 $10^6 \sim 10^8 W/cm^2$ 정도의 고에너지를 얻게 되며, 어떠한 고융점재료, 고경도재료도 즉시 녹이거나 증발시킨다. 이 특징을 그대로 응용하여 판재를 절단하거나 용접을 하기도 하고, 간단한 판의 절단에서부터 축제어의 입체절단까지 넓게 상용되고 있다. 금속의 열처리, 표면처리 등에 활용되기도 하고, 이밖에 마킹에도 응용되는가 하면, CNC 공작기계 로봇과의 결합 등으로 적용범위가 넓다. 그림 9-17은 레이저 가공의 원리를 나타낸다.

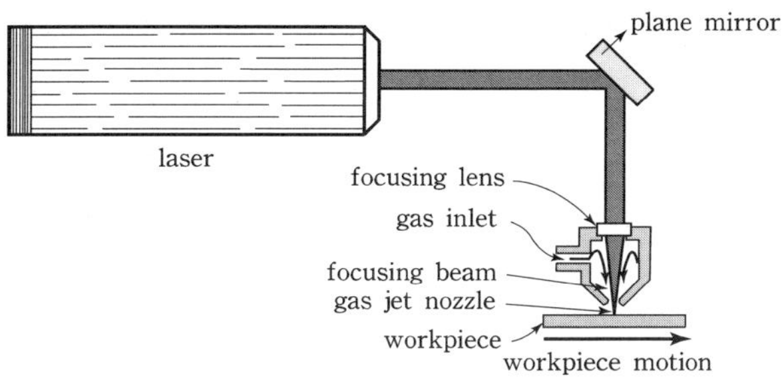

** 그림 9-17 ▌ 레이저가공 원리

9.4.2 엑시머 레이저 미세가공

1960년 헬륨-네온 레이저가 처음 발진되는 것을 확인한 후 현재까지 수많은 종류의 레이저가 출현하였고 여러 산업분야에서 각각의 특징을 이용하여 사용하고 있다. 현재 레이저의 종류는 수백에서 수천 가지에 이르고 있으며 이 가운데 산업적용에 유리해 상품화되어져 있는 일부 주요 레이저 종류를 매질별, 파장대별로 분류해 보면 표 9-2와 같다.

마이크로머시닝에 적용되는 레이저는 주로 광파장이 짧은 레이저를 사용하며, 그 중에서도 엑시머 레이저는 펄스폭이 20ns 정도로 아주 짧아 피크출력이 높고 재료 주위로의 열손실이 적어 마이크로머시닝에 매우 유용하다. 레이저를 이용한 가공방식은 크기, 형상, 응용분야에 따라 여러 가지 형태로 구성할 수 있으나 엑시머 레이저 마이크로머시닝에는 주로 마스크 이미지 투영(mask image projection)방법이 적용된다.

** 표 9-2 ▌ 레이저의 매질별, 파장대별 분류

분류	레이저	발진파장	분류	레이저	발진파장
기체	He-Ne	632.8nm	액체	Dye	320nm~1.2μm
	CO_2	9.4, 10.6μm	고체	루비	694.3nm
	Ar	488,514.5nm		Nd : YAG	266,355,532nm 1.064μm
	엑시머	193,248,308,351nm		Nd : Glass	1.06μm
	금속증기	511,578nm	반도체	반도체	300nm~30μm

이 방식은 그림 9-18과 같이 빔의 분포를 균일하게 하기 위해 적절히 조정한 후 가공하고자 하는 형상의 마스크(기계가공, 전자빔가공 등에 의해 미리 만들어져 있다)에 조사시키고, 투영렌즈(projection lens)를 통하여 마스크 형상을 축소투영하여 미세한 형상이 되도록 가공하는 형태이다. 마스크의 실용적 크기와 마이크로 부품의

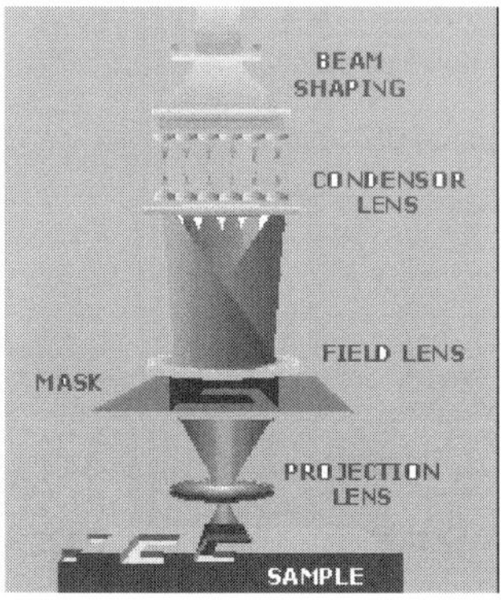

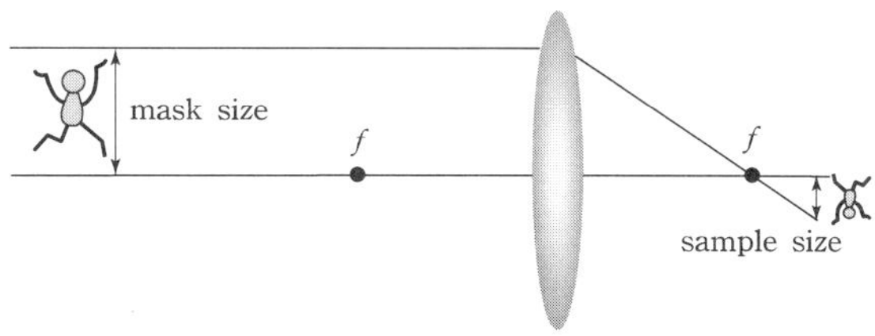

$$\frac{A}{B}=\frac{a}{f}=\frac{f}{b}=X\ (X\text{배 만큼 축소})$$

** 그림 9-18 ▌ 레이저 마이크로머시닝 원리

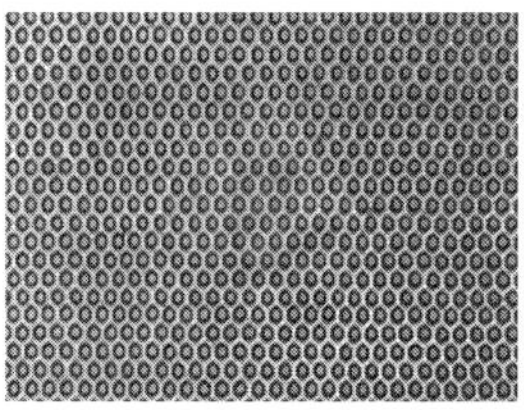

폴리머 구멍가공(25 μm)

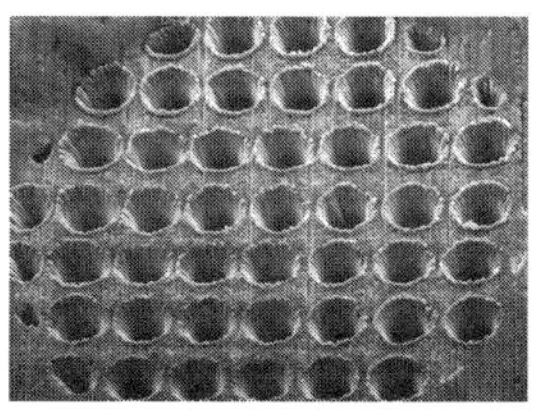

세라믹 구멍가공(25 μm)

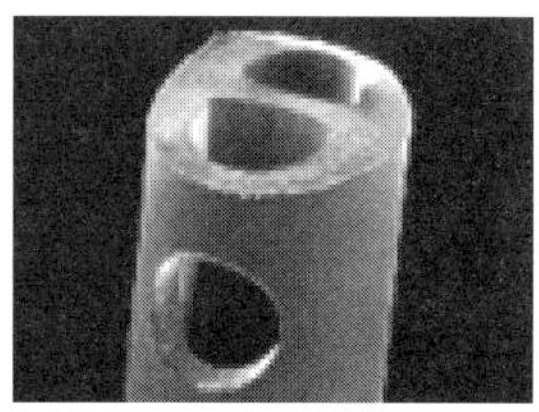

의료용 디바이스

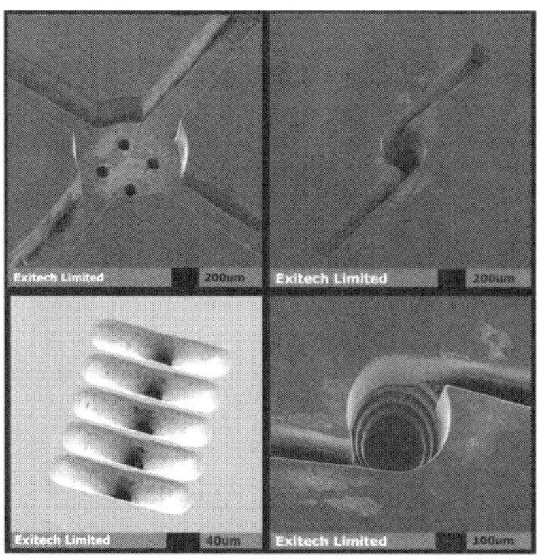

마이크로 유체부품

3차원 구조물형태

** 그림 9-19 ▌ 엑시머 레이저를 이용한 마이크로머시닝 예

전체 크기가 클 경우에는 마스크나 가공물 중의 하나, 또는 두 가지 전부를 이송하며 가공하기도 한다. 이러한 레이저를 이용한 대표적인 가공법에는 전자적 여기, 결합파괴, 가열에 의한 화학적 분해, 제거, 증발 등의 여러 가지 현상을 일으키는 애블레이션(ablation)가공법, 레이저에 의해 활성화된 가스가 고체표면과 반응하도록 가공하는 방법인 레이저 유도 화학에칭법, 기능성 재료를 수십 μm 두께의 적층막으로 만들고 일부 또는 전체를 가공하는 코팅가공법 등이 있다. 레이저에 의해 가공되어지는 구조체 또는 형상은 아주 다양하며 여러 산업분야의 핵심부품으로 사용된다. 그 중 일부의 가공 및 응용 예를 그림 9-19에 나타내었다.

9.4.3 극초단 레이저 미세가공

【1】 극초단 펄스 레이저

레이저 미세가공기술에서 가공정밀도를 결정하는 중요한 인자 중에 하나가 펄스폭(pulse width)이다. 펄스폭은 레이저빔과 재료 간의 상호작용 시간을 결정짓는 인자이기 때문에 일반적으로 펄스폭이 길어질수록 레이저빔에 의한 열영향부(heat affected zone)가 넓어져서 가공정밀도가 떨어지게 된다. 이에 레이저의 펄스폭을 줄이기 위한 연구가 지속적으로 진행되어 왔으며, 1990년대에 이르러 극초단 펄스 레이저(ultrashot pulse laser)가 개발되기 시작하였다.

극초단 펄스 레이저를 이용한 미세가공은 비열적(non-thermal) 가공이다. 즉, 펄스폭이 극단적으로 짧기 때문에 레이저빔에 의한 열영향부를 최소화할 수 있어 sub-μm급 가공이 가능하다. 또한, 극초단 펄스 레이저의 비선형(non-linear) 광학 현상으로 인한 재료 무의존성(independency)을 가지고 있기 때문에 어떠한 재료도 가공할 수 있는 장점이 있다. 이러한 장점을 가진 극초단 펄스 레이저를 첨단산업 분야인 IT/BT/NT 분야의 초정밀 핵심부품 제작에 응용하고자 하는 연구가 전 세계적으로 활발히 진행되고 있다.

레이저빔이 재료 표면에 조사되면 전자의 진동이 발생하고, 이 진동이 격자로 전달되어 재료에 열이 발생하게 된다. 이 현상을 열확산(thermal relaxation)이라고 한다. 재료에 따라 열확산 시간이 다르지만, 금속재료의 경우에는 수십-수피코초(picosecond) 사이에서 열확산 현상이 일어나는 것으로 알려져 있다. 극초단 펄스 레이저는 그 펄스폭이 재료의 열확산 시간보다 짧기 때문에 레이저빔이 조사되는 부분만 제거되어 초정밀 가공이 가능하게 된다.

현재까지 개발된 극초단 펄스 레이저는 Nd : YVO_4를 매질로 사용하는 피코초 레이저와 Ti : Sapphire를 매질로 사용하는 펨토초(femtosecond) 레이저가 있다. 여기서 피코초는 시간의 단위로서 1조분의 1초(10^{-12})이며, 펨토초는 1,000조분의 1초(10^{-15})에 해당한다(그림 9-20). 이것은 극도로 짧은 시간으로, 예를 들면, 100펨토초는 빛이 머리카락 두께의 반도 진행하지 못하는 시간이다. 또한, 펨토초 레이저는 극도의 높은 출력을 가지는데 순간적으로 펄스 당 수백 GW까지의 첨두출력(peak power)을 방출한다. 한국전력의 2003년도 통계에 의하면 우리나라의 모든 발전소가 동시에 생산할 수 있는 최대전력이 47GW라는 사실과 비교해 보면 펨토초 레이저의 펄스가 경이로운 첨두출력 값을 가진다는 것을 알 수 있다.

기존 펄스 레이저의 여기 방식은 그 펄스폭에 따라 램프 여기 방식 또는 Q-스위칭(switching) 방식이다. 이에 반해 피코초와 펨토초 레이저는 모드잠금 방식을 사용하고 있다. 모드잠금 방식은 공진기 내부에서 발생하는 수많은 무질서한 종축방향 모드들을 규칙적으로 재배열하여 서로 보강 및 상쇄간섭과정을 거쳐 펄스폭이 짧고, 점두출력이 큰 펄스를 생산하는 방식이다. 1990년대 초 Kerr 렌즈 모드잠금 방식이 개발되면서 Ti : Sapphire를 매질로 사용하는 고체 펨토초 레이저 기술이 등장하였고, 반도체 포화 흡수거울(Semiconductor Saturable Absorber Mirror : SESAM)을 이용한 새로운 모드잠금 방식이 개발되면서 극초단 펄스 레이저의 출력 및 안정성이 크게

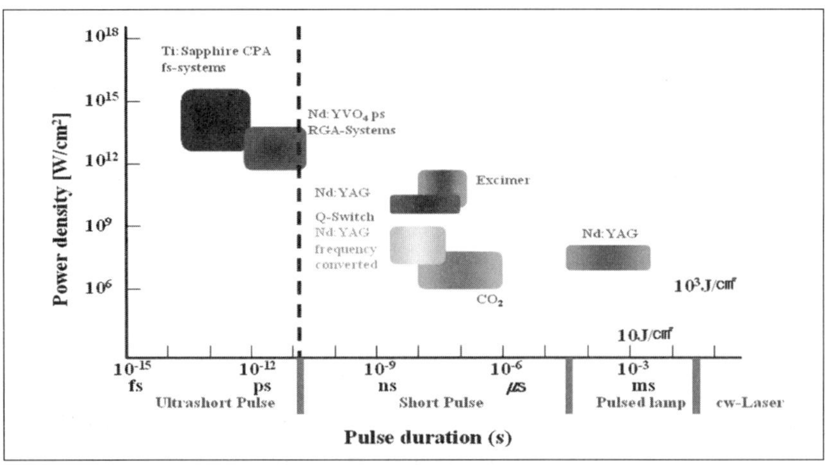

** 그림 9-20 ▌ 레이저의 펄스폭(Pulse duration)과 출력밀도(Power density) 분포

향상되었다. 또한, 극초단 펄스를 손실 없이 효율적으로 증폭시키는 CPA(Chirped-Pulse Amplification) 기술의 개발은 Ti : Sapphire 펨토초 레이저가 측정이 아닌 미세가공 공정에 적용되는 데 주요한 역할을 하였다. 최근에는 Cr- 및 Yb- 매질을 이용한 다이오드 여기(diode-pumping) 방식을 채택한 간결하고 효율적인 펨토초 레이저가 개발 되었다.

그러나 Ti : Sapphire 펨토초 레이저는 구성 광학계의 특성상 평균출력(average power)이 기존의 레이저에 비해 낮은 단점을 보유하고 있다. 즉, 첨두출력은 수백 GW이지만 평균출력은 일반적으로 2W 미만의 값을 가진다. 평균출력이란 첨두출력에 초당 펄스수(Hz)와 펄스폭(s)을 곱한 값으로서, 이는 재료의 가공량을 나타내는 지표가 되므로 금속, 세라믹과 같이 결합력이 강한 재질을 가공할 때 중요한 변수로 작용한다.

이러한 펨토초 레이저의 단점을 보완하기 위하여 Nd : YVO_4를 매질로 사용하는 피코초 레이저가 최근 개발되어 상용화되었다. 이는 펨토초 레이저에 비하여 고출력 특성을 나타낼 뿐만 아니라 내부 구성 광학계가 펨토초 레이저에 비하여 간략하며, 비선형 매질(SHG, THG 및 FHG)을 이용하여 고조파를 발생시키므로 자외선도 비교적 쉽게 조사할 수 있다. 피코초 레이저의 경우 일반적으로 10W의 평균출력을 갖는 큰 어려움 없이 조사할 수 있으므로, 금속가공에서 열반응을 최소화하는 범위 내에서 펨토초 레이저에 비해 가공속도가 뛰어난 장점이 있다.

【2】 극초단 펄스-재료 반응 메커니즘

극초단 펄스 레이저를 이용한 미세가공의 가장 큰 특징은 레이저빔과 재료간의 상호반응시 발생하는 열이 전파되는 시간을 갖지 못하기 때문에 재료의 열적손상이나 구조변화를 발생시키지 않는다는 것이다. 즉, 재료의 국부적인 부분이 극도의 짧은 시간 내에 제거되어 일반적인 레이저 가공에서 나타나는 열확산 현상은 거의 발생되지 않는다. 열확산은 취성이 높은 재질인 경우 미소크랙(micro-crack)을 유발하므로 극초단 펄스 레이저는 세라믹과 같은 취성재료가공에도 유리하다고 할 수 있다. 극초단 펄스 레이저는 열확산을 방지하는 효과 외에 가공물의 주변에 형성되던 용융물(melt) 및 잔류물(debris)의 발생도 대부분 억제할 수 있고, 발생된다 하더라도 미세 분말이므로 쉽게 제거할 수 있다(그림 9-21).

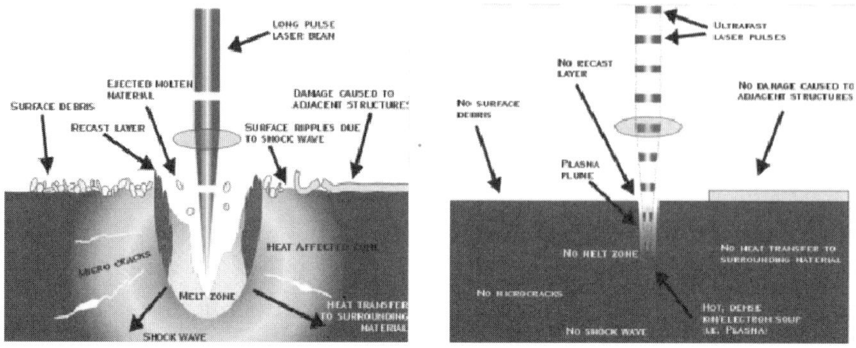

ns 레이저 가공 현상 fs 레이저 가공 현상

** 그림 9-21 ▌ 장파장 펄스 레이저와 초단파 펄스 레이저의 가공 특성비교

일반적으로 램프 여기방식 또는 Q-스위칭 방식을 사용하는 기존의 레이저는 재료가공 시 많은 잔유물이 발생한다. 이 잔유물은 재료에 따라 다르지만 가공 시 고온이 된 후 표면에 부착된 것으로서 제거하기 까다로운 경우가 대부분이다. 나노초 레이저에 의한 초내열강의 가공은 극초단 펄스 레이저를 이용한 가공과 비교하면 용융물 및 잔유물에 의한 재료표면의 오염이 심각한 것을 볼 수 있다. 또한 열 영향부가 넓게 형성되었으며 재응고된 용융물 층이 가공면을 따라 존재한다. 이러한 이유로 정밀가공을 위해서는 잔유물 제거를 위한 후처리공정이 필요 없는 극초단 펄스 레이저가 필요하다는 것을 알 수 있다. 극초단 펄스 레이저는 sub-μm급 초정밀 가공이 가능하다는 특징이 있다. 레이저 미세가공공정에서 레이저빔의 스팟크기(spot size)는 가공정밀도에 큰 영향을 미치는 변수들 중 하나이다. 실제 가공에서 레이저빔이 광학계를 이용하여 재료 표면까지 이송되기 때문에 레이저빔의 스팟크기는 광학적인 한계에 의해 제한된다. 즉, 파장이 0.8μm이라면 레이저빔을 이용하여 재료를 가공하는 경우에 스팟의 최소 크기를 파장 이하로 만들기 어렵다. 또한 레이저빔에 의한 열영향부를 고려하면 기존의 레이저를 이용하는 경우에는 sub-μm급 초정밀 가공은 어렵다고 할 수 있다. 그러나 극초단 펄스 레이저의 경우에는 임계치 가공(threshold process) 특성을 이용하면 이것이 가능하다. 가우시안(Gaussian) 에너지 분포를 갖는 레이저빔은 빔의 중심 부분에서 에너지 밀도가 상대적으로 매우 높다. 따라서 재료 표면에 초점을 위치시켰을 때 실제 가공이 일어나는 부분은 레이저빔의 에너지가 임계값 이상인 부분으로 국한된다. 경우에 따라서 초점직경의 1/5이 될 수도 있다. 즉, 파장이 800nm인 펨토초 레이저를 이용하여 160nm의 직경을 가지는 홀을 가공할 수 있다는 의미이다.

【3】 극초단 레이저 미세 가공 사례

(1) 금속가공

금속재료 표면에 조사된 레이저 에너지가 금속 내부로 전달되는 메커니즘은 다음과 같다. 재료 표면에 도달한 레이저빔은 준자유전자(quasi-free electron)에 에너지를 전이시킨다. 이것은 레이저빔의 표면에 조사됨과 거의 동시에 이루어지며, 이후 순차적으로 원자, 분자 및 결정격자로 전이가 일어나는데 약 10피코초 가량의 시간이 소요되는 것으로 알려져 있다. 다시 말하면, 레이저빔이 조사되고 난 후 재료 내부에 열이 발생하는 데까지 걸리는 시간이 약 10피코초라는 의미이다.

금속가공의 경우에 결정격자의 열반응은 펄스폭에 의해 결정이 되는 것이 아니고 재료의 열확산 시간에 의해 정해진다. 이는 금속가공에 있어서는 펄스폭이 열확산 시간보다 짧은 경우에는 동일 출력의 피코초 레이저와 펨토초 레이저의 가공 성능은 큰 차이가 없다는 것을 의미한다. 그러나 펨토초 레이저의 경우 광학적 한계로 인하여 피코초 레이저보다 높은 출력특성을 가지기 힘들다. 재료가공시간 및 가공량은 평균출력에 의해 좌우되므로 금속재료를 가공하는 경우에는 상대적으로 높은 평균출력을 가진 피코초 레이저가 다소 유리하다고 볼 수 있다(그림 9-22).

(2) 광투과재료의 내부가공

유리, 폴리머 등의 투과재료의 내부가공에는 주로 펨토초 레이저가 사용된다. 800nm의 파장을 가지는 Ti : Sapphire 펨토초 레이저빔은 일반유리 및 수정(crystal)을 투과하나, 다광자 흡수(multi-photon absorption) 및 터널이온화 등의 비선형 광학현상이나 양자현상이 유기되어 다수의 운반매체가 극히 짧은 시간영역에서 생성하고, 조사부위에 남겨진 정전하를 갖는 핵이 쿨롱(Coulomb)폭발을 일으키는 빠른 프로세스가 공간형성에 기여한다. 이와 같은 방법은 300nm 이하의 미소공간에서

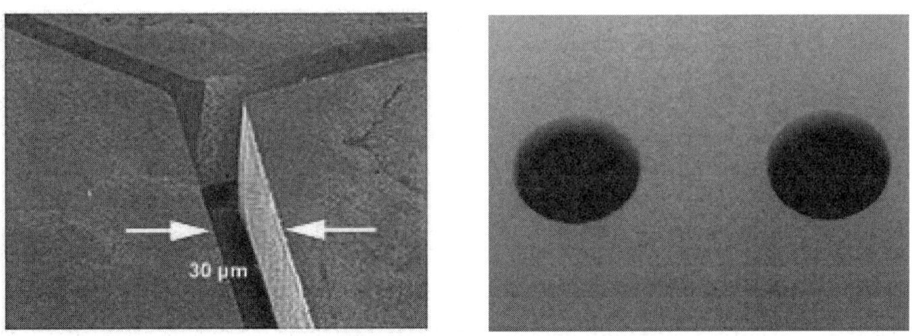

** 그림 9-22 ▌ 극초단 펄스 레이저를 이용한 금속 가공예

굴절률 변화를 유기하거나 발광성 결함을 생성하여 1.2Tbit/cm^{3}의 기록밀도를 가지는 고밀도 3차원 광메모리(optical memory)도 제작할 수 있다.

펨토초 레이저를 이용하여 광도파로(optical waveguide), 3차원 광결정(photonic crystal) 등과 같은 광통신 소자를 제작할 수 있다. 또한 펨토초 레이저를 이용한 투과물질 내의 3차원 형상가공은 무기물뿐만 아니라 폴리머와 같은 유기물에도 적용할 수 있다. 펨토초 레이저를 이용한 폴리머 가공의 대표적인 예로서 단량체(monomer)가 함유된 레진(resin) 내부에 레이저빔의 초점이 맺히게 하면 이광자 공명(two-photon process)이 유도되는 것이다. 이를 이용하면 국부적으로 폴리머(polymer)를 형성시킬 수 있다. 이러한 이광자 공명에 의해 생성된 선폭은 200nm로서 해상도 한계보다 치수영역에서 광결정 격자를 제작할 수 있다.

(3) 기타 재료의 가공

극초단 펄스 레이저는 세라믹과 반도체의 미세가공에도 많이 사용된다. 특히 웨이퍼 절단의 경우 열영향이 없고 잔유물이 없기 때문에 여러 공정을 거쳐 패턴이 형성된 마이크로 칩을 정밀하게 분리하기에 용이하다고 판단된다.

의료분야에서도 극초단 펄스 레이저를 이용하여 외과수술을 하게 되면 수술부위 주위에 열손상 없이 깨끗한 수술이 가능하다. 미국의 국립 로렌스 리버모어 연구소 등에서는 수술용 펨토초 레이저 시스템을 개발하고 있다.

【4】 국내외 미세가공기술 동향

역사적으로 펨토초 레이저와 재료 간의 상호 작용에 대한 연구는 1990년대 중반부터 미국의 국립연구소인 LLNL을 중심으로 진행되었으며, CPA 기술의 개발로 고출력 펨토초 레이저 펄스의 생성이 가능해짐에 따라 1990년대 후반부터 펨토초 레이저를 이용한 재료가공에 대한 연구가 선진국의 일부 국립연구소에서 진행되었다.

미국에서는 Purdue 대학, MIT, Harvard 대학, LLNL 등을 중심으로 레이저 미세가공기술에 대한 연구가 진행되어 왔다. Harvard 대학의 E. Mazur 그룹은 광메모리 소자 개발을 목표로 파장이 800nm, 펄스폭이 100펨토초인 펨토초 레이저 펄스를 유리 내부에 집광시킴으로써 비선형(non-linear) 현상인 자기집속현상(self-focusing)을 이용하여 직경이 200nm인 구조개질을 얻었다. 이는 차세대 광메모리로 제작에 응용이 기대되나 집적도를 더욱 높일 수 있는 기술의 개발이 요구되고 있다. Michigan 대학의 Ultrafast optical science 센터의 Mourou 교수진을 비롯하여 Los Alamos

Laboratory, UC Berkeley, UCLA, UC Santa Barbara, UC San Diego, Stanford, CREOL, Illinois 대학 등지에서 NSF 과제로 펨토초 레이저와 관련한 다양한 분야에 대해 많은 연구를 수행하고 있으며, 국가차원에서 이 분야의 중요성을 일찍부터 인식하여 많은 투자가 이루어지고 있어 상당한 기술 진척이 이루어진 것으로 알려져 있다. 그 가운데 펨토초 레이저를 시각교정 및 생체재료에 응용하는 연구가 진행되고 있다.

일본에서는 Kyoto 대학, RIKEN 연구소, Osaka 대학 등지에서 레이저 미세가공 공정에 대한 연구가 진행되어 왔다. Osaka 대학의 Kawata 그룹에서는 이광자 흡수 현상을 이용하여 폴리머 내부에 특징 형상이 나노 크기인 3차원 황소 형상을 제작하였다. 펨토초 레이저는 종래에 레이저와 달리 다양한 비선형 현상을 유지하므로 기존의 레이저 가공에서 불가능했던 다양한 형태의 3차원 가공이 가능하다는 것을 보여준 사례이다. Tokushima 대학의 Misawa 그룹에서는 레이저 미세가공공정을 화학 에칭공정과 결합함으로써 투명재료인 사파이어에 10–50μm의 미세 채널을 형성하였다. 이러한 투명재료 내부에 3차원 마이크로 채널을 형성하는 기술은 향후 바이오칩 및 μ–TAS(Total Analysis System) 등에 응용이 가능하다. 또한 과경화성 폴리머 내부에 이광자 흡수 현상을 이용하여 3차원 광결정 격자를 제작하고, 그 광학 특성을 조사했다. 반사율이 20% 정도로 향후 반사율을 높일 수 있는 기술적 보완이 요구되고 있다. 이와 같은 광결정 격자의 광닫힘 효과를 이용하면 미소 공진기 제작이 가능하며 이를 집적화하여 광도파로나 광집적회로 분야에 적용이 가능하다.

한편 독일에서는 Max–Born 연구소, Siemens사, IFSW, LZH 등에서 연구가 진행되고 있다. Max–Born 연구소에서는 레이저 펄스에 의해 유기된 내부 개질이 펄스 수가 증가함에 따라 표면쪽으로 성장하는 메카니즘을 규명하였다. 또한 최근 Lumera사는 Diode–pumped Nd : YVO_4 피코초 레이저를 개발하였다. 100kHz의 펄스 반복률(repetition rate), 300μJ의 펄스에너지로서 펄스폭이 13피코초인 STACCATO와 500kHz, 40μJ, 10피코초인 RAPID를 출시하였다. 이는 재료가공 시 짧은 펄스폭을 이용하는 장점 외에도 높은 광에너지를 가지는 자외선 영역의 빔을 방출하므로 특히, 금속재료의 미세가공에 유리한 것으로 판단된다.

국외의 연구 활동에 비교하여 국내의 펨토초 및 피코초 레이저에 대한 연구는 몇몇 정부 출연연구소, 대학, 업체 등에서 진행되고 있으나, 국외의 기술 및 연구 수준에 비해서는 아직 초보단계라고 할 수 있다.

2002년에 한국표준연구원에서 펄스폭이 130펨토초, 펄스 반복률이 1kHz인 펨토초 레이저의 이광자 흡수현상을 이용한 미세가공에 대한 연구결과를 처음 발표하였다. 한국기계연구원에서는 높은 펄스 반복률(>100kHz)의 펨토레이저를 이용하여 절연체 및 금속재료의 초고속 극미세가공에 대한 연구를 진행하고 있으며, 최근 펄스폭이 10피코초, 펄스 반복률이 500kHz, 최대평균 출력이 약 10W인 피코초 레이저가 설치되어 이를 이용한 금속재료의 미세가공에 대한 연구가 진행되고 있다. 한국과학기술원에서는 펨토초 레이저의 이광자 흡수현상을 이용하여 액상의 폴리머 내부에 나노급 패터닝 실험을 수행한 바 있다.

【5】 결론

극초단 펄스 레이저를 이용한 미세가공공정은 레이저빔과 재료간의 반응시간이 재료의 열확산 시간보다 짧은 비열적 공정이다. 따라서 레이저빔에 의한 열영향부가 거의 발생하지 않으므로, 기존의 레이저 가공공정에서는 불가능했던 sub-μm급 초미세가공이 가능하다. 또한 유리 및 폴리머 등의 투과물질 재료의 내부에 sub-μm급 크기의 3차원 패턴 가공이 가능하기 때문에 광통신 분야, 전자, 반도체, 바이오 관련 산업 등의 광범위한 첨단산업분야에서 고부가가치 초정밀 핵심부품 제작에 폭넓게 응용될 것으로 전망된다.

9.5 광/화학 하이브리드 가공

9.5.1 포토 리소그래피

에칭(etching)가공은 피가공물의 표면을 화학적, 물리적으로 제거하는 가공법으로서 종래부터 반도체 미세 패턴(pattern)가공 등 마이크로머시닝에 가장 먼저 적용된 가공 기술로 볼 수 있다. 이러한 반도체 에칭법에는 포토 리소그래피(photo lithography) 기술이 이용된다. 이를 응용하면 미세한 마스크 패턴의 형성이 가능하므로 미세부품의 가공에 적용이 가능하다. 특히, 경도가 높거나 깨지기 쉬운 재료의 가공이 가능하고 가공 변질층이 거의 없다. 반도체 공정기술의 발달에 따라 고집적 회로의 개발과 더불어 미세화된 경우로서 IC 프로세스(Si process)라고도 불린다. 이는 단결정 실리콘의 기판상에 전자회로를 집적하는 방법으로서 개발된 기술이다. 단, 3차원 구조체로 가공하는 데는 많은 제약이 있으나, 최근 실리콘과 그 화합물을

**표 9-3 ▎ 극초단 레이저 미세가공 기술의 활용분야 및 제품군

	활용 분야	활용되는 제품군	
극초단 레이저 미세가공	micro electronics Packaging	- via hole drilling - MCM, TAB window and interconnect drilling - skiving, excising	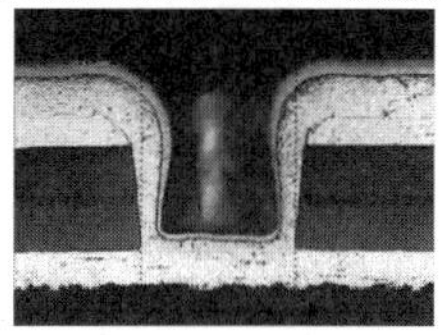 blind via hole in polyimide
	semiconductor	- thin film removal - bulk machining, trimming	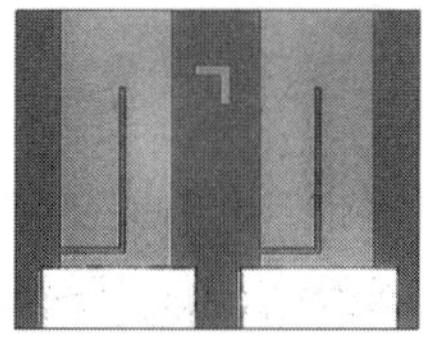 laser trimming
	data storage	- micro via drilling of slider assembly - disk texturing - blue ray disc - ultra high density DVD (0.4μm)/HD	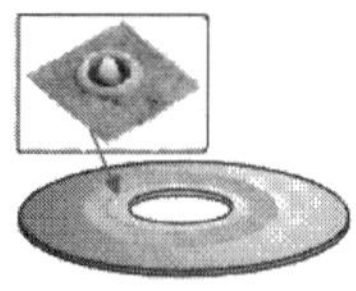 laser disk texturing
	medical devices	- micro-drilling balloon angioplasty devices - oral spray nozzles - microfluidics devies	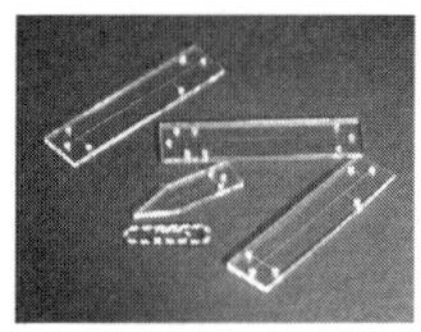 microfluidic CE chip
	communication	- fiber optic grating fabrication - fiber cable stripping - 3 dimensional Photonic Crystal	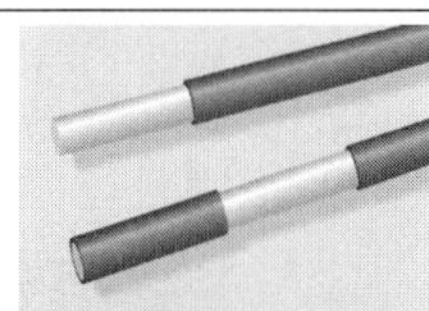 optic fiber stripping
	computer peripherals	- ink Jet printer nozzle - selective coating removal	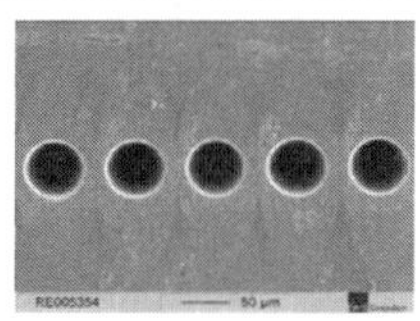 ink jet printer nozzle
	micro-optics	- diffractive micro-optics - refractive micro-optics	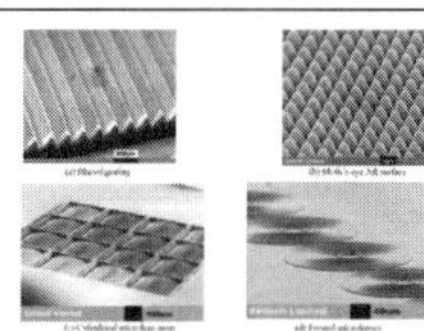 microlens(exitech)

가공대상으로 한 마이크로머시닝 기술의 진보에 의해 실리콘 기판상에 복잡한 3차원 형상의 가공이 시도되고 있다. 이 기술은 압전센서, 가속도센서의 기계구조 분야를 마이크로화하는 기술로서 이용되고 마이크로모터의 제작에도 이용되었다. 3차원 구조의 가공에는 크게 나누어 에칭 특성에만 의존하여 형상을 만드는 방법, 에칭과 퍼텐션을 조합한 방법, 복합적인 가공에 의한 3차원 형상을 만드는 방법 등이 있다.

마이크로머신의 제작에 이용되는 반도체공정의 기본적인 수순을 로터와 베어링으로 구성되는 기구의 제작을 예로 들면 그림 9-23과 같다(이 그림에서 레지스트 처리공정의 설명은 생략되었음). 이 방법으로 제작된 부품은 평면도형을 투영한 방식이기 때문에 조립된 기구는 완전한 3차원 구조라기보다는 "2.5차원의 구조"라고 하기도 한다.

Si 프로세스에 의한 기구요소의 제작은 두께 $2\mu m$ 이하의 극히 얇은 부품의 가공에만 적용이 가능하였고 재료도 거의 실리콘에만 한정되어 있었다. 그 후 파장이 짧은 광(자외선)을 이용하여 두꺼운 레지스트를 고정밀도로 가공하거나 코팅공정의 조합으로 개량한 결과 두꺼운 부품으로 구성된 기구를 다양한 재료로 제작이 가능하게 되었다.

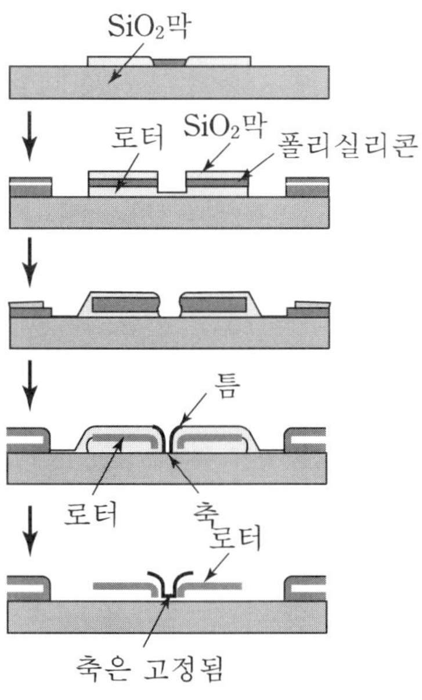

- 일산화에 의해 산화막 SiO_2 형성
- 반응성이온 에칭(RIE)으로 패턴 형성
- CVD로 폴리실리콘막 형성
- SiO_2를 마스크로 하여 RIE로 로터 형성
- CVD로 SiO_2막을 CHF_3 가스로 에칭
- 축 형성용 구멍을 뚫음
- CVD로 폴리실리콘막 형성하여 축과의 사이에 갭 형성
- 붕산용액으로 SiO_2막을 용해제거
- 로터를 회전가능하게 만듦

** 그림 9-23 ▌ Si 프로세스에 의한 미세기계 제작 예

** 그림 9-24 ▌ 정전기 구동 마이크로모터(지름 100μm, 두께 7μm, 10,000 rpm)

그림 9-24는 최근 실리콘 프로세스로 제작한 정전모터(electrostatic micro motor)의 사진이다. 로터, 베어링, 고정전극은 니켈이며, 로터를 제거한 아래쪽 사진에서 알 수 있듯이 로터와 접촉하는 기판에 미세한 다수의 돌기를 형성하여 접촉부에 작용하는 표면력 등의 마찰저항을 줄이고자 하였다.

9.5.2 LIGA 공정

앞서의 에칭을 이용한 실리콘 프로세스는 마이크로머시닝이 가능하며 간단한 조립도 할 수 있고 반도체 회로와의 복합화가 가능하다는 장점이 있어 마이크로머신 가공기술에 가장 많이 이용되어 왔다. 그러나 이 기술은 제품이 너무 얇고 힘이 없다는 단점이다.

정전기 구동모터를 예로 들면, 지름은 머리털 굵기 정도가 되지만 두께는 지름의 1/100 정도로 매우 얇아 비교적 큰 힘에 견디거나 큰 힘을 발생하는 것은 힘들다. 또한 모터의 회전부분은 극히 작지만 전원 및 제어회로는 수천배 이상으로 커진다. 이와 같은 문제를 해결하는 수단으로서 LIGA 프로세스, 미세방전가공, 광조형법, 미세기계가공법 등이 제안되고 있다.

LIGA 프로세스는 반도체가공기술과는 달리 고종횡비의 3차원 미세형상을 만드는 가공기술로 식각(lithography, 독일어로 LIthograpie), 도금(electroforming, 독일어로 galvano-formung), 사출성형(molding, 독일어로 abformung)의 독일어 머리말에서 따온 것이다. 이 공정은 1982년 독일의 칼스루에 원자력연구소(KFK)에서 방사선 동위원소를 분리하기 위해 수백μm 두께에 1μm 이하의 정밀도를 갖는 초소형 노즐 제작을 위해 개발된 기술이다.

이 방법은 싱크로트론 방사광(SR광)의 커다란 설비를 필요로 하므로 매우 어렵고 고급인 첨단기술로 인식되지만 기본적 가공원리는 실리콘 프로세스와 같이 단순하고 인쇄기술과 거의 유사하다. 그림 9-25, 9-26, 9-27, 9-28은 LIGA 프로세스에 의해 제작된 미세 구조물을 나타낸다.

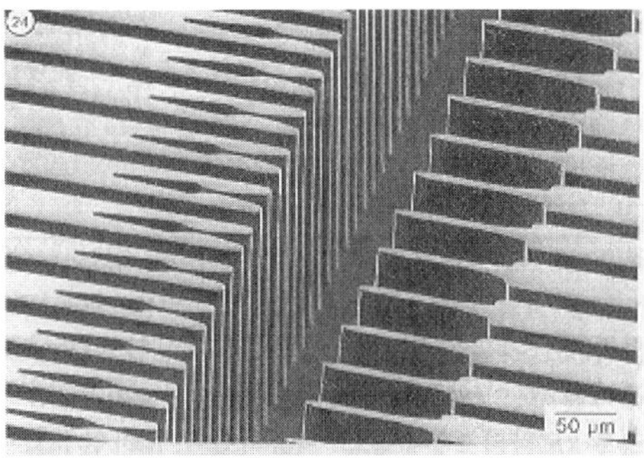

** 그림 9-25 ▌ 미세광학소자(피치 80μm)

** 그림 9-26 ▌ 미세필터의 구조

** 그림 9-27 ▌ 미세기어부품

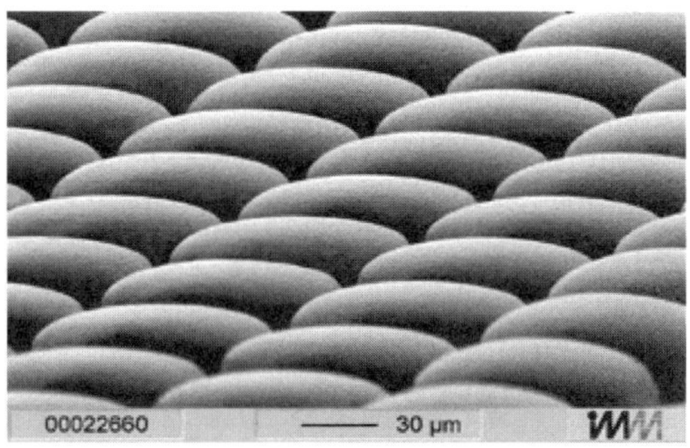

** 그림 9-28 ▌ 미세렌즈 배열

9.6 초음파가공

9.6.1 개요

초음파가공(USM : Ultrasonic Machining)은 상하방향으로 초음파진동을 하는 공구와 공작물 사이에 연마입자와 가공액을 넣고, 이 연마입자에 의해 공작물을 다듬질하는 것이다. 가공은 연마입자가 높은 가속도하에서 공작물에 충돌하여 이루어진다. 이와 같은 초음파가공법은 1930년대부터 실험되었으나 1950년경부터 주로 미국에서 실용화되기 시작하였고 이후 일본, 독일에서도 실용화하게 되었다.

9.6.2 초음파 장치

초음파가공 장치는 그림 9-29와 같은 방식으로 초음파발생 장치에서 발생한 고주파전류를 자기진동자에 넣어 기계적인 상하방향의 진동으로 변환하여 이 진동자의 진동을 익스포넨셜 혼(exponential hone)에 의해 진폭을 크게 하여 공구인 혼에 전하는 것이다. 자기진동자는 보통 니켈의 박판을 층상으로 겹쳐서 그림과 같이 자기적폐회로로 한 것이다. 익스포넨셜 혼은 진폭의 확대를 목적으로 하고 있으므로 축단면이 지수함수곡선을 이루고 있으며 연강, 황동, 모넬 메탈 등으로 만들어져 있다. 이 작용에 의해 진동자에서 10μm 이하의 진폭을 혼부에서는 40~50μm 정도로 증폭시킨다. 진동자부는 여러 손실에 의해 고열로 되므로 냉각수를 흐르게 하여 과열을 방지하고 있다. 진동자의 진동수는 20~30kHz 정도가 많이 사용된다.

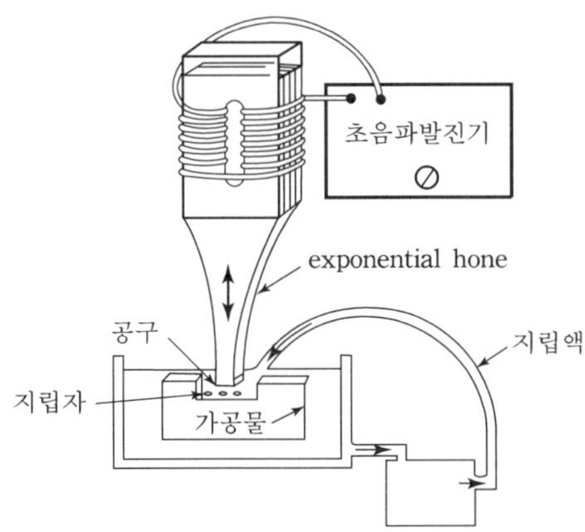

** 그림 9-29 ▌ 초음파가공 장치

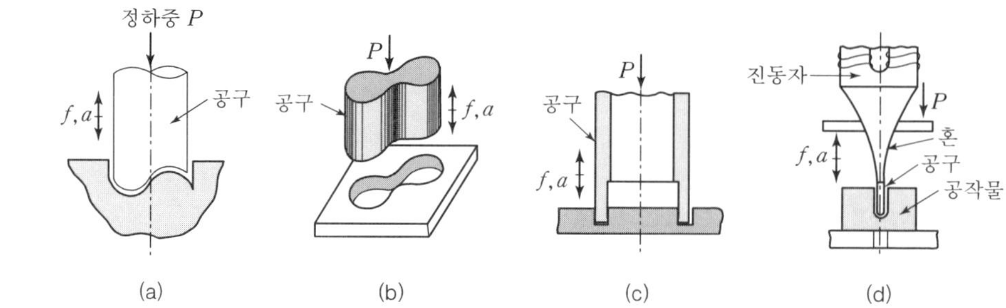

** 그림 9-30 ▌ 초음파가공을 한 여러 가지 공작물
(a) 형조각, (b) 비등경 구멍가공, (c) 형가공, (d) 미세구멍가공

연마입자로서는 알루미나, 탄화규소, 탄화붕소, 다이아몬드 등이 사용되며 그 입도는 공작물에 따라 다르지만 꽤 미세하고 #200～#600 정도가 사용된다. 가공액으로는 물 또는 기름이 사용되지만 일반적으로 물이 사용되며, 기름으로서는 점도가 작은 것이 더욱 능률이 높으므로 석유 등이 사용된다.

공작물의 재료인 경화강은 물론 초경합금 같은 경질재료, 자기, 루비, 사파이어 등 비금속재료를 가공할 수 있다. 이 가공법이 갖는 큰 장점은 방전가공과 마찬가지로 공구를 회전시킬 필요가 없으므로 그림 9-30과 같은 여러 가지 윤곽을 갖는 구멍을 가공할 수 있다는 것이다.

초음파가공을 여러 종류의 재료에 응용, 적용하는 경우, 가공성능에 따라 3개의 그룹으로 나누어 생각할 수 있다. 첫째 그룹에는 유리, 세라믹스, 다이아몬드, 수정, 천연 및 인조 보석류, 페라이트, 실리콘, 게르마늄, 카본 등이 포함된다. 이들 재료는 소성변형을 일으킴이 없이 파괴되는 것으로 가장 효과적으로 초음파가공을 적용할 수 있는 재료이다. 둘째 그룹에는 내열강, 경화강, 침탄강, 질화강, 초경합금 등이

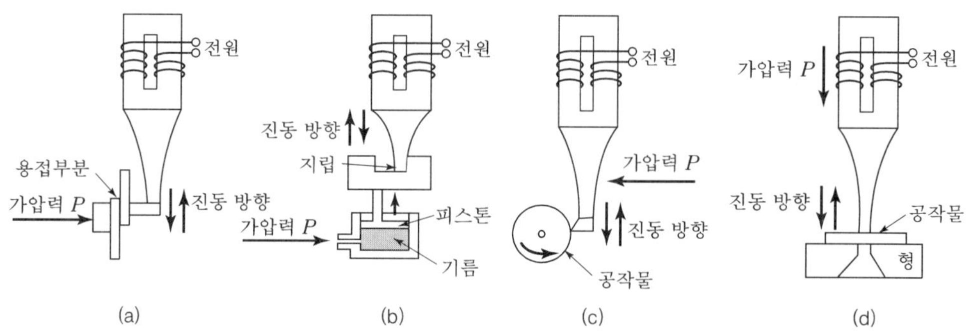

** 그림 9-31 ▌ 초음파가공의 적용 예
(a) 용접가공, (b) 파쇄가공, (c) 절삭 · 연삭가공, (d) 소성변형가공

속한다. 이들 재료를 초음파가공하면 숫돌입자의 충격에 의해 탄성변형과 동시에 마이크로 소성변형을 일으킨다. 소성변형의 비율이 커질수록 초음파가공 성능이 나빠진다. 셋째 그룹은 납, 구리, 연강 등으로서 이들 재료에서는 숫돌입자의 에너지는 모두 재료표면의 마이크로 소성변형에 소비되고, 재료는 거의 파괴되지 않는다. 따라서, 실제의 초음파가공의 응용은 첫째 그룹과 둘째 그룹의 일부, 특히 초경합금에 한정된다. 그림 9-31은 초음파를 이용한 각종의 적용 예를 표시한 것이다.

9.6.3 마이크로초음파가공

마이크로방전가공에서 제작한 공구는 마이크로초음파가공에 이용될 수 있다. 초음파가공기의 공구를 장착하는 혼(hone)에 마이크로 공구의 소재가 되는 공구재료를 붙이고, 공구회전기구에 의해 공구재료를 초음파진동자, 콘, 혼과 일체가 되게 하여 회전시키고, WEDG 법에 의해 마이크로공구를 제작한다. 이 마이크로공구는 공구재료를 부착할 때 발생하기 쉬운 편심과 기울어짐에 관계없이 가공기의 이송축을 중심으로 원통형으로 가공된다.

이렇게 가공된 마이크로공구가 장착된 상태에서 WEDG 장치를 시편고정 장치로 교체시키고 초음파가공을 시작한다. 마이크로머시닝입자를 이용해서 초음파진동으로 시편을 가공하는 원리는 그림 9-32와 같다. 미세초음파가공은 방전가공과 달리 비전도성, 취성재료에 대한 가공이 가능한 장점이 있다. 또한 레이저나 방전가공은 재료에 국부적인 열에너지를 가하여 재료를 녹여내는 것과 달리 초음파가공은 가공입자에 의한 기계적인 가공으로 재료 표면에 열변형을 가하지 않으므로 더 좋은 가공표면을 제공한다.

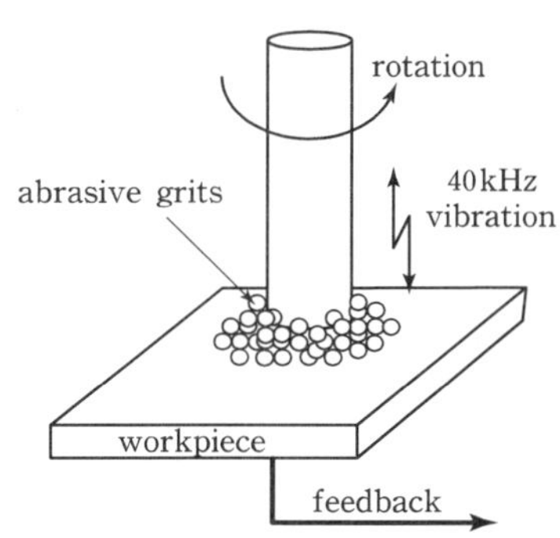

** 그림 9-32 ▌ 마이크로초음파가공

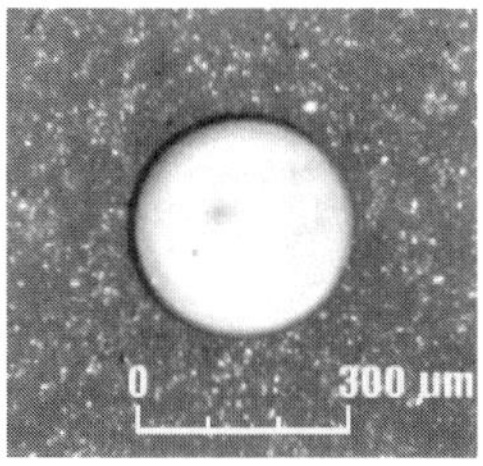

** 그림 9-33 ▌ 마이크로홀(ϕ310μm × 20μm)

** 그림 9-34 ▌ 가공된 홀의 옆모양

그림 9-33은 초음파가공법으로 와이어방전가공(WEDG)으로 가공한 지름 300μm의 초경공구를 회전시키면서 200μm 두께의 세라믹(Al_2O_3)판에 가공한 원형구멍의 현미경사진이다. 그림 9-34는 500μm 두께의 세라믹(Al_2O_3)판에 가공한 지름 500μm 구멍의 단면이다. 일반적으로 초음파가공에서 가공면의 상태는 가공입자의 크기에 의해서 좌우된다. 가공입자의 크기가 커지면 가공시간은 줄어들지만 공구의 마모량이 증가하고 가공면은 나빠진다. 초음파가공은 공구와 가공물 사이의 가공입자가 가공물의 표면에 치핑(chipping) 현상을 일으켜서 재료를 가공하므로, 가공면은 가공입자의 크기에 따라 달라지게 된다. 따라서 미세형상의 초정밀가공을 위해서는 수미크론의 미세한 입자 사용이 필요하다.

9.7 전해가공

전해가공(ECM : Electro Chemical Machining)은 공작물을 양극(anode)으로 하고 공구를 음극(cathode)으로 하여 전해액(electroyte)이 전기화학적 작용으로 공작물을 전기분해시켜 제거하는 가공공정이다. 전해액은 공작물과 공구 사이에 순환펌프를 통하여 공급되며, 이때 저압의 직류전류가 공작물과 공구 사이에 통전된다. 그림 9-35는 일반적인 전해가공기의 개략도를 나타낸다.

5~30V의 직류전원을 0.2~3A/min의 전류밀도로 사용하며 용량은 50~20,000A 정도이다. 공작물과 공구 사이의 간격은 0.025~1.3mm 정도로 한다. 공구로 사용되는 전극은 구리, 황동, 스테인리스강 등으로 만들며 공작물은 반드시 도전체여야 한다. 전해가공은 기계적으로 가공하기가 불가능하거나 매우 어려운 여러 형태의 부품가공에 사용된다. 경도가 매우 높은 공작물이나 내열 합금재료, 복잡한 형상, 매우 작고 깊은 구멍 등의 가공에 효과적이다. 전해가공은 소량의 제품생산에도 적용

되지만 고가의 장비와 공구비를 필요로 하기 때문에 대량생산에 보다 적합하다. 주로 사용되는 산업분야로는 가스터빈 엔진부품이나 항공기부품 등의 가공에 사용되며, 자동차산업이나 일반부품 가공에도 선택적으로 사용된다. 그림 9-36은 전해가공이 사용되는 몇 가지 예를 나타낸다.

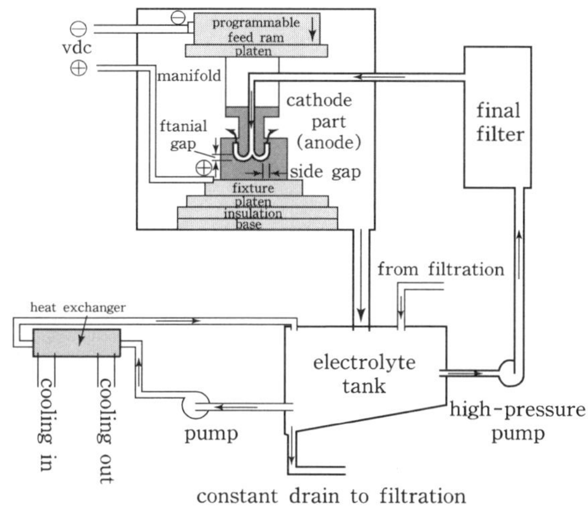

** 그림 9-35 ▌ 전해가공기의 개략도

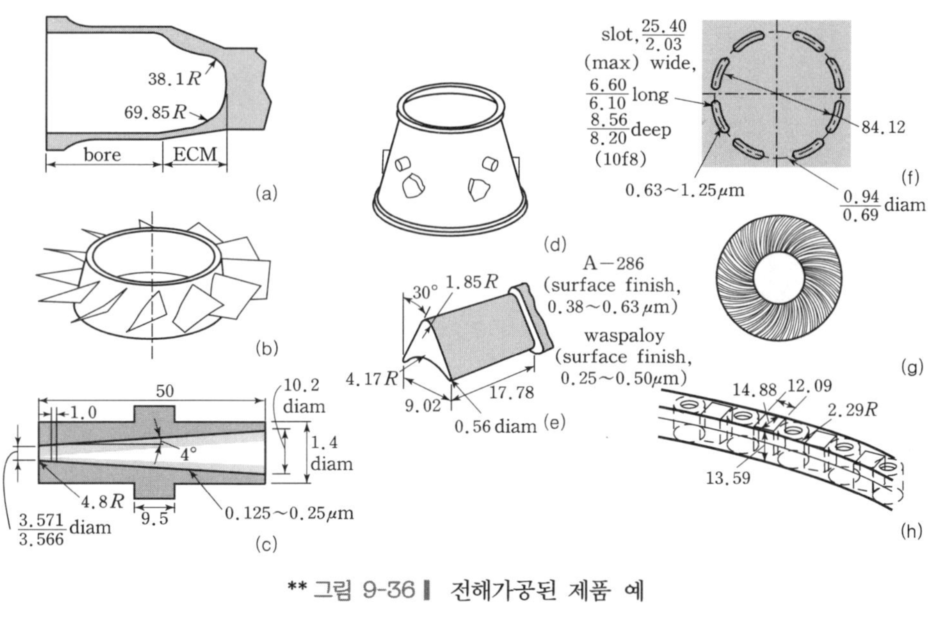

** 그림 9-36 ▌ 전해가공된 제품 예

memo

제 10 장 경량 파워트레인 주조부품에 융합복합재료의 적용

산업이 고도화되고 발달함에 따라 생활이 보다 편리하고 윤택하게 변하였지만 환경 파괴와 오염 문제가 심각해져 전 세계적으로 환경의 문제를 고려하는 친환경적 산업이 각광받고 있다. 자동차산업을 비롯한 수송 분야에서는 CO_2 배출로 인한 환경 문제를 해결하기 위해 경량화가 절실하게 필요한 실정이다. 그러기 위해 기존 소재를 대체하는 금속복합재료와 Al/Mg 복합실린더 부품과 같은 보다 가벼운 소재를 사용하거나 하이브리드 자동차를 사용하여 연비를 획기적으로 늘리는 연구가 활발하게 이루어지고 있다(그림 10-1). 그림 10-2에 보는 바와 같이 하이브리드 자동차의 총 누적 판매 대수가 2003년에 20만대, 2006년에 60만대에 이어 2008년에 들어 100만

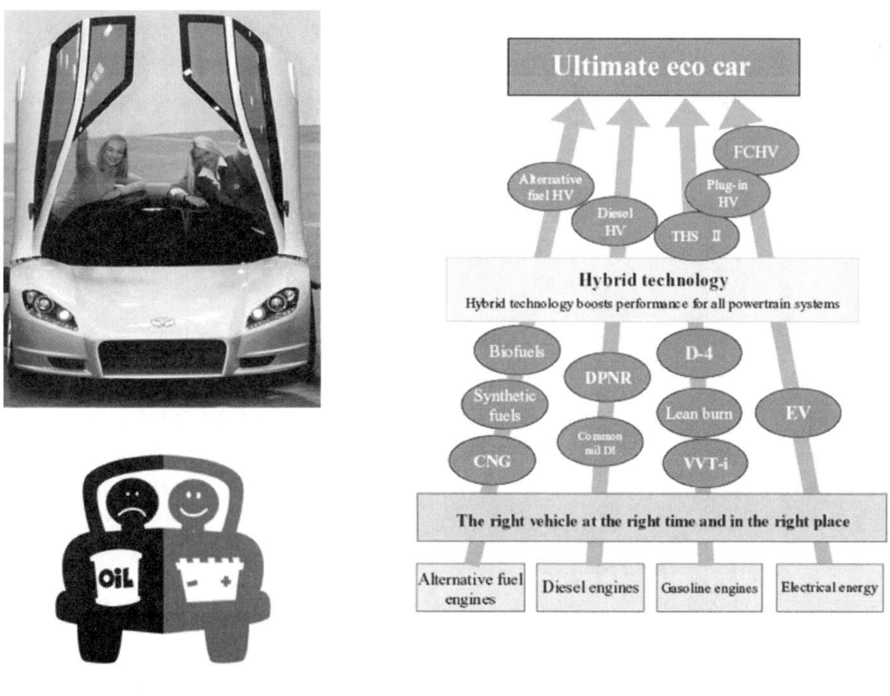

** 그림 10-1 ▌ 친환경 자동차를 위한 하이브리드 기술 적용현황(Toyota)

대에 이르고 있다. 그림 10-3에 보는 바와 같이 기존 중형 철강부품에 의한 자동차의 연비를 기준하여 알루미늄을 사용한 경량 자동차가 10%, 그리고 경량 하이브리드 자동차의 연비가 50% 향상된 것으로 조사되고 있음을 알 수 있다. 같은 중형 디젤 자동차의 경우에도 경량화를 통해 비용은 20% 절감된 반면 연비는 20% 향상되는 효과가 있음을 확인하였으며, 하이브리드 자동차에서는 그 효과가 훨씬 큼을 알 수 있다. 그림 10-4는 파워트레인 부품 사진을 나타낸다. 흡기 매니폴드, 실린더헤드 / 캠축, 배기 매니폴드, 캠 드라이브 / 오일펌프, 실린더블록, 피스톤 / 커넥팅 로드, 크랭크축 / 베드 플레이트 / 오일팬의 구조를 개별 사진을 통해 확인할 수 있다.

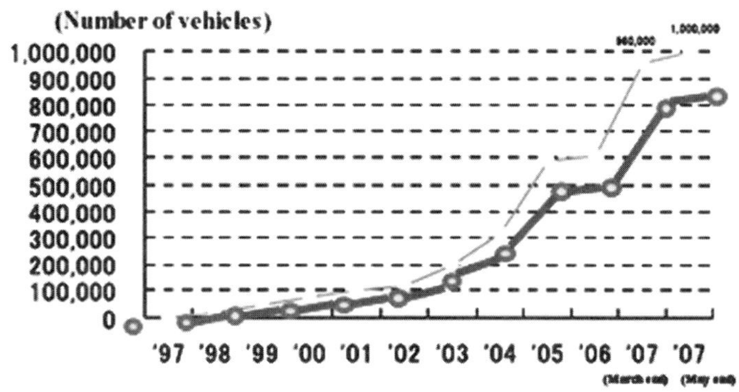

** 그림 10-2 ▌ 하이브리드카의 판매대수 증가 추세(누적 판매 대수 100만대 돌파)

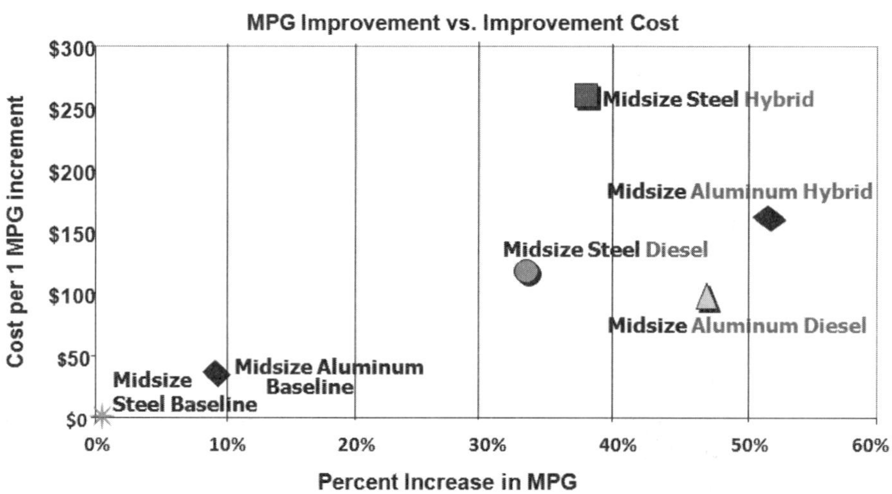

** 그림 10-3 ▌ 경량화 및 하이브리드화에 따른 각 차종별 연비 효율 향상
(중형차의 경우 경량화와 하이브리드화로 연비 50% 이상 향상)

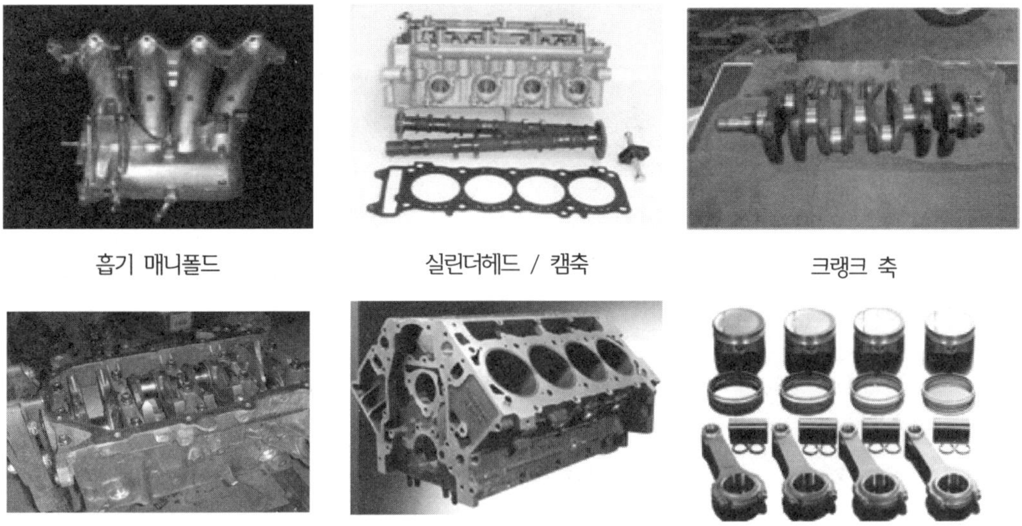

흡기 매니폴드 | 실린더헤드 / 캠축 | 크랭크 축

베드 플레이트 | 실린더블록 | 피스톤 / 커넥팅 로드

** 그림 10-4 | 자동차 파워트레인 구성 부품

10.1 Al MMC 피스톤, 실린더블록

그림 10-5는 Toyota사의 알루미늄기지 복합재료를 이용한 피스톤 부품의 개발과정을 나타낸 것으로 특히 내열·내마모성이 요구되는 top ring groove 부분을 중점적으로 연구 개발 및 개선해오고 있다. 1982년부터 알루미나-실리카 단섬유 Kaowool(알루미나+실리카) 혹은 Saffil(알루미나) 강화 AC8A Al 복합재료를 실용화한 이래, 1987년에는 Kaowool 섬유의 결정화 열처리(1,200~1,300℃)를 통해 Mullite의 고경도 결정을 형성시켜 저가의 단섬유를 이용해 피스톤 특성 향상을 성공시켰고, 1988년에는 Ni 입자를 첨가하면서 반응용탕단조(reaction squeeze casting)를 이용하여 in-situ 금속간화합물 Ni_3Al을 형성시켜 고강도화를 이룸으로써 저가이며 고온 내마모성이 우수한 피스톤 생산을 계속하고 있다.

그림 10-6은 Toyota사에서 연구되고 있는 실린더보어부로서 피스톤뿐만 아니라 실린더보어에도 역시 알루미늄 기지의 두 가지 세라믹 강화재(alsilon+mullite)를 첨가한 하이브리드 복합재료가 적용되고 있다. 그림 10-7의 실린더보어부는 피스톤의 왕복운동이 일어나기 때문에 우선적으로 내마모성이 좋아야 하며, 높은 스커핑

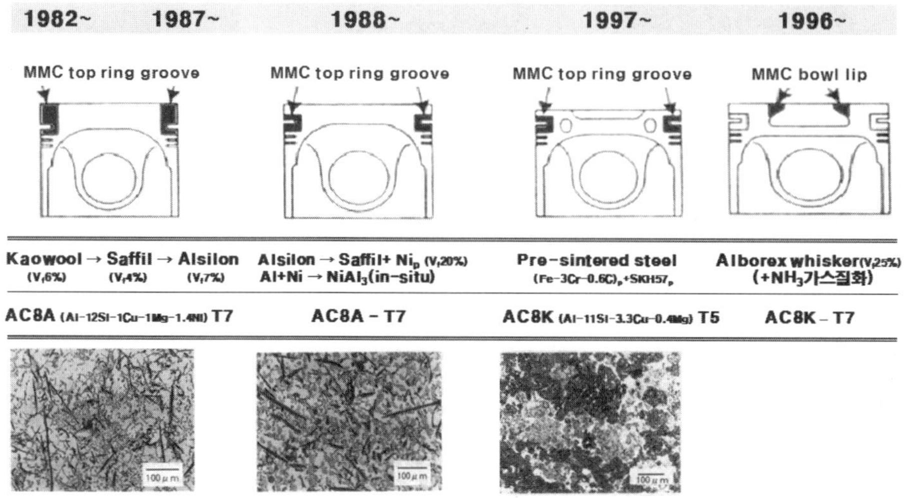

** 그림 10-5 ▌ 금속복합재료 피스톤부품의 개발 및 적용 현황(Toyota)

(scuffing) 저항, 압축강도 및 인장강도를 가지며 오일의 소모가 적어야 한다(그림 10-8). MMC의 기계적 특성은 기존 알루미늄 다이캐스팅 합금보다 탄성계수, 인장강도, 내압강도 모두 뛰어나다. 표 10-1에서 실린더보어의 제조기술을 비교한 것에서도 MMC로 제조한 보어의 강성률, 강도, 내압강도가 아주 뛰어난 것을 알 수 있다. 그림 10-9에 Toyota사의 MMC 실린더블록의 세부구조와 실린더블록의 사양을 나타내었으며, 그림 10-10은 실린더보어와 피스톤링의 마모 특성에 관한 것으로, 보어 부분과 피스톤부에 사용되는 복합재료를 비교해 놓았다. 금속복합재료를 실린더보어에 적용 시 미세기공과 다이 해제시 크랙 등의 문제점이 생긴다. 용탕 침투 시 흐름제어(laminar flow)와 다이 온도 제어 기술이 요구된다.

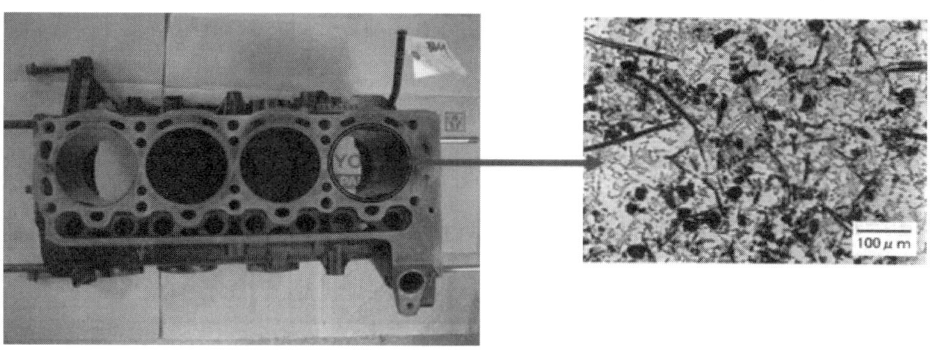

** 그림 10-6 ▌ 실린더블록의 하이브리드 금속복합재료 적용(Toyota)

Engine type	1ZZ-FE	2ZZ-GE
Displacement (cc)	1794	1796
Bore x stroke (mm)	Φ79×91.5	Φ 82×85
Bore-to-bore distance (mm)	8.5	5.5
Bore material	Cast iron	MMC
Valve train configuration	VVT-i	VVTL-i
Compression ratio	10.0 : 1	11.5 : 1
Maximum power (kW/rpm)	107/6400	135/7600
Maximum torque (Nm/rpm)	172/4400	180/6800
Dry weight (kg)	102	115

** 그림 10-7 ▌ 실린더블록의 금속복합재료 적용(Toyota)

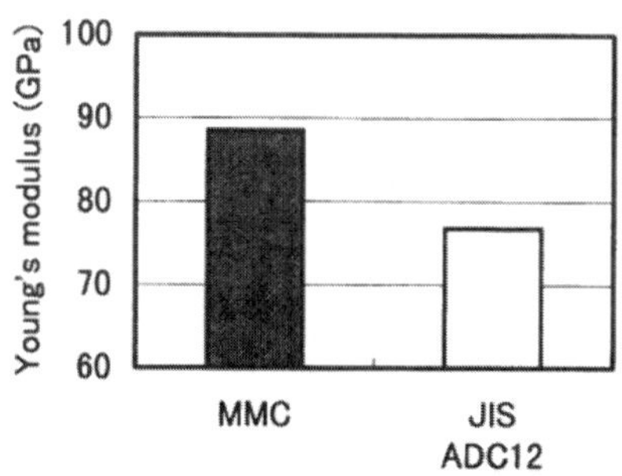

Youngs modulus of MMC(at 239K)

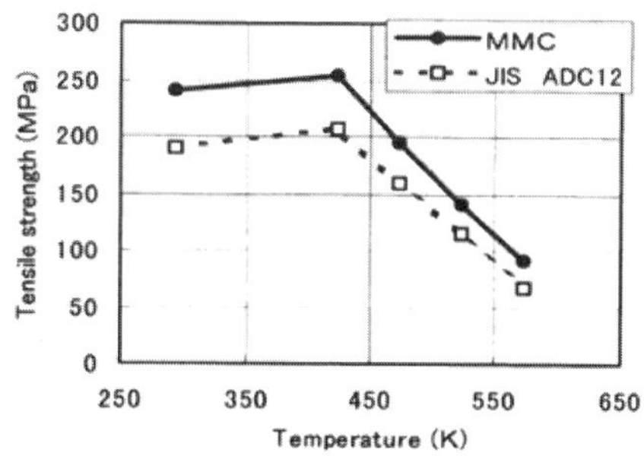

Tensile strength of MMC

** 그림 10-8 ▌ 금속복합재료 실린더보어의 기계특성(Toyota)

** 표 10-1 ▌ 실린더보어의 제조기술 현황과 특성 비교(Toyota)
(주철, Al 라이너 삽입, 표면코팅보다 금속복합재료가 특성 우수)

	모든 알루미늄				주철 라이너
	MMC	용사	도금	알루미늄 라이너	
온도	B	B	B	B	D
강성	A	B	B	C	C
강도	A	B	B	C	C
임계 지지압	A	B	B	B	B

A ; 매우 우수, B ; 우수, C ; 보통, D ; 나쁨

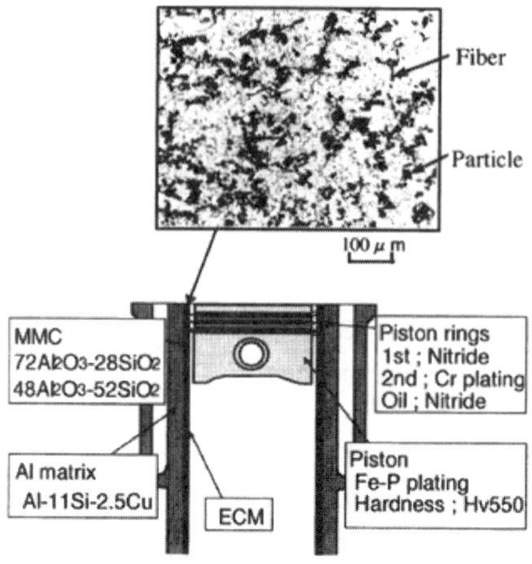

MMC 실린더블록의 사양

** 그림 10-9 ▌ 금속복합재료 실린더블록의 개요(Toyota)
(금속복합재료 적용에 따른 보어간격 축소로 엔진효율 향상)

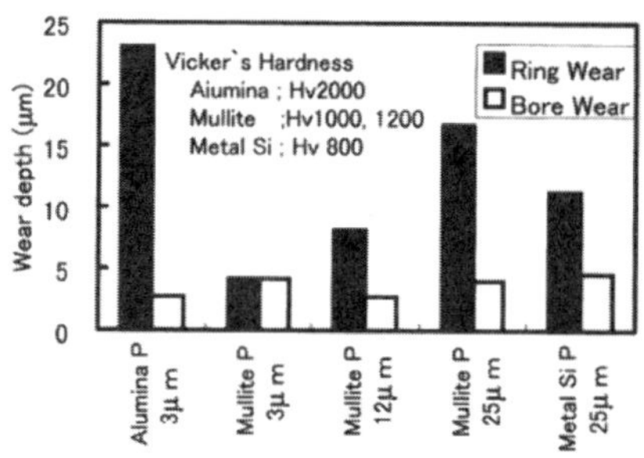

입자종류와 마모특성의 관계
(Alumina Fiber 5%+Particle 15%)

** 그림 10-10 ▌ 실린더보어와 피스톤링의 마모특성(Toyota)

10.2 복합 Mg/Al 실린더블록

BMW사에서는 경량화의 일환으로 복합 Mg/Al 크랭크케이스를 제조하여 부품에 적용하고 있다. Mg/Al 크랭크케이스 개발의 기본 개념은 낮은 엔진속도에서의 토크와 파워출력의 증가를 고려하여 연료소비를 낮추어 강하고 가벼운 제품을 만들게 하는 것이다. 기존 알루미늄 합금보다 24%의 무게 감소를 통해 그림 10-11에서 보는 것처럼 큰 효율을 얻을 수 있다. 그림 10-12는 BMW사의 6기통 엔진, Mg/Al 복합

크랭크케이스와 베드플레이트의 사진이다. 이 엔진은 3.0리터 실린더 6개가 직렬로 된 것으로 동급 차량 실린더블록으로서는 세계에서 가장 가볍다.

후반부에서 자세히 설명하겠지만, BMW사에서는 특별한 열적 특성, 기계적 강도, 주조 특성과 부식거동, 그리고 뛰어난 크리프저항을 가지는 내열 AJ62 Mg 합금(Mg-6Al-2Sr)을 개발을 하였다. 그림 10-13은 AJ 합금의 OM 사진이다. 내열 AJ 합금의 석출거동은 그림 10-14와 같이 결정입계에 lamella eutectic($Al_4Sr-\alpha$(Mg)) 상과 $Al_3Mg_{13}Sr$ 석출상으로 구성된다. 그림 10-15는 AJ 내열 마그네슘 합금의 조성과 특성을 나타내었다. 합금의 조성에 따라 일정압력과 온도(60MPa, 150℃)에서 유지 시켰을 때의 영향과 피로 한계를 그림 10-16에 나타내었다.

그림 10-17은 BMW사의 Mg/Al 크랭크 케이스를 복합주조한 것으로 AJ62에 $AlSi_{17}Cu_4Mg$을 주조접합하여 Mg/Al 실린더 크랭크케이스 복합재료를 제조하였다. AJ62에 $AlSi_{17}Cu_4Mg$ 용탕을 주입, 반응시켜 주조접합하였다. 그림 10-18은 Mg 용탕의 수송과 Mg 크랭크케이스 제조 다이캐스팅 장비의 사진을 나타내었다.

액체 Mg 합금(700℃)은 970bar의 압력에서 유지되어 10초 동안 응고 후 20초간의 냉각시간동안 금속은 단단히 결합하고 크랭크케이스는 로봇을 이용하여 제거된다. 크랭크케이스와 bedplate는 큰 압력 하에 결합된다. Al 실린더 인서트 내부로 냉각제가 흘러 Mg 합금의 엔진과 만나지 않게 된다. 그림 10-19는 로봇에 의한 Al 크랭크케이스의 제조과정을 나타내었다. 이 Mg/Al 크랭크케이스는 BMW 1 시리즈로부터 6 시리즈까지 다양한 모델에 적용되고 있으며 이를 통한 차량의 경량화로 연비향상의 결과를 얻을 수 있다.

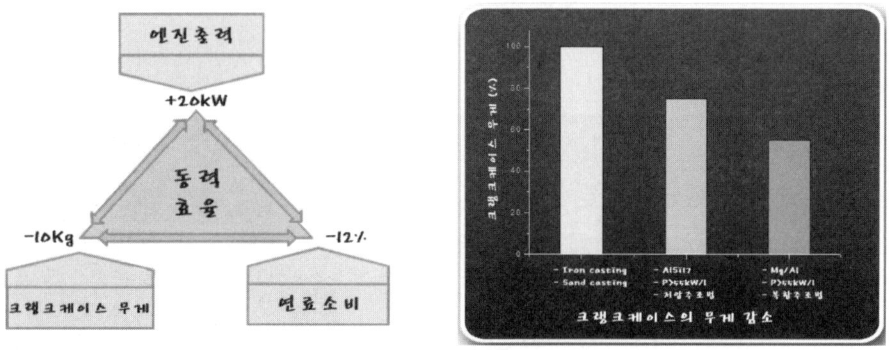

** 그림 10-11 ▌ 복합 크랭크케이스의 경량화(주철 → 과공정 Al → Mg/Al)

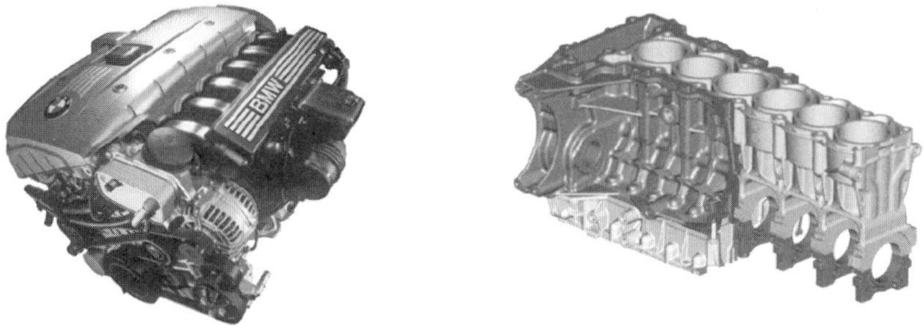

Complete Engine　　　　Section Crankcase and Bedplate

** 그림 10-12 ▌ Mg/Al 복합 크랭크케이스의 개발(BMW)

	Al(%)	Sr(%)
AJ52x	5.35	2.25
AJ53x	5.41	3.10
AJ62x-1	5.70	2.15
AJ62x-2	6.01	2.38
AJ62Lx	6.46	2.14
AJ73x	7.15	2.82

Melt composition of samples

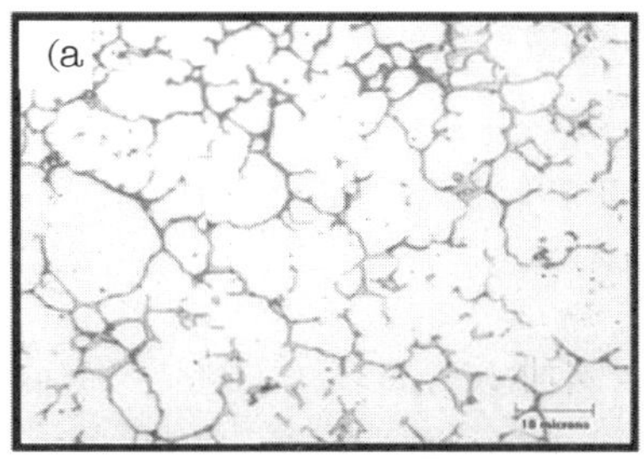

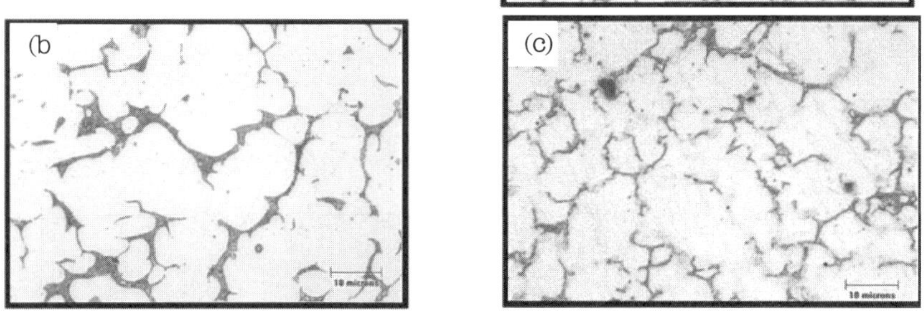

** 그림 10-13 ▌ 내열 AJ Mg 합금(Mg-Al-Sr)의 개발(BMW) (a) AJ52 Alloy, (b) AJ62 Alloy, (c) AJ62Lx Alloy

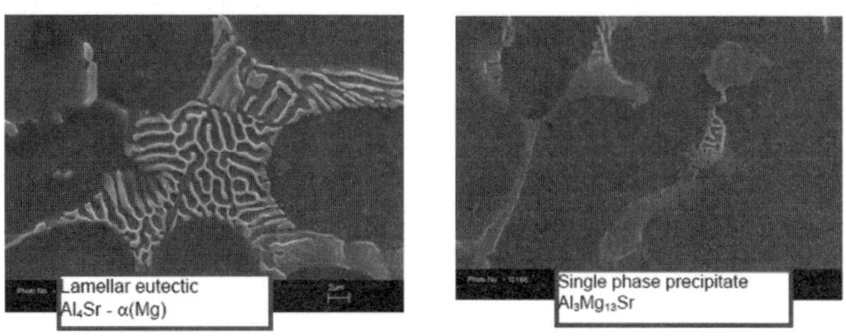

** 그림 10-14 ▌ Mg/Al 복합 크랭크케이스의 AJ 합금 다이캐스팅 SEM 조직(2차 석출상) (BMW)

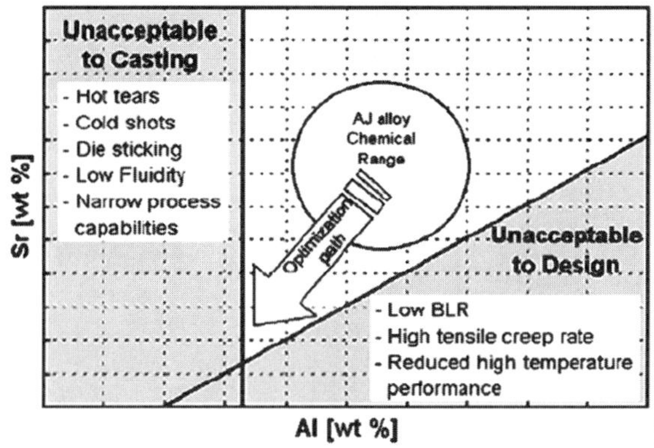

** 그림 10-15 ▌ Mg/Al 복합크랭크케이스 설계를 위한 합금의 최적화

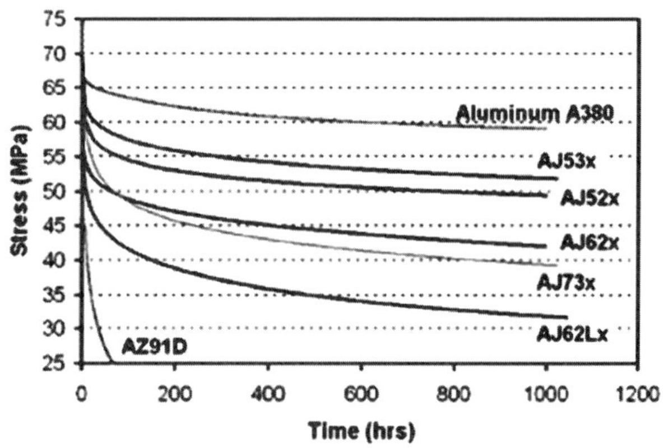

** 그림 10-16 ▌ AJ Mg 합금의 피로특성(BMW)

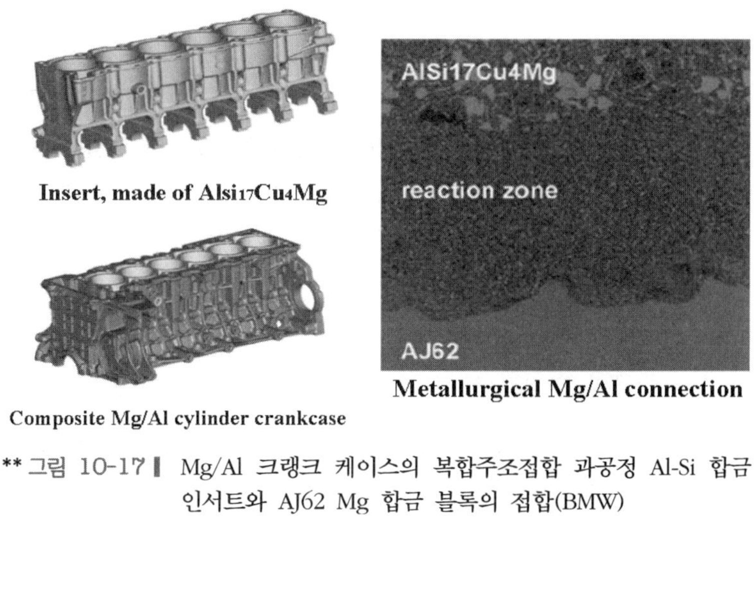

** 그림 10-17 ▌ Mg/Al 크랭크 케이스의 복합주조접합 과공정 Al-Si 합금 인서트와 AJ62 Mg 합금 블록의 접합(BMW)

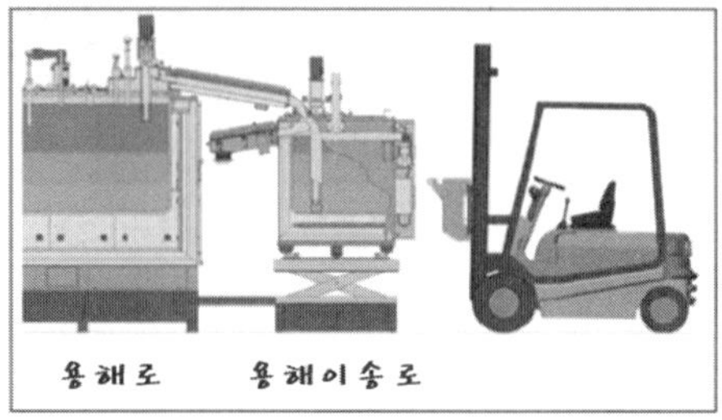

** 그림 10-18 ▌ 마그네슘 용탕의 수송(BMW)

Insert의 삽입	Al insert 실린더라이너와 Mg 합금 블록과의 결합	크랭크케이스의 분리

** 그림 10-19 ▌ 로봇에 의한 Al 크랭크케이스의 제조(BMW)

10.2.1 내열 Mg 합금의 개발

Mg 합금은 Al 합금과 같은 다른 합금에 비하여 내열특성이 낮아 기존의 AZ91 합금 등으로는 100℃ 이상에서 사용할 수 없어 다양한 합금화를 통한 크리프 특성 향상 연구가 계속되고 있다. 그림 10-20의 왼쪽 그래프는 150℃에서 두 하중에 따른 Mg 합금의 크리프 특성을 나타낸 그래프로 초창기 개발된 상용합금인 AZ91에 비해 우수한 크리프 특성을 나타내고 있는 것을 볼 수 있으며, 계속된 연구를 통해 Al 합금인 A380에 준하거나 그보다 뛰어난 특성을 가지는 Mg 합금이 개발되고 있고 현재도 크리프 특성 향상에 대한 연구가 계속되고 있다. 그림 10-20은 현재까지 개발된 Mg 합금의 크리프 특성과 주조성을 비교하고 있다.

Mg 합금은 크리프 특성뿐만 아니라 비강도, 연성 등 다양한 기계적 성질의 향상을 위하여 연구되고 있는 추세이며 복합 재료화를 통한 열팽창계수, 마모특성 등의 향상에 대한 연구도 지속적으로 이루어지고 있다. 그림 10-21은 Mg 합금의 개발동향을 개략적으로 나타낸 것이다. 모식도로 알 수 있듯이 Li 등을 첨가하여 초비강도의 Mg-Li-X Mg 합금 개발 방향과 보다 쉽게 성형할 수 있는 AZ31 Mg 합금의 개량 연구와 내열 Mg 합금의 연구 그리고 보다 낮은 열팽창계수, 높은 내마모성과 탄성계수 등을 확보하기 위한 Mg 복합재료의 연구로 나눌 수 있다.

최근 내열 Mg 합금의 연구개발은 Mg 합금의 크리프 특성 향상에 사용되는 고가의 RE를 대체하기 위해 비교적 저가인 알칼리 토금속에 대한 연구로 진행되고 있으며 앞 절에서 설명한 바와 같이 BMW사에서는 AJ 합금이 개발되었다. 이 AJ 합금은 AE 합금과도 견줄만한 고온 특성을 가지며 고온의 용탕온도와 다이표면온도, 빠른 주입 속도 등이 충족되면 좋은 품질의 주조품을 제작할 수 있다.

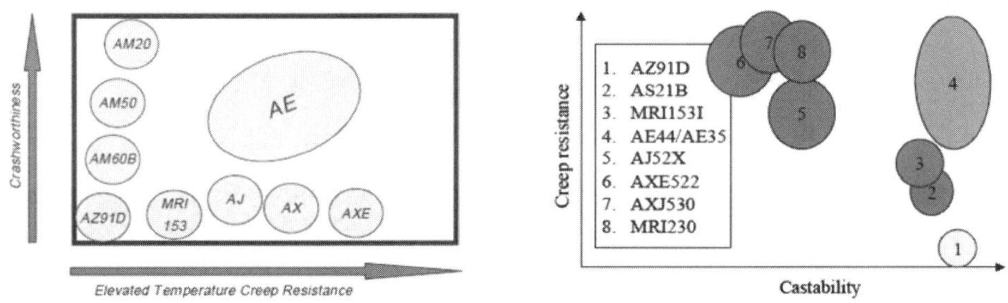

** 그림 10-20 ▎ 내열 마그네슘 합금의 개발동향

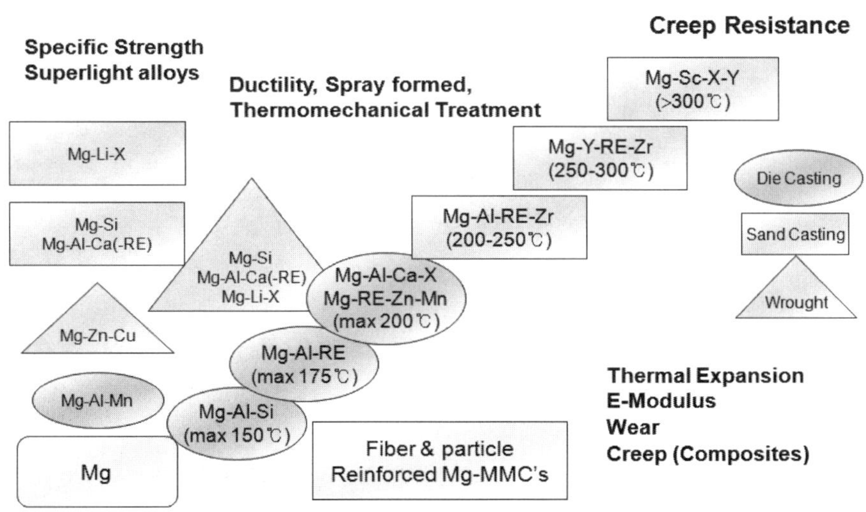

** 그림 10-21 ▎ 마그네슘 합금의 개발동향

10.3 자동차 파워트레인부품의 제조기술 동향

10.3.1 자동차 파워트레인부품의 요구내열특성

자동차 파워트레인은 엔진 내부의 연소와 고속회전 등에 의하여 고온 응력상황에 놓이게 되는데 주로 100~200℃ 부근까지의 온도영역에서 높은 응력이 작용되는 변속케이스 및 실린더헤드커버(100℃)에서부터 비교적 낮은 크리프 특성 및 강성이 요구되는 수동변속기(150℃) 엔진블록 및 오일팬(175℃)으로 사용되므로 부품에 따라 다양한 강도, 크리프 특성이 요구된다.

10.3.2 알루미늄 실린더 크랭크케이스 설계개념

일반적으로 알루미늄 실린더 크랭크케이스에 사용되는 주조 방법은 중력주조법, 저압 다이캐스팅(그림 10-22), 고압 다이캐스팅, 용탕단조법 등으로 구분된다. 사용되는 합금으로서는 주로 Al-Si계 합금인 $AlSi_6Cu_4$, $AlSi1_7Cu_4Mg$ 등이 사용된다. 또한 워터재킷의 위치와 피스톤의 형태 등에 따라 open deck, closed deck, deep skirt 등의 형태로 제작된다. 그리고 실린더 표면의 마모를 최소화하기 위하여 Monolithic 또는 liner 삽입, 코팅 등 다양한 방법을 이용하여 실린더 표면을 디자인한다. 이러한 다양한 디자인을 적용시켜 엔진기능, 엔진 데이터, 개발비용, 환경문제, 재활용 등 엔진이 요구하는 기준에 맞게 설계하는 것이 중요하다.

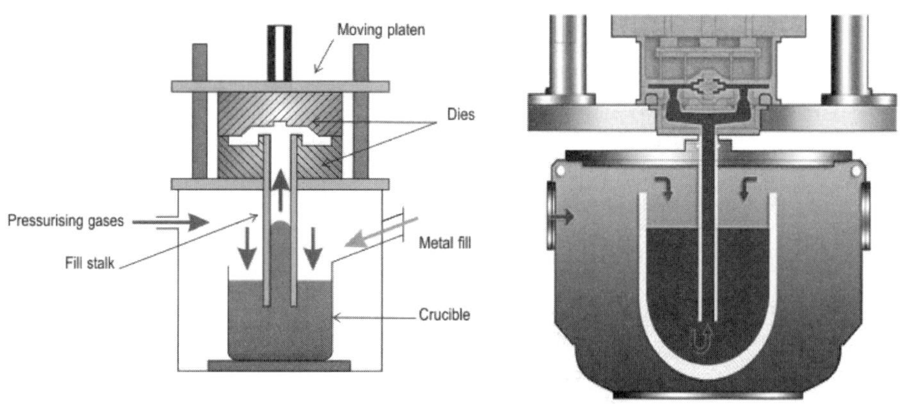

** 그림 10-22 ▌ ALUSIL 실린더의 저압주조

10.3.3 경량 파워트레인 주조부품의 제조기술 동향

그림 10-23은 Al 크랭크케이스의 실린더보어 강화기술을 나열한 것으로 크게 ① monolithic, ② quasimonolithic, ③ heterogeneous 등으로 나뉜다.

① monolithic은 단일재료를 이용한 것으로 ALUSIL이 대표적인 예이다. ALUSIL은 Al-Si 과공정 합금을 이용한 것으로, 미세한 초정 Si상을 형성시켜 내열·내마모성을 강화시킨 재료이다.

② quasimonolithic은 monolithic 재료에 이종 재료를 합성한 재료로서 화학적 코팅, PVD Thermal spraying 등의 코팅법과 laser alloying, 금속복합재료 등의 방법이 있다.

③ heterogeneous는 실린더보어 부분을 다른 재료로 삽입하는 방법이다.

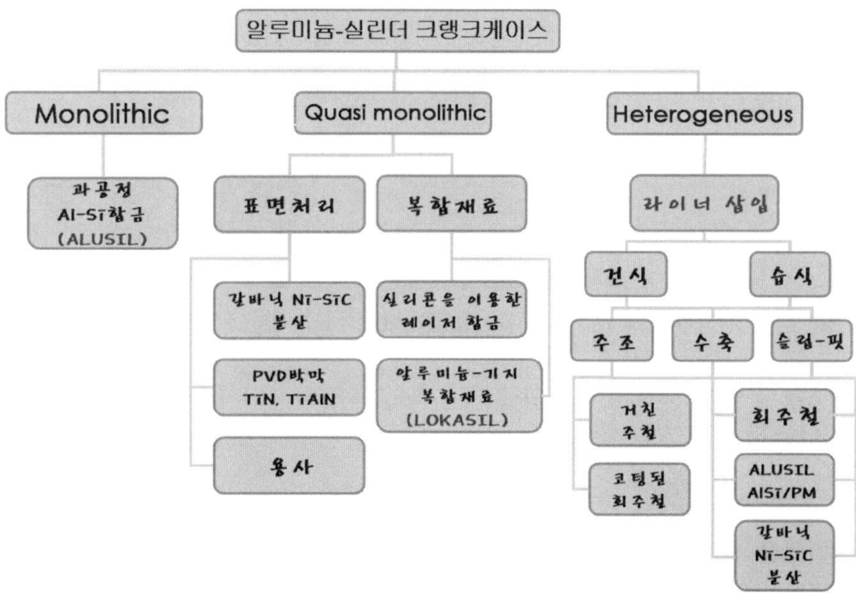

** 그림 10-23 ▌ Al 크랭크케이스의 실린더보어 강화기술

【1】 ALUSIL 실린더블록(monolithic concepts)

그림 10-24는 Audi사의 ALUSIL 실린더블록으로 제작되었으며 new Audi V6와 V8 등에 사용되고 있다. 이 제품의 특징으로는 실린더헤드간의 거리가 약 5.5mm 정도밖에 되지 않는다는 것이다. 그림 10-25는 ALUSIL의 미세조직을 나타낸 것으로 초정석출상인 Si이 미세하게 형성된 것을 볼 수 있다. 이 ALUSIL 실린더는 저압

** 그림 10-24 ▌ ALUSIL 실린더블록(monolithic concepts); 보어-보어 간격이 5.5mm

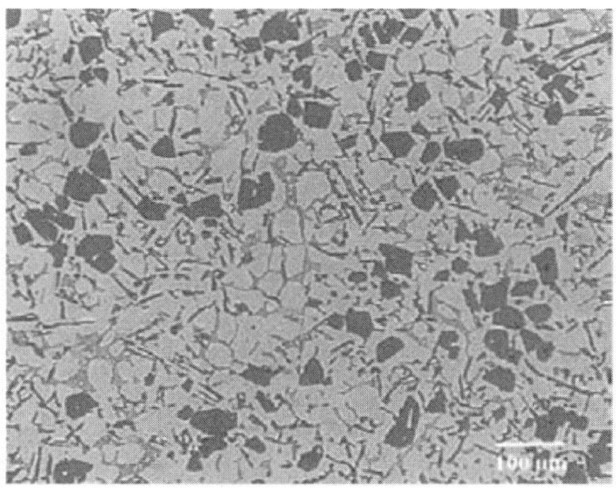

** 그림 10-25 ▌ $Al_{17}Si_4CuMg$ 합금의 초정 Si 조직과 ALUSIL 실린더보어의 조직

주조를 통하여 제작되며 저압주조는 가압으로 하부의 용탕을 상부에 있는 몰드로 서서히 주입시켜 주물을 제조하는 방식이다.

그림 10-26은 냉각재킷 코어박스 제조과정을 보여준다. 그림 10-27은 저압주조 실린더블록의 응고해석의 예로서, 우측사진을 보면 상층부에서부터 응고되어 하부쪽으로 응고되어 가는 것을 알 수 있다. 그림 10-28은 Porsche사의 Cayenne가 ALUSIL로 제작된 대표적인 실린더블록이다. 그림 10-29는 ALUSIL 실린더블록의 제조 공정을 자세히 나누었는데 우선 냉각재킷코어를 제작하여 sieve를 삽입한 다음 주조를 실시하고 다이에서 주조품을 분리한 후 우선 검사를 실시한다. 그 후 CNC 가공기계에 고정시킨 후 가공을 실시하고 가공된 각 부품들을 고정 후 볼트로 결합한다. 이후 실린더보어부와 크랭크 베어링 보어부를 3단계에 걸쳐 연마하고 공정에서 사용되었던 마운팅 등을 제거한 다음 표면, 실린더보어, 크랭크샤프트베어링 보어 등을 측정하고, 최종 검사를 마치면 실린더블록이 완성된다.

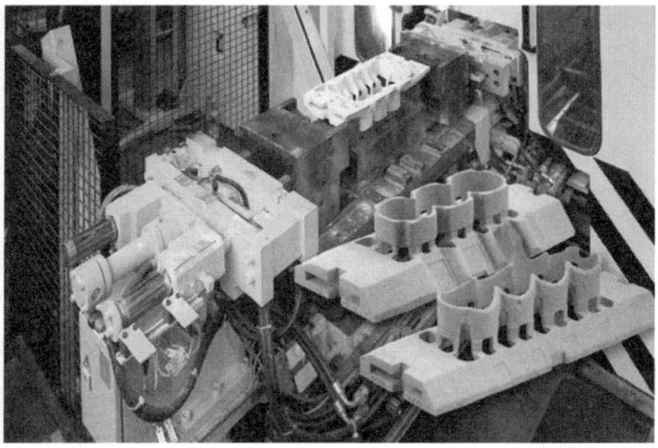

** 그림 10-26 ▌ 코어 슈터안의 워터재킷 코어 박스 : Audi V6 실린더블록(왼쪽)과 V8 실린더블록(오른쪽) 워터재킷 샌드 코어

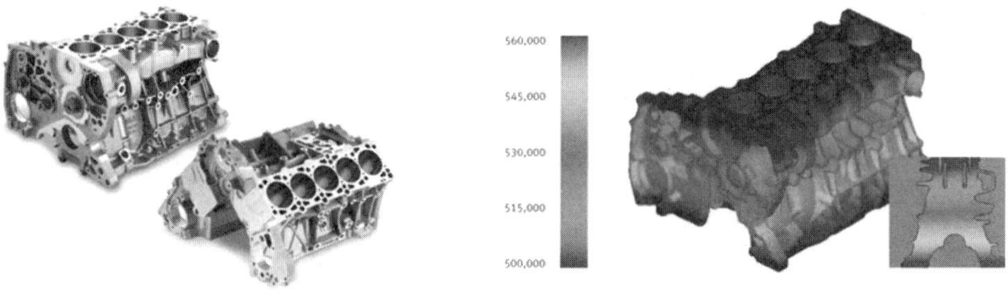

(a) (b)

** 그림 10-27 ▌ (a) 저압주조 실린더블록(VW in-line 5 and 10-cylinder TDI diesel engines), (b) 응고해석 예; 5-실린더로 실린더 desk(파란색)에서 탕구쪽(빨간색)으로 지향성 응고가 진행됨을 나타냄

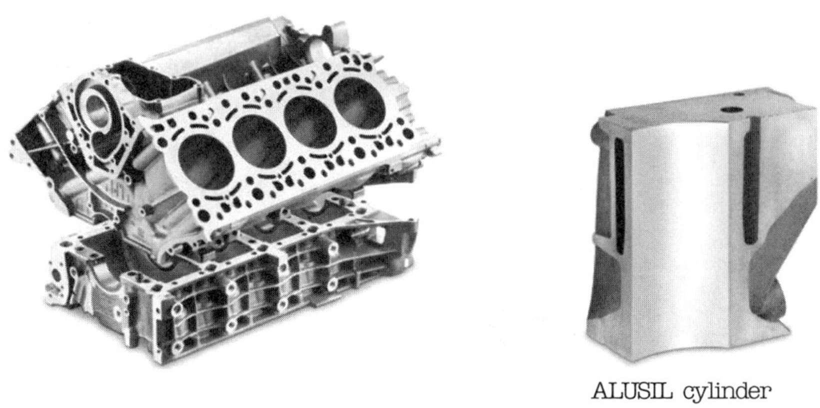

ALUSIL cylinder

** 그림 10-28 ▌ ALUSIL 실린더블록(Porsche V8)

① 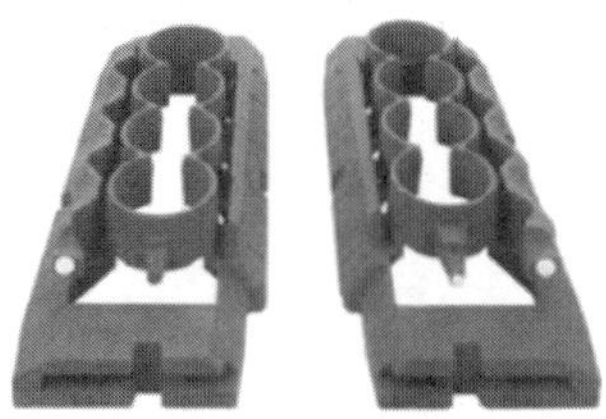

워터재킷 샌드 코어

② 

Sieve 삽입

③ 

주물의 분리

④ 

금형으로부터 분리

⑤ 

CNC 가공기계에 베드플레이트 고정

⑥ 

가공라인으로 이송

⑦ 

볼트 결합

⑧ 

실린더보어를 세 단계 연마

⑨ 

디마운팅, 디버링

⑩ 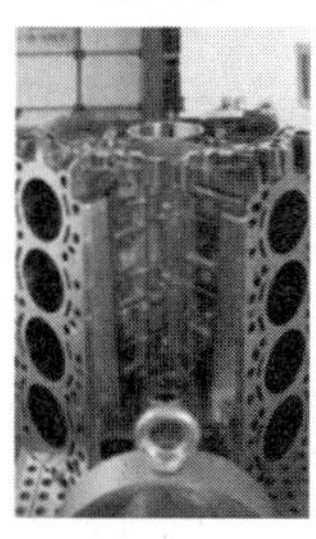

3차원 치수 측정

** 그림 10-29 ▌ ALUSIL 실린더블록의 제조 공정

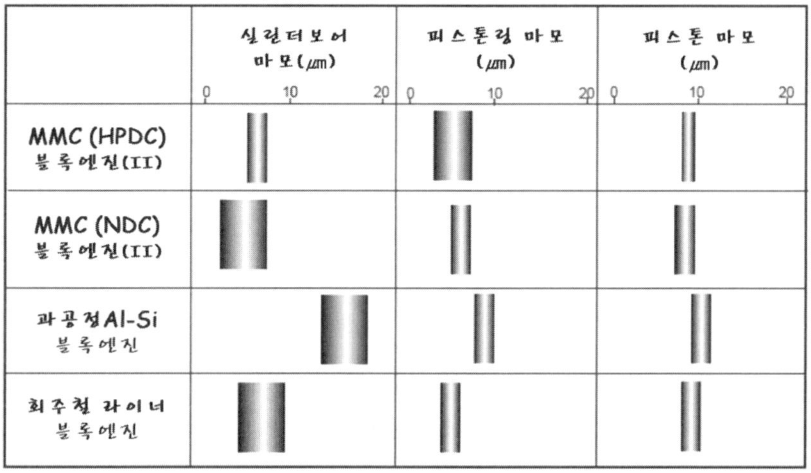

** 그림 10-30 ▌ 각종 실린더의 마모특성 비교

【2】 실린더 표면 강화 기술(Quasi–monolithic concepts)

실린더 표면은 고속 마찰과 높은 온도로 극한 환경에 노출되므로 실린더 표면은 내마모성, 강도, 크리프특성 등 요구되는 특성에 만족하여야 한다. 그림 10-30은 여러 실린더의 마모특성을 MMC 재료, 과공정 Al-Si 재료, 주철 라이너 재료로 나누어 비교한 것이다. 실린더보어와 피스톤 링의 마모는 MMC(HPDC)와 주철이 Al-Si 보다 마모 특성이 좋으며 피스톤의 마모는 대부분 비슷한 값을 나타내고 있다.

【3】 실린더라이너 삽입기술(Heterogeneous concepts)

최근 제작되고 있는 실린더는 경량화를 위해 실린더 내부에 위치한 실린더라이너의 재료만 다르게 하여 실린더블록이 제조되고 있다. 그림 10-31은 현재 사용되고 있는 실린더라이너 중 하나인 회주철, Al-Si계 합금으로 제작된 실린더라이너이다.

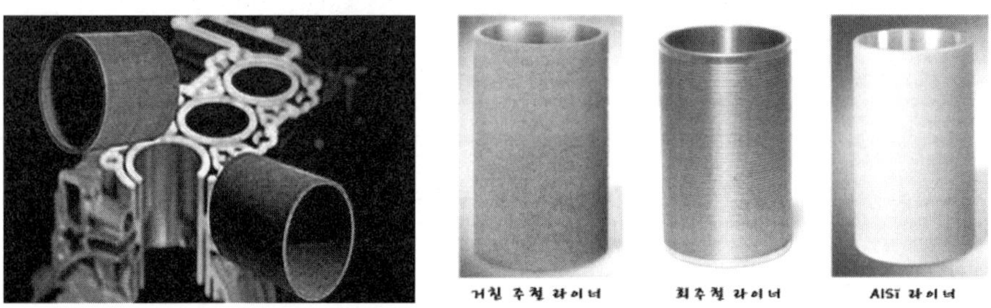

** 그림 10-31 ▌ 실린더라이너 삽입 기술(Heterogeneous concepts)

10.3.4 금속복합재료(MMC)와 LOKASIL 기술

Lokasil사에서 개발된 합금으로서 Porsche사의 실린더크랭크케이스, 실린더라이너 등에 사용되고 있다. 그림 10-32는 Porsche사의 Boxter과 Carrera에 사용되는 예비 성형체와 그 미세조직으로서 그 종류에는 알루미나섬유와 Si 입자의 예비 성형체 그리고 Si 입자만의 예비성형체가 있다. LOKASIL은 복합재료로서 충분한 내열·내마모성을 확보할 수 있으며 실린더 열적 스트레스를 충당할 수 있는 보어간의 거리를 최소화시킴으로써 최적의 엔진특성을 가질 수 있도록 하였다.

이 LOKASIL의 MMC는 용탕단조로 제조되는데 그림 10-33에 장치와 용탕단조의 시간에 따른 압력변화를 나타낸다. 고압 다이캐스팅과 용탕단조는 사용 용도에 따라 다르게 사용되는데 일반적으로 박육 부품에는 다이캐스팅이 사용되고 박육+후육 부품에는 기공의 제거, 높은 주조성, 급속한 열전달을 통한 조직의 미세화 등이 필요하므로 용탕단조법을 사용하고, 박육+후육+부분 복합재료 부품에서는 재료간의 젖음성 향상, 정밀정형, 대량생산을 위해 가압용침(squeeze infiltration)법이 사용된다.

종 류	예비성형체	예비성형체 구조	복합재료 구조
LOKASIL I 5% Al_2O_3-Fiber + 15% Si(30~70µm)	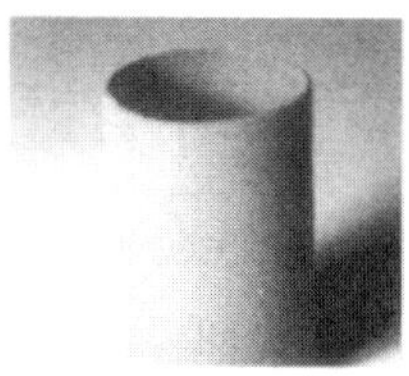		
LOKASIL II 25% Si(30~70µm)		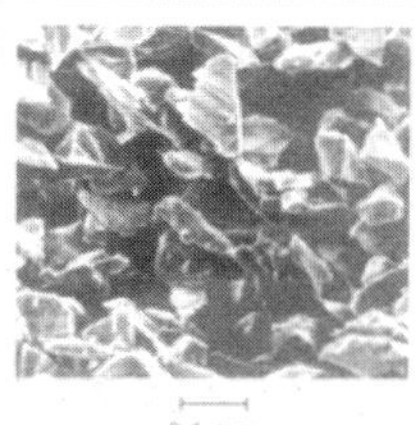	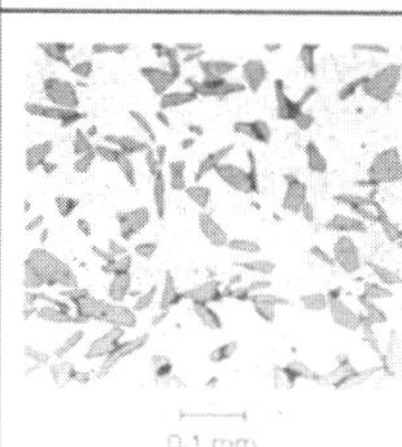

** 그림 10-32 ▌ MMC 크랭크케이스의 제조기술(LOKASIL)

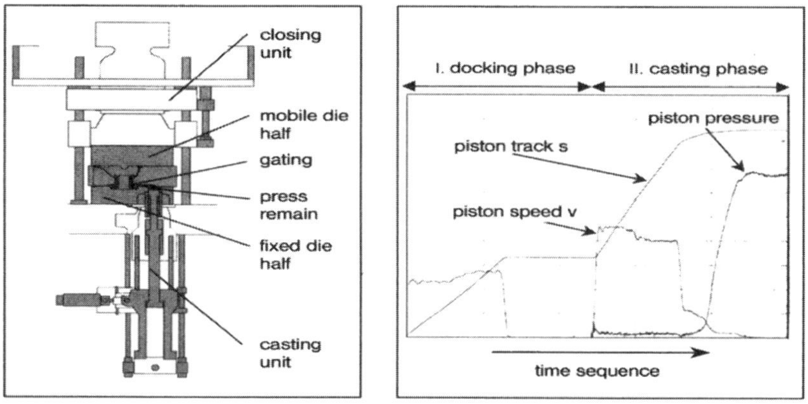

a) Scheme of a squeeze-casting machine

b) Time sequence of essential process parameters.

** 그림 10-33 ▌ 용탕단조에 의한 금속복합재료의 제조(LOKASIL)

10.3.5 실린더블록 제조기술 현황 요약

이러한 다양한 방법으로 제조된 실린더블록의 특성을 종합적으로 정리한 것을 표 10-2에 나타내었다. 고압 다이캐스팅(HPDC), 일반 다이캐스팅(NDC), 저압중력 다이캐스팅(LPDC/GDC) 등 제조공정의 차이, 라이너의 유무, 재료 및 표면처리 차이에 따른 경량화, 엔진효율, 연비, 초기설비비, 공정유지비 등을 비교분석하였다. 표에 따르면 가격대비 성능이 가장 뛰어난 것으로는 MMC type-II로 금속복합재료화에 따라 우수한 기계적 특성을 가지면서 생산경제성이 있음을 알 수 있다.

** 표 10-2 ▌ 각종 실린더블록의 제조방법, 특성 및 경제성 비교

Cylinder Block Types / Items		HPDC				NDC	LPDC/GDC		
		With-Liner				Liner-Less			
		Cast-iron liner	One piese Cast-iron	Al liber MMC, PM	MMC Type-II	Plating (Ni-Sic)	Plating (Ni-SIC)	Hyper-eutectic Al-Si	Cast-iron (mono)
weight Reduction		△	△	○	○	○	○	○	×
compactness		△	○	△	○	○	○	○	○
Engine performance	Max Power	△	△	○	○	○	○	○	×
	Max Torque	△	△	△	○	○	○	○	○

** 표 10-2 ▎ 각종 실린더블록의 제조방법, 특성 및 경제성 비교 〈표 계속〉

Items \ Cylinder Block Types	HPDC				NDC		LPDC/GDC	
	With−Liner				Liner−Less			
	Cast−iron liner	One piese Cast−iron	Al liber MMC, PM	MMC Type−II	Plating (Ni−Sic)	Plating (Ni−SIC)	Hyper−e utectic Al−Si	Cast−iron (mono)
Fuel consumption	△	△	△	○	○	○	○	×
Drivability	△	△	△	○	○	○	○	○
SUMMARY	△	△	×	○	○	○	○	△
Cost	△	△	△	△	×	×	×	○
Investment in equipment	△	△	△	△	×	×	×	×
Production process	△	△	△	△	×	×	×	×
LCA	△	△	△	○	×	×	×	×
SUMMARY	△	△	△	△	×	×	×	×
TOTAL SUMMATY	△	△	△	○	△	△	△	△

○ △ ×
Good ⟶ Bad

참고문헌

[1] 박익민, 신광선, 윤의박, 한국주조공학회지, 8(1988)412
[2] A.Mortensen, J.A.Cornie and M.C.Flemings, J. of Metal, 2(1988)12
[3] P.Rohati, Modern Casting, 4(1988)47
[4] 박익민, 제1회응고기술심포지움, 서울(1990)106
[5] 박익민, 제2회응고기술심포지움, 서울(1991)86
[6] T.Takai, T.Halicioglu and W.A.Tiller, Surf.Sci., 164(1985)341
[7] T.Choh and T.Oki, B. of JIM, 28(1989)285
[8] F.Delannay, L.Froyen and A.Deruyttere, J.of Mat.Sci., 22(1987)1
[9] S.P.Mehrotra and A.C.D.Chaklader, Met.Trans., 16B(1985)567
[10] J.V.Naidich, Prof.Surf.Membr.Sci., 14(1981)353
[11] N.Eustahopoulos, Int.Met.Rev., 28(1983)189
[12] J.A.Cornie, R.J.Suplinskas and A.W.Hauze, Cerm.Eng.Sci.Proc., 1(1980)728
[13] F.Dlanney, L.Frozen and A.Deryttere, J.of Mat.Sci., 22(1987)1
[14] 심상한, 정용근, 박익민, 한국주조공학회지, 10(1990)43
[15] T.W.Chou, A.Kelly and A.Okura, Composites, 16(1985)187
[16] M.Vedula and R.A.Queeney, Proc.Conf.TMS-AIME, NeW Orleans, (1986)227
[17] J.W.Dinwo and I.Horsfal, Proc.of the 6th ICCM, London, (1987)2390
[18] M.A.Bayou and M.Suery, Proc.of the 6th ICCM, London, (1987)2481
[19] S.Towata, H.Ikuno and S.Yamada, Proc.of the 6th ICCM, London, (1987)2412
[20] K.C.Russel, J.A.Cornie and S.Y.Oh, Proc.Conf.TMS-AIME, New Orleans, (1986)61
[21] T.Hikosaka, K.Miki and Y.Nishida, Imono, 61(1989)780
[22] M.N.Gungor, J.A.Cornie and M.C.Flemings, ibid(1986)121
[23] 김대업, 김진, 박익민, 한국주조공학회지, 11(1991)3, 208
[24] D.U.Kim, I.M.Park and J.Kim, Proc. of the 8th ICCM, Honolulu(1991)17-M-1
[25] 김남수, 지동철, 조경목, 박익민, 한국주조공학회지, 12(1992)3, 238
[26] 조경목, 박익민, 김진, 한국복합재료학회 춘계학회논문집, (1992)153
[27] T.W.Clyne, Met.Trans., 18A(1987)1519
[28] Y.Nishita and H.Matsubara, B.of JIM, 19(1980)895
[29] H.Fugunaga, Proc. Int.Sym. on Advanced Cast MMC, Chicago, (1988)101
[30] T.W.Clyne and M.G.Bader, Proc.ICCM-5th(1985), 755

[31] T.Suganuma and A.Tanaka, Tetsu-to-Hagane, 75(1989)1790

[32] D.M.Schuster, M.Skibo and F.Yep, J. of Metal, 11(1987)60

[33] P.Rohatgi, J. of Metal, 4(1991)10

[34] T.E.Wilks, Advanced Mat. & Processes, 8(1992)27

[35] D.O.Kennedy, Advanced Mat. & Processes, 6(1991)42

[36] P.Rohatgi, Advanced Mat. & Processes, 2(1990)39

[37] P.Rohatgi and R. Asthana, J. of Metal, 5(1991)35

[38] A.K.Lee, L.E.S.Caldera, S.T.Oktay and N.P.Suh, Ad.Mat.& Pro, 8(1992)27

[39] K.U. Kainer(eds.), Metal Matrix Composites, Wiley-VCH Verlag GmbH & Co. KgaA(2006)

[40] 홍준표, 박익민, 최정철, 주조응고, 반도출판사(1996)

[41] William G. Roeseler, Branko Sarh and Max U. Kismarton, 16TH INTERNATIONAL CONFERENCE ON COMPOSITE MATERIALS, COMPOSITE STRUCTURES, THE FIRST 100 YEARS(2007)

[42] Andreas Fischersworring-Bunk, Christian Landerl, Andreas Fent and Johann Wolf, Technical Paper, BMW_{INC}, The New BMW Liline Six-cylinder Composite Mg/Al Crankcase

[43] Johann Wolf and Wolfram Wagener, Technical Paper, BMW_{INC}, The BMW magnesium-aluminium crankcase

[44] Sadamu Sakamoto, AFC10, The Transition of the Casting Technology for Cylinder Blocks and the Future Issues (2008)

[45] Bob R. Powell, Larry J. Ouimet, John E. Allison, Joy A. Hines, Randy S. Beals, Lawrence Kopka and Peter P. Ried, SAE TECH. Paper Series, Progress Toward a Magnesium-Intensive Engine (2004)

[46] Toshihiro Takami, Manabu Fujine, Shinji Kato, Hidenori Nagai, Akinori Tsujino, Yoshi-hiko Masuda and Masago Yamamoto, SAE TECH. Paper Series, MMC All Aluminium Cylinder Block for High Power SI Engines (2000)

[47] J. Böhme, W. Schneider, J. Doerr, A. Rothe, C. Haberling, S. Schumann, T. Rudolph, K.D. Becker, D. Str mpfler and U. Bischoff, The Audi hybrid magnesium cylinder block

[48] Neckarsulm(GER), ALUNIMIUN TECHNOLOGIE, ALUSIL® CYLINDER BLOCKS

[49] Neckarsulm(GER), ALUNIMIUN TECHNOLOGIE, LOW PRESSURE DIE CASTING

[50] Neckarsulm(GER), ALUNIMIUN TECHNOLOGIE, LOW-PRESSURE DIE CAST CYLINDER BLOCKS

[51] Neckarsulm(GER), ALUNIMIUN TECHNOLOGIE, ALUSIL® CYLINDER BLOCKS

[52] Neckarsulm(GER), ALUNIMIUN TECHNOLOGIE, VW-/AUDI-W12-ENGINES

[53] Neckarsulm(GER), ALUNIMIUN TECHNOLOGIE, HIGH-PRESSURE DIE CAST AND SQUEEZE CAST CYLINDER BLOCKS MADE OF ALUMINIUM

[54] 이욱진, 박익민, 박용호, JOURNAL OF MATERIALS SCIENCE & TECHNOLOGY, 24(2008)1, 99

[55] 최계원, 박용하, 박봉규, 박익민, 박용호, 조경목, 대한금속.재료학회지, 46(2008)7, 412

[56] 이욱진, 양준성, 박용하, 박봉규, 박익민, 박용호, 대한금속.재료학회지, 46(2008)8, 538

[57] 양준성, 박봉규, 박용호, 박익민, INTERNATIONAL JOURNAL OF CAST METALS RESEARCH, 21(2008)4, 231

[58] 이욱진, 양준성, 박용하, 박봉규, 박익민, 박용호, INTERNATIONAL JOURNAL OF MODERN PHYSICS B, 23(2009)6, 1377

[59] 이욱진, 박봉규, 박익민, 옥정중, Hisamichi Kimura, 박용호, MATERIALS TRANS ACTIONS, 50(2009)4, 864

[60] 이욱진, 손재형, 강남현, 박익민, 박용호, SCRIPTA MATERIALIA, 61(2009), 580

[61] 김병호, 손재형, 박경철, 박용호, 박익민, 한국주조공학회지, 29(2009)4, 176

memo

제 11 장

신재생에너지-풍력발전

11.1 풍력기술의 개요

풍력발전이란 자연의 바람으로 풍차(風車)를 돌리고, 이것을 기어기구 등을 이용하여 속도를 높여 발전기를 돌리는 발전 방식을 말한다. 지금도 드물기는 하지만 바람의 힘은 풍차를 통해 기계적인 힘으로 변형되어서 물을 끌어올리거나 곡식을 가공하는 데 이용되기도 한다. 그러나 현재 전 세계적으로 바람의 힘은 풍력발전기를 돌려서 전기에너지를 만드는 데 가장 활발하게 이용되고 있다고 해도 과언이 아니다. 풍력발전은 자연 상태의 무공해 에너지원으로 현재 기술로 대체에너지원 중 가장 경제성이 높은 에너지원으로서 바람의 힘을 회전력으로 전환시켜 발생되는 전력을 전력계통이나 수요자에 직접 공급하는 기술이다. 이러한 풍력발전을 이용한다면 산간이나 해안오지 및 방조제 등 부지를 활용함으로써 국토이용 효율을 높일 수 있다.

풍력발전 기술은 공기 유동이 가진 운동에너지의 공기역학적(aerodynamic) 특성을 이용하여 회전자(rotor)를 회전시켜 기계적 에너지로 변환시키고 이 기계적 에너지로 전기를 얻는 것이다. 풍력발전기는 날개(blade)와 허브(hub)로 구성된 회전자와 회전을 증속하여 발전기를 구동시키는 증속장치(gear box), 발전기 및 각종 안전장치를 제어하는 제어장치, 유압 브레이크장치와 전력 제어장치 및 철탑 등으로 구성되며, 지면에 대한 회전축의 방향에 따라 수평형 및 수직형으로 분류된다. 풍력발전기의 일반적인 구조는 그림 11-1과 같다. 풍력발전기는 형태와 설치장소에 따라 다음과 같이 분류한다.

11.1.1 형태에 의한 분류[13]

【1】 수평축 풍차

(1) 프로펠라형 : 날개의 형태가 비행기 날개와 유사하며 풍력발전기용으로 사용

(2) 세일윙형 : 날개의 형태가 삼각형이며 지중해 지방에서 제분 및 배수에 사용

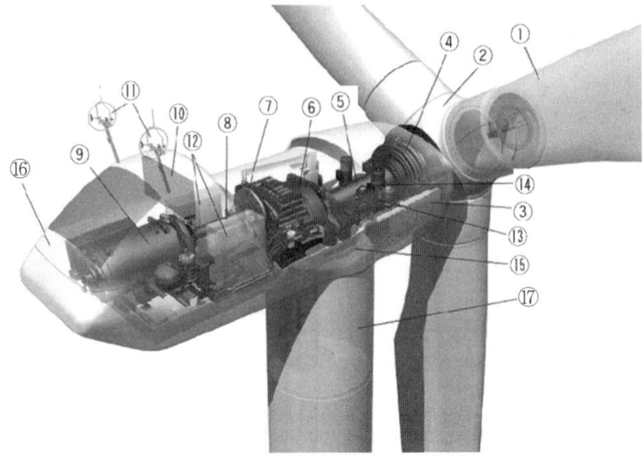

① Rotor Blades	② Hub	③ Turbine Frame	④ Rotor Bearing
⑤ Shaft	⑥ Gearbox	⑦ Generator	⑧ Gene. Coupling
⑨ Generator	⑩ Cooling Radiator	⑫ Control System	⑭ Yaw Drive
⑮ Yaw Bearing	⑯ Nacelle Coner	⑰ Tower	

** 그림 11-1 ▌ 풍력발전기의 일반적인 구조

(3) 네덜란드형 : 유럽에서 14세기 초부터 19세기 말까지 제분 및 배수에 사용

(4) 다익형 : 세기부터 현재까지 미국 농장에서 양수용 풍차로 사용

【2】 수직축 풍차

(1) 다리우스형 : 일정한 단면형상의 원호형상 날개가 수직축으로 특이한 구조

(2) 자이로밀형 : 수직으로 붙여진 대칭형 블레이드가 풍향에 대해 자동적으로 최적의 반각(영각)을 얻는 구조

(3) 사보니우스형 : 핀란드 S. J. 사보니우스에 의해 고안된 풍차로서 반원통의 날개를 마주보게 하여 구동하는 구조

(4) 퍼들형 : 단순한 컵형 또는 풍배형 형태이며 로빈슨 풍속계 이용

(5) 크로스플로우형 : 다수의 길고 가느다란 곡면판 블레이드가 상하 원판의 구조로서 공동용 시로코펜이나 저 낙차 소수력발전의 뱅크 터빈과 유사

11.1.2 설치 장소에 의한 분류

【1】 육상 풍차

【2】 해상 풍차

11.2 풍력터빈 시스템

11.2.1 풍력터빈의 종류

풍력터빈은 바람의 방향에 대한 회전축의 방향에 따라 수직축과 수평축으로 분류할 수 있다. 수직축 풍력터빈(vertical axis wind turbine)은 바람의 방향에 관계없이 운전이 가능하기 때문에 요잉 장치가 불필요한 장점이 있다. 그러나 대부분 항력(drag force)을 이용하기 때문에 풍속이상의 주속도로 회전할 수 없으므로 에너지 변환 효율이 낮은 단점이 있다. 따라서 대부분 소형의 풍력터빈에서 사용되는 형식이다. 수직축 가운데 양력을 이용하는 다리우스형(Darrieus)은 풍속보다 높은 주속(tip speed)을 얻을 수 있으나, 블레이드의 피치제어가 불가능하기 때문에 출력효율에 한계가 있다.

수평축 풍력터빈(horizontal axis wind turbine)은 로터 회전면을 풍향에 맞추기 위한 요잉 장치가 필요하고, 증속기와 발전기를 포함하는 너셀(nacelle)의 중량물이 타워 상부에 설치되어 유지, 보수의 어려움이 있다. 그러나 블레이드에 발생하는 양력(lift force)을 이용하므로 풍속보다 높은 주속도로 회전하기 때문에 에너지 변환효율이 가장 우수하다. 따라서 현재 대부분의 중형급 이상 풍력터빈에서 사용되고 있는 형식이다. 효율관련 그림 11-2에서 풍력터빈에 의하여 발생되는 출력(power)은 $P = 0.5\rho V^3 A C_P$의 관계로 나타난다.

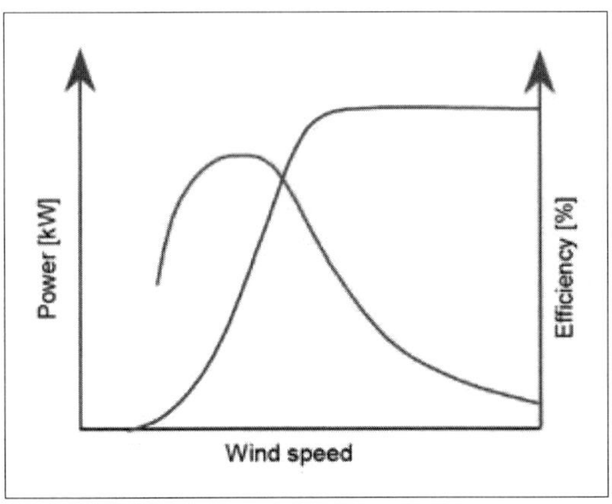

** 그림 11-2 | 출력곡선과 효율곡선

11.2.2 풍력터빈 시스템의 설계

풍력터빈의 개발은 개념설계, 기본설계, 상세설계, 제작 및 시험, 인증의 단계를 거치는 오랜 경험과 시간을 요구한다. 개념설계는 경제성이 있는 용량을 목표로 두고 터빈 시스템의 개략적 형상을 결정한다. 이 과정에서는 GH(Garrad Hassan) Bladed™ 와 같은 성능 및 하중 계산 S/W 등을 동원한 하중 계산을 통하여 블레이드의 기하학적인 형상, 너셀의 무게, 타워의 높이 등이 결정된다. 이때 설계인자가 40여개에 이르므로 경험적인 요소로 예측하여 얼마나 입력 파라미터를 줄이느냐가 관건이다. 그림 11-3은 Bladed™ S/W를 이용한 설계과정의 일부를 도식화한 것이다.

주요 구성기기간의 최적 조합을 찾고, 이들 간의 상호작용을 이해하는 시스템공학적인 기술이 필요하며, 전기적, 기계적인 부품의 세부 설계는 시스템공학에 근간을 둔 개발책임자의 지휘 하에 이루어진다.

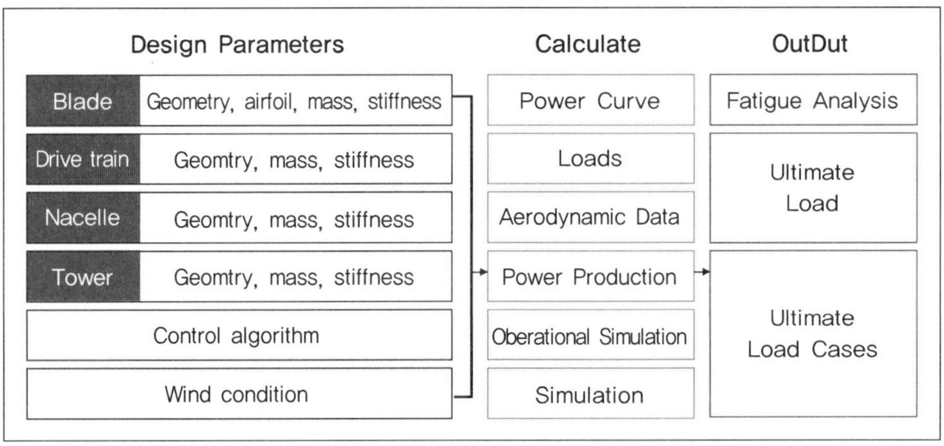

** 그림 11-3 ▌ Garrad Hassan의 Bladed™을 이용한 설계 과정

11.2.3 풍력터빈의 주요 부품

11.2.3.1 로터블레이드

로터블레이드는 바람 에너지를 기계적 에너지로 변환시키는 장치로서 풍력발전시스템의 용량과 제어 방식을 선정하는 데 있어서 우선적으로 고려하는 주요한 요소이다. 본 절에서는 풍력터빈에 사용되는 로터블레이드의 재료와 블레이드의 설계 및 시험에 대하여 다룬다.

【1】 블레이드 설계

블레이드의 단면은 익형(airfoil)의 형상이며, 공기역학적 해석을 통하여 최적의 효율을 가지는 익형을 설계한다. 풍력터빈의 블레이드 익형은 기본적으로 항공기의 익형과 같이 높은 양항비의 기본적인 성능이 요구되기 때문에 초기에는 항공기 날개용으로 개발된 익형을 그대로 사용하였다. 그러나 항공기에 비하여 낮은 레이놀즈수에서 운전되고 실속영역에서의 특성이 요구되기 때문에 풍력터빈 전용의 블레이드 익형이 개발되었으며, 전용 익형을 사용하여 에너지 생산의 증가를 가져왔다.

전체 시스템 설계와 동시에 부품단위로서의 블레이드 설계는 또 다른 큰 과제이다. 그림 11-4에는 시스템 설계에서 주어지는 하중을 시작으로 공력 설계 및 해석, 구조 설계 및 해석, 제작에 이르는 일련의 과정을 도식화하였다.

Blade element-momentum 이론에 근간을 두고 익형의 실험적 데이터를 결합시켜서 코드(chord) 길이와 비틀림각 등을 구할 수 있다. 계산 기술의 발달로 ADAMS, FAST, DHAT, Aerodyn 등과 같은 aeroelastic code를 활용함으로써 보다 정확한 설계를 할 수 있다. 또한 CFD(Computational Fluid Dynamics) 기법을 활용함으로써 정교한 익형을 설계하고 있다.

블레이드는 원심력과 풍압에 의한 지속적인 피로 굽힘하중 조건에 처해진다. 또한 요잉 작용에 의하여 진동이 증폭되기도 한다. 따라서 블레이드는 정하중과 동하중 특성을 고려한 구조설계가 필요하다. IEC 61400-1 규격에 따른 풍속조건을 고려

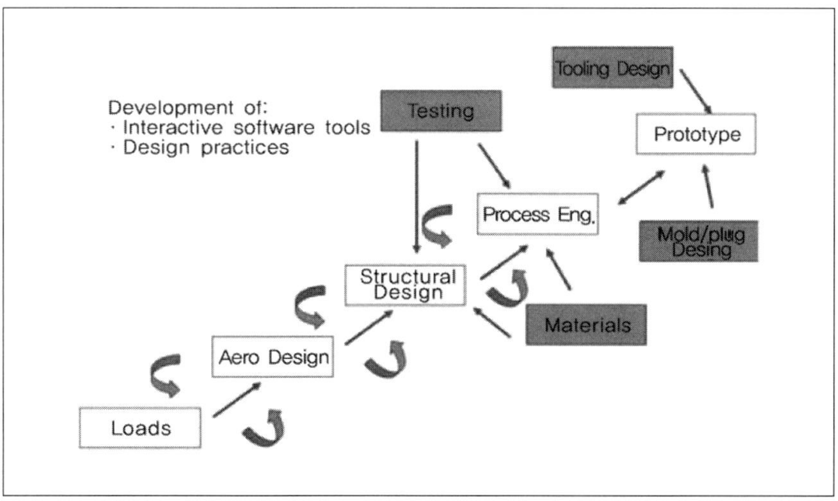

** 그림 11-4 ▍ 블레이드 설계 및 해석, 제조 절차

하여 정하중 해석, 고유진동수 해석, 좌굴 해석 등을 상용 소프트웨어를 활용하여 수행한다. 블레이드는 루트 부위에서 팁 부위로 갈수록 전체적인 두께가 줄어드는 대변형이 발생하는 구조물이다. 구조 해석을 수행할 때 기하학적인 비선형을 고려한 비선형 해석을 수행할 경우 구조 변형 형상을 좀 더 정확하게 예측할 수 있다. 이때 활용되는 code는 ANSYS/NuMAD, SAMCEF for Wind Turbines, ABAQUS 등이 대표적이다.

【2】 블레이드 제조

풍력터빈시스템의 주요 요소인 로터 블레이드의 재료 선택에 있어서 구조적 하중 특성, 재료 성능, 블레이드 설계 및 수명을 고려한 재료의 선정이 중요하다. 점점 대형화 되어가는 블레이드의 무게를 최대한 낮추면서 제작비를 고려하였을 때, 내식성이 우수하고 높은 강도를 가지는 유리섬유 강화 폴리에스터/비닐에스터(glass fiber reinforced polyester/vinylester)와 유리섬유 강화 에폭시(glass reinforced epoxy)가 현재까지 가장 적합한 재료이다. 현재까지는 유리섬유 강화 폴리에스터를 사용한 블레이드가 가장 많이 판매되었으며, 블레이드 제조사 중에는 덴마크의 LM사가 시장 점유율에서 우위를 점하고 있다. 대형 풍력발전기에서 점점 더 경량, 저수축 및 우수한 노화특성, 고강도의 블레이드가 요구되면서 폴리에스터계 수지에서 에폭시 수지의 복합재료로 전환되고 있는 상태이다.

최근에는 그림 11-5와 같이 블레이드가 대형화됨에 따라 큰 부하가 작용하는 spar 구조물에 탄소섬유 강화 에폭시가 사용되는 경우도 있다. 재료비용이 높은 단점이 있으나 강도 및 강성이 우수하면서 가벼운 CFRP(Carbon Fiber Reinforced plastics)에 대한 관심이 증가하고 있다.

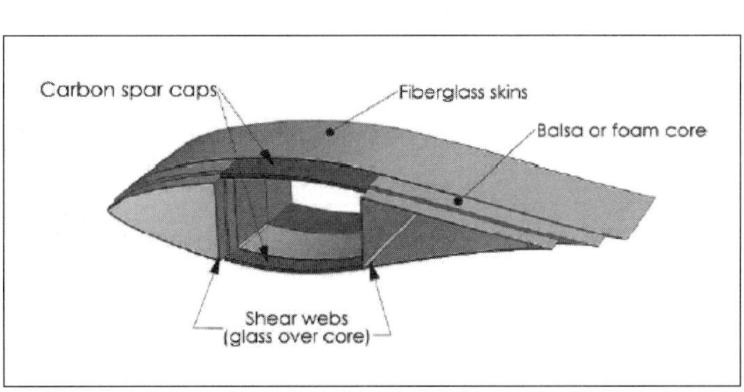

** 그림 11-5 ▌ 고성능 블레이드 단면 형상

** 그림 11-6 ▎ 길이 45m 블레이드의 4점 분포 하중시험

【3】 블레이드 시험

블레이드는 20년 이상 운전 하중 하에서 견디도록 설계한다. 이러한 사용연한은 복합재료 구조물 중에서 매우 변형을 가진 복합재료 구조물의 사용기간을 훨씬 초과하는 경우이다. 이러한 이유 때문에 축적된 경험과 기술만으로 설계의 신뢰성을 보장하기에는 어려움이 있다. 따라서 블레이드는 풍력터빈의 설계 기준에 맞는지, 기계의 가격을 줄이는지, 실제 설치할 때의 경제적 관점 등을 고려하여 철저하게 시험할 필요가 있다.

현재 구조 성능 시험을 위한 IEC 61400-23 규정에 따라 시험을 실시한다. 정적하중은 집중 혹은 분포하중을 가하며, 분포하중의 경우 whipple tree 또는 winch 방식으로 하중을 가한다. 정적강도는 flap 방향 및 edge 방향에 따라 측정하고 규정에는 블레이드의 상하 방향을 고려하여 시험을 수행한다. 시험하중은 IEC 61400-23에서는 설계하중의 1.1을 적용하도록 하고 있다. 그림 11-6은 winch 방식에 의한 정적하중시험의 한 장면이다.

11.2.3.2 드라이브 트레인

현재 대부분 풍력터빈시스템의 드라이브 트레인(drive train)은 저속축(main shaft, rotor shaft, low-speed shaft), 증속기(gearbox), 고속축(high-speed shaft)으로 구성되어 있다. 저속축은 로터 블레이드의 회전력과 추력을 증속기에 전달하는 부품으로 고강도 재료와 설계의 최적화가 중요한 사항이다.

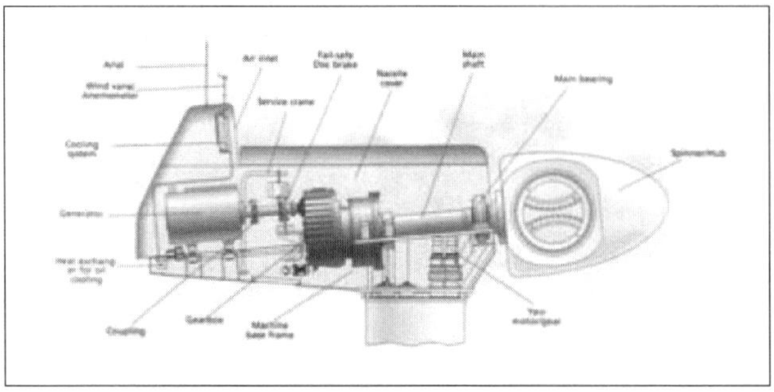

** 그림 11-7 ▌ 간접구동형 풍력발전기와 3단 기어 증속기

증속기의 종류에 따라서 간접구동식(geared), 직접구동형(gearless), 혼합식(hybrid)의 세 가지 형태로 드라이브 트레인의 개념이 정리된다.

전통적으로 대다수를 차지하는 geared type의 증속기는 그림 11-7과 같이 로터 블레이드 축과 발전기 사이에 위치하면서 저속으로 분당 15에서 40회전하는 저회전 고토크의 로터 블레이드 입력동력을 분당 약 1,000에서 1,800회전 속도로 증속하여 고회전 저토크의 출력동력으로 변환하여 발전기에 전달한다.

대형의 풍력터빈에서는 블레이드의 회전속도를 낮추는 대신에 증속비를 높여 구조 및 안정성 문제를 해결하는 추세이기 때문에 현재 대형 풍력터빈에서는 기어드형(geared type)이 주류를 이루고 있다.

일반적으로 중형 풍력시스템에서는 큰 증속비를 얻기 위해서 크기와 중량을 감소시킬 수 있는 1단의 유성기어열과 2단의 평행축기어를 조합한 구조를 사용하고 있다. 기어의 강도 해석은 주로 이뿌리의 굽힘강도, 접촉면의 접촉응력, 스코링 강도의 3가지 항목으로 검토하며 계산의 결과 중에서 최소의 허용응력값으로부터 전달마력을 결정한다. 일반적인 규격으로는 AGMA 2001, DIN 3990, BS 436, JGMA 401, IS6336 등이 있다.

풍력용 기어박스의 설계 시에 전위계수는 소음진동과 밀접한 관계를 가지고 있으며 기어박스의 시험은 동력계(dynamometer)에 의해서 수행된다. 동력계는 부하를 재현하는 방식에 따라 전기식, 유압식 등의 방식이 있지만 전기식이 가장 적절하다. 증속기는 높은 타워 위에 올려지게 되므로 설치 및 보수가 용이하지 않다. 이와 함께 급격한 풍력 변화로 큰 부하 변동을 받아 기어 및 베어링 등에 동적 힘 변위로 영향을 받게 되고 기어박스의 초기고장 및 수명단축의 원인이 된다. 기어박스는 풍력터빈의

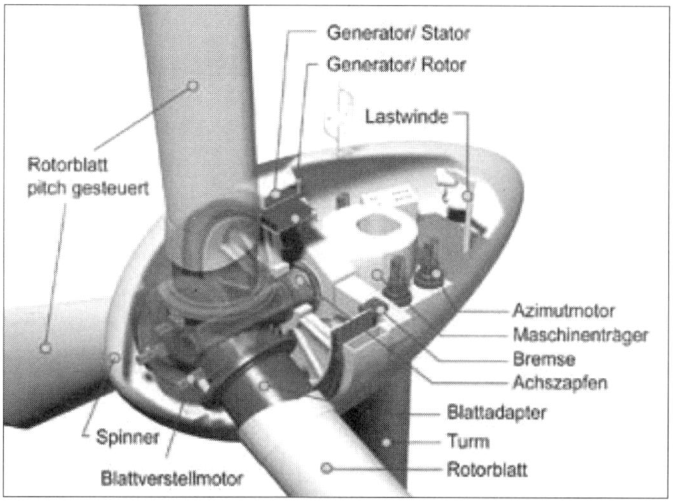

** 그림 11-8 ▌ 직접구동형 풍력발전기

심장에 해당하여 항상 유지보수의 중점대상이 되며, 설치 조건상 다양한 상태 모니터링 기술이 필요하다.

하지만 증속기를 사용함으로써 드라이브 트레인 길이의 증가에서 오는 시스템 설계부담, 회전 부품의 증가로 인한 전달손실 및 효율문제, 유지보수 필요량의 증가, 소음 및 너셀부의 중량 증가 등이 증속기 사용에서 오는 단점이다.

직접구동형(gearless type)은 그림 11-8과 같이 저속, 고토크의 로터가 증속기 없이 직접 발전기에 전달되는 형태이며, 대부분 가변속 운전방식의 동기발전기를 사용하는 풍력발전시스템에 해당된다. 전력 계통에 연계하기 위해서는 한전계통 주파수와 맞지 않기 때문에 교류/직류/교류 전력변환이 필요하다. 장점으로는 위에서 언급한 증속기 때문에 발생하는 대부분의 문제점을 제거할 수 있다. 그러나 대형의 동기발전기를 사용하여야 하기 때문에 고출력 다극형 발전기의 개발이 필요하고, 발전기의 가격이 고가라는 단점이 있다. 또한 증속기의 무게가 발전기의 중량으로 전가되는 점이 좋지 않다.

혼합형(multibrid type)은 그림 11-9와 같이 로터와 영구자석 발전기 사이에 1단 기어를 사용하여 연결시키는 형태이다. 고단의 증속기로부터 발생하는 기계손실과 너셀부의 중량 증가의 단점을 1단 기어로 대체하고 발전기의 극수와 크기를 감소시켜 간접구동형과 직접구동형의 문제점을 서로 보완하는 절충 형태이다. 사용되는 저출력의 영구자석 발전기는 고출력의 다극형 동기발전기보다 가격이 저렴하다는 장점이 있지만 아직까지 활성화되지 않아서 신뢰성 문제가 있다. 이러한 개념을 최근에는 멀티브리드(multibrid™)라는 명칭으로 상업화를 시도하고 있다.

증속기와 발전기를 연결하는 고속축은 대개 증속메커니즘에 의하여 주축과 어긋나게 설치되어 비대칭으로 인한 시스템 설계에 부담을 주고 있는 부분이다. 주축과 마찬가지로 고CrNiMo강을 사용하며, 제조 측면보다는 설계의 최적화에 중점을 두고 있는 부품이다.

증속장치에 사용되는 증속기는 풍력터빈의 기계적 소음과 고장을 일으키는 주원인으로 높은 신뢰성과 장기간의 수명을 요구하는 풍력발전시스템의 핵심 요소 부품이다. 기어의 치형 설계에서 증속기 구조 설계에 이르기까지 동력 전달 효율, 소음 진동, 수명 및 강도를 고려한 설계 기술이 필요하다. 설계 기술과 함께 신뢰성을 확보하기 위한 원천 기술로 성능 검증 및 내구 수명 확보를 위하여 시험 및 평가 기술이 필수적이다. 증속기는 기어를 비롯한 여러 가지 부품이 조립된 장치로서, 신뢰성을 확보하기 위해서는 각 부품에 대한 검사 및 시험 평가가 이루어져야 하며, 조립된 증속기 자체에 대한 시험 및 평가뿐만 아니라 풍력발전시스템에 조립된 전체 실제 운전시험을 통하여 평가되어야 한다.

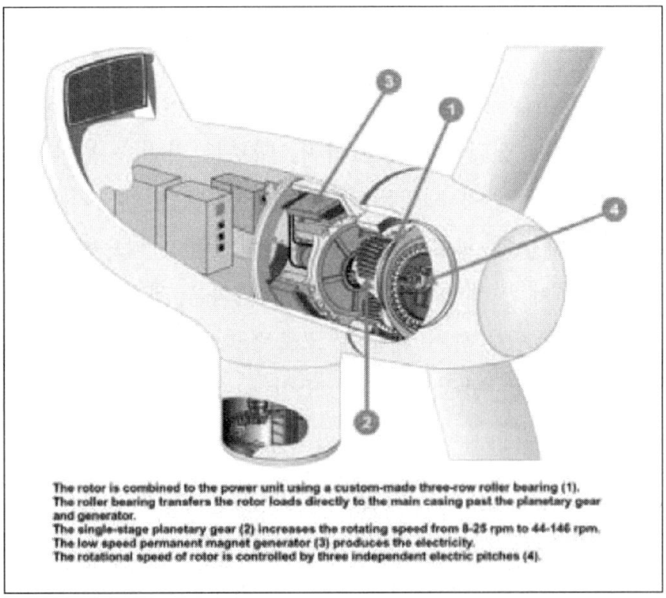

** 그림 11-9 ▌ 하이브리드형 풍력발전기

11.2.3.3 피치 베어링 시스템

피치 베어링의 용도

- 태풍 등 강력한 바람에 의한 풍력발전 터빈과 블레이드의 파손 장비
- 블레이드 경사각 조절을 통해 Rotor 블레이드 회전속도 제어

풍력용 피치 베어링의 요구사항

- 피치 베어링에서 가장 큰 이슈는 베어링의 유지와 보수
- **베어링 교체 비용 〉〉 베어링 자체 제조 비용 :** 베어링의 수명을 획기적으로 증가시키는 것이 핵심
- 정밀 기어가공기술은 물론 열처리 등의 표면 경화기술 요구

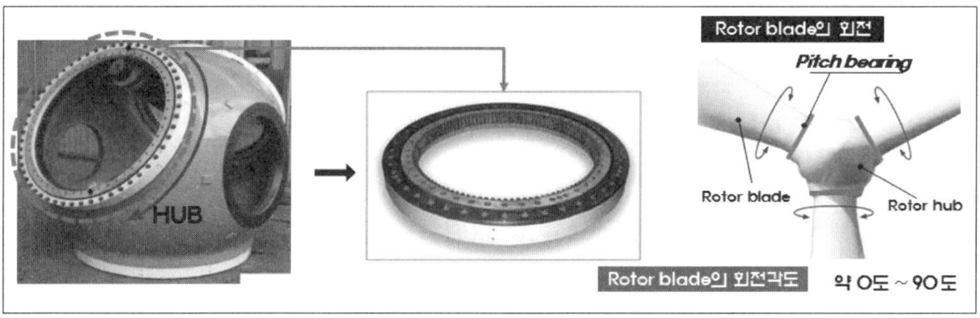

** 그림 11-10 ▌ 피치 베어링의 기능

** 그림 11-11 ▌ 피치 베어링 시스템 요구사항

11.2.4 타워 및 구조 안전설비

타워(tower)의 역할은 형상 면에서 주요부품인 로터 블레이드와 너셀을 지지하는 기능을 지니고 있다. 풍력터빈이 작동 중일 때 풍하중과 블레이드를 통하여 전달되는 추력을 받는다. 격자형(lattice)과 원통형 철 구조물이 대부분이다. 대형화되면서, 피로 및 좌굴현상 등을 고려한 구조적인 안정성, 부품의 배치 및 유지 보수 인력의 이동 등을 고려하여 테이퍼 원통형(tapered tube)이 주류를 이룬다.

설계할 때 피로 및 좌굴을 고려한 구조설계뿐 아니라 로터추력의 fluctuation에 의한 타워의 1차 모드의 고유진동수와 관련된 공진현상을 회피해야 한다.

특히 해상용 대형화에서 오는 너셀의 무게의 증가는 타워의 설계 및 제작에도 큰 영향을 미친다. 폭풍이나 풍랑에 대비하여 더욱 안정적이며, 강성이 높고, 무거운 타워를 설계해야 하기 때문이다. 타워의 형상과 역할은 비교적 간단하지만 타워가 차지하는 부품으로서의 가격이 주요 부품 중에서는 가장 높아서 육상용 2MW형의 경우 26% 정도의 가격을 차지하고 있다. 수송에 상당한 비용이 소요되므로 국내에서 설치할 경우 국내의 타워 제조자의 기술력을 활용함으로써 풍력터빈의 경제성을 맞추고 있다.

기계식 브레이크(mechanical brake)는 보수 목적으로 정지했을 때와 높은 풍속에서 시스템이 정지할 때 축의 움직임을 막기 위하여 사용하며, aerodynamic braking으로 속도가 매우 낮아졌을 때 완전정지를 위한 장치이다.

일반적인 풍력터빈 브레이크는 디스크와 캘리퍼(calipper)의 구조이며, 브레이크 패드는 소결금속소재(sintered metal)를 주로 사용한다. 일반적으로 600℃에서 마찰계수가 0.4 정도가 유지되는 소재가 바람직하다. 브레이크 설계의 가장 중요한 인자는 design braking torque이다. GL guideline 등에는 관련된 재료계수, 공력학적인 계수 등을 규정하고 있다. 브레이크는 장착 위치에 따라서 high speed shaft-mounted brake와 low-speed shaft-mounted brake로 나눠진다. High-speed shaft-mounted brake의 경우에는 gearbox에 피로하중을 덜 주게 되는 장점이 있고, 주축(main shaft)에 장착되는 경우에는 비교적 대형이면서 설계가 비교적 용이하다.

브레이크와 동시에 필요한 안전장치로서 rotor locking device가 있는데, 너셀의 이송, 설치, 유지와 보수를 위하여 필요한 장치이다. 대개 주축의 플랜지에 구멍이 있는 locking 플레이트를 장착하고 locking pin을 적용시키는 형태이다.

11.3 주요 풍력발전용 단조부품

풍력발전용 부품 중에서 반복적인 피로하중을 받거나 과도한 하중을 받는 부분에는 대부분 단조품이 사용된다. 그림 11-12에 풍력발전에 사용되는 대표적인 단조부품을 나타내었다[15].

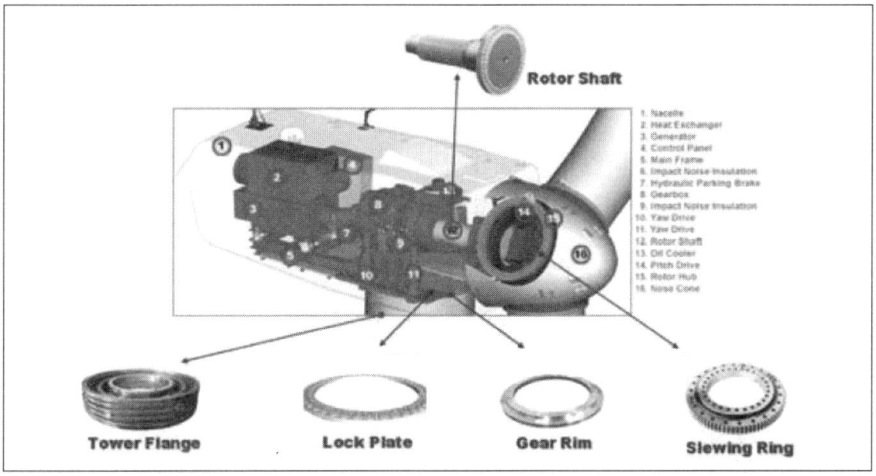

** 그림 11-12 ▎ 풍력발전용 주요 단조부품들

11.3.1 로터회전축(rotor shaft)

그림 11-13에서 보듯이 나셀(nacelle)의 형태, 즉 발전기의 종류에 따라 간접구동형(geared type)과 직접구동형(gearless type)으로 나누어진다. 현재 대부분의 상용 풍력발전기에는 그림 11-13(a)와 같이 로터회전축과 증속장치가 있는 간접구동형이

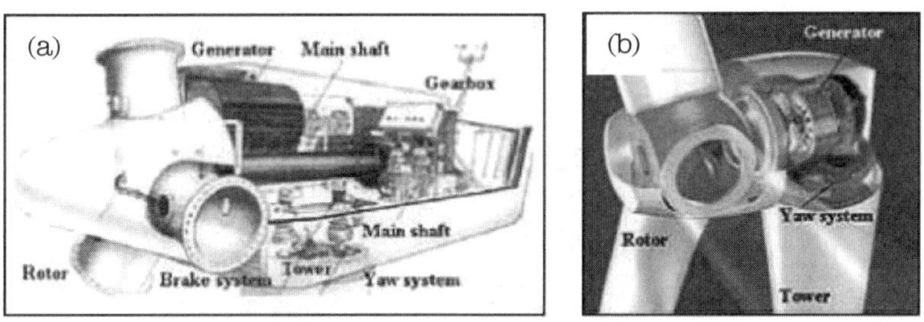

** 그림 11-13 ▎ 나셀의 형태 (a) 간접구동형, (b) 직접구동형

** 그림 11-14 ▌ 풍력발전용 로터회전축

사용되어지고 있으며, 그림 11-14에 로터회전축의 자세한 모습을 나타내었다. 로터회전축은 블레이드의 회전 운동에너지를 증속장치에 전달하는 부품으로서 풍력발전기의 설계수명만큼 건전성이 유지되어야 하므로 초기 제작 시 원소재의 선정부터 최종제품까지 엄격한 관리를 요한다.

로터회전축의 재료로는 주로 34CrNiMo6강이 사용되어지고 있으며, 그림 11-15와 표 11-1에 미세조직과 기계적 특성을 나타내었다.

** 표 11-1 ▌ 로터회전축 소재의 기계적 특성

	Tensile				Impact at−40℃	FATT	Hardness
	Y.S	T.S	E.L	R.A			
	N/mm²		%		J	℃	Hv
spec.	650	850~1,000	13	55	min.27	30	275~305
*test specimen	732.8	886.9	23.1	66.4	54.3	-3.6	288

* test specimen : 단조가공 후 품질 열처리한 실제품

** 그림 11-15 ▌ 로터회전축 광학현미경 사진

11.3.2 타워플랜지(tower flange)

풍력발전용 타워는 풍력발전기를 지지하는 구조물로서 현재 건설되고 있는 상용 대형 풍력발전기의 타워구조는 그림 11-16에서 보듯이 주로 강 파이프식 타워(steel tubular towers) 구조이다. 약 30m 단위로 용접을 통해 제작되며 각 끝부분은 플랜지와 볼트로 연결되어 있다. 타워플랜지는 앞서 말한 바와 같이 타워의 연결에 필요한 구성품으로서 6~7개의 플랜지가 한 세트를 이룬다. 지름이 가장 큰 bottom flange와 middle flange, top flange로 구분되며 그림 11-17에 나타내었다.

일반적으로 타워플랜지의 제조방식은 크게 용접(welding)에 의한 방식과 링 롤링(ring rolling) 방식으로 구분할 수 있다. 기존에는 용접에 의해 대형 플랜지를 제조하여 왔으나 최근에는 대형 링 롤링밀 설비의 증가와 더불어 후자에 의한 방식으로 많이 제작된다. 링 롤링 방식은 투입소재와 가공량의 절감, 작업시간의 단축으로 제작단가를 줄일 수 있고, 원주방향의 미세조직이 연신되어 내외압에 대한 저항성이 높아지는 등 양호한 기계적 특성을 얻을 수 있다. 또한 링 롤링 가공 전 업세팅과 코깅공정을 통해 충분한 단조비를 가하기 때문에 요구물성치를 만족시키기 위한 품질 열처리가 용접방식에 비해 간단한 장점이 있다.

타워플랜지는 S355NL과 같은 저합금강이 주로 사용되며 그림 11-18과 표 11-2에 미세조직과 기계적 특성을 나타내었다.

** 그림 11-16 ▌ 강 파이프식 타워

** 그림 11-17 ▌ 풍력발전용 타워플랜지

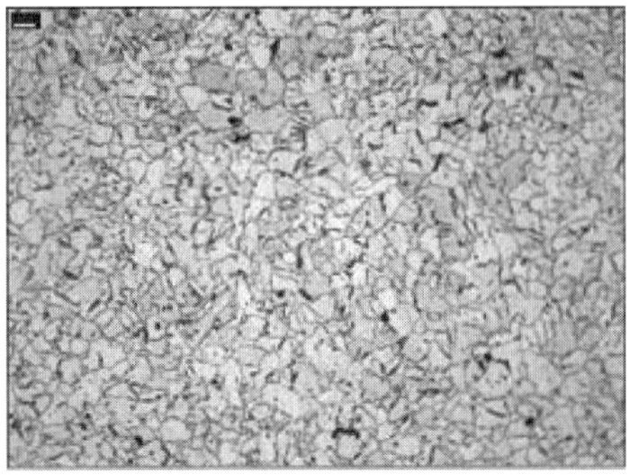

** 그림 11-18 ▌ 타워플랜지 광학현미경 사진

** 표 11-2 ▌ 타워플랜지 소재의 기계적 특성

	Tensile				Impact at-40℃
	Y.S	T.S	E.L	R.A	
	N/mm^2		%		J
spec.	295	450~600	21	-	min. 50
*test specimen	327.1	513.4	33.2	74.6	98.3

* test specimen : 링 롤링 가공 후 normalizing한 실제품

11.4 피치 베어링 제조를 위한 링 압연공정기술

링 압연공정(ring rolling)은 블랭크라고 불리는 두꺼운 링의 직경을 늘리면서 단면적을 감소시키는 공정으로, 균질한 원주방향의 유동을 갖는 이음매 없는 링 형상 구조의 점진적 특수성형법이다. 이러한 공정의 활용은 주로 발전설비, 화학 플랜트, 가스터빈 및 제트엔진용 링부품 등 다양한 분야의 링부품 제조에 사용되고 있다. 링압연공정기술은 정형성형(near net shape forming)이 가능하며, 재료 회수율이 매우 높아 우수한 생산성을 가진다. 또한 동일한 제품을 제조하는 링 단조(ring forging)공정과 비교하여 볼 때 제작 시간이 짧고, 재료가 절감되며, 가공오차를 줄일 수 있고, 특히 결정립 유동선(grain flow line)이 원주방향으로 끊기지 않고 연속적으로 형성되기 때문에 내·외압에 대한 저항성이 높은 우수한 품질의 제품을 생산할 수 있는 장점이 있다.

11.4.1 링 압연공정 절차 및 장비

11.4.1.1 링 압연공정 절차

일반적으로 링 압연공정에 의한 부품의 생산은 그림 11-19에 나타낸 공정절차에 따라 진행되어진다. 먼저, 잉고트 상태의 소재를 내·외부가 균일하도록 목표 온도보다 200~300℃ 정도 낮은 온도에서 1차 가열하고, 소재에 따라 다소 차이는 있으나 통상 소재 지름을 기준으로 인치(inch)당 30분 정도의 유지시간으로 유지한 후 목표온도로 2차 가열 및 유지한다. 그 후 잉고트 파쇄(ingot breakdown)공정을 거쳐 잉고트 상태의 조대한 결정립과 주조조직을 미세화하고, 표면가공을 통해 빌렛을 제조하게 된다.

이렇게 제조된 빌렛은 링 압연공정에 대한 개략도에서 설명된 링 압연공정에 사용되는 초기 링 형상, 즉 블랭크(blank)를 제작하게 되는데 이러한 블랭크 설계는 최종제품의 형상과 표면결함의 발생여부를 결정할 수 있는 중요한 공정단계이다. 블랭크는 원통형의 빌렛을 업세팅(upsetting)하고, 미리 준비된 펀치를 이용하여 내경을 피어싱(piercing)한 후 피어싱된 내경 표면을 가공하는 순서로 제작하게 된다. 제작된 블랭크를 이용하여 링 압연공정을 거쳐 링부품을 제조하게 되며, 최종적으로 제조된 링부품은 기계가공을 통해 최종 부품으로 생산하게 된다. 링 압연공정의 세부 절차를 그림 11-20에 나타내었다.

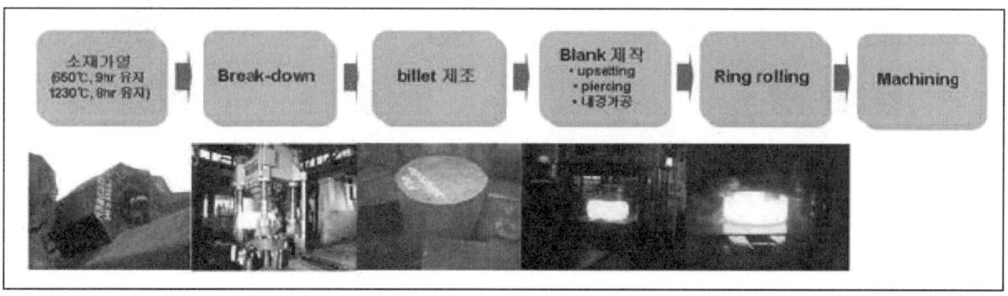

** 그림 11-19 ▌ 일반적인 링 압연공정 절차

** 그림 11-20 ▌ 링 압연공정 세부 절차

11.4.1.2 링 압연공정 장비

링 압연공정 장비는 수직식 및 수평식 링 압연기와 함께 링의 형상을 구현하는 여러 맨드렐(mandrel)을 구비하고 있는 다중 맨드렐 링 압연기 등 다양한 종류가 있다. 과거 수평식 장비는 맨드렐에 의한 원주방향의 성형만을 수행하는 단일 과정(single pass) 링 압연기가 주류를 이루었으나, 지금 현재는 대부분 맨드렐에 의한 원주방향의 성형과 함께 축롤(axial roll)을 통한 높이감소를 꾀하는 두 가지 과정(two pass) 링 압연기가 대부분을 차지하고 있다.

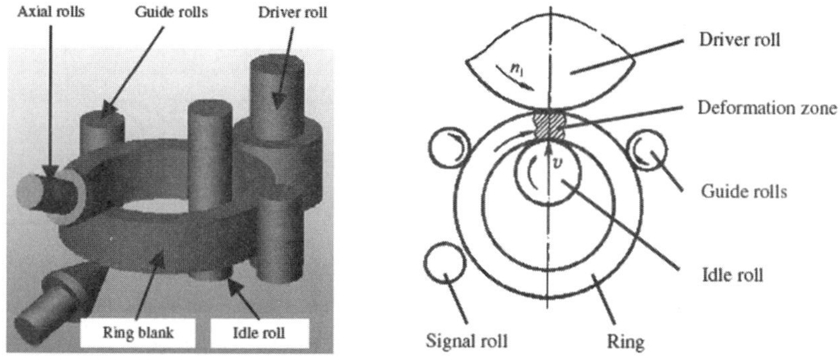

** 그림 11-21 ▌ 수평식 링 압연공정 개략도

11.4.2 링 압연공정 형상설계

링 압연공정 형상설계의 경우 가장 먼저 실제 링 제품으로부터 링 압연공정을 위한 형상으로의 변환이 진행되어야 하며, 링 압연품의 형상은 다음과 같은 식 (11.1)에 따라 링 압연 성형품의 세 가지 표면부 허용치를 고려하여 결정하게 된다.

$$TOL = F1 + F2 + F3 \tag{11.1}$$

여기서, F1은 피할 수 없는 표면결함, F2는 링직경의 팽창, F3는 링 높이 또는 두께의 팽창률 등과 관련된 허용치를 의미한다. 이때 F1은 최종 링 부품의 크기와 관련이 있으나 통상 2.54mm의 두께를 적용하며, F2는 0.1mm, F3는 0.254mm 정도를 각각 적용한다. 결국, 링압연 성형품은 최종제품의 치수에 이러한 허용치를 고려하여 얻어질 수 있다.

한편, 링 압연공정에서 초기 빌렛, 블랭크(blank) 등의 형상설계는 링 압연공정 시 링 두께의 감소율과 높이 감소율이 거의 균일하게 유지하도록 하기 위한 계산방법에 따라 이루어져야 하며, 만일 이를 충족시키지 못할 경우 그림 11-22에 제시된 여러 형태의 형상결함 및 fishtail과 같은 결함이 발생할 수 있다.

링 압연공시 자주 발생되는 fishtail, fold 등의 표면결함을 최소화하기 위한 조건으로 링의 두께와 높이사이의 관계를 정의하는 다음과 같은 관계식이 활용된다.

$$h_1^2 - b_1^2 = h_2^2 - b_2^2 \tag{11.2}$$

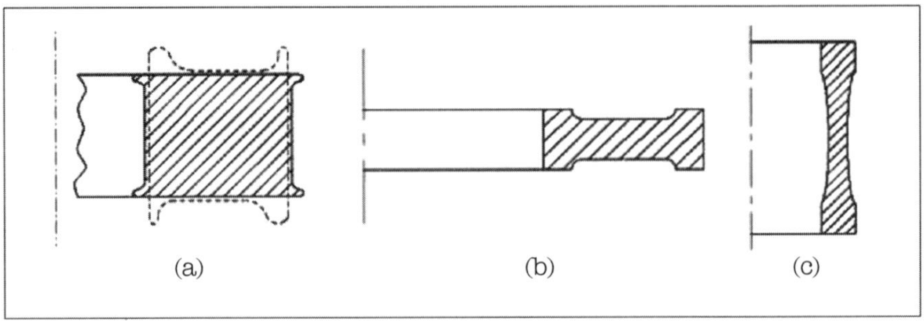

** 그림 11-22 ▌ 링 압연공정의 여러 결함들 (a) fishtail 표면결함, (b) 와셔형태(washer-type) 형상결함, (c) 슬리브형태(sleeve-type) 형상결함

$$b_1 = \frac{d_{1o} - d_{1i}}{2} \tag{11.3}$$

$$b_2 = \frac{d_{2o} - d_{2i}}{2} \tag{11.4}$$

여기서, h는 링의 높이, b는 링의 두께이며, 아래첨자 1과 2는 각각 블랭크와 최종 링의 치수를 의미한다. 또한 아래첨자 o와 i는 각각 외경과 내경을 의미한다. 통상적으로, 링압 연공정에서 피어싱(piercing)을 위한 펀치가 구비되어 있기 때문에 블랭크의 내경(d_{1i})은 자동적으로 결정된다. 따라서 블랭크의 크기는 높이(h_1)와 외경(d_{1o})의 계산을 통하여 결정할 수 있으며, 식 (11.2)에 부피분율이 일정하다는 가정과 함께 다음과 같은 관계식을 얻을 수 있다.

$$\frac{d_{2o} + d_{2i}}{2(d_{1i} + b_1)} = \frac{b_1}{b_2}\sqrt{1 - \left(\frac{b_2}{h_2}\right)^2 + \left(\frac{b_1}{h_2}\right)^2} \tag{11.5}$$

결국, 이러한 계산방법에 의해 초기 블랭크 크기를 결정할 수 있다.

그러나 이러한 링 부품에 대한 블랭크설계의 계산방법을 형상 링 부품의 블랭크설계에 직접적으로 적용할 수 없으며, 소재의 밀도와 최종 링 부품의 부피계산을 통한 가상의 선형 링 형상을 설정한 후 식 (11.5)를 활용하여 최종 블랭크 형상을 결정하는 방법을 활용할 수 있다. 이에 대한 형상설계 절차는 그림 11-23에 나타내었다.

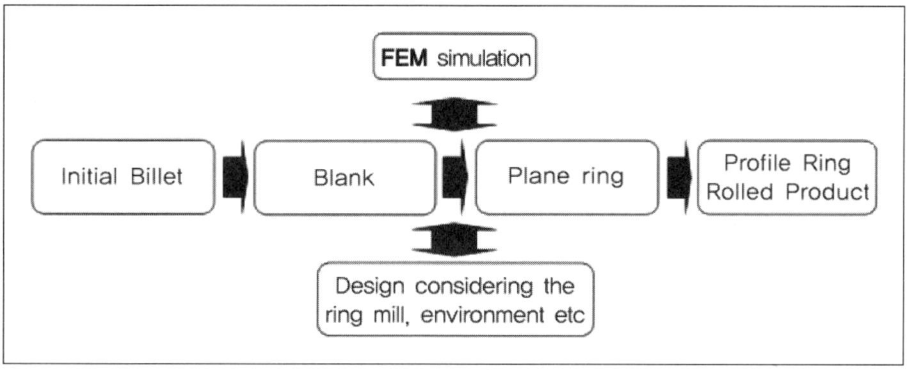

** 그림 11-23 ▎ 형상 링 압연공정에 대한 형상설계 절차

참고문헌

[1] 工藤英明, わかりやすい段造 可工, 日刊工業新刊社 (2005)
[2] 김낙수 외, 소성가공과 해석, 문운당 (2002)
[3] 이종수 외, 기계공작법, 문운당 (2007)
[4] 김동원, 소성가공, 청문각 (1994)
[5] Taylan Altan, et. al., Cold and hot forging, ASM international (2004)
[6] S. L. Semiatin, et. al., Metalworking, ASM international (2005)
[7] E. Mielnik, Metalworking science and engineering, McGraw Hill (1991)
[8] 문영훈, 대한금속학회보, 12, 6 (1999)
[9] M. Hashemipour, Manufacturing technology, Eastern Mediterranean Univ. (2005)
[10] L. Olejnik and A. Rosochowski, Polish Academy of Sciences, 53, 4 (2005)
[11] 윤영호 외, 대기압 플라즈마 표면처리 장치, NICE, Vol. 25, No. 3 (2007)
[12] 소범식 외, 제조에서의 하이브리드, 한국정밀공학회지 Vol. 25, No. 9 (2008)
[13] 채인태, 풍력발전 기술과 국내외 시장 및 기술동향, 대우엔지니어링기술보, Vol. 22, No. 1 (2006)
[14] 황병선 외, 대형 풍력터빈의 국내외 기술 현황 및 발전 동향, 기계와 재료 (2007)
[15] 황창률 외, 풍력발전용 단조부품 산업의 현황과 전망, 기계와 재료 (2007)

(2)

2차원 절삭 189

(A)

AHSS강 37, 39

(C)

CBN 225

(D)

DP강 30

(L)

LIGA 공정 275

(Q)

Q&P강 31

(T)

TRIP강 28
TWIP강 33

(ㄱ)

가공 187
가공경화 21
가공경화(work hardening) 110
가공경화지수(strain hardening exponent) 111
간극(clearance) 141
개량처리(modification) 67
결정립 미세화제 66
결정립 유동선 322
결정립계(grain boundary) 25
결함 예측 166
결합제 225
경량금속기지 복합재료 89
경화능(hardenability) 8
계면에너지 94
고강도강(high stregnth steel) 27
고능률 복합 연삭시스템 244
고능률 연삭 240
고무패드성형 146
고속도강 204
고속연삭(high speed grinding) 238
고속절삭 215
고에너지속도성형 154
고용강화(solid-solution strengthening) 23
공구마모 199
공구수명 201
공구수명곡선 203
공구재료 203
공기역학 307
공석반응(eutectoid reaction) 10
공정설계(process design) 107
공학적 변형률(engineering strain) 110

공학적 응력(engineering stress) 109
광조형법 275
교반주조(stir-casting) 93
교상(colloidal) 224
구성인선 208
구조용 접착제 171
균일신장(uniform elongation) 111
그라인딩센터(GC : Grinding Center) 242
극초단 펄스 레이저 265
극한인장강도(UTS) 115
금속 2
금형 마모 167
금형 분할선 131
금형설계 129

(ㄴ)

난삭성(difficult-to-cut) 재료 251
내열 Mg 합금 292
냉각작용 211
냉간가공(cold working) 118
네킹(necking) 111

(ㄷ)

다결정 CBN 206
다결정 다이아몬드 206
다결정체(polycrystalline) 25
다기능 복합 연삭기 247
다이아몬드 224
다이캐스트 69
다인공구 194
다점성형(Multipoint forming) 149
단량체 4
단류선(grain flow line) 108
단인공구 194
단조 시뮬레이션 165
단조(forging) 122
동력계(dynamometer) 314
드라이브 트레인(drive train) 313
드레싱(dressing) 243
드릴링 공정 196
등가응력(equivalent stress) 112
딥드로잉(deep drawing) 144

(ㄹ)

라디칼(radical) 177
레이저가공 262
레이저용접 181
로터블레이드 310
로터회전축(rotor shaft) 319
리밍(reaming) 196
링 단조 322
링 압연 322

(ㅁ)

마그네슘 합금 73
마르텐사이트 15, 18
마이크로머시닝 264
마이크로머신 274
마이크로방전가공 258
마이크로초음파가공 279
마찰계수(COF) 113
마찰교반용접 182
맨드렐(mandrel) 324
무가압침투법(Pressureless infiltration process) 101
무금형 점진성형 149
미세성형가공(micro forming process) 161
밀링가공 공정 198

(ㅂ)

바깥지름 선삭공정 195
바나나 곡선 27
반용융(semi solid state) 107
방전가공 252
방전펄스 258
방청작용 211
버니싱(burnishing) 210
베이나이트 16
벤딩(bending) 142
변질 가공 188
변형 가공 187
변형경화(strain hardening) 110
변형률(strain) 109
보론강 38
보링(boring) 196
복합 Mg/Al 크랭크케이스 288
복합재료 5, 42
부착 가공 188
분말성형(powder metallurgy, P/M) 156
분말압출(powder extrusion) 160
분산강화(dispersion strengthening) 24
붕소섬유 85
브리넬경도 115
블랭킹(blanking) 140

(ㅅ)

사출성형(injection molding) 160
생체재료 103
선결함(line defect) 19
섬유강화플라스틱(FRP) 46
섬유강화합금 88, 89
성형성(workability) 115
세라믹 3, 205
세멘타이트(Fe_3C) 10
센터리스연삭 작업 236
소결(sintering) 161
소성가공 107
소성변형(plastic deformation) 109
소성불안정영역(instability) 111
수직축 풍차 308
수평축 풍차 307
순철 9
스마트 소재 44
스테인리스강(stainless steel) 32
스트레치성형(stretch forming) 148
스프링백(spring back) 142
스피닝(spinning) 148
슬립(slip) 20
실리콘 프로세스 275
실린더 표면 강화 299
실린더라이너 299
실린더블록 296
실크 단백질(arthropod silk proteins) 60
싱크로트론 방사광 276

(ㅇ)

아이어닝(ironing) 156
알루미나 섬유 84
알루미늄 합금 64
압연(rolling) 119
압축(compaction) 159
압출(extrusion) 135
액중방전성형(electrohydraulic forming) 155
액체방탄 재료 56
에칭(etching) 272
엑시머 레이저 263
연마가공(abrasive processes) 219
연마입자(abrasives) 219
연삭가공(grinding) 219
연삭마모(abrasive wear) 199
연삭비(grinding ratio) 229
연삭숫돌 222
연삭온도 230

연삭저항력 228
연속냉각변태 15
연속냉각변태곡선 15
열간가공(hot working) 118
열간판재성형(Hot Press Forming, HPF) 150
열영향부(HAZ: Heat-Affected Zone) 36
열확산(thermal relaxation) 265
오스테나이트(austenite) 8, 10
온간가공(warm working) 118
와이어 방전연삭법 259
와이어 컷 방전가공 255
용침(infiltration) 94
용탕단조(squeeze casting) 93
용탕유동(fluid flow) 97
원통바깥지름연삭 233
원통안지름연삭 235
유동응력(flow stress) 111
유효응력(effective stress) 112
윤활작용 211
응력(stress) 109
응착마모(adhesive wear) 199
이광자 공명 270
익스포넨셜 혼(exponential hone) 277
인발(drawing) 135
인장강도(UTS : Ultimate Tensile Strength) 111
입벌림결함(alligatoring) 120
입자분산강화합금 88

(ㅈ)

자기집속현상(self-focusing) 270
잔류 오스테나이트 29
잔류응력 206
재래식 연삭숫돌 220
재료유동(material flow) 107
저압주조 296
적층결함에너지(stacking fault energy) 33
전단 농화 유체 56
전단(shearing) 140
전단각 190
전단변형률 191
전단변형에너지 조건 112
전단비(aspect ratio) 79
전위(dislocation) 19
전자기성형(electromagnetic forming) 155
전자사태(electric emergence) 253
전자파 흡수재료 56
전자패키지용 복합재료 102
전해가공(ECM) 280
절삭가공 188
절삭속도 193
절삭에너지 193
절삭유 211
점결함(point defect) 19
접착제 171
젖음성(wettability) 93
제강 5
제거 가공 187
제선 5
조미니 시험(Jominy test) 15
주조합금 205
주철본드(cast iron bonded) 연삭숫돌 240
중합체 4
증속기(gearbox) 313
지적시스템 44
진동절삭(vibration cutting) 242
진변형률(true strain) 110
진응력(true stress) 110
집속 빔가공 261

(ㅊ)

체적성형가공 117
초소성 성형(superplastic forming) 152
초소성재료 112
초순수 257
초연마재 연삭숫돌 220
초음파가공 277
초전도 재료 43
최대전단응력 조건 112
취성재료(brittle material) 117
층류(laminar flow) 100
치환형 고용체(substitutional solid solution) 22
침입형 고용체(interstitial solid solution) 22
칩 생성기구 189
칩배출작용 211

(ㅋ)

쿨롱(Coulomb) 마찰계수 114
크기 효과(size effect) 79
크레이터마모 200
크리프 특성 292

(ㅌ)

타워(tower) 318
타워플랜지(tower flange) 321
탄성계수(elastic modulus 또는 Young's modulus) 110
탄소-탄소 복합재료 56
탄소강 7
탄소공구강 204
탄소섬유 81
탄소섬유 강화 복합재료 53
탄화규소(SiC) 섬유 86
탭핑(tapping) 196
텅스텐 카바이드 205
테일러 접합 블랭킹 180
트래버스(traverse) 연삭 233
트루잉(trueing) 243
특수가공 251

(ㅍ)

파워트레인부품 294
판재성형가공 117
펀칭(punching) 140
펄라이트(pearlite) 10
페라이트 11
펨토초 레이저 267
평균자유행정(mean free path) 176
평면연삭 233
평삭공정(planing) 196
평형상태도 8
폐쇄단조(flashless forging) 125
포토 리소그래피 272
폭발성형(explosive forming) 154
폴리머 3
표면거칠기(surface roughness) 206
표면결함(surface defect) 19
표면에너지 94
표면처리(surface treatment) 175
풍력발전 307
풍력터빈 309
풍력터빈 브레이크 318
플라즈마 175
플랭크마모 201
플런지(plunge) 연삭 233
플로팅 노즐 240
피어싱(piercing) 323
피치 베어링 317

(ㅎ)

하드 터닝(hard turning) 214
하이드로포밍(Hydroforming) 147
하이브리드 자동차 283
하중-변위곡선(load-extension curve) 109
항복점(yield point) 111
항복조건(yield criterion) 112
항온변태곡선 14
형상기억합금 43
형조방전가공 253
혼합(blending and mixing) 158
확산마모(diffusion wear) 199
후가공(post processing) 107
후크의 법칙(Hook's law) 110
휘스커강화합금 88
흑연화 현상(graphitization) 224

정가 20,000원

고효율 부품소재의 생산기술

2010년 4월 26일 초판 인쇄
2010년 4월 30일 초판 발행

저　자 : 정해도 · 김병민 · 강남현 · 박익민
발행자 : 우명찬 · 송 준
발행처 : 홍릉과학출판사
주　소 : ㊄ 142-885 서울시 강북구 인수동 455-60
등　록 : 1976년 10월 21일 제5-66호
전　화 : 999－2274~5, 996－8341, 903－7037
팩　스 : 905-6729
ISBN : 978-89-7283-866-1

hongpub@hongpub.co.kr
www.hongpub.co.kr

저자와의
협의하에
인지생략